北海道農業の地帯構成と構造変動

岩崎　徹・牛山敬二　編著

北海道大学出版会

はしがき

本書は、二〇世紀末から二一世紀にかけてのグローバリズムの進展やWTO農業体制の影響が、日本最大の農業地帯である北海道にいかなる影響と変化をもたらしたかを、歴史的に規定されてきた農業の地帯構成に即して明らかにするものである。

われわれ北海道農業研究会は、かつて北海道農業の鳥瞰図を明らかにすべく構造分析を試みた(牛山敬二・七戸長生編著『経済構造調整下の北海道農業』北海道大学図書刊行会、一九九一年)。そこでは、経済構造調整下(一九八〇年代後半)の北海道農業を「大規模・土地利用型・限界地帯」の、主として三大農業地帯である石狩川下流域＝大規模稲作地帯、十勝周辺部＝大規模畑作地帯、根室＝大規模酪農地帯に焦点を当てて分析した。これらの地帯は基本法農政以来、補助金・融資政策を含む開発投資の拠点であり、北海道内でも有数の大規模経営を育成してきた地帯である。しかし、「構造政策の優等生」として注目されたこれらの地帯は、八〇年代後半以降には、農業経営の悪化、離農の増大、累積債務の増大などの諸矛盾が最も集中した地帯になっていた。それら地帯の分析を行ったのが前書である。

あれから十数年が経過した。その後の農業グローバリズム＝「農業国際化」の本格的展開のなかで北海道農業はどのように変わったのであろうか。農業保護政策の後退・撤退、農産物輸入の拡大、価格の下落のもとで、北海道農業はさらに大きな構造変動を遂げている。その変化は、激変と呼ぶにふさわしい。

本書は、前書の続編でもある。問題意識や研究・調査の方法は前書を踏襲している。しかし同時に、本書は、分析対象と方法において前書の枠を広め深めている。執筆メンバーも三分の二は変わり、若返っている。研究対象は、現局面の分析を前面に出しながら、実態のもつ歴史的性格を強く意識して編集されている。また、主要農業地帯を土地利用方式である水田型地帯、畑地型地帯、草地型地帯、中山間地帯という地帯構成として把握し、しかも、その内部構成を歴史的視点から旧開・新開地域、先進・後発地域とそれら相互の関連としてダイナミックに捉えんとしている。したがって、本書は先の三大地帯を北海道農業の一極として把握するとともに、前者の大規模「新開地域」に対し、中規模「旧開地域」を取り上げ、それぞれが有する経営形態を超えた共通の性格を明らかにしている。さらに、従来注目されてこなかった中山間地帯を北海道農業地帯のなかに位置づける作業を試みている。

本書のタイトルは『北海道農業の地帯構成と構造変動』である。そこでは、歴史的な展開のなかから現局面(一九九〇年代以降)の実態を抽出するといういわば縦糸と、地帯構成といういわば横糸を織り成し、現下の北海道農業論という壮大な錦絵を描くことを試みたものである。その意味で、本書は現段階における北海道農業研究の集大成である。

北海道農業の地帯構成と構造変動——目　次

はしがき

一　中規模網走畑作の経営対応　324
二　野菜産地形成と農協の対応　330
第七節　北海道における畑地型農業の課題……336
一　畑地型農業の到達点　336
二　畑地型農業の課題　341

第五章　草地型地帯の構造変動――根室農業を中心に……345
第一節　一九九〇年代以降における構造変動と規定要因……345
一　構造変動の規定要因　346
(1) 酪農政策　346／(2) 経営環境　347／(3) 技術革新　348
二　構造変動の地域性と開発投資　350
(1) 農業構造の変動　350／(2) 開発投資の地域性　354
三　本章の構成　357
第二節　生産技術の到達点と地域性……359
一　根室酪農の位置と性格　359
(1) 根室地域の優位性　359／(2) 根室地域における課題　360／(3) 根室酪農の変化　362
二　根室内部における地域性　364
(1) 現時点での地域差　364／(2) 地域差の形成　366
第三節　飼養管理技術の地域性と格差構造……369
一　根室地域の乳牛飼養の動向　369

終　章　北海道農業の構造的特質と課題……463

表・図目次

第 5 章

第 6 章

終　章

序　章　北海道農業論と分析視角

第一節　本書の課題と視角

北海道農業は、農業基本法を基点とする日本の農業近代化政策の実施過程において「構造政策の優等生」と謳われてきた。実際、小農経営の枠内とはいえ、土地利用型農業を基本に農地開発や大量の離農跡地をファンドとして耕地規模拡大が進展し、それと並進的に農業機械化や農業施設整備が行われ、都府県とは異なる農業構造を形成してきたのである。また、関連する農協・農協連合会や農畜産物加工企業による調製・加工・流通施設の整備も高度化してきた。

このような「構造政策の優等生」の、そのまた「典型」として把握されたのが石狩川下流域＝大規模稲作地帯、十勝周辺部＝大規模畑作地帯、根室＝大規模酪農地帯の三大地帯・経営形態であり、これらの地帯は補助金・融資政策を含む開発投資の拠点であり、北海道内でも有数の大規模経営地帯として存立してきた。また、北海道農業研究も、これら地帯を焦点として進められてきた。われわれの前著もこうした地域に焦点を当てた研究成果で

あった。(1)

しかしながら、一九七〇年代後半に至るとそれまでの農業生産の急拡大にはブレーキがかかり、規模拡大一辺倒の従来の路線に対し実践的な課題提起がなされるようになる。稲作における複合経営路線の提唱、畑作地帯における輪作型の土地利用への取り組み、マイペース酪農の提唱などである。(2)しかし、一連の議論は現実の農家経営の動向を踏まえたものとはいえ、近代化農政が進めた規模拡大、専作化、過大な機械・施設投資という単線的方向論に対する政策批判としての性格が濃厚であった。(3)

一九八〇年代後半以降の経済構造調整期に入ると、北海道の農業近代化の象徴的存在であった、先の大規模農業地帯において、離農の増大、農地価格の下落、農家累積債務の増大などの諸矛盾が噴出し、それとは性格を異にする中規模地帯の存在が注目されるようになった。これらの地域動向が、まさに一九七〇年代後半の新たな動きの発信源に重なっていたからである。こうしたことから、北海道農業研究会においても、農業地帯構成論的な研究が集団的に行われるようになったのである。(4)

北海道農業の地帯構成は土地利用方式ごとに次のような特徴をもつ。まず、水田型地帯、畑地型地帯では、戦前期の優等地での農家の定着をベースとした旧開地域と、第二次大戦後の戦後開拓をベースとした新開地域が存在し、大きな二つの地域を形成する。草地型地帯は、先の水田型地帯、畑地型地帯になぞらえれば全体としては新開地域であるが、草地型地帯にも、入植序列や開発投資の違いによる地域差が存在する。それを、本書では、戦前期入植地域、戦後開拓地域、ＰＦ・新酪地域（ＰＦは根釧パイロットファーム、新酪は新酪農村）とした。また、中山間地帯は一九七〇年代までは、漁業、林業、鉱山、鉄道の街として存立した。これら地帯は農業地帯としてはマイナーであり、農業経営は兼業・副業農業として存在した。それが農業以外の産業が衰退するなかで、七〇年代後半以降、独自の農業地帯として位置づけられてきたのである。

本書は、一九八〇年代後半以降のこうした北海道農業における構造変動の地域特性を、一九七〇年代にほぼ形成された農業の地帯構成との関連で明らかにする。

では、なぜ、われわれは一九七〇年代を起点にして、その後の構造変動を分析しようとするのか。

それは、第一に、多大なインフラ投資という意味での農業開発は七〇年代には一巡し、北海道農業の地帯構成がくっきりと現れるようになったからである。

また、第二に、一九七〇年代には、戦後の開発・構造政策、価格政策等において高度成長的農業政策がほぼ終焉したからである。七〇年代までは、大枠では国内市場拡大のもとでの農業展開であり、一九八〇年代後半以降は国際化の展開と農業保護政策の後退により国内市場は縮小するのである。そして、それに伴って、ひとたび定着した北海道農業の枠組みが変わり、新たな構造として再編されていく過程として捉えることができるからである。

本書は、序章、本篇をなす二つの編、終章から構成される。

序章では、従来の北海道農業研究の総括と、本書全体の課題・分析視角の提示を行っている。

続く第一編では、北海道農業論の地帯構成の歴史的な形成過程をトレースし、形成要因を開発・構造政策、農地開発・土地改良事業とそのもとでの農地移動の特徴、農協系統組織の特殊性、集落構造と農家主体の性格という各視点から明らかにする。そのうえで主要農業地帯を土地利用の観点から取り上げ、水田型地帯として石狩川流域農業を、畑作型地帯として十勝農業・網走農業を、草地型地帯として根室農業を、中山間地帯として上川北部を取り上げ、各地帯の内部構成を旧開・新開地域、先進・後発地域とに分け分析している。

第二編は、以上の主要農業地帯における一九九〇年代以降の構造変動を統計分析と実態調査結果から描き出し、旧開・新開区分による農家経営、地域農業の性格差を析出するとともに、構造問題的整理（生産力問題、担い手・労働力問題、経営・経済問題、農地問題、市場問題、農協問題、集落・生活問題)をあわせて行っている。

水田型地帯では、ポスト食管体制と米市場構造の激変のなかで、日本米作の「限界地」として位置づけられた北海道米の米質対策と転作対応を基軸とした流域内の構造再編が進行している。

畑地型地帯では、個別的には規模拡大や野菜作導入、飼料作への転換など多様な取り組みがみられるが、一層の地域的専門分化の様相を強めている。

草地型地帯では、施設投資を伴う多頭化が飼料の購入依存を強める方向で進行しているが、他方で地域の土地利用条件を生かした酪農経営転換の萌芽がみられる。

中山間地帯では、府県の中山間地帯とも、北海道平場農業地帯とも異なる独自の農業地帯として展開していく過程をみる。中山間地帯では七〇~八〇年代に公共投資が図られ、比較的大規模な酪農と小規模な稲作・野菜農家が存在する。

終章では、全体の総括とともに北海道農業の課題を整理し、政策提言を行っている。北海道農業の構造的特質により、政策対応も独自のものが求められるのみならず、北海道の四つの類型(水田型、畑作型、草地型、中山間)、旧開・新開地域、先進・後進地域ごとに、地域に即した政策が求められていることを示した。

なお、本書で取り上げた主要な調査地について、次頁の図表に示しておきたい(図序-1、表序-1)。

最後に本書を執筆するにあたっての共通の問題意識について述べたい。

たしかに、「農業の国際化」は、国内農業保護の枠組みを外し、市場条件の悪化をもたらし、農業構造を激変させたが、その現れを北海道農業の崩壊・停滞・解体のみの一色に塗りつぶすことは正しくないと考える。われわれはグローバリズムの支配強化を冷徹に客観的に捉えるとともに、北海道農業・農家の新しい試み、新しい動きに注目している。

グローバリズムは、農業を、一地域の農業を完全に支配することはできないのである。また、さまざまな困難

図序-1　本書の主要調査対象地
（吉仲怜作図）

表序-1　地帯構成と本書の調査地

	水田型地帯	畑地型地帯	草地型地帯	中山間地帯
農業地帯	石狩川流域	十勝チューネン圏	根室酪農地域	上川北部地域
旧開地域	上流域 旧開A・当麻 中流域 旧開B・秩父別	中央部・芽室 （畑地型酪農）		
新開地域	下流域 南幌・北村・長沼	周辺部・更別 （畑地型酪農） 山麓沿海部・酪農	戦前入植地域 戦後開拓地域 PF・新酪地域	下川
農業地帯	網　走　M　T　S　構　造 斜網Ⅰ　西紋地域 斜網Ⅱ　東紋地域 全地域が水田・畑地・草地・中山間地帯の性格保有（中心的地帯を表記）			

注）網走MTS構造については第一章第三節参照。

のなかでも、北海道各地域の農業はさまざまな模索を続け、生産者は逞しく、ある意味ではしたたかに農業経営と生活を営んできたのである。したがって、われわれは地域農業の困難さとその克服への模索を含めた激動の実態を等身大に把握し、地域農業や生産者のさまざまな試み、新しい動き、発展の芽に注目し、その実態をリアルにそしてビビットに描くことに力を注いでいる。

例えば近代化農業のチャンピオンといわれる酪農地帯は、従来の議論では、負債圧と施設・機械体系に規定された「増産メカニズム」が「循環的、増幅的」に支配し、規模拡大の論理は「不可逆的」であることが指摘された。しかし、地域酪農、個別経営の展開は必ずしも「循環的、増幅的、不可逆的」ではなく、実に多様な実態をもってきたのである(詳しくは第五章)。また、北海道を代表する畑作地域である十勝は、八〇年代半ば以降も(九〇年代後半には豊作に恵まれたという自然条件もあるが)、畑作農家のエネルギーを遺憾なく発揮し、農業保護の後退局面に実に見事に対応してきたのである(詳しくは第四章)。さらに、グローバリズムのもとで最も厳しい立場に立たされてきた水田型地帯は、米の品質改良と地域販売戦略を図り、野菜作を定着させ、集団的対応によって苦境を乗り切ろうとしている地域・農協・農家集団が存在する(詳しくは第三章)。そしてさらに、北海道の中山間地帯では、二重三重のハンディを抱えながらも、地域主導の土地利用再編を図るなかで、酪農や野菜を中心とした農業振興に取り組む地域を出現させているのである(詳しくは第六章)。

同じ土地利用方式のもとでも地域農業の動きは一様ではなく、地帯により地域によりかなりの偏差を伴っている。その地域実態を、われわれは水田型、畑作型、草地型、中山間型ごとに、しかも旧開地域、新開地域に即して明らかにするものである。

(1) この続編として、大規模水田地帯の南幌町を対象として分析したものに、臼井晋編著『大規模稲作地帯の構造変動——展開過程とその帰結——』(北海道大学図書刊行会、一九九四年)がある。

（2）例えば、太田原高昭『地域農業と農協』（日本経済評論社、一九七九年）を参照。
（3）一九七〇年代の農業近代化批判の系譜に関しては、宇佐美繁「戦後の北海道農業論――農業近代化論から『近代化』批判への展開――」（湯沢誠編『北海道農業論』日本経済評論社、一九八四年）を参照。
（4）こうした視点から、現段階の北海道農業の動向を捉えたものに、北海道農業研究会「WTO体制下の北海道農業の現状と論点」（『日本の農業』二〇八号、農政調査委員会、一九九九年）がある。

［岩崎　徹］

第二節　北海道農業論と地帯構成論の課題

北海道農業は、日本農業の一環をなし、日本農政とともにある。しかし、同時に北海道農業は都府県農業との類推や、都府県農業の単なる延長として捉えることはできない。北海道農業の基本的性格はいかなるものであり、府県農業とは何が根本的に異なるのであろうか。

また、周知のように北海道農業ぐらい地域による差異が截然と区別されている地域は日本でほかにはない。その理由として、気候や土質などの自然条件が違うからという説明はきわめて常識的で当然だし、基盤をなすことはいうまでもない。しかしそれだけで全部を説明できるとはいえない。文化的・歴史的・社会的・政策的要因が作用しているからである。

そこで本節では、北海道の農業分析と地帯構成論の課題を整理するため研究史を総括し、課題をまとめる。そのため、①北海道農業分析の視座を振り返り、次いで②北海道農業論をめぐる論争点の一つである辺境論の整理を行う。そのことによって北海道農業の基本的性格や都府県農業との異質性を確定することができるとともに、開発による地帯構成や入植の先着順序列という特殊北海道的地帯構成論の視角を確定することができるからである。最後に③日本農業および北海道農業の地帯構成分析に関する学説史の整理を行い、今日における北海道農業の地帯構成の課題を提示した。

一　北海道農業分析の視座

湯沢は、北海道という場で地域研究をいかなる視座で進めるべきかについて、次のように述べている。(1)

地域を地域としてありのままに捉えることから出発するが、そこに閉じこもるのでなく、その地域が全国によって(特殊が一般によって)いかに規定されているかを明らかにし、それに対応させつついかに地域を発展させるかに進む。(中略)今度は逆に、地域の分析の中から、全国・一般のかくれた面(襞のかげ)、その欠陥、矛盾をえぐり出し、地域が全国の「構造的批判者」の役割を果たし、全国の歪みを正して進路を示していく。ここまで進むことによって初めて本当の地域研究といえるのではなかろうか。

以上は地域研究一般にあてはまることであるが、北海道の場合にはさらに辺境性という独自の地域性が加わってくるので、右の視座は一層重要性をもってくる。(中略)

さて先人の遺産を摂取しつつ北海道農業研究が本格化したのは戦後のことで、決して長い歴史をもつわけではないが、短期間のわりには豊かな成果が蓄積されてきたように思われる。それは農地改革後の農業・農村の現状分析に取り組みつつ、随所でぶつかる「北海道的特殊性」――「特殊北海道」――を正しく位置づけるべく歴史分析に立ちかえることから始まる(当時、府県研究者の日本農業論では「北海道は特殊だから別として……」と除外され、北海道地元研究者は「内地」と画然と切り離して論ずるのが一般的であった)。生産関係=経済構造の面からは辺境理論の適用が試みられて、一定の留保のもとでではあるが、本土に対する「辺境」的特殊性とその希薄化=一般化の過程として、日本資本主義との全機構的把握を進め、また生産力の面からは、生産力構造論・農法的視点に立った歴史分析で北海道農業の位置づけを明らかにしていった。（中略）かくて歴史分析は、地主制、商業的農業と市場、農業生産力構造、そして農民層分化・分解にわたり、全構造的に特質解明を進め位置づけが試みられた。

こうした歴史分析の照射のもとで改めて現実分析が深められるというかたちで、各部門・地域、研究分野ごとの研究が進んでいったが、戦後の分析は、農地改革およびその後の小農的＝独立自営農民的発展の時期と、高度経済成長による再編・「近代化」の時期とに大別され、その間に論調の変化がみられるとともに、政策、市場関係の研究がふえてきたことが注目される。

以上の総括は、府県と北海道の関係について述べているわけで、その意味ではまさに妥当といっていい。しかし、北海道そのものがいくつもの農業地帯から構成され、その各々が個性的な構造をもつことに関して明確な論及がない点において、なお不十分であったといえよう。

二　辺境論と今日の地帯構成

辺境論論争は北海道農業論をめぐる大きな争点の一つであった。初期の論争は、「二つの道論争」という戦後資本主義論争との関わりで議論されたが、必ずしも生産的な論争とはいえなかった。しかし、北海道農業研究にとってはその特殊的・基本的性格を確定する作業として必要であった。また、北海道農業の歴史は新しいだけに開発の歴史や形態がそのままストレートに今日の地帯構成に反映するし、開発・入植の先着順序列が個別経営の性格を規定している。辺境論論争の中身は多岐にわたるし、その論争の判断をすべてここで行うことは妥当でない。そこで、本節の課題である北海道農業の基本的性格と地帯構成に関わる論点のみを取り上げる。

北海道をアメリカのフロンティアやロシアのステップ地帯の諸県に類推させて「辺境」と位置づける議論は、

古くからあるが、それを学問的に位置づけたのは、おそらく齋藤(2)であり、またその後の論争を含めてこの問題を扱った論稿として、田中(3)、小池(4)がある。

齋藤は「二つの道論争」を素材にして、辺境の経済的な意味を確定しようとした。一九九九年の『論理』の「補説」に自ら述べているところによって結論を示すと以下の通りである(5)。

辺境において農業が資本主義的に発展する場合にそれを可能にする要因は(一)未占有の、自由な土地の広大な存在、(二)農業の資本主義的展開を可能にするような市場条件の存在、(三)移住可能人口の大量の存在である。ただし(一)の要因は、農業資本主義の展開の動因が与えられた時に発展を強力に促進する要因として作用する。そして北海道は、(一)、(二)の要因が不十分にしか与えられなかったので、内国植民地化は進んだが、農業資本主義の展開は見ることができなかった。

また、『銀行論』では次のように述べている。

北海道がとくに内地府県を一括したそれと対比して議論されていいし、またそうしなければならない理由は、その辺境性にある。分析がその主力をそそぐべき時期は、まず、北海道が内地府県とのあいだにあきらかな異質性を保持していた第一次大戦までの時期であり、つぎには、逆に内地府県とのあいだの等質性を獲得していったところの、いわば移行期としての第一次大戦後準戦時までの時期である(6)。

北海道は、日本の資本主義がはじめてそこをみいだしたときには、その大部分の土地がまだ誰の占有にも属さないところの辺境地帯として存在した。その後における資本主義の発展は、この地方への移住を累増させ、未墾地の農用地化、未占有地の私有地化を進行させつつ、他方で、アイヌ種族を主たる部分とするおくれた現住種族の国民経済へのとりこみを完了させる。

原蓄期における不安定な発展の原因は主としてつぎの三点に帰することができるだろう。そのひとつは内地府県における移住可能な人口の析出の不十分さ、その二は北海道の農産物市場の狭隘さ、その三は北海道における私的所有の成立である。

日本の内国植民地たる北海道では、このようにその開発の当初から、私的土地所有の成立をみることになったのであって、この点で、初期のアメリカがそうであったような、土地が公有されていて植民者が自己の耕作のために無償または無償にちかい価格でそれを占有しうるという、植民地特有の条件が欠如していたわけである。

私的土地所有が存在する場合には、農民としての移住がはばまれるが、反面、そこで資本主義の成立・発展のための条件がととのっているとすれば、資本主義の発展は促進されることになる。このいみでは、北海道の場合のように最初から私的所有を確定するという植民地の未開地の処理方式は、むしろより資本主義的に完成された処理方式であったといっていい。しかるに北海道では農業が資本主義的に発展するための条件がかけていたのであるから、私的土地所有の成立はただ移民の流れをせき止める一要因として作用したのである。(7)

さてこの『銀行論』でも展開した論点について、齋藤はのちに『論理』の「補説」で、二点の反省を加えている。(8)

第一は、辺境における広大な未耕の未占有地が私的所有の対象になっている場合に、私的土地所有は強力な作用をもっているかどうかという点である。かつて自分はそういう考え方を強く述べたが、移民に私的土地所有が土地を貸さない、売らないという行動をいつまでもとり続けることは、一般にはあり得ず、辺境の自由な植民地としての発展に対する阻止作用は、少なくとも絶対的なものではない。

またそれが小農としての移住に対して阻止的に作用するのではないかという点についても、特に小農が排除されるという必然性はないとする。辺境で小農経営が優勢であるか、資本主義経営が優勢であるかを決めるのは土地所有ではなく、そのときのさまざまの具体的事情――とりわけその辺境にとっての具体的な市場条件――によって変わってくるであろうというのである。

なぜこのような反省が生まれたのかについて、筆者の推測を交えて考えると、この私的土地所有の農業資本家あるいは小農に対する規制力というものは、一般的に説かれている点では、まさに地代論とりわけ絶対地代の問題であり、氏の「新絶対地代論」[9]からの当然の帰結であるが、それだけでなく、北海道の辺境植民地性が直接に生み出した高い農民流動性の認識からであるように思われる。「その高い流動性が原因となって、一方では農民が中農になる可能性をもって新開地帯に移住することができ、他方では新開地帯への転住者を排出しえた旧開地帯において残留中農の規模拡大が進[10]」んだという現実認識が、抽象的な一般理論に昇華したのではないか。

第二は、辺境性・内国植民地性の希薄化ないし喪失の内容あるいは喪失の時期に関する問題である。北海道についていえば、本土資本主義にとっての植民地という経済構造は今日でも残っているのではないかという、小池や小松の見解にも関連させて、仮にその経済構造の植民地性を「外部市場型・モノカルチャ型」と捉えてみても、そのことだけでその地域経済が衰退するとも逆に発展するともいえないであろうとし、それぞれの国の辺境・その内国植民地化のあり方は、それぞれの特殊性をもって横に並ぶということになるという。やや具体的にいえば、「一方では本土資本主義の発展段階なり特殊性なりによって規定される面があるが、それだけでは尽くせない、辺境ごとに異なりまたときどきに異なるさまざまの現実的要因――市場条件、交通運輸条件、土地所有の状況、地力、農業技術、移民の量と質、政策等々――によって規定される面が大きい[11]」というのである。

もちろん、齋藤が現実認識として、北海道が内地に同質化していく移行期を、最初の認識と変えたということではない。ただ同質化が進んだ第二次大戦以降になっても、一九六五年以降約五〇万ヘクタールもの農耕地の増大(耕境外未耕地の耕地化)が行われたのはなぜか、それは北海道がなお辺境であったからではないかというような疑問に応える方法論を提示しておきたかったからであろう。それはすなわち現状分析としての農業問題の方法論であり、上述の「さまざまな現実的要因」の影響をどのように分析に組み込むべきかという思考の方法論にほかならない。

筆者の推測では、これは直接的には小池・小松[12]への批判として言及されているが、もっと深くは、保志・湯沢の「後進国的『辺境』論」に対する批判になっていると思われる[13]。

なお、これも筆者の推測を交えていうならば、齋藤が「北海道が内地に同質化していく」といっても、齋藤の考えでは、府県の自治村落のようなタイトな農村と同質になることはあり得ない。「北海道のルースな農村社会に適合的な」農事実行組合型村落は「同時に一九三〇年代以降の現代資本主義に適合的な村落ということになるのではなかろうか[14]」といっているところからすれば、むしろ府県の村落が北海道のようなルースな農村に近づくことはあるにせよ、と考えているのではないか。

さて、以上の検討を踏まえて、辺境論を素材に北海道研究を行うことの今日的意義をみておこう。「辺境」概念を、文字通り「未占有の、自由な土地の存在」や「移住可能人口の大量の存在」という厳密な意味に解釈するなら、戦後の日本に辺境は存在しないし、「辺境の希薄化」も問題にならないだろう。辺境論論争も、単に歴史分析の領域にとどまるだろう。しかし、齋藤も述べるように、北海道の府県との異質性はその「辺境性」にあるし、「農業資本主義の展開は見ることができなかった」が「内国植民地化は進んだ」のである。今日においても「本土資本主義にとっての植民地という経済構造」は残っているのであり、北海道は今日においても農地や農民の高い流動性があり、北海道の土地所有・利用の構造は府県農業とは異質なのである。

したがって、「辺境」を「辺境性」＝「内国植民地性」と置き換えるなら、その議論は北海道農業研究にとって新たな光を浴びることになる。そこでの論点は、第一に北海道農業の基本的性格、府県農業との異質性の根拠、第二に辺境の希薄化、喪失化、あるいは拡大であり、「先着順序列」や「新開・旧開」という今日の地帯構成との関連で捉えることができるようになるのである。

また、辺境性の希薄化・喪失化あるいは辺境性の拡大化についても、「辺境性」として何を指標に捉えるかによって自ずと異なってこよう。われわれも前著において、「北海道の歴史をみても、日本資本主義の蓄積構造が一定の広がりをみせる時期は北海道の『内地化』が進み、産業構造の転換期や農政の転換期という政策激変期には『内国植民地』性が露になる」[15]と述べている。

最後に、辺境性と地帯構成の関連である。田畑・坂下の研究を踏まえて齋藤がいうように[16]、農民が中農層になる可能性をもって新開地に移動することができ、他方では新開地帯への転住者を排出した旧開地帯において残留中農の規模拡大とその層としての形成が進むという展開の結果、中農層は優等地帯・優等土地をもつ集落・優等地点から定着し、優等畑作地帯、水田地帯においてまず分厚く形成されたということ、つまり田畑のいわゆる「先着順序列」が地域間序列というかたちでも展開したことを踏まえるならば、「水田」「畑地」「草地」という横軸の地域区分に、縦軸の歴史性を加えた「旧開」「新開」の区分を加えて現段階の北海道農業を分析することが妥当であるということになるであろう。

そして「新開」の大部分は、戦前には限界地あるいは耕境の外にあった未耕地に戦後開拓をベースに形成されたものであり、政策的支援と高度の機械化体系と設備投資に支えられた大規模経営となったのである。

三　農業地帯構成論への視角

ここでは北海道の地帯構成の学説史的整理を行う。そのため、まず日本の地帯構成形成の学説史を振り返り、さらに、戦前、戦後の北海道の地帯構成論の内容とその有効性を探り、最後に本書の課題を提示する。

(1)　日本の農業地帯構成論への視角

日本の地帯構成を本格的に試みたものに宇佐美の論稿がある[17]。宇佐美は、特に文化的・歴史的・社会的・政策的要因の面を東北地方について積極的に展開してみせた。その問題意識は、農法の変革主体である農民経営における生産力発展と自由度の拡大が、それに照応した農業地帯構成を生み出すという考え方にある。その視点は、①農民的土地所有の形成・確立の深度、②農産物需要の形成の程度、③生産手段(農用地・機械・化学など)の進歩、④価格条件の安定性、の四つである。

農民的土地所有の形成・確立度については、封建制度のもとでの、あるいは地主的土地所有のもとでの農民経営がもち得た自由度によって地域差が出てくるという視点であり、北海道のように封建性がなく、地主的土地所有が脆弱なところではあまり重要な規定性をもたないかもしれない。しかし東北地方に即していえばこれらの視点を組み合わせて三つの地帯構成ができるという。

第一が、旧畑作馬産地帯(一年三作の在来雑穀作プラス馬産・製炭・国有林雇用)であり、現在の集約複合経営地帯である。第二が旧水田養蚕地帯(入会山の開園)であり、現在の水田果樹地帯である。そして、第三が旧水田単作地帯(入会谷地や潟が大規模新田開発された・人為的湛水田農法・乾田馬耕)であり、現在も水田単作地帯である。ただし、いずれも農家経済の基礎はコメである。

われわれの北海道農業論の場合にも、あらかじめ厳密に方法論を討議して決めてから出発したわけではないが、大綱において以上のような取り上げ方と同様な考え方で進めてきた。

(2)　戦前北海道の地帯構成論

さてそれでは北海道それ自体の地帯構成論としてみると、すでに戦前からさまざまな論及が行われていた。主要なものに荒又[18]、松本[19]の論稿がある。

後者を利用して玉[20]は、支庁ごとの統計を全道一二農業地帯に区分して集計し、一九三六年以降、昭和農業恐慌から顕著な回復傾向をみせ、戦前期の到達点を示した時点での地帯構成の特徴を明らかにしている。大別して渡島・胆振・有珠と日本海沿岸地方の穀菽農地帯、空知・上川の穀菽農地帯、太平洋沿岸山越・幌別・白老・茅部と日高・胆振勇払・十勝および網走の(耕種と養畜の)混同農地帯、太平洋沿岸濃霧地帯および根室・釧路内陸地帯および宗谷の主畜農地帯に区分されるとする。

玉によれば、戦後に一層明確になる地帯構成がほぼこの時期にはできあがっていたとするのである。そしてその動きは農業中核地帯では、役場・農会・産業組合の役割分担と協調が進み、農事実行組合を単位とする組織的活動が本格化し、馬鈴しょでん粉・ハッカ・除虫菊など商業的農業の影響がより大きかったとする。また限界地帯ではてん菜と乳牛を主とする地力造成集約農法の影響が大きいとしている。

(3) 戦後北海道の地帯構成論とその有効性

戦後の地帯構成論のまとまった提示は、『北海道農業発達史』の総論として書かれた保志恂の論稿に現れる。[21]しかしそれは基本的に同書の第二篇第一章、一九三五・三六年段階の農業地帯形成の六農業地帯と同様である。それはすなわち、①水田中核地帯(空知・上川中南部)、②畑十勝型(十勝中央・同山麓)、③畑天塩型(羊蹄山麓・上川北部)、④畑石狩型(石狩・石狩胆振)、⑤畑根釧型(根釧・天北・太平洋沿岸)、⑥畑複合網走型(網走中央・網走山間・斜網・上川南部・胆振西部)となっている。

ただ戦後の特徴として根釧型が安定的に展開し、十勝型のなかに地域分化が激しくなってきているというような変化が生じている点が違うだけだという。

さてこのような地帯構成を基礎にして、それを改善しようとした試みが、坂下である。[22]その方法は、耕地開発と水田化と農家の定着化を指標にして開発の終了時点をみて、それに水田化と畑地化の差を組み込んで地域区分を行うというものである。それによると第二次大戦開始直前の時点で以下のような四農業地帯が区分されるという。(A)耕地面積が日露戦争後ないし第一次大戦後にピークを有する「停滞グループ」(桧山・渡島・石狩・後志・胆振・日高・留萌)、(B)畑地が第一次大戦後減少し逆に水田が第一次大戦後に急拡大する「水田中核グループ」(空知・上川)、(C)耕地面積のピークが一九三五年から四〇年であり、第一次大戦後の畑地の拡大が顕著な「畑作中核グループ」(十勝・網走)、(D)畑地開発が第一次大戦後を起点とし、一九三五年から四〇年にピークになる「後発グループ」(釧路・根室・宗谷)である。なお、「停滞グループ」のうち、八雲・長万部を除く渡島から北へ宗谷に至る日本海沿岸地域は漁業兼業地帯であり、それと海岸線に垂直に流れ込む小河川利用の水田を畑が取り巻く小規模な田畑経営が特徴である。また太平洋沿岸の胆振・日高から十勝・釧路・根室まで濃霧の影響を強く受ける沿岸部は、粗放な放牧主畜経営が特徴であるという。このように「停滞グループ」を二つに分ければ坂下の地域区分は五農業地帯からなることになる。

さて第二次大戦後の北海道における農地開発は、一九六五年以降だけをみても事業量で約八兆円、内容をみると草地造成約四二万ヘクタール、畑地プラス牧草地の造成約八万ヘクタール、合計五〇万ヘクタールに達した。そのほかの土地改良事業として農用地総合整備事業と基幹農業用用排水施設整備事業があるが、総じてこれらの農業基盤整備投資が、(B)・(C)の両中核地帯の機械化専作経営化を促進するとともに、(D)の「後発農業地帯」の耕境の外へ限界地を拡大し、酪農専作化を促進したのである。その結果道内の一戸当たり乳用牛飼養頭数八一頭という、EU水準を上回るような、大草地型酪農地帯が形成された。品目別にみて牛乳が北海道の農産物粗生産額で第一位に踊り出るのは一九八〇年代後半からであるが、近年はその価額比率で二八％前後を占めるに至っている。

これはすなわち政策による加速効果が典型的に現れた事例であるが、戦後の特に高度経済成長期以後の北海道の農業地帯構成論は、それを踏まえて修正する必要が生まれたのである。

本書ですでに説明した水田型・畑地型・草地型の三区分は以上のような根拠に基づいている。

(1) 湯沢誠編『北海道農業論』(日本経済評論社、一九八四年)。ここで湯沢が念頭に置いているのは、おそらく自著の『北海道農業論序説』(農業総合研究所、一九五七年)をはじめ、崎浦誠治『農業生産力構造論』(養賢堂、一九五七年)、齋藤仁『旧北海道拓殖銀行論』(農業総合研究所、一九五七年)、伊藤俊夫編『北海道における資本と農業』(農業総合研究所、一九五八年)、川村琢『農産物の商品化構造』(三笠書房、一九六〇年)、矢島武『現代の農業経営学』(明文書房、一九六一年)、湯沢誠・千葉燎郎編『限界地帯農業の展開構造』(農業総合研究所、一九六二年)、北海道立総合経済研究所『北海道農業発達史』(上下二巻、中央公論事業出版、一九六三年)、浅田喬二『北海道地主制史論』(農業総合研究所、一九六三年)、榎勇『北海道産農産物取引史論序説』(農業総合研究所、一九六五年)、北海道農業会議編『北海道農業の現段階と展望』(北海道農業会議、一九六六年)、七戸長生『農業機械化の動態過程』(亜紀書房、一九七四年)等であろう。

(2) 齋藤仁「辺境地方のいみに関するメモ」(『研究速報』八号、農業総合研究所北海道支所、一九五四年)。それを敷衍したものとして『旧北海道拓殖銀行論』(以下、『銀行論』と略、農業総合研究所、一九五七年)の課題および第一章がある。さらに前者はのちに、齋藤仁『農業問題の論理』(以下、『論理』と略、日本経済評論社、一九九九年)に収録され、詳細な「補説」が付されている。

(3) 田中修「いわゆる辺境概念をめぐる諸問題」(北海学園大学『開発論集』五号、一九六七年、のち加筆して田中修『日本資本主義と北海道』北海道大学図書刊行会、一九八六年に収録)。

(4) 小池勝也「北海道辺境論の基本問題」(大沼盛男・池田均・小田清編『地域開発政策の課題』大明堂、一九八三年)。

(5) 注(2)、齋藤『論理』、二八一頁。

(6) 注(2)、齋藤『銀行論』課題、五―六頁。

(7) 同前、一一頁、一六―一八頁。

(8) 注(2)、齋藤『論理』、三五二頁。

(9) 齋藤仁「地代論についての覚書――絶対地代論を中心に――」(注(2)、齋藤『論理』)、一八五―二一八頁。

(10) 注(2)、齋藤『論理』、三五二頁。

(11) 同前、二八七頁。

(12) 小松善雄「現段階の辺境・内国植民地論についての考察」(『オホーツク産業経営論集』一巻一号、二巻一号、三巻一号、東京農業大学産業経営学会、一九九〇―九二年)。

(13) 北海道立総合経済研究所編『北海道農業発達史』(中央公論事業出版、一九六三年)、第三篇第一章(保志恂執筆)

(14) 注(2)、齋藤『論理』、三四九頁。

(15)　牛山敬二・七戸長生編著『経済構造調整下の北海道農業』(北海道大学図書刊行会、一九九一年、終章)、四五四頁。
(16)　田畑保「北海道農業集落の階層構成の一規定要因」(『農業総合研究』三三巻二号、農業総合研究所、一九七九年)、坂下明彦『中農層形成の論理と形態』(御茶の水書房、一九九二年)。
(17)　宇佐美繁「東北農業の地帯構成」(磯辺俊彦ほか編著『変革の日本農業論』付録「いま、なぜ地域農業なのか——一九八〇年シンポジウムの記録——」日本経済評論社、一九八六年)。
(18)　荒又操「北海道農業の地域的形相」(『社会政策時報——北海道農業特輯——』二三〇号、一九三九年一一月、のちに荒又操『北海道農業の動向』北海道農政部、一九四二年所収)。
(19)　松本精一「農家調査に現れた本道農業の諸相(一)」(『北海道統計』七一号、北海道総務部統計課、一九三九年)。
(20)　玉真之介「開拓七〇年の北海道農業」(注(1)、湯沢『北海道農業論』)。
(21)　注(13)、前掲書。
(22)　注(16)、坂下前掲書。

〔牛山敬二〕

第三節　構造変動の規定要因

北海道農業は大きな変貌を遂げた。各地帯の農業構造変動の要因は、第二編の各章第一節で詳細に分析しているので、本節では一九九〇年代以降の農業構造変動の規定要因をトータルに分析しておこう。

北海道農業の構造変動要因は田代洋一の表現(1)になぞらえれば、第一に、北海道農業がこれまでにたどってきた傾向と、第二に、北海道農業がいわゆるグローバリズムに組み込まれたことの影響が大きく作用している。これに、北海道の経済・政治・社会の変化が加わろう。

このなかで、特に「農業グローバリズム」の影響は決定的であり、しかも「農業グローバリズム」をどう捉え、どう対抗していくかは本書の方法論において決定的な意味をもつので、まずこの「農業グローバリズム」について論じておこう。

一　「農業グローバリズム」の本質

二〇世紀末から二一世紀にかけての、経済の「国際化」「市場原理主義」の暴走は、世界的規模での貧富の差の拡大をもたらし、地球的規模での諸矛盾を極限にまで広げてきた。

WTO(国際貿易機関)成立宣言(マラケッシュ宣言、一九九四年)は、「あらゆる種類の保護主義圧力に抵抗する」ことを謳った。WTOは、それまでのガット(貿易と関税に関する一般協定)とは異なり国際法人格をもち、他の国際機関との関係強化を図りながら、定期的な多角的貿易体制に対する監視・強化を推し進め、そのため国内政策の変更をも強要した。国際的な農業の規律は強化され、TBT技術障害に関する協定に関しては、その義務は中央政府のみならず地方政府、非政府機関にも及ぶ。食品安全の協定であるSBT協定は、国内基準を国際基準に合わせるハーモニゼーション原則と輸出国の基準を輸入国に押しつける同等性原則を採用した。「WTO体制の発足は、それまでの『暫定的特別』体制を固定化し、強化する点でまさに画期的なものであった[2]」。

今日の「農業グローバリズム」を推し進めた直接的契機は、世界農業恐慌の第三局面ともいうべき先進輸出国の穀物過剰にあったが、「農業グローバリズム」とは、輸出国の過剰を輸入国を含めた全世界に押しつけることにほかならない。こうした理不尽な「農業の国際化」は、多国籍企業・多国籍銀行の支配の拡大をもたらし、環境問題、資源問題、南北問題、食糧・農業問題を深化させ、世界的規模での貧富の差の拡大をもたらした。まさに農業・地域・環境・人権等に対する地球的規模での「底辺へ向かう競争[3]」が強められたのである。

とはいえWTO結成後の諸会議では、「先進国の利益だけが通った」ガット・ウルグアイラウンド(以下、UR

と略)時とは異なり、途上国やNGO(オブザーバー参加)の発言力や影響力が格段に強まった。WTO加盟一四八ヶ国(二〇〇四年一一月現在)中、途上国は八〇%を超える勢力である。また、農業・消費者団体、環境・人権・女性・動物愛護等の団体で構成する世界のNGO相互の提携や交流が進み、現在のグローバリズムの行きつくところに問題の解決はないことを主張してきた。

日本は、WTO農業交渉の場では多面的機能フレンズやG一〇(農産物輸入国グループ)を主導し、途上国にも一定の配慮をうかがわせている。日本が主張する「農業の多面的機能論」は、一定程度評価できる農業哲学であるにせよ、世界各国なかんずく途上国から真の理解と協力が得られないのは、「自由貿易」によって最大の利益を得ている日本経済の現実と、歴史的にも多面的機能政策を実践してこなかった日本農政への疑念があるからであろう。さらに、日本農政は外に向かっては多面的機能をいいながら、内に向かっては市場原理や選別的政策のなかで、それと矛盾する政策を次々に志向している。(4)

WTO農業交渉での対立構造も、UR農業交渉時(一九八六〜九三年)には、アメリカ、EU、日本、ケアンズグループ(輸出補助金のない輸出国グループ)を四極として一応把握できたが、WTO初期交渉時に多面的機能フレンズの結成があり、WTOの第三回閣僚会議(一九九九年一一月、アメリカ・シアトル)では、途上国・NGOの力が台頭し、さらに第五回閣僚会議(二〇〇三年九月、メキシコ・カンクン)の交渉過程では、先進国・途上国、輸出国・輸入国入り乱れての攻防、そして途上国グループの結成、ケアンズグループ、多目的機能フレンズの分裂・分解へと変化した。二〇〇四年七月のWTO枠組み会合ではG五(アメリカ、EU、オーストラリア、ブラジル、インド)、G一〇やG二〇、G三三、G九〇(いずれも途上国グループ)という交渉相手、グループの動向があった。

ところで、WTO協定とその実施過程は、通常、「国際化」「自由貿易」と呼ばれ、そこでの国際規律は「グローバル・スタンダード」といわれる。また、国内的には「国際化」に対応したあらゆる分野での「規制緩和」

「市場原理の導入」が進められ、そのためには「小さな政府」が目標といわれる。

しかし、これらの概念はよく吟味すると不正確、もしくは誤りであることが分かる。現実に進行しているものは、「普遍的」な「国際化」「自由貿易」ではなく、公平な「グローバル・スタンダード」「規制緩和」「市場原理の導入」「小さな政府」でもない。「グローバル・スタンダード」は事実上「先進国スタンダード」なかんずく「アメリカン・スタンダード」の押しつけといってよく、「資本のための規制緩和」「市場原理の歪曲」であり、先進国の国家体制は「小さな政府」などではなく、経済的強者のための強力な「大きな政府」と化した。「規制緩和」は、強い「国家的規制」のうえに成り立ち、グローバリズムは「国際規制」の強化が支える(例えばBIS規制)というパラドックスにある。

繰り返すが、現実に進行している「農業国際化」「自由化」なるものは、「普遍的」な「国際化」「自由貿易」では断じてないのである。農業に関しても、「農産物輸出国にとっての管理貿易の強化」「輸出国・スタンダードの押しつけ」であり、農業保護削減のための「政府権限の強化」でしかないことは、WTO体制発足以来の歴史が明らかにした。

その意味では、今日進行しているグローバリズムは、「世界史の必然」でも「人類の進歩」でもないのである。ここに根本的な問題がある。

そういった限定のもとで「農業グローバリズム」を捉える必要があろう。このような「農業グローバリズム」が国境障壁を取り払い、関税の低下をもたらし、農畜産物価格の引き下げと生産調整の強化をもたらし、とりわけ輸入国の農業の存続を危うくさせるものである。(5)

URで合意され、WTOに盛り込まれた農業協定のポイントは次の三点にある。第一は、例外なき関税化(関税引き下げ)である。これは、非関税障壁をなくし、すべてを関税相当量に置き換えることにある。そのなかにあって日本の米は関税化の猶予措置(ミニマムアクセス)を受けたが一九九九年には関税化に移行した。第二は、市場(貿易)歪曲的な、生産刺激的な国内政策の削減であり、第三は輸出補助金の削減である。

その後の経過で第三の輸出補助金の削減問題は、輸出補助国であるアメリカ、EUの事実上の妨害・居直りにあい、頓挫している(第五回カンクン閣僚会議の決裂の一要因、アメリカ綿花輸出はWTOでもクロ裁定)のに対して、第一の例外なき関税化と、第二の生産刺激的政策の削減は強力に推進されようとしている。

「農業グローバリズム」は各国の最大の保護産業であるべき農業にまで「市場原理」が及び、そのための産業再編が強要されることを意味する。このなかでWTO体制は、ガット体制以上に多国籍穀物メジャーをはじめとするアグリビジネスの活動条件を整えることになった。そもそも、農業とは、自然・風土に規定されて営まれるものであり、人類の生存と「農業の国際化」は調和的ではないし、それは根源的には、人間生活や自然と資本の矛盾として現れる。人間生活や自然を破壊するということは、人類史的にみれば、資本が自らの活動領域を失うこと、つまり「自分で自分の首を締める」ことを意味する。

二　農業グローバリズムと北海道農業

(1)　日本の農業と農政

日本政府は、URの決着前の一九九二年からポストUR対策として新しい基本法の制定を準備し(いわゆる「新農政」)、九九年七月「食料・農業・農村基本法」(「新基本法」)を成立させた(表-2)。

「新基本法」は、四つの基本理念、すなわち食料の安定供給確保、多面的機能の発揮、農業の持続的発展、農村の振興からなる。「新基本法」は、食料・農業・農村の新しい変化を取り込み、「多面的機能」や「食料安全保障」を謳っている。とはいえ、「新基本法」は、「旧基本法」にあった農業総生産の増大、価格政策を通じた農業

表序-2　ガット・WTOと日本の新農政

1992. 9	「新しい食料・農業・農村政策の方向」
1993. 6	農業経営基盤強化促進法
12	ガットUR農業交渉合意
1994. 8	農政審議会「新たな国際環境に対応した農政の展開方向」
1995. 1	WTO発足
1995.11	食糧法施行
1996. 9	「農業基本法に関する研究会報告」
1997.12	「食料・農業・農村基本問題調査会中間取りまとめ」
1997.11	「新たな米政策の展開方向」
1998. 9	「食料・農業・農村基本問題調査会答申」
1998.12	「農政改革大綱」「農政改革プログラム」
1999. 3	「新たな酪農・乳業対策大綱」
4	米の特例措置の関税措置への切り替え
5	「新たな麦政策大綱」
7	「食料・農業・農村基本法」成立
7	「次期交渉向けての日本提案」
7	「新たな大豆対策大綱」
1999.12	WTO第3回閣僚会議(アメリカ・シアトル)決裂
2000.11	改正農地法(株式会社の農地取得条件付で認める)
2001. 3	一般セーフガード緊急措置発動
2001.11	セーフガード本発動見送り
2001.11	WTO第4回閣僚会議(ドーハ)新ラウンド立ち上げ
2002.11	「米政策大綱」
2002.12	構造改革特別区法案
2003. 3	「地域水田農業ビジョンの策定」
9	WTO第5回閣僚会議(カンクン)決裂
2004. 7	基本計画見直し案
8	WTO第一般閣僚会議(ジュネーブ)枠組み合意
2005. 3	基本計画閣議決定
2005.12	WTO第6回閣僚会議(香港)

所得の確保、関税率の調整の項目をＷＴＯに抵触するので削除し、随所に「市場原理」がちりばめられた。従来の農政の要であった食糧管理法、不足払い制度等の政策を廃止・改正し、農産物価格は「市場原理」を基礎とし、価格下落の影響は構造政策によって生き残った一部経営体、法人、組織体のみを経営安定対策によって補おうというものである。個別品目ごとの価格・市場政策も、ＷＴＯ対応として「市場原理の導入」を全面にした政策が矢継ぎ早に出された（「新たな米政策の展開方向」「新たな酪農・乳業対策大綱」「新たな麦政策大綱」等）。

また、消費者重視、環境重視という名のもとに、産業政策としての農業政策の「切り捨て」が行われているのも新基本法の特徴である。北海道でも、環境政策のための施設投資が個別経営の阻害要因になることが懸念される。さらに、あれほど鳴り物入りで登場した「日本版デカップリング」＝中山間地直接支払については財政当局から絶えずクレームがつくことが予想される。品目横断的価格政策は、文字通り品目横断的に農業経営の価格支持をするのなら歓迎するが、個別品目の価格低下を補うためと称し構造政策に利用するという危険性が伴う。新基本法以来の農政は、手が込んでいるとはいえ、その実態はまぎれもなく農業保護政策の削減であり、産業政策としての農業政策の撤退である。

実は、ＷＴＯ対応たるアメリカの一九九六年農業法、二〇〇二年農業法も、ＥＵの幾度かのＣＡＰ改革（一九九二年、九九年、二〇〇三年）も農業保護を、セーフティーネットを外してはいない。それどころか、アメリカの二〇〇二年農業法は、「一国主義的に」国内農業保護を強化してさえいるのである。そして「農政転換の花形」として登場した輸出国、ＥＵ・アメリカの直接支払は「攻撃的な農業政策」「仮面をかぶった輸出補助金」[6]としての農業保護である。農政は転換しても、農業保護政策は依然として機能している。

これに対して、ＷＴＯ対応である日本の「新基本法」の基本的性格は「ＷＴＯ体制への無条件降伏宣言」であり、「我が国は、価格支持政策に決別した点で、いまや世界で最も農業保護削減に積極的な国になった」[7]。日本はＷＴＯ農業協定を「忠実に守る」ことによって、実は農業保護を全面的に後退させようとしているのである。ここでも「外圧を利用しながら農業問題の解決(農業保護の撤退)を」という、今や伝統的になった日本支配層の戦略がある。

ここで、注意しなければならないのは、WTO体制の実施過程が、日本の場合「平成不況」と重なっていることである。長引く不況とデフレスパイラルは、生活用品とりわけ食料品の低価格化を社会的に強要し、国民諸階層に「農業国際化」を推し進める社会意識を醸成させていることである。ここに、日本の支配層の「外圧利用」のみならず、低農産物価格を求める国民諸階層の「受容基盤の形成」が相まって、農産物輸入を促進させ、日本農業、北海道農業の困難を深めているという複雑な構造ができあがってきたのである。

(2) 北海道農業

農業保護政策の後退・撤退、農産物輸入の拡大、価格の下落のもとで、北海道農業は大きな構造変動を遂げようとしている。北海道農業は、農業グローバリズムのもとでの日本農業の矛盾の焦点である。「農業国際化」と農業保護の削減は、北海道農業を支えていた市場・価格体系の根本的変更を促し、農業の構造変動を促した。

第一に、北海道で生産される農畜産物の多くは土地利用型農業で生産される穀物、加工・原料農産物であり、今日の国際化による世界市場からの影響を直接受ける。それらの農産物は大半を輸入に依存する作物でもある。大半を輸入に依存する原料農産物の国内生産は、農産物価格の引き下げのみではなく、国内加工メーカーから品質の向上という形態をとった効率性追求もあわせて要請されている。さらに、北海道農業の救世主と思われた「第四の作目」「畑作五品」＝野菜も一九九〇年代半ばからのアジア・中国野菜輸入の急増によって農業発展にとっては大きな障害となっている。

第二に、北海道農業は、内国植民地的(開拓、辺境)・限界地的性格をもち、国家主導の土地開発投資や価格支持に支えられてきた(官依存体質農業、政策にふりまわされる農業)。先の土地利用型農産物のほとんどはかつての政府管掌作物であり、政策価格の下落は農家経済に直接の打撃をもたらした。実は、一九七〇年代までの北海道農業（特に新開地帯）の「優位性」とは、府県の零細農業を基準とした保護政策（特に米政策）に支えられていたことも一つの要因であるが、その枠組みが取り外されることは、北海道農業の存立条件に関わる大きな問題である。また、農産物市場における「市場原理の導入」は品質差別化を伴い、それによって都府県農産物との競争を強制し同時に北海道内の地域格差を激しくさせている。

第三に、北海道農業は大規模・専業型農業である。兼業・高地価という都府県のような「矛盾の発散回路」をもたない北海道の農家経済は、農産物価格の下落の打撃をストレートに受ける。ちなみに北海道の一戸当たり農業所得三五六万円は全国一〇三万円を三倍以上上回るが、農家総所得は北海道八〇四万円、全国八〇二万円と大差ない（二〇〇一年）。

加えて北海道は、三大特殊土壌（火山灰土壌、重粘土土壌、泥炭土壌）を抱え、寒冷地農業であるがゆえに三～四年に一回の冷害に見舞われる。北海道農業の歴史は冷害克服の歴史であり、冷害を乗り越えて農法転換を図り、適地適作の定着と地域分化を推し進めてきたのであるが、不安定な農業経営と負債依存体質が農家蓄積の欠如をもたらした。このような農家蓄積のなさは、国際化時代には決定的な条件不利性となる（農家蓄積が北海道農業の地域性を拡大）。ちなみに、農家の純財産は全国七〇五〇万円（資産七四〇三万円、負債三五六万円）に対し、北海道は四二〇四万円（資産五五一一万円、負債一三〇八万円）である（二〇〇一年）。

農家経済について付言すれば、都府県に比べ比重が少ないとはいえ農家経済の重要な柱（特に水田型農家経営）である兼業所得も、全国にもましての北海道経済の悪化（公共事業の削減、最大の失業率）によって削減を余儀なくさせられている。

しかし、以上の現れは、水田型地帯、畑地型地帯、草地型地帯、中山間地帯により、さらに同じ地帯でも新開・旧開地域、先進・後発地域ごとに様相はかなり異なる。それらは、以下の分析で明らかにしよう。

（1） 田代は「ＷＴＯ体制下における日本の農業・食料の現況は①日本農業がそれまでにたどってきた傾向、②ＷＴＯ体制下に組み込まれたことの影響、③ＷＴＯ対応農政の三つの要因の複合的作用の結果」（田代洋一『ＷＴＯと日本農業』筑波書房ブックレット、二〇〇四年）、四六頁、と述べている。なお、グローバリズムとは、ＷＴＯ体制の影響や農産物輸入（特に東南アジア）、ＦＴＡをめぐる動きを含めて呼ぶ。

（2） パブリック・シティズン著（海外市民活動情報センター監訳）『誰のためのＷＴＯか』（緑風出版、二〇〇一年）、八頁。

（3） 越田清和「私たちの仕事と世界の労働問題」（市民フォーラム二〇〇一『ＷＴＯが世界を変える』現代企画社、一九九九年）、一七頁。

（4） 田代洋一『日本に農業は生き残れるか――新基本法に問う――』（大月書店、二〇〇一年）。

（5） 田代はアメリカ利益のグローバリズムと「本来のグローバリゼーション」とを区別すべきことを主張している（注（1）、田代前掲書、八七頁）。

（6） 同前。

（7） 鈴木宣弘『ＷＴＯとアメリカ農業』（筑波書房ブックレット、二〇〇三年）、一九頁。

〔岩崎　徹〕

第一編　農業地帯の形成過程

第一章　地帯構成とその形成要因

第一節　一九五〇年代における北海道農業の到達点

一　第二次大戦期までの北海道農業の展開

北海道の開発は一九世紀末から始まる。(1) 明治政府は、ロシアの南下政策に対抗して北辺の北海道の開発を急いだのである。ここでは、農業にとどまらず、炭鉱・鉄道建設を含むインフラ整備においてもアメリカのシステムや技術が援用された。

農業開発は屯田兵制度から始まるが、日清・日露の戦争を経て日本の農業資源を求める行動は朝鮮・台湾・「満洲」などの「外地」へと向かう。そのため、当初一〇%の水準にあった北海道開拓使予算は切りつめられ、農業開発については民間主導の路線が採られることになる。一八八六年に北海道庁が設置されるが、「土地払下規則」「国有未開地処分法」によって配分された土地の多くは、華族・政商などの資産家に払い下げられたのである。当初は、畑作・畜産の大規模直営農場の実験もなされたが失敗に終わり、小作農場制が一般的になる。農場主は主に東京などに居住しており、農場管理人のもとに府県から募集された小作が入植し、開墾に従事するのが通例であった。耕地は、アメリカのホームステッド法を小振りにした殖民地選定・区画事業(一八八九年)によって、号・線の線引き(一区画三〇ヘクタール)がなされ、標準としてはそこに六戸の農家が入植し、一戸当たりの面積は五ヘクタールであった。森林が鬱蒼と茂る未開地の開墾は冬期の伐採・搬出と春からの開墾・蒔きつけの連続であり、当初は無肥料連作の焼畑農業であったといえる。作目としては、開拓作物といわれたイナキビ、そば、粟、稗から大・小豆、菜種、大麦、馬鈴しょ、さらには亜麻、えん麦などの商品作物に変化をみせる。

道央地帯の開墾は日露戦争頃に終了し、戦時に行われた馬鈴しょでん粉生産のための連作は地力を枯渇状態にした。このため、日露戦後には第一次の耕境後退が現れる。開拓農民は農地を捨て、新たな開拓地へと移転を始めたのである。土地は無限であったが、農民が定着するには粗放的農業からその集約化が必要であった。それが、稲作の開始である。稲作は、開拓政策の顧問として来道していたアメリカの技術顧問団によって否定されていたが、民間では徐々に試作が行われており、一九〇二年には北海道土功組合法が制定されて、かんがい施設のための組織が認められた。この時期のかんがい投資を推進したのは小作農場であり、一〇〇〇ヘクタールを上回る土功組合がいくつも設立され、稲作に飢えた農民を引きつけることになる。一九〇〇年に設立された北海道拓殖銀行(以下、拓銀と略)は、小作農場による開墾投資や土功組合の起債引き受けに大きな役割を果たしたのである。

第一次世界大戦は北海道の農業開発を急速に進展させた。ヨーロッパが戦場となった間隙をぬって豆類(えんどう、菜豆)、馬鈴しょでん粉などの洪水的な輸出が行われた。

しかし、その反動は大戦後の恐慌となって現れた。そのインパクトの大きさは、北海道全体の耕地面積が一九二〇年から二五年にかけて五万ヘクタールもの減少を示したことに端的に現れている。こうした事態に直面して、北海道庁は従来のインフラ形成主義から転換を行い、農業振興政策を打ち出すことになる。それが一九一〇年から開始された北海道拓殖計画(第一期)の一九二〇年改訂である。その内容は、二つの側面をもっていた。

第一は、米騒動の影響を受けて、日本の米穀政策が植民地米をも含めた帝国内の自給体制へと転換するのに伴い、北海道・樺太を圏域とする北海道産米増殖計画が樹立されたことである。これによって、第一次大戦までは小作農場の主導下で設立されていた土功組合に対する政策援助が増加し、折からの造田ブームも手伝って稲作の北進が急速に進む。北限は宗谷支庁管内にまで至っている。この結果、水田面積は三三年には二〇万ヘクタールに達するのである。しかしながら、ブームに乗った造田計画は当時の技術水準では無謀ともいえる地域にまで水田開発をもたらし、またかんがい施設の杜撰な設計なども多数発生して、二七年には土功組合の経営破綻に対応した助成処置や解散命令が出る始末であった。さらに、三〇年からの昭和恐慌と三一年からの連続冷害(三三年を除く四年間)の発生によって稲作の縮小がみられるようになる。こうした急速な拡大と調整過程を経ながら、北海道稲作は戦後泥炭地開発の部分を残してその骨格が形成されたということができる。石狩川流域に即していえば、第一次大戦以前において自然流下方式による平坦部の水田化が進行し、第一次大戦後には溜池やポンプアップ方式による、より小規模なかんがい投資が行われている。三〇年には一万一〇〇〇ヘクタールにのぼる北海土功組合(現北海土地改良区)の幹線工事が竣工しており、大規模プロジェクトが実施されたことも付け加えておかねばならない。

第二は、疲弊した畑作そのものの農法を変革しようとする動きである。これは二一年に赴任した北海道庁長官の名を採り宮尾農政といわれている。そのモデルとして、従来のアメリカではなくデンマークやドイツの農法が採用され、そこでの畑作・酪農の混合経営(北海道では混同経営と称する)が目指されたのである。

畑作の地力維持のためのシステムは、馬耕・プラウによる深耕と結びついた根菜類(てん菜)の導入によって作物の輪作体系を確立し、あわせて酪農を導入して家畜ふん尿を堆肥として還元することにあった。それは「牛馬百万頭計画」と二〇、二一年の製糖企業の誘致として推し進められた。これらの施策は、拓殖計画の改訂によって進められたが、本格的には二七年から始まった第二期拓殖計画(二〇年計画)に引き継がれていくことになる。

ここで注意しなければならないのは、こうした地力対策として導入された作物が原料農産物であり、加工工場と直結したものであったということである。これ以前にも、馬鈴しょはでん粉工場、亜麻は製線所との関係を有し、特産品である除虫菊やハッカなどいずれも原料農産物としての生産であった。新規作物であるてん菜についていえば、製糖工場の拡大に伴いてん菜耕作組合が工場の特約組合として設立され、半ば強制的に作付面積が確保されるようになる。また、酪農については、旧来の練乳会社の原料乳受入や価格引下問題の発生により、北海道製酪販売組合聯合会(酪聯)が二六年に設立され、一次加工(生クリーム)のための共同集乳所を拠点として協同組合形態でのバター生産が拡大をみるのである。

宮尾農政の時期、デンマーク、ドイツから四戸の農家がモデル農家として招聘されるが、彼らの母国で行われていた畑作(飼料作と穀作、原料農産物)と畜産(乳牛と豚)、ならびに農産加工(チーズ、ハム、ソーセージ)を組み合わせたヨーロッパの中農による自給度の高い農法は根づかなかったとみてよい。この時期の農業政策は、ヨーロッパ農業の形式的模倣段階であり、その文化をまるごと理解するには遠かったのである。酪農業協同組合の形態は採り入れられたが、その中心メンバーはブリーダー層であり、一般の酪農家は副業酪農であり中農的な基盤をもたず、やがて酪聯は株式会社に転化してしまうことになる。

むしろ、第一次大戦後の農業生産力問題において重要なのは、農事実行組合である。当時、農業技術普及を担当すべき組織は農会であったが、ようやく第一次大戦後に北海道、支庁、町村という系統組織が確立し、町村農会にも技術員が配置されるようになる。そのもとに設立されたのが農事実行組合である。北海道には府県のような自治村落が存在しなかったので、農事実行組合は技術普及の受け皿として農家二〇戸程度を単位として人為的につくられた組織である。その活動内容は、農事試験場によって開発された優良品種の普及や当時導入されつつあった原動機や脱穀調製用機械の普及、堆厩肥の増産と還元などであった。また、折からの昭和恐慌のもとで農家簿記を記帳して経営改善を図るなどの運動も進められた。ちょうど未開地が枯渇して農家の定着が始まった時期と重なっており、農家の旺盛な生産意欲の向上と結びついて、この組織が網の目のように張りめぐらされるのである。浮動的な農家を地に足のついた勤勉な農家へと変貌させる運動が、安上がりで実効性のある生産力対策として機能したのである。

そのなかで、技術普及組織として形成されたこの組織が生活を含めた農家の拠り所として機能してくる。のちに述べる農事実行組合型集落の形成である。昭和恐慌期は、農山漁村経済更生運動が政策的に推進された時期でもあり、その中核とされた産業組合の下部組織としても機能することになる。

とはいえ、十勝や網走、上川北部などの道北・道東においては外周部への耕地拡大は依然として続いており、「豆の国」十勝を典型として専作的な作付構造は解消されることはなかった。しかし、連続冷害の反省から、三二年に北海道庁から「農業合理化方針」が出され、適地適作(地帯農業の確立)とそのもとでの経営形態のあり方が模索されていたのも事実である。三三年からの根釧開発五ヶ年計画は、主畜地帯としての根室酪農のレールを敷いたものであり、先の酪聯の動きもこれと連動したものであった。

この時期の各地域の作付の分化をみると、旧主産地の後退、新産地の興隆がくっきりと現れている。米の空知・上川中南部、豆と亜麻の十勝、でん粉と除虫菊の上川北部、ハッカ・でん粉・えんどう・亜麻の網走である。他方で、旧開地の後志、胆振、石狩などの地位低下が著しい。第二次大戦後も作物構成には大きな変化はあるものの、この四支庁が耕種農業の中心地をなすのであり、大枠としての北海道農業の地帯構成が形成されたということができるのである。

二　一九五〇年代の北海道農業の基本骨格

第二次大戦末期は労働力・生産資材不足が深刻化し、敗戦の年は一九一三年以来といわれる大凶作であり、まさにダブルパンチを浴びたようなものであった。耕地面積は、戦後の混乱のなかで、四九年まで減少を続ける。また、戦時期から行われていた食糧の供出制度も依然として継続され、またドッジラインによるデフレ政策と価格パリティによる低農産物価格の設定は、農村経済を冷え込ませるものであった。

他方、戦後改革の一環として、農地改革が実施される。北海道の場合、農地改革は純粋耕地の解放、牧野の解放、そして未墾地買収による戦後開拓入植という三つの柱から成り立っていた点に特徴がある。しかも、これは戦前における同様な政策を引き継いだ側面が強い。

第一の耕地の解放については、戦前・戦後期の小作農場の解体路線を引き継いだものと考えられる。第一次大戦後になると、小作農場の経営は厳しくなり、また農場単位の小作争議の発生とそれに引き続く昭和農業恐慌・連続凶作はそれをますます加速させた。多くの農場は拓銀の経営管理下に置かれ、流れ込み資産としての拓銀所有地は二八年には一万ヘクタールとなる。北海道庁ではこうした事態に対し、自作農創設事業を全国に先駆けて拡充し(三四年の大蔵省預金部資金の導入)、農場の転売を阻止して自作農化を進めたのである。特に三八年の農地調整法の施行以降、なかでも戦時末期には急速に進み、その累計面積は水田四万二七〇三ヘクタール、畑地九万九七八五ヘクタール、合計一四万二四八八ヘクタールを示すのである。農地改革における耕地解放については、水田が六万八九五四ヘクタール、畑地が二七万八六一七ヘクタールであり、合計で三四万七五七二ヘクタールであった。戦前・戦時期に創設された自作農はすべて存続したとは限らないが、単純比較すると総面積で農地改革の四二%であり、農地改革以前に「自作化」がおよそ三分の一程度進んでいたことが分かる。農地改革はこれを徹底化、全面化させたものといえよう。

第二は、これに加え、一九万二〇二〇ヘクタールの牧野の解放が行われたことである。牧野は主に太平洋沿岸の主畜地帯と十勝畑作地帯の外周部に分布していたが、山林が農地改革から阻害されたのに対して、この実施はその後の酪農・畜産の展開にとって重要な意味をもったといえる。特に、個人のみではなく五万五〇六五ヘクタールが団体売渡とされ、その後の公共育成牧場の充実に寄与したことが重要である。

農地改革の枠組みのなかで、戦後開拓事業が大規模に実施されたことも北海道の大きな特徴である。すでに日露戦後から北海道未開地処分法による払い下げ地が木材の伐採などののちに再び未利用地になり、開発を阻害するとして問題になっていたが、第二期拓殖計画に民有未墾地開発事業が組み込まれ、以降その買収と新規入植が実施される。その面積は二〇万〇九七六ヘクタールであり、戦前・戦時期の自作農創設事業を上回る実績を有している。戦後開拓は農地改革政策のもとで民有未墾地と国有未開地・軍用地等の移管によりファンドが形成される。ただし、このファンドはすでに一九四〇年の「北海道総合計画」策定時の調査を下敷きにするものであった。五〇年までの取得面積は民有地買収面積が二三万四三四八ヘクタール、国有地移管面積が四二万二七六〇ヘクタールであり、実際の売渡面積は入植・増反・団体を合わせて二九万二三九四ヘクタールであった。このように、戦前・戦後を通じて開発が阻害された民有地が買い戻され、それが新たな開発のファンドとして投入され、戦後開拓を通じて最終段階の北海道開発が進展をみせるのである。

とはいえ、この戦後開拓は、当初は戦後の都市問題を農村への人口移動で発散させ、あわせて植民地喪失による食糧増産を達成するという虫の良い計画であり、むろん十分な計画ならびに財政的裏づけがあったとは決していえない。府県では、すでに四七年の段階で当初つけられていた「緊急」の字句が外されて農村の次三男対策へと変質していく。しかし、北海道においては、戦後開拓はまさに残された未開地に対する挑戦であり、政策の後退を伴いながらも後に引けない性格のものであった。一部機械開墾の試みも行われたとはいえ、開墾は開拓農家の手労働に依拠して行われた。開拓政策は一九七三年に収束するが、この間一貫して開拓地における営農不振問題が議論され、六四年から九ヶ年にわたって実施された四類区分による離農助成対策は、総合農協による既存農家の格づけと下層農家への離農勧告として一般化していくことになる。しかし、他面において、開拓地は次に述べる農業構造政策の実験地となり、北海道農業の近代化路線の優等生として変貌していくのである。ただし、そこには努力空しく再び都市部へと離農した多くの農家による開墾地がファンドとして残されたことは忘れられてはならない。

こうして、戦間期に中農的展開をみせた旧開地域の農民は自作農として自立化し、内陸平坦部の条件不利地と太平洋沿岸から根釧台地にかけての牧野が戦後開拓農家のもとに配分されたのである。

三　一九五〇年代の地域開発序列と規模格差

以上の戦後改革時の農地分布の枠組みは、その後の膨大な農用地開発事業の存在にもかかわらず大きな変化はなかったといえる。なぜなら、さらなる農地開発のためのファンドは主として開発の遅れていた戦後開拓地区に存在していたからであり、のちに述べるように戦後の農地開発は農業近代化過程の激しい変動を受けた戦後開拓・大規模地帯において最も貢献したのである。

こうした土地ファンドをベースとして、一九六〇年代からの農業近代化が進展をみせるが、その過程を経て北海道の農業地帯構成がその枠組みを現すのは一九七〇年代後半のことである。ここでは、その変動の前提となる一九五〇年代の地域開発序列と規模格差について簡単に触れておこう。

まず、一九五八年の『北海道農業基本調査』のデータにより、支庁別に農家の入地時期別の構成をみておこう。(2)北海道においては、高度経済成長以前は農家の出入り関係は入超で推移しており、戦後開拓農家の脱農もさほど進んでおらず、この資料によって戦後段階における農家の入植時期を確定することができる。これによると、漁業開発によって沿海部入植の進んだ日本海沿岸、太平洋沿岸(漁業兼業地帯)の順で明治・大正期入植の割合が高く、次いで内陸部平坦部の農業中核地帯である空知・上川(水田型地帯)、十勝・網走(畑地型地帯)が続き、最後に残された根釧原野(釧路・根室、草地型地帯)においては戦後開拓農家の割合が高くなっている。(3) これは、地域開発序列に対応しており、沿岸部の漁業自営兼業地帯(中山間地帯)、水田型地帯、畑地型地帯、草地型酪農地帯の順に農業開発が行われたことを示している。

次に入地時期と経営耕地規模との関係をみてみる。全道的観察では明治・大正期入植者が戦後入植者に対し規模の優位性をもつことが示されるが、昭和戦前期入植者の位置づけは明確ではない。これは日本海ならびに太平洋沿岸地帯の漁業兼業を主とした第二種兼業農家の存在が撹乱要因となっていると考えられる。(4) 支庁別にみると、明治・大正入植者の経営規模が最も大きく、昭和戦前期入植者が続き、戦後入植者の規模が最も小さいという関係をみてとることができる。こうした傾向が最も顕著に現れているのが空知であり、既存農家の経営形態は稲作、戦後開拓農家のそれは畑作を基本とするにもかかわらず、既存農家に面積的な優位性が存在している(表1-1)。十勝、網走の畑地型地帯においても早期入植者の優位性ははっきりしており、戦後開拓農家は十勝で五ヘクタール未満層、網走では三ヘクタール未満層に四〇%近くが集中している。このように、統計的にみても入植時期の早晩性が耕地面積規模を規定するという規模に関する先着順序列を確認することができる。(5)

以上みたように、一九五〇年代末においては既存農家の優位性は明らかであり、戦後開拓農家は劣悪な土地条件のもとで開墾も阻害され、農村の最下層に位置づけられていたということができる。しかしながら、彼らは農業近代化のドライブのなかで多くの離農を輩出するとはいえ、のちにみるように大規模農家群を構成するようになるのである。

表 1-1　入地年次と経営規模との相関

（単位：戸，％）

	経営面積	農家戸数 ～1926年	27～45	45～58	合計	階層別構成比 ～1926年	27～45	45～58	合計
北海道	～1 ha	20,705	18,450	16,809	55,964	22.5	25.9	25.4	24.4
	1～3	21,149	19,365	20,037	60,551	23.0	27.2	30.3	26.4
	3～5	25,722	16,682	14,496	56,900	27.9	23.5	21.9	24.8
	5～10	19,326	12,742	13,034	45,102	21.0	17.9	19.7	19.7
	10～	5,099	3,730	1,369	10,198	5.5	5.2	2.1	4.4
	合計	92,047	71,111	66,179	229,337	(40.1)	(31.0)	(28.9)	(100.0)
空知	～3 ha	2,663	3,344	3,949	9,956	26.8	44.8	65.0	42.4
	3～5	4,717	3,083	1,492	9,292	47.5	41.3	24.6	39.6
	5～	2,551	1,038	626	4,215	25.7	13.9	10.3	18.0
	合計	9,931	7,465	6,075	23,471	(42.3)	(31.8)	(25.9)	(100.0)
上川	～3 ha	4,076	4,918	6,211	15,205	35.7	51.8	66.4	50.2
	3～5	4,693	3,056	2,118	9,867	41.2	32.2	22.6	32.6
	5～	2,632	1,516	995	5,143	23.1	16.0	10.6	17.0
	合計	11,404	9,497	9,358	30,259	(37.7)	(31.4)	(31.0)	(100.0)
十勝	～5 ha	1,175	1,722	2,463	5,369	16.9	24.0	39.0	26.3
	5～7.5	1,381	1,481	2,041	4,903	19.9	20.6	32.3	24.0
	7.5～10	1,627	1,600	1,212	4,439	23.4	22.3	19.2	21.7
	10～	2,752	2,372	582	5,706	39.7	33.0	9.2	27.9
	合計	6,939	7,180	6,311	20,430	(34.0)	(35.1)	(30.9)	(100.0)
網走	～3 ha	1,171	2,044	2,960	6,185	15.5	28.9	43.0	28.8
	3～5	2,540	2,324	2,303	7,167	33.6	32.9	33.5	33.3
	5～7.5	2,246	1,658	1,676	5,180	29.7	23.5	24.4	24.1
	7.5～	1,597	1,022	314	2,933	21.1	14.5	4.6	13.6
	合計	7,557	7,064	6,879	21,500	(35.2)	(32.8)	(32.0)	(100.0)

注）1．合計には例外規定農家を含む。
　　2．構成比の（　）欄は，入地年次別の構成比を示す。
出所）1958 年『北海道農業基本調査』（文書課マイクロフィルム統計 No.215）。

（1）以下の叙述は、坂下明彦『中農層形成の論理と形態――北海道型産業組合の形成基盤――』（御茶の水書房、一九九二年）に基づいている。
（2）臼井晋編著『大規模稲作地帯の農業再編』（北海道大学図書刊行会、一九九四年）、二八頁の図1－3を参照。
（3）ただし、日本海沿岸では石狩（石狩川下流域）と宗谷（酪農地帯）において、太平洋沿岸では日高において戦後開拓の割合が高く現れている。なお、一九三〇年の国勢調査によって出生地別の人口構成をみても、同様の結果がみられる。注（1）、坂下前掲書、一五二―一五四頁を参照。
（4）『北海道農業基本調査』によると、一九五七年の沿海部八支庁の農家戸数は八万二〇二四戸（市部を除く全道の四三・三％）であり、第二種兼業割合は四二・三％、漁業自営兼業は一五・九％に達する。これに対し、内陸部の四支庁の農家戸数割合は同五〇・六％にすぎない。
（5）先着順序列は、田畑保「北海道農業集落の階層構成の一規定要因」（『農業総合研究』三三巻二号、農業総合研究所、一九七九年）によって、集落の階層構成の一つの規定要因として示されたものであり、「入地」時期の早晩性が農家の自小作別構成や経営耕地規模の構成と相関をもち、さらには早期定着農家の存在の多寡が階層構成のあり方にも影響を与えるというものである。なお、注（1）、坂下前掲書も戦前期を対象として農業集落レベルでの実証研究を行っている。

［坂下明彦］

第二節　農業地帯の形成と地域開発序列

こうした一九五〇年代農業の骨格を前提として、農業基本法のもとで北海道農業は大きな変貌を遂げていく。その過程は、耕地の外延的な拡大を伴いながら（一九六〇年八二・六万ヘクタールから八〇年一一四万ヘクタール）、農業地帯を明瞭に現していく過程であった。各農業地帯は農業経営形態を異にするが、政策投資の序列も経営形態に規定されており、例えば土地改良投資をとっても、水田型地帯の流域開発と圃場整備、畑地型地帯の耕土・湿地改良、そして草地型酪農地帯の草地造成の順で進展をみせていく。草地開発が一巡するのは一九七〇年代後半のことである。しかも、各農業地帯は、先に述べた「旧開地域」と「新開地域」を含んでおり、ここにおいても開発投資の序列がみられる。

以下では、そうした地域開発序列を意識しながら、水田型地帯、畑地型地帯、草地型地帯の代表的な地域を念頭に置いて、それぞれの農業近代化過程を素描することにする。

一　水田型地帯の流域構造の変化

水田型地帯の拡大は、かんがい施設を伴うため、最も組織的な対応が必要であった。北海道のかんがい組織は、日露戦後に急速に形成されたために事業規模が大きく、大河川の上中流域を中心に自然流下方式によるかんがい形態が大勢を占めていた。その中心は石狩川流域であり、戦前段階においてそれらの地域は水稲単作に近い構造を有していた(1)。戦後の水田開発は、戦時期に着手されていたダム開発を基点として国営のかんぱい事業によって行われた。石狩川水系を例にとると、戦前期北海道で最大の地区面積一万一〇〇〇ヘクタール規模を誇った北海土地改良区は、五四年に桂沢ダム(二五七五ヘクタール編入)、五九年に金山ダム(二一八三ヘクタール編入)の完成を受けて、六〇年代前半には二万ヘクタール台に地区面積を拡大させている。このほかにも、世界銀行融資を受けて事業が実施された篠津運河開発などがあり、その開発は戦前期には高位泥炭地としてほとんどが原野であった下流域地域が中心であった。この地域は戦後開拓地域に重なっており、入植の基準面積は畑作基準(七・五～一〇ヘクタール)であったために、当時の上流域三ヘクタール、中流域五ヘクタールという平均面積と比較して大規模であり、開発投資によって新開水田地帯として一気にキャッチアップしたのである。北海道全体をみても、造田は七〇年の減反政策の開始までブームをなして進行し、稲作作付面積は二五万ヘクタールを突破するのである。このように国家プロジェクトによる流域開発が戦後早期に始動したことから、水田型地帯は北海道内では最も営農条件に恵まれた地域であったといえる。

農業構造改善事業の実施も他の農業地帯に先行しており、耕耘機段階は短く、トラクタ化が進行する。この過程で六〇年代中期に離農が多発するが、高度経済成長期の離農率は旧開地域では三分の一程度であり、他の農業地帯と比較すると少なかった。しかし、新開地域においては開拓期の営農条件が厳しかったため、半数が離農を余儀なくされた。この離農跡地の集積によって、一戸当たりの稲作作付面積が増加し、田植えや稲刈りに際し、大量の臨時雇用労働が必要とされた。

旧開地域においては、五四年から実施された新農村建設運動のなかで、農事実行組合を基礎単位とする稲作研究会などの自主的な技術改良の気運が高まり、そのなかで手間替えや共同田植えなどが行われ、それが田植機導入後の営農集団形成の母体となるケースがみられた。これに対し、新開地域においては漁村部ないし東北地方からの女子季節労働者への依存が強く現れ、年雇経営も出現した。しかし、高度経済成長のなかで雇用労賃が上昇し、機械への代替が大規模地帯である新開地域から進行することになる。一九七〇年代前半には田植機が導入され、稲作における中型機械化一貫体系が形成されていく。

こうした機械化の進展は、圃場整備を不可欠とした。一九六三年から実施された道営圃場整備事業は国営かんぱい事業と連動して行われたため、旧開地域の上中流域から実施されることになる。この結果、機械化がより進展をみせていた新開地域の下流部では、自力での区画整理が先行し、一九七〇年代後半以降に再度事業が実施されることとなる。この時期はオイルショック後にあたり、泥炭地対策としての特殊工法の採用とあわせ、単位当たり事業費は上流部のほぼ二倍となり、コメ一・五俵分に相当する負担となった。

一九七〇年からの減反政策の開始は、北海道の稲作に大変動をもたらす。その第一が減反への過剰反応であった。減反政策の当初は単純休耕が認められ、奨励金の水準も高かったために日雇い兼業が急速に拡大をみせる。特に、中規模の旧開地域においては、減反を機に第一種兼業農家が固定化される。減反政策は一時緩和されたが、一九七八年には水田利用再編政策として再度強化され、北海道においては五〇％にも及ぶ転作率の長期・固定化の方向が示される。特に、新開地域においては機械化投資が進行していたため、稲作面積の縮小は機械の稼働率を低下させ、それがさらなる規模拡大の要請となって現れたのである。さらに、従来の「緊急避難」的対応であった転作は、その収益化が課題となる。旧開地域では組織的に田畑輪換方式が採用され、小麦・てん菜・豆類の輪作と復田が土地利用の基本となり、さらに野菜が加わる複合経営方式への転換が図られた(2)。これに対し、新開地域においては土壌条件と機械装備の関係から転作田の固定と小麦作の連作化がもたらされ、基盤整備の過重負担から兼業化が進行するという、「米麦一毛作」・兼業化が進行をみせるのである(3)。

二　畑地型地帯の拡大と開発序列

北海道の中核的な畑地型地帯は、十勝農業と網走農業とに代表される。ここでは、十勝地域を取り上げて、農業近代化過程を素描してみよう。

十勝地域の農業地帯は、帯広市を円心とするチューネン圏として捉えられてきた。すなわち、戦前期においては帯広市を囲む十勝平野の中央部では、豆作、特に菜豆類の安定度が高く、そのため豆の作付比率が高く、山麓・沿海部になるにしたがって豆作比率が低下し、大豆の作付比率が高くなるという構造である。

開拓農家の割合は、一九五八年で三一％であり、山麓・沿海部でやや高い傾向を有していた。一九六九年段階では、開拓農家割合は一〇％にまで減少をみせ、その耕地面積も一三％にすぎない。水田型地帯の泥炭地や草地型地帯などと比較して、団地をなすような未墾地は山麓・沿海部にしか存在せず、ほとんどが防風林地など既存集落内に入植したため、離農率が高かったのである。その意味では、十勝における「新開地域」はチューネン圏の周辺部から山麓・沿海部にかけての畑作限界地での既存農家による畑地・草地造成によって形成されたといってよい。旧開地域はいうまでもなく、中央部である。

豆作中心の作付構造は冷害に弱いという弱点をもち、戦前の連続凶作のもとで有畜化政策がとられたにもかかわらず、戦後に畑酪経営が存続したのは最も集約化の進んだ中央部の一部地域であった。戦後の大冷害は、一九五三・五四・五六年と続き、農家負債が増大し、寒地農業確立のための対策が北海道や農協などの関連機関をあげて要望され、一九五八年に「マル寒法」が成立し、寒地農業確立のための長期低利資金融通が開始される。これによって、中央部と集約酪農地域の指定を受けた山麓・沿海部で有畜化が一定の進展をみせる。

有畜化と並んで経営構造転換として進められたのが、根菜類(馬鈴しょ、てん菜)の導入による輪作である。しかし、そのためには根菜類の一定規模の作付を可能とするような機械化の進展が必要であった。構造改善事業によるトラクタ導入は、一九六〇年代前半、本格的にはその後半から進行する。これは、二頭曳プラウ耕法の延長線上のものであるが、根菜類作付に必要な深耕が可能となり、澱原用馬鈴しょやてん菜の作付が増加をみせていく。それは、根菜類の収穫機(当初は牽引式、のちに自走式)の導入を伴うものであり、当初は農事組合を単位とした利用組合による共同作業体制が採られた。この間、六四・六六年にも深刻な冷害が発生し、この根菜類の導入とともに有畜化が周辺部にも波及し、酪畑経営(混同経営)が一般化していく。しかし、七〇年代前半には集乳過程の合理化のもとで、パイプライン・バルククーラーの導入が迫られ、混同経営は施設投資を行って本格的な酪農専業形態を採るか、畑作専業形態を採るかの選択を迫られるのである。こうしたなかで、集落内の経営形態にばらつきが生ずるとともに、作業機の高度化によって共同作業の必要性が希薄化したことから、利用組合は七〇年代中期には解散され、機械利用は個別完結型に移行をみせる。作付作物では、オイルショックと旧ソ連の穀物輸入という衝撃を受けた麦作振興策のもとで、小麦の作付が増加し、十勝においては四年輪作(豆類、馬鈴しょ、てん菜、小麦)が、豆類を欠く網走では三年輪作が確立するのである(4)。

こうして一九七〇年代末の十勝農業は、チューネン圏的構成における地域開発序列を明瞭に現すことになる。

旧開地域である中央部は中規模地帯(一五ヘクタール規模)であり、土地生産性の向上によって所得確保を行い、豆類の相場で剰余を得るという経営行動を採っている。新開地域としての周辺部においては、豆作の不安定性を抱えながらも、農地造成や離農跡地の集積による規模拡大を行い(二五ヘクタール規模)、小麦・澱原用馬鈴しょの連作を含む土地利用によって規模の経済性を追求している。この両者には畑地型酪農経営が点在しており、草地型酪農地帯に対し中規模高泌乳型の経営を展開している。山麓・沿海部は、草地型の酪農に転換し、次にみる根釧地域同様の方向を採っている。

畑地型地帯の新開地域においては、大規模水田経営や草地型地帯のような急速な規模拡大に伴う負債は相対的に少なく、生産調整(作付調整)の開始も一九八〇年代中頃であったため、新開地域としては最も安定的な存在であるといえる。

三　戦後開拓と草地型地帯

北海道の酪農は、三つの系譜をもつ。第一が都市近郊型の酪農であり、飲用乳向けないしかつてはブリーダー的展開を図っていた系譜である。第二が畑地型の酪農経営タイプであり、特に十勝畑地帯における「混同経営」の分化によって酪農に専門化したものである。これについてはすでに述べた。そして、第三が草地型酪農のタイプであり、これが現在北海道において最も主流をなす酪農家群である。地域的には道東の根室、釧路、十勝の山麓・沿海部、ならびに道北の天北(宗谷)が該当する。

草地型地帯の酪農は、戦間期において唱導された「地帯農業」の確立政策のもとで主畜地帯として助成が行われたことを契機として展開した。三七年の根釧開発五ヶ年計画が政策的な出発点である。この地域は北海道のなかでも特に開発途上地域であったため、戦後開拓農家の入植が集中しており、五八年時点での根室の総農家戸数四五五九戸の四八％を占めている。また、戦後開拓政策が終息した六九年の総農家三四四七戸に占める割合も四八・四％となっている。(5)

戦間期から戦後にかけての農家の経営形態は、いわゆる副業酪農の水準(一～四頭飼養)にあり、自給作物の栽培と野草を利用した乳牛の飼養形態が一般的であった。戦前期には、国有未開地の存在が、戦後には牧野解放と戦後開拓事業の一環として行われた開拓農協などへの団体売渡地の存在が、まさにパスチャーとして機能していたのである。その多くは混牧林形態であった。

酪農の拡大は貸付牛制度に始まり、五四年の酪農振興法による集約酪農地域指定などによって本格化し、生乳の共販体制の確立や処理施設の拡充が図られていく。とはいえ、この時期以降、乳業メーカーによる「集乳合戦」や乳価引き下げが問題化し、生乳の安定的な取引は一九六五年の不足払い法(保証乳価制度とホクレンによる一元集荷体制)を待たねばならなかった。このなかで、実施されたパイロットファーム建設事業(五六～六六年)は、機械開墾や建て売り牧場方式(耕地面積一四・四町、ジャージ成牛一〇頭、畜力体系)で注目を集めたが、牛種問題、貸付限度額の固定、配分面積の過小と追加農地の遠距離性などの問題を残した。とはいえ、七三年からの「新酪農村建設事業」のなかで、再び建て売り型のモデル事業が行われることとなる。

こうした前史を経て、基本法農政期には酪農は成長部門に位置づけられ、いわゆる「ゴールなき拡大」が進行をみせることになる。政策的には、土地基盤整備(開拓パイロット事業、草地改良事業)と施設・機械導入(一次構、二次構)が行われ、従来の混牧林利用を主体とした牧野が牧草専用地に改良され、牛舎施設・機械がセットで導入される。また、融資制度も農業近代化資金から総合施設資金の創設(六八年)へと拡充をみせていくのである。六六年からは第一次酪農近代化計画が、七一年には第二次計画が樹立され、生乳生産も六〇年の四〇万トンから七〇年には一一八万トンへ、さらに八〇年には二一一万トンへと速いテンポで増産体制が採られていくのである。

以上の酪農展開の対極で離農も多発し、酪農家戸数は六〇年六・三万戸、七〇年三・九万戸、八〇年二・一万戸と急速に減少していく。この時期までの一戸当たり乳牛飼養頭数と草地面積の関係はパラレルであり、急速な草地集積が行われたことになる。こうしたなかで特筆されるのは交換分合の実施であり、離農跡地をファンドにすることで地域合意を図り耕地分散化に対応して周期的な取り組みがなされている。「新酪農村建設事業」において実施された広域交換分合は対象戸数四四八戸、地区面積二・八万ヘクタールに及んでいる。(6)

草地型酪農地帯はそのほとんどが新開地域に区分されるが、急速に大規模化した酪農経営は七九年からの生乳の生産調整(計画生産)により打撃を受け、八一年からは近代化に伴う負の遺産に対する負債整理対策が実施されることになるのである。

(1)　詳しくは、第一節注(2)、臼井前掲書を参照。
(2)　この時期の「旧開地域」の集団的な取り組みについては、矢崎俊治『営農集団と農協』(北海道大学図書刊行会、一九九〇年)、ならびに第二章第一節を参照。
(3)　「米麦一毛作」・兼業化については、注(1)、臼井前掲書を参照。
(4)　こうした集落を単位とする利用組合の展開事例として、坂下明彦「大規模畑作地帯における農業展開と部落構造」(『北海道農業』九号、北海道農業研究会、一九八九年)を参照。
(5)　北倉公彦『北海道酪農の発展と公的投資』(筑波書房、二〇〇〇年)を参照。
(6)　交換分合の実態については、坂下明彦「根室地域における農地移動の地域的性格」(『北海道農業』二七号、北海道農業研究会、二〇〇一年)を、広域交換分合の評価については、宇佐美繁「草地酪農の資本形成と生産力構造」(美土路達雄・山田定市編著『地域農業の発展条件——北海道酪農の展開構造——』御茶の水書房、一九八五年)を参照。

［坂下明彦］

第三節　農業地帯構成の枠組みとその変化

一　農業地帯構成の枠組み

農業近代化政策が実施される以前、一九五〇年代の北海道農業の基本骨格は、以下のように示すことができる。すなわち、沿海部の非中核地帯(中山間地帯)を除くと、旧開地域としては河川取水を主とする石狩川流域を代表とする平坦部の水田型地帯、十勝平野や北見盆地を中心とする畑地型地帯、そして端緒的に戦前に主畜地帯に位置づけられた根釧原野と天北丘陵である。とはいえ、以上の経営形態の区分は明瞭なものではなく、田畑作ないし水田酪農さえも含むものであり、しかも水田型地帯は繁殖馬産地帯としても位置づけられていた。

こうした戦前期の骨格の間に、戦後開拓入植地区が組み込まれていく。その中心は、地域開発序列の最後部に位置する主畜地帯、畑地型地帯の山麓・沿海部、そして水田型地帯のなかで空白となっていた泥炭地域であった。既存農家と開拓農家の農家戸数割合は、一九五八年でおよそ七対三である。しかし、戦後開拓地区は既存耕地の外側に設定されたわけであるから、主畜地帯、畑地型地帯の山麓・沿海部においてはその割合が高くなる。こうした地域においては、戦後開拓地区は団地として形成され、独自の開拓農協も比較的基盤が強かったから、戦前期の蓄積の弱かった既存農家と融合して新開地域を構成していくのである。ただし、既存農家との混在ないしは中小河川の上流に置かれた開拓地区では、比較的早期に離農が進み、高度経済成長期にはほとんどその存在が失われてしまう。

北海道においては、農業近代化政策は土地基盤整備をその重要な基礎として進められており、土地改良投資が重点的に行われた新開地域は、領域的にも北海道農業における比重を高めたのである。農地造成の実績をみても戦後開拓の開墾地の累計は、その最終年である一九七三年には総耕地の二五％、その後実施された農用地開発事業についても同三七％を占めている。(1)

二　旧開・新開地域と政策受容

こうした旧開・新開地域という地域開発序列を含みながら、七〇年代末には際だった農業地帯としての専門化を強め、土地利用からいうと水田型地帯、畑地型地帯、草地型地帯が明瞭に現れるようになる。むろん、それは農家の規模拡大と専作化を背景としたものである。以下、旧開・新開地域の区分にしたがって、農業近代化政策の受容の両地域における相違をまとめておこう。

まず、新開地域は、戦後の開発途上地域として農地開発や土地改良投資により外延的拡大がなされ、さらに離農跡地の再配分により耕地規模拡大を図った地域である。また、基盤整備とセットで各種の農業構造改善事業が導入され、面積規模拡大に対応した大型農業機械・施設投資が実現されたのである。これはまさに大規模農家の創設であり、近代化農政の施策が直接的に受容される形態であった。つまり、零細小農経営を放逐して自立経営農家を育成するという本来の農業構造政策とは異なっている。近代化の典型が新開地域であるとするなら、北海道農業を「構造政策の優等生」であるというのは一種の形態的比喩でしかない。むしろ、新たな経営形態である酪農においてパイロットファームや「新酪」などのモデル農家創設が巧まれたことに象徴されるように、白紙から近代的経営を創設する一つの実験場としての性格を有していたといえる。その代表的な地域をあげると、「新酪」モデル事業に象徴される根釧・天北草地型酪農地域、大規模な湿地改良や層圧調整事業によって大規模畑作経営を実現した十勝周辺畑作地域・網走斜網畑作地域、国営かんぱい事業と圃場整備事業によって大規模稲作を実現した石狩川下流域水田作地域である。しかしこれら新開地域は、急速な規模拡大を借入金に依存していたため、八〇年代に入り交易条件が悪化すると農地購入・機械施設投資・基盤整備負担金の負債圧に悩まされることになる。専作型大規模経営の個別展開で脚光を浴びていた地域の負債対策地域への転落である。

これに対し旧開地域は、戦前期に農地開発がほぼ一巡し、戦後に外延的な規模拡大を図ることができず、むしろ土地条件の優位性をもとに土地生産性の向上を図ってきた。そして機械化が一定の水準に達して以降は、農地獲得競争が激化しその調整が必要となった。北海道で一般化した農地移動適正対策は旧開地域の農地市場のあり方をベースにして立案されたものである。こうして、新開地域が個別展開による規模拡大を達成して大規模地帯を構成したのに対し、旧開地域は中規模地帯を構成することになる。さらに集落の農家間の関係をみると、旧開地域は密であり、規模拡大にも限界があったことから集団的対応が顕著にみられるのに対し、新開地域は個別的に対応した。そのため、旧開地域は近代化農政の受容においても、その導入は直接的ではなく地域農業の実状に応じた対応を行うケースが多かった。これらの代表的地域は、石狩川流域の上中流域の中規模水田作地域、十勝の中央部畑作地域・網走の北見畑作地域である。これら地域は一九八〇年代に入り基幹作物の価格下落に対応して、野菜・花きなどの複合部門を導入する動きを示している。

このように、北海道農業は農業近代化政策が推し進めてきた大規模専作化・個別展開路線を無条件に受容してきたと考えられがちであったが、農業地帯とそれを貫いて現れる新開・旧開地域の区分を踏まえると、農業展開の複線的理解が必要となってくるのである。

三　各農業地帯における旧開・新開地域の経済的地位の変化

以下では、第一節でみた五〇年代の地域開発序列に基づく旧開・新開地域の経済条件が、農業近代化過程を通じた規模拡大や経営転換のなかでいかに変化したのかを明らかにする。すなわち、経済地理的にみて個性ある各農業地帯のなかで旧開・新開地域がいかなる競争・共生関係にあるかを示すことが課題である。これにより、各農業地帯の担い手の配置におけるバリエーションが明らかになると考えられる。

(1)　石狩川流域農業地帯

石狩川流域の戦前の水田開発は、北海道に特有な土功組合によって進められ、かんがい組織の形成度に対応して、戦前段階での流域内の水田率の相違が形成される。水田率は上川中部(平均六〇%)、空知北部(五五%)、空知南部(四五%)、石狩(二三%)であり、上流部ほど高くなっている。戦後の水利開発は、泥炭土壌地域を戦後開拓地区に編入し、畑地開墾ののちにかんがい投資によって水田化することを最大の課題とした。

戦前期までにかなりの農地開発、改良が進行していた石狩川流域においては、戦後開拓地の開発条件は「既存」農地と比較すると、その劣悪性は明瞭である。(2) 五八年時点での既存農家と開拓農家の分布をみると、全体のほぼ三〇%が戦後開拓入植者であるが、流域の上中下流でさほどの相違はみられない。戦後開拓政策が収束する七三年時点では、戦後開拓農家の総数はわずか六%にまで激減し、脱落の激しさを示している。そのなかで一定数が営農を存続しているのが石狩川下流域の江別市、新篠津村、北村、南幌町、長沼町の各町村であり、国家的プロジェクトによって水田化が達成された石狩川下流域において、開拓「村」が唯一存続し得たのである。近代化農政に適合的であった地区のみが、その存続を許されたことを物語っている。

しかも、このおよそ二〇年間の水田開発を中心とした開発の結果、戦後開拓農家の規模も大きな変化を示している。すでに述べたように、五八年時点においては戦後開拓農家の経営面積は、明治・大正期(一九二六年以前)入地者、さらには昭和戦前期(二七〜四五年)入植者に比較して、小規模であることが明らかである。すなわち、この時点では早期入植者が相対的に良質な農地を占有するとともに経営面積においても優位性を示すという先着順序列が明瞭に現れており、戦後開拓者の零細性が際だっている。しかしながら、戦後開拓政策終息後七三年時点で比較すると、その逆転現象が明瞭に現れている。すなわち、一戸当たりの耕作面積は石狩川流域平均で四・五ヘクタールであるのに対し、戦後開拓農家のそれは六・三ヘクタールとなっている。流域内では、農家全体で下流域ほど一戸当たり経営面積が高く、下流域五・四ヘクタール、中流域四・四ヘクタール、上流域三・七ヘクタールとなっているが、戦後開拓農家はそれぞれ六・六ヘクタール、五・一ヘクタール、六・五ヘクタールとなっている。ただし、それはマイナーな存在としてである。上流域には畑作地帯を多く含む町村が存在するので、水田に即してみれば経営面積的には下流域の優位性が明瞭であり、それをリードしたのが戦後開拓農家である。(3)こうして、原野開墾をスタートとして、戦後開拓事業によって開発された下流域がとりあえず経営面積の点では流域内における優位性を獲得したということができるのである。

一戸当たりの稲作の収穫面積と単収の年次変化を六五年からの五年きざみでみると、基点をなす六五年では上流域、中流域、下流域はそれぞれ二ヘクタール台、三ヘクタール台、四ヘクタール台で下流域中心の造田による格差がみられるが、七〇年時点ではさらにそれは広がって、三ヘクタール、四ヘクタール、五・五ヘクタールとなる。(4)しかし、減反以降は中流域が減反率を低く抑えて規模拡大を行った結果、徐々に収穫面積を拡大するのとは対照的に、上流域、下流域では減少を示し、減反前の規模にまで拡大するのは遅い。したがって、下流域はその規模の優位性を発揮し得ない状況に置かれたということができる。単収についても、六五年(五ヶ年平均)では最も高いのが中流域でおよそ四〇〇キログラム水準であり、上流域が二〇キログラム落ち、下流域は五〇キログラム落ちの水準であった。しかしながら、減反にかかる七〇年では下流域の単収増加が著しく、中・上流域に接近して四〇〇キログラム前半の水準に到達している。しかも、ここで注意すべきは冷害年における収量低下の流域間格差が縮小した点である。こうして下流域は、減反による規模拡大の困難さを単収の増加である程度緩和させて、「黄金の七〇年代」を謳歌するのである。

(2)　十勝・網走の畑地型農業地帯とその性格

北海道の畑作農業の代表は、十勝農業と網走農業である。この両農業地帯は、前者が劣等地の規模拡大によって農家所得を維持するタイプであるのに対し、後者は規模格差を経営形態の転換によって調整しているタイプといえる。

十勝地域におけるチューネン圏的展開

十勝地域の農業地帯構成は、戦前期の分析以来、帯広市を円心とするチューネン圏として捉えられてきた。以下では、基本法農政以前の町村別の規模格差とそれを規定する入地時期別の特徴を示したうえで、農業近代化以降の農業生産における優位性がいかに現れているかを示すことにする。

まず、前掲表1-1により一九五八年時点での十勝全体での入地時期と耕地規模との関係をみると、戦後開拓農家では五ヘクタール未満層の比率が三九％と最も高く、規模階層が上がるとともに割合を低下させている。これに対し、大正以前の入植者では、一〇ヘクタール以上層が四〇％と最も多く、下層ほどその割合を低めている。昭和戦前期入植者においては、一〇ヘクタール層の割合が最も高いとはいうものの、下層での割合も比較的高くなっている。図1-1は、入地時期別割合と経営規模の関係を町村別に示したものである。町村の配列は、十勝内陸中央部を挟んで右が北東部(山麓・沿海)、左が南西部(山麓・沿海)となっている。入植時期には大きな差があり、港湾のある広尾を除くと帯広周辺部がより早期であり、南部は鉄道施設が行われた昭和戦前期に入植時期がずれ込んでいる。それに対応して、早期入植者が多数を占める旧開地域の中央部や東部では一〇ヘクタール以上層、特に一五ヘクタール以上層の割合が高く、山麓・沿海部の南部や西部などの新開地区では一ランク下がっている。

さらに、『一九五五年臨時農業センサス』の個票により、十勝における入植時期と耕地規模の関係を示したのが表1-2である(5)。開発過程に即して観察が可能となるように十勝の中心である帯広市近郊から南に向けて一九

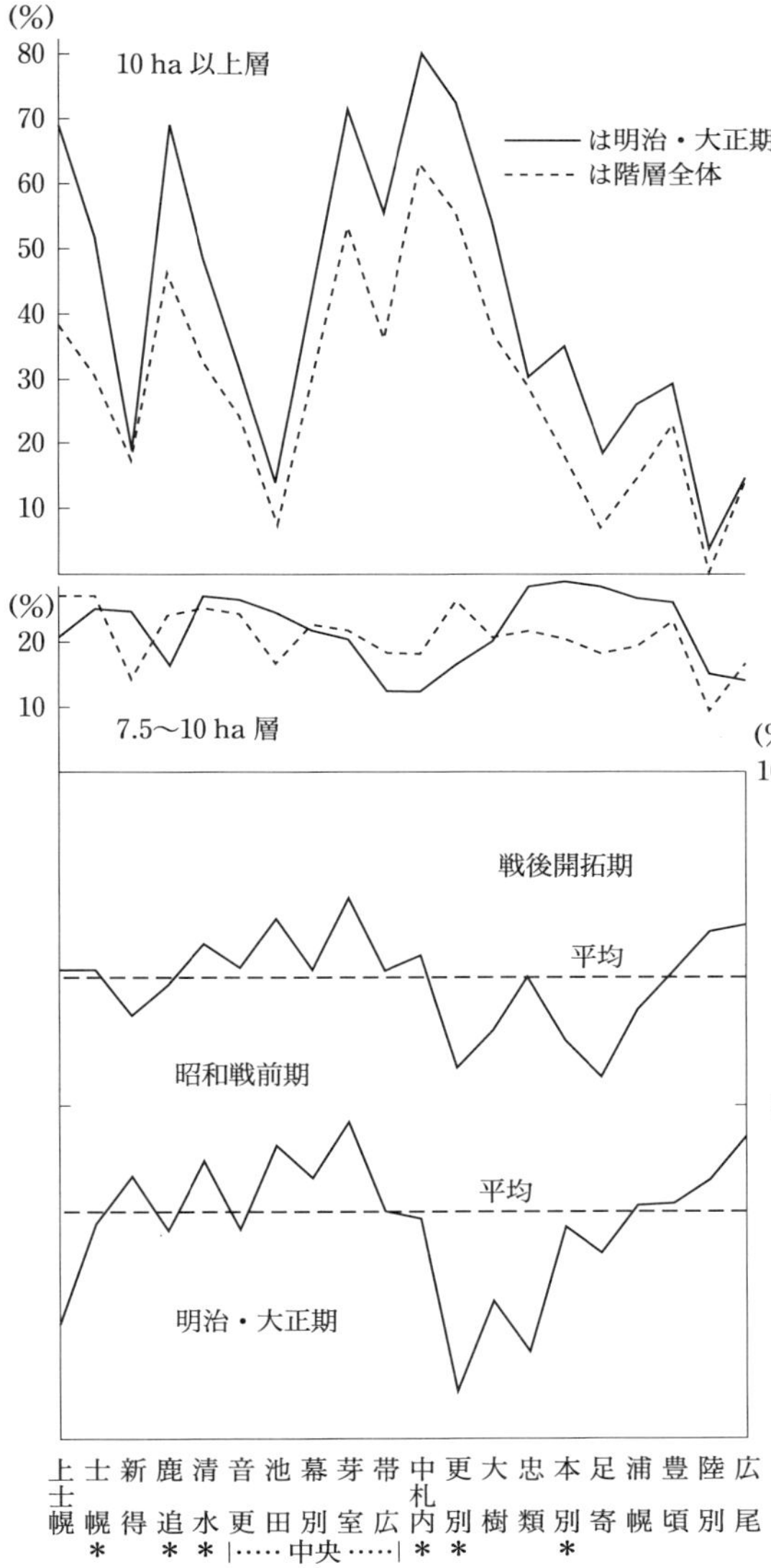

図 1-1　入植時期別農家割合と先着順序列（十勝）

注）＊は周辺部，他は山麓・沿海部。
出所）表 1-1 に同じ。

表 1-2　十勝における入地時期と規模・階層性

（単位：戸，％）

地域	集落名	農家数	入地時期別農家戸数			耕地規模別農家戸数							自小作別農家戸数				
			～1921 年	1922～45	1945～	～3	3～5	5～7.5	7.5～10	10～15	15～20	20～	農家数	自作地主	自作	自小作	小作
	川西	14	7	6	1	1	2	2	2	7			13	5	2	4	2
	南富士	18	7	9	2	1		12	7	10	2		18	3		3	12
	似平 2	23	14	4	5			7	3	7	5	1	18	2	13	2	1
I	中幸福	20	3	11	6		1	1		11	6	1	14		12	2	
	中戸蔦	7	9	2	18			1	9	5	2	1	16	1	10	5	
	小計	107	38	41	28	2	3	23	21	40	15	3	79	11	37	16	15
	（比率）	100	35.5	38.3	26.2	1.9	2.8	21.5	19.6	37.4	14.0	2.8	100	13.9	46.8	20.3	19.0
	協和	14	4	6	4		1	2	3	5	2	1	10	1	9		
	豊栄	12	1	9	2			1	4	4	3		10		10		
	平和	17	2	10	5			2	5	6	2	2	12	1	7	4	
	農親	13		11	2				6	4	3		11				11
II	更別	25	1	12	12	19		1	2	3			9		8	1	
	明友	14		7	7				7	4	1	2	7		6	1	
	小計	95	8	55	32	19	1	6	27	26	11	5	59	2	40	6	11
	（比率）	100	8.4	57.9	33.7	20.0	1.0	6.3	28.4	27.4	11.6	5.3	100	3.4	67.8	10.2	18.6
	明正	18	1	12	5			3	3	8	1	3	13		10	3	
	昭和西	21		17	4			2	8	8	3		17		17		
	昭和東	17		9	8		2	4	3	7	1		9		9		
	更正 3	13		10	3				5	8			10		6	4	
III	上更別	33		17	16	28	2		1	1	1		2	1	1		
	協和 2	16		11	5		1	1	6	5	2	1	11		8	1	2
	協和 1	19		15	4			2	2	8	5	2	15		13		2
	柏林	20			20			8	6	5	1						
	小計	157	1	91	65	28	5	20	34	50	14	6	77	1	64	8	4
	（比率）	100	0.6	58.0	41.4	16.6	1.3	3.2	12.7	31.8	8.9	3.8	100	1.3	83.1	10.4	5.2
総　計		359	47	187	125	49	9	49	82	116	40	14	215	14	141	30	30
	（比率）	100	13.1	52.1	34.8	13.7	2.5	13.6	22.8	32.3	11.1	3.9	100	6.5	65.6	13.9	13.9

注）自小作別農家戸数には，1946 年以降入植農家と入地年次不明農家を除いている。

出所）『1955 年臨時農業センサス』個票より作成。

の集落をピックアップし(三五九戸)、三つのエリアに分けて再集計したものである。帯広市を中心として山麓・沿海部(Ⅰ→Ⅲ)へ向かうにつれて入地時期が遅れ、耕地規模は大きくなった。また、戦前期の入植者の自小作別構成をみると、第Ⅰエリアでは自作地主―自作―自小作―小作という連続的な階層構成を有するのに対し、第Ⅱエリアでは自作を中心に小作を含む構成となり、第Ⅲエリアではすでに地主的土地所有の存立余地がなくなって自作主体となっている。また、入地時期と耕地規模の関係をみると、各エリアとも先着順序列が現れ、しかも内側ほど早期入植者の規模は大きく、入地時期と自小作別の関係でも、特に内側のエリアほど早期入地者の地主自作割合が高く、小作については後期入地者に厚くなっている。このように集落レベルでの分析を行っても、先着順序列を確認することができるのである。

次に、農業近代化過程を経た一九九〇年と五〇年との農家存続率と耕地拡大率を比較してみる(図1-2)。離農については旧開・新開地域を問わず、町村差を含みながらもほぼ均一的に進展しているが、耕地拡大率は山麓・沿海部で高くなっている。図示はしなかったが、五〇年の耕地増加率の分子を農用地面積(すなわち山林のうちの放牧地を加える)とすると、耕地拡大率には大きな相違は現れない。したがって、山麓・沿海部での耕地拡大は混牧林の草地化に起因しているのである。さらに、一戸当たりの経営面積と単位当たりの生産農業所得の関係をみると、旧開地域における一〇アール当たりの生産農業所得にはほとんど優位性がみられず、一戸当たりでの生産農業所得についてはスケールメリットが明瞭に現れているのである。すなわち、六〇年代以降の農業近代化過程においては、土地改良の進展と機械化投資に対する補助金散布によって周辺部での限界地的なスケールがメリット化される構造が存在したのである(6)。

このように、同一の畑地帯のなかで新開地域において基盤整備がなされ、技術の平準化が行われた地域においては、地域内の生産力的な「逆転」が生じているのである。

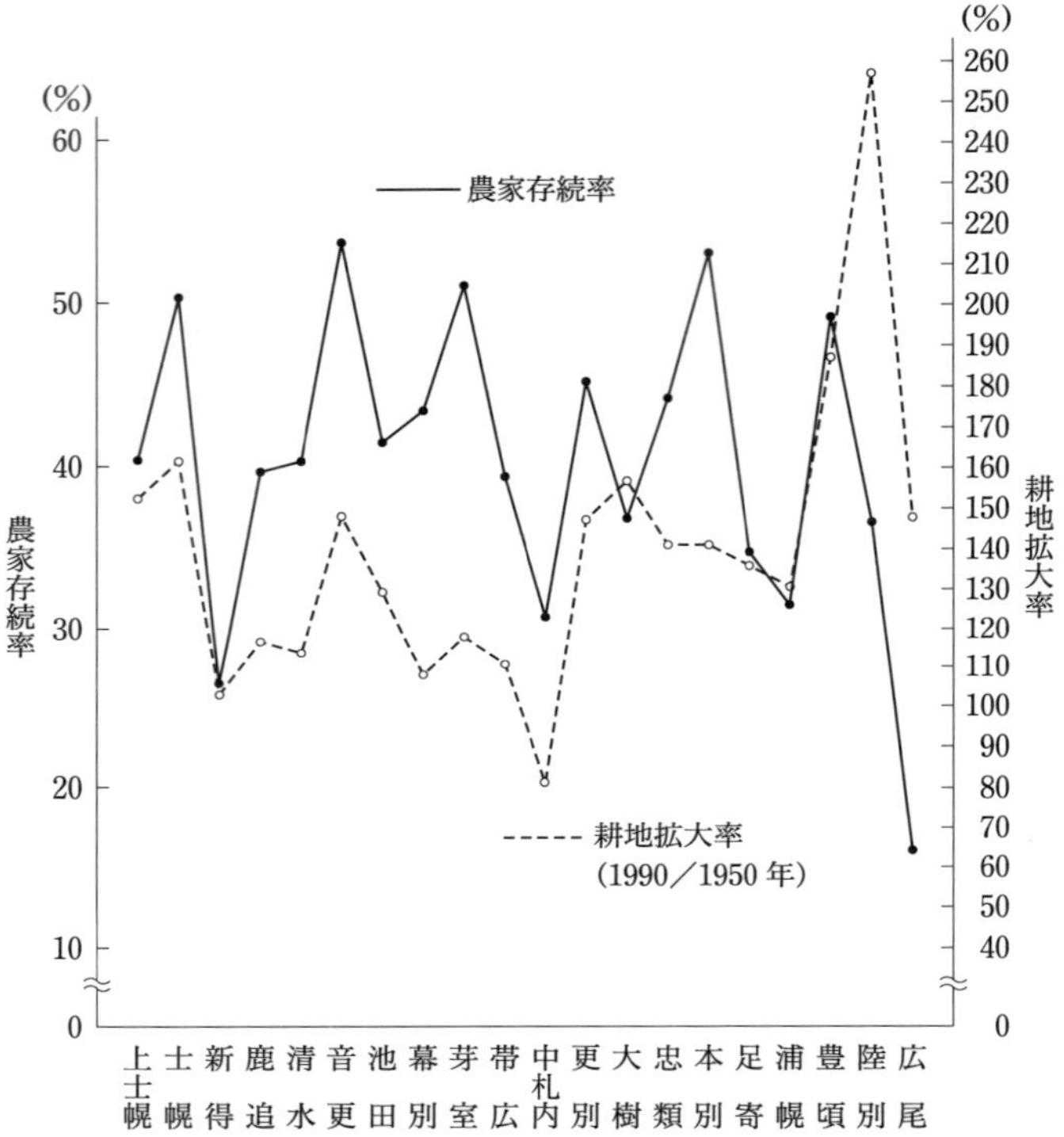

図 1-2　農家存続率と耕地拡大率(十勝)

注）1950 年の耕地面積は経営耕地総面積であり，田＋畑＋樹園地である。
出所）1950 年，1990 年『農業センサス』より作成。

網走地域におけるＭＴＳ構造

まず、網走の基本法農政以前の状況をみると入植時期の分布は比較的均一であり、明治・大正期の入植者は東紋地域がやや高く、雄武町が極端に高いほかは大きな差がない（図1-3）。しかし、平均経営規模については、大きな地域格差が存在しており、早期入植者の優位性も斜網地域では七・五ヘクタール以上層で、北見地域と西紋地域では五〜七・五ヘクタール層に現れている。ただし、東紋地域は全体として規模が零細であり、「先着順序列」は現れていない。この地域はいわゆる非中核（中山間）地帯をなしているのである。以上のように、町村レベルで考察すると、畑地型地帯においても大量離農以前の時点においてほぼ「先着順序列」を確認することができるのである。

しかし、十勝の広域的、町村内的な変貌に対し、網走の展開は大いに異なっている。まず農家の存続率は、開発の早晩性とパラレルな関係にあり、北見地域、斜網地域、東紋地域、西紋地域の順で低くなっている（図1-4）。それに対し、農地の拡大率は西紋地域を除くと逆の関係となっている。このことは、耕地単位当たりの人口扶養力の差を示している。すなわち、一戸当たりの経営耕地面積は北見地域が最も小さく、次いで斜網地域、西紋地域の順となっている。一〇アール当たりの生産農業所得はその逆の序列を示しており、逆相関の関係にある。したがって、両者の積である一戸当たりの生産農業所得は均衡しているといえるのである。ただし、ここでも東紋地域は例外をなしており、中山間地帯の厳しさを表している。各地域の相違は、それぞれの農業経営形態に対応したものであり、北見地域が従来の水田からの転換としてのたまねぎと野菜、斜網地域がやや十勝に類似する畑作三品、西紋地域が天北に連なる酪農に特化していることに照応している。

このように、網走農業は地域トータルとしてみた場合に畑地型地帯に解消されない多様性を有しており、当初から畑作をベースとしてきた十勝平野農業とは異なっている[7]。その特徴を改めて整理すると、網走農業はそれぞれの農業の立地条件に対応して、作目構成を変化させることで耕地所有規模に規定されるスケールエコノミーの

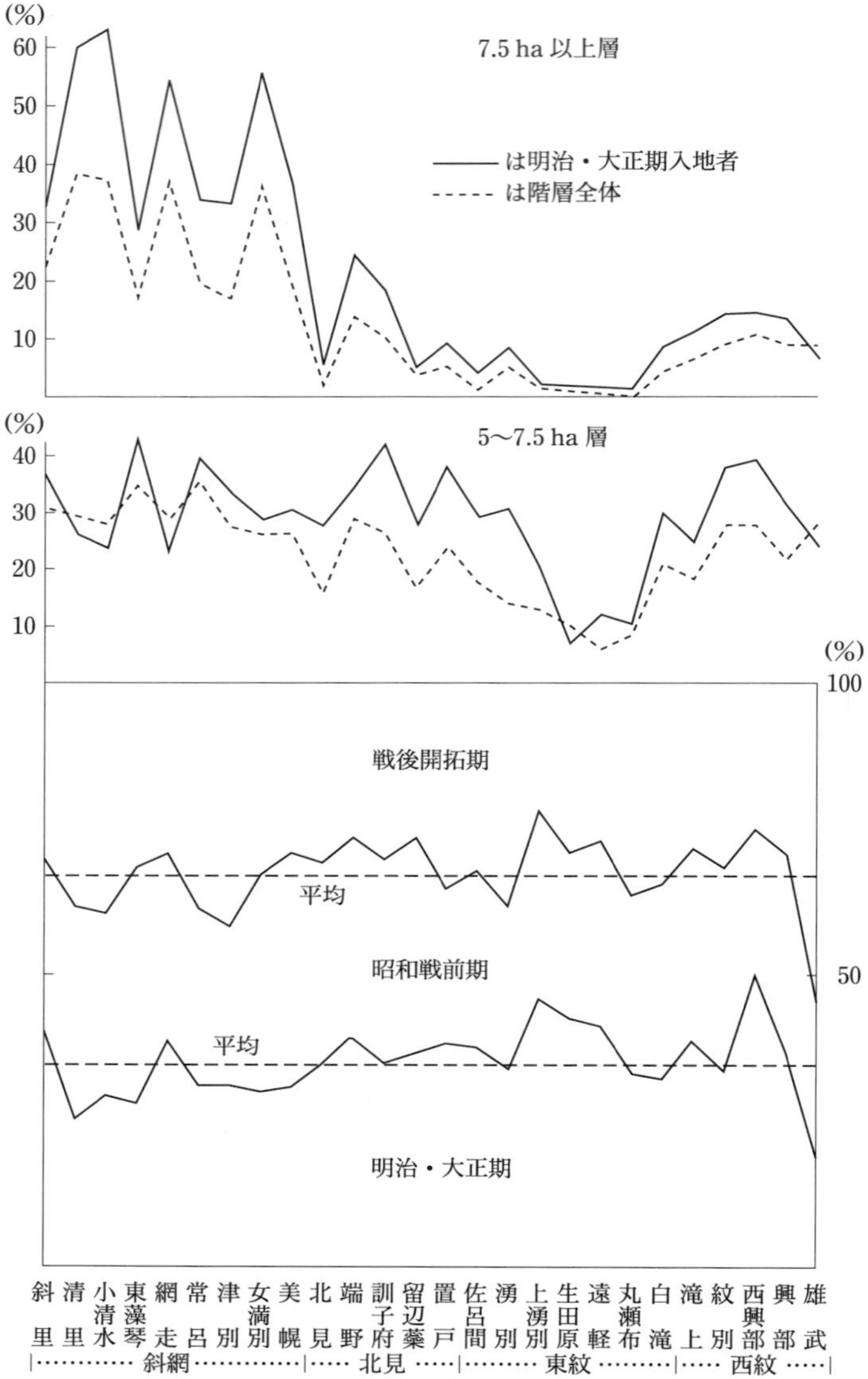

図 1-3　入地時期別農家割合と先着順序列(網走)

出所）表 1-1 に同じ。

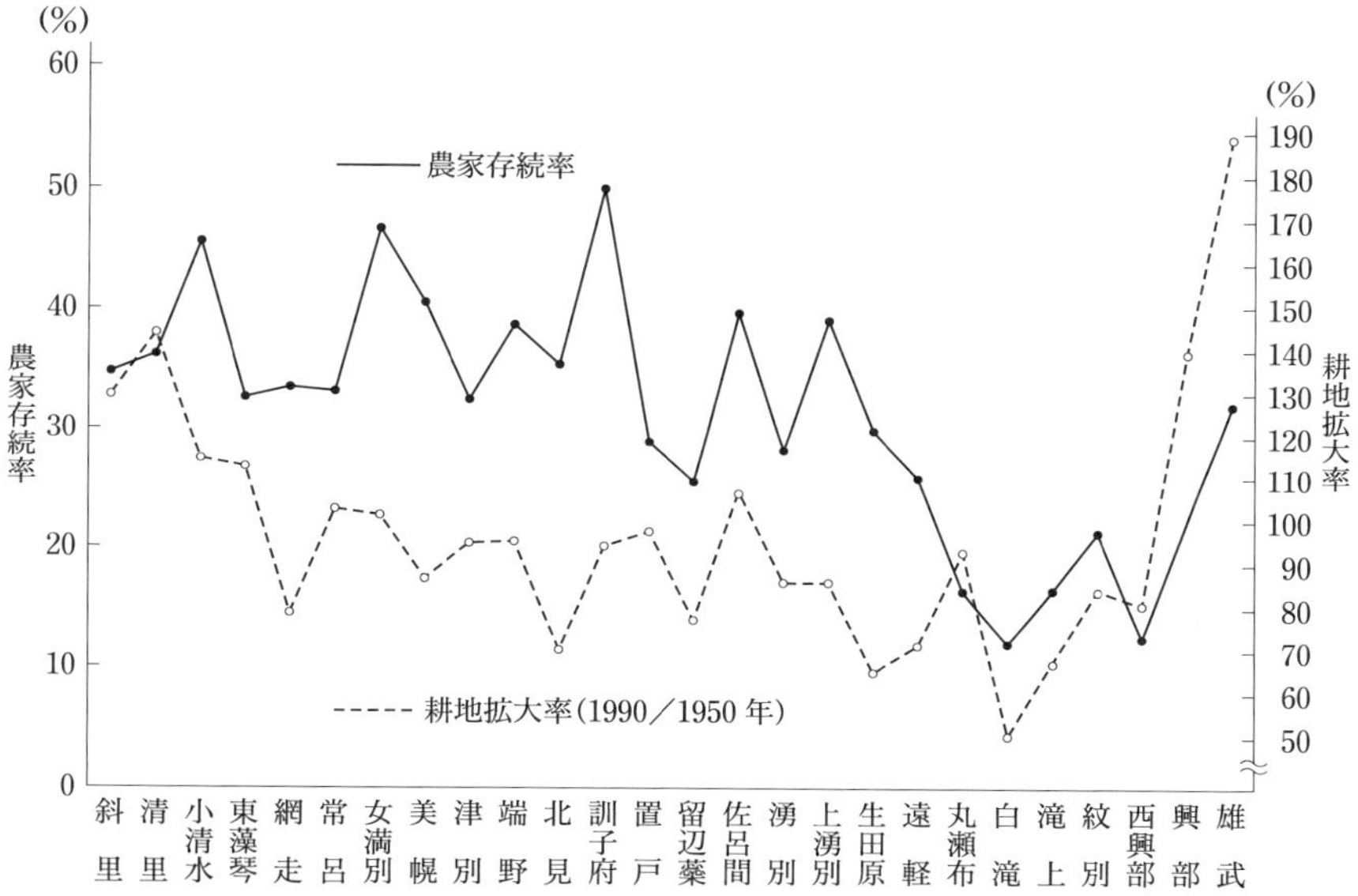

図 1-4　農家存続率と農地拡大率(網走)

出所）図 1-2 に同じ。

呪縛から逃れているということができるのである。

さらに町村レベルにおいても、波状地形に規定されて地域内の開発序列は比較的明瞭に現れる。訓子府町を事例にしてその構造をみると以下の通りである。町内は常呂川流域の川沿地区を挟んで、川北地区、川南地区の三つに区分することができる。川沿地区は常呂川沿いの沖積地に立地しており、メロンをはじめとして野菜作が導入されており、最も集約的な地区である。

川北地区は丘陵部に位置するが、均平事業によって圃場条件が改善され、畑作の高位生産力地帯となっている。麦類・てん菜・食用馬鈴しょを基幹としつつ、酪農家の飼料作物が加わり、薬草と「畑作的野菜」が増加しつつある。川南地区においては酪農家の比重が高く、飼料作物が中心であり、これに畑作三品が加わる構成である。このように訓子府町の農業は、旧水田地帯(川沿)、畑作地帯(川北)、酪農地帯(川南)に区分され、相対的な独自性を有している。

以上の農業の地域分化は、開発過程に対応している。川沿地区は開発が最も早く明治期であり、戦前期には中小地主が多かった。戦後も水田を基盤として農家の経済的力量も高く、耕地の小規模性を集落外での土地取得によって補完する動きが顕著である。川北地区は入植が大正期であり、戦前の小作農場が自作農創設事業と農地改革によって自作に分割され、戦後は土地改良に力を入れることによって高生産力地帯を形成してきた。畑作で耕地規模が一二ヘクタール平均であるため、上層は七〇年代半ばから集落外での土地取得に向かっている。川南地区は昭和戦前期に民有未墾地事業により開発が緒につき、さらに戦後開拓を受け入れて、農業の基盤が形成されてきた。土地条件も傾斜地が多いなどのハンディを有するが、規模の相対的有利性をいかして酪農にウエイトをかけながら川北に迫る動きを示している。

このように、網走農業は、地帯内部の地形やそれに規定された開発過程の特徴から経営形態を異にするブロックに区分されるとともに、町村内部においても同様な地域性と多様性を有しているということができるのである。これを、入地時期の元号である明治・大正・昭和のアルファベットをとってＭＴＳ構造と称することにする。

(3)　根釧・天北草地型地帯

根釧・天北の両酪農地域は、北海道を代表する二大草地型地域である。両者はともに戦前入植の経験をもつとはいえ、戦後開拓ならびにその後の酪農近代化政策のもとで大規模酪農地帯へと転換していった。

戦前期の草地型酪農は「主畜経営」と称されたが、両地域を比較するとき、一九三七年から実施された根釧開発五ヶ年計画に象徴されるように根釧地域が先行している。天北地域は後述するように澱原用馬鈴しょ地帯としての性格を強くもっていたのである。とはいえ、こうした前史は急速な酪農への経営転換のもとでは旧開地域とは異なり先着定住者の優位性をもたらさなかった。(8) 逆に、同一の限界地的条件にありながら、戦後開拓政策によって一定の保護を得た開拓農家の方が開拓農協の存在などによりその後の酪農近代化政策への対応は速かった

表 1-3　戦後開拓農家の定着率の地域性（府県入植）

（単位：戸，％）

地区・県名	1953 年 10 月現在			1971 年 12 月現在		
	入地戸数	定着戸数	定着率	入地戸数	定着戸数	定着率
東北	1,329	1,171	88.0	1,896	783	41.3
山形	685	600	97.6	803	397	49.4
関東	2,141	1,247	58.2	1,847	320	17.3
東京	1,749	974	55.7	1,446	221	15.3
北陸	239	194	81.2	411	136	33.1
東山	366	283	77.3	652	131	20.1
長野	196	159	81.1	157	62	39.5
東海	327	193	59.0	256	74	28.9
近畿	1,062	608	57.3	807	166	20.6
中国	258	210	81.4	296	63	21.3
四国	237	177	74.7	279	65	23.3
九州	142	112	78.8	338	113	33.4
合　計	6,101	4,195	68.8	6,470	1,851	28.6

出所）1953 年は『北海道農地改革史（下巻）』，1971 年は『北海道戦後開拓史』（資料編）より作成。

側面がある。もう一つは、開拓農家そのものの性格である。表1-3は、都府県からの北海道への戦後開拓入植者の定着率をみたものである。入植から二〇年以上を経過した一九七一年時点での平均定着率は二九％にすぎないが、特定県での定着率が際だって高くなっている。これらの県は長野、山形を代表として「満洲移民」を排出した県であり、戦後はJターンのかたちで北海道に再入植が行われているのである。これらの団体移民は「満洲」での開拓方式同様に集団開墾方式を採り、また送り出し県の一定の援助や「開拓自興会」などのバックアップも存在した。(9) これら「帰還開拓民」の入植地は、根釧・天北地域を中心としており、戦後開拓に新たな性格を与えたのである。

戦後の両地域での政策投資の動向については第二章第三節に譲るが、戦後に関してもパイロットファームや新酪農村事業にみられるように根釧地域での政策投資の集中がみられ、草地造成事業においても根釧草地型酪農地域の優位性を認めることができる。

以下では、第二章第三節を補完する意味で、天北草地型酪農地域の形成過程をトレースしておこう。

天北酪農地域は、歴史的には沿岸部と内陸部という南北

表 1-4　天北農業の地帯構成

（単位：戸，％，ha，千斤，千円，頭）

町村名	農家戸数			土地面積		でん粉生産		酪農	
	小計	～1 ha	5 ha～	耕地	牧野	生産量	生産額	戸数	頭数
天塩	645	7.8	37.4	3,500	1,679	1,829	146	183	441
幌延	1,040	2.5	42.6	6,575	2,057	3,953	434	232	468
中川	663	3.9	56.7	4,072	117	3,636	363	5	15
常磐	294	14.6	52.4	1,786	0	3,398	314	4	7
中頓別	507	18.3	41.8	2,874	165	7,120	712	125	165
稚内	1,109	47.3	13.6	3,340	2,956	1,844	125	229	722
宗谷	128	11.7	19.5	501	970	477	38	31	207
猿払	187	8	24.1	513	208	158	14	39	72
頓別	509	25	14.5	1,498	1,473	2,202	176	204	592
枝幸	1,178	43.3	25.2	4,662	1,372	9,017	658	174	316

注）酪農は 1936 年，牧野は 1937 年，その他は 1938 年の数値である。
出所）『北海道統計』51，72，76，80 号，および『公私有牧野統計』より作成。

の区分に大別される。表1-4は、一九三〇年代後半の農家戸数と階層構成、土地利用、酪農化の動向を示したものであり、町村は内陸部を挟んで時計廻りで沿岸部各町村を配列している（宗谷支庁のほかに、留萌支庁の天塩町、幌延町、上川支庁の中川町、音威子府村を含む）。内陸部では農家の入植も進み、澱原用馬鈴しょの作付を中心として本格的な畑作経営が成立している（「天塩型」）。これに対し、宗谷海峡からオホーツク海沿岸にかけての地域は、農家の入植がいまだ進んでいない地区（宗谷・猿払）、ないし一ヘクタール未満の半農半漁的農家が半数に及ぶ地区（稚内、枝幸）が分布している。畑作は一部を除くと澱原用馬鈴しょの産地形成は進んでおらず、混同経営も一部にはみられるが、「放牧酪農」段階にある。日本海沿岸部の地区（天塩、幌延、豊富）は、道南から北上した鰊漁業の展開とともに海岸部に漁家が定着し、その自給的農業から漁家による農業開発が徐々に進展をみせ、また牧野依存的な混同経営の動きもみられる。

戦後の際だった変化は、いうまでもなく戦後緊急開拓による入植である。戦前期の開発が過渡的段階であった天北地域においては、戦後開拓を基点とする戦後の農地開発が天北農業のフレームを大きく拡大したのである。その象徴がサロベツ原野であり、「満洲移民」の再入植者によって組織された山形団体であった。

その入植によって、管内の農家戸数は、一九三八年の総計六二六〇戸から戦時期の急速な減少を経て五〇年の六六六九戸へと増加をみせ、六〇年には六八四〇戸に至る。特に、サロベツ原野に位置する豊富町は幌延町から分村して戸数を増加させており、幌延町と豊富町の農家戸数の合計は戦前の一〇四〇戸から五五年には一三〇九戸へと増加している。また、同じく山形団体が入植した猿払村も戦前の一二八戸から五五年の五〇八戸へと大きく増加をみせている。

現在の酪農専業地帯への歩みは、戦前期の第二期拓殖計画による「混同経営化」を前史として、いわゆる二九・三一冷害（一九五四・五六年）とでん粉価格の下落を契機に「東・西天北集約酪農地域」の指定を受けたことに始まる。とはいえ、その内容は「副業的酪農」の域を出るものではなく、しかも沿岸部を中心とした自然草地を利用したきわめて粗放的な形態のものであった。また、そのなかには漁家の経営不振対策として導入された「半漁半酪」的漁家を含むものであった。

草地型酪農の形態は、一九七〇年代以降の乳牛多頭化の過程で形成されたものであり、激しい離農排出と大規模な草地造成事業ならびに酪農施設投資の結果として生まれたものである。農家戸数は、六〇年の六八四〇戸をピークとして年々急速に減少をみせ、七五年にはわずか二八〇六戸を示す。この離農の排出には町村差が激しく、内陸部とオホーツク沿岸部で減少率が著しく、日本海沿岸部で低い傾向にある。耕地面積は、一九三八年の二万九三二一町のうち、澱原用馬鈴しょが三分の一以上を占めていた。戦時、戦後には面積の縮小が起きるが、その後戦後開拓の沿岸部を中心に六〇〇〇ヘクタールの増加がみられ、六〇年代後半以降、耕地面積は五年きざみで一万ヘクタールの拡大を続け、七〇年には四万ヘクタール、七五年には五万ヘクタール、八〇年には六万ヘクタールを超える。これは、いうまでもなく、国営・道営の草地開発事業であり、既存牧野ならびに未利用傾斜地が牧草専用地として造成されたのである。全道的な動向からみると、宗谷支庁を中心とする天北地域の草地開発は、十勝、根釧に引き続いて行われたもので、いわば草地開発の最終開発地点としての位置づけを与えられる。

しかし、こうした急速な草地開発は、きわめて大きな地域性を有していた。すなわち、戦後初期に現れていた内陸部での耕地開発の停滞と沿岸部、特に日本海沿岸部での急速な拡大である。内陸部の中川町・音威子府村は、五〇年と比較しても停滞ないし減少を示しており、中頓別町・歌登町においても二倍に達していない。それに対し、最も拡大の進んだ日本海沿岸部では、天塩町・幌延町・豊富町・稚内市ともに四～六倍の耕地面積に達している。オホーツク沿岸部も一町村の面積で内陸部を超えているが、製紙資本による山林所有の壁も存在し、日本海沿岸部には及んでいない。

草地開発が一巡した一九八〇年段階においては、草地利用に大きな相違が存在しており、沿岸部においては、草地における傾斜地率の高さと分散性が相まって、草地の放牧地的利用がいまだ一般的であり、規模の優位性がそれに加わって、集約的な土地利用に至っていない。しかも、稚内からオホーツク海の北部沿岸地域では、デントコーンの栽培ができず、そのことも土地利用を低位なものとしている。

他方、内陸部の酪農は、土地利用上からみた区分ではそれは「畑地型酪農」として位置づけられる。耕地の外延的な拡大がきわめて限られていたことにより、畑作の収益性との比較において草地利用が展開をみた。したがって、そこでは当然沿岸部に対してより集約的な土地利用が展開され、中規模酪農地帯を構成してきた。草地管理はより集約的であり、放牧地としての利用は低く、デントコーンサイレージやグラスサイレージの給与水準も高くなっている。また、部分的にはてん菜が残存しており、酪畑経営も存続していたのである。

このように、天北酪農地域は、第二章第三節で詳しく取り上げる根釧酪農地域に対し、土地条件の優位性によって澱原用馬鈴しょ地帯としての前史をもつことで、より複雑な内部構成を有しているということができる。とはいえ、開発ドライブがかけられた沿岸部の戦後開拓地区が開発の拠点となることで、地域トータルとしては草地型地帯としての性格を濃厚に示すことになったのである。

(4)　中山間地帯

従来、非中核地帯と呼んできた中山間地帯は、すでに述べたように北海道農業研究において注目されなかった存在であった。北海道農業は、その受容が直接的であれ(新開地域)、インターフェイス機能をもつものであれ(旧開地域)、まさしく近代化農政を受け入れてきた。そして、その条件とは農産物市場の拡大に対する大型産地の形成にあった。これに対し、非中核地帯はそもそも耕地の広がりに乏しく、規模拡大もままならず、したがって農業専業地帯としての性格を有し得ない経済的環境に置かれていた地域である。その典型は、いわゆる道南地域であり、すでに戦間期においてさえ、「本道農業の癌」とまで酷評されてきたのである。[10]

地域的には、①漁業開発が先行し、海岸平野や中小河川沿いに漁家が上陸して漁業兼業のかたちで小規模農業開発が行われた日本海沿岸部、②日露戦後にすでに耕境後退が発生し、以降澱原用馬鈴しょや菜豆類、果樹などの比較的労働集約的小規模経営を維持した羊蹄山麓部、③漁業兼業と丘陵部の放牧馬産が結びついた太平洋沿岸部、がその典型である。さらに、④林業、鉱山などの他の産業に依存しつつ、内陸中山間部での零細経営を副次的に行っていた地域が付け加えられる。今日、政策的に注目されている中山間地域農業がこれに重なっている。

この特徴については、改めて第二章第四節で論じられるが、ここでは他の地帯との比較の限りでその特徴を整理しておこう。

まず、一九七七年時点での生産環境別の耕地面積の分布をみてみよう。中山間地の代表として渡島をみると、その特徴は地目構成のバランスが保たれて単一化が進んでいない点、府県ほどではないにしろ傾斜度と地目との序列性を有する点が認められる。すなわち、ここからは垂直的な土地利用構成と個別経営の複合的経営を想定することができるのである。[11] この点が水田型、畑地型、草地型の典型である空知、十勝、根室とは大きく異なっているのである。草地型地帯についていえば、政治的に現在の直接支払いの対象になっており限界地的性格は最も強いが、そのことがヨーロッパ・オセアニア的な経営形態をつくり上げており、中山間地帯とは一線を画すべき存在である。

しかし、注意しなければならないのは、すでにみた十勝農業と網走農業、ならびに空知農業と上川農業の相違点である。平坦な十勝平野に対し、網走は波状的な地形にあり、土地利用の分化も進んでおり、地域農業システムが多様な作目構成に対応した産地形成を可能としなければ、そこで脱落した作物の産地は停滞して、中山間地的性格を有することになる。また、空知農業は石狩川の中下流域に展開しているのに対し、上川農業は石狩川上流域を含むとはいえ三つの盆地列の上に展開する土地利用形態にあり、複合型の産地形成を必須としているのである。その意味では、網走農業と上川農業は単なる畑地型、水田型地帯として単純に性格づけることはできないのである。実際、本書で取り上げる中山間地帯農業の対象事例は下川町であり、上川農業地域に位置している。

第二に、中山間地帯を特徴づけるのは、政策投資の時期と規模である。北海道農業の場合、農業近代化は農用地の外延的拡大を伴いながら進展をみせたため、農用地開発を含むインフラ投資が先行し、その基盤のうえに機械化・施設化が実行されることになる。水田開発は第二次大戦期のダム設計を起点とし、一九五〇年代の土地改良長期計画をもとに流域開発として進展をみせる。そして、こうした線工事から面工事としての圃場整備事業がリンクし、それを受けて主に第二次構造改善事業によって機械化・施設化が進むのである。これは大河川の上流から下流へ、そして中小河川へと拡大していく。特に、ダム開発には長期の施工期間が必要であるが、たぶんに政治的かつ行政的な予算確保を狙いとして進められた中小河川でのダム開発は、施工期間が一九七〇年以降の減反政策期にずれ込み、受益者負担問題を引き起こすのである。畑地開発は水田開発にやや遅れて出発するが、これも大規模平野の湿地開発や丘陵部の均平事業などとして進められ、その一巡後に中山間地帯が対象とされた。開発可能地が限られ、実施地区は多くはないが、八〇年代から進められた事業は、竣工後の受益者不在問題を引き起こす。草地開発は、畑地開発と同様の性格を有するが、広大な混牧林を切り開き一面の採草地の造成を行うこの事業は、面積的には最も大きく、北海道の農用地面積の拡大に大きく寄与した。事業導入は政策モデル的色彩の強い根釧から始められ、十勝周辺部、そして天北へと進んだ。それが一巡をみるのは八〇年代初頭であるが、事業確保のため草地造成から草地改良(整備)へと事業内容が変化するとともに、海岸部の丘陵地や山間地での小規模草地造成も実施されるようになるのである。このように、中山間地帯は、水田型、畑地型、草地型という大規模開発適地での事業の一巡を受けて、事業量確保という政治的・行政的な要請から事業実施を強いられた側面をもつのであり、しかも一般的には土地利用に関するマスタープランをもたずに事業が先行したきらいがある。この実施により、多数の零細経営のなかに飛び抜けた大規模経営が出現したり、あるいは担い手問題の深刻さから受益者不在問題を引き起こしたのである。

とはいえ、中山間地側に農業近代化に関わる事業導入の契機が存在しなかったわけではない。一九七〇年代になると、非農業中核地域の基幹であった漁業・林業・鉱山(炭坑)の産業としての基盤が揺らぎ、自治体行政としては農業に再起を賭けざるを得ない状況が生じていた。過疎化を防止し、地方財政を維持するためには、原発やダム開発、自衛隊などの特殊な存在を除けば、農業振興しかなかったからである。こうしたなかで、冷涼な気候条件を生かした移出野菜産地の形成などの事例もみられるようになっていく。これは、八〇年代に進行した複合経営化路線の一つの反映であり、従来の大規模経営化、専作化という農業近代化路線の命題が修正を迫られていたからにほかならない。しかし、一般的には事業導入に伴う規模拡大がインフラ事業の受容基盤を形成するものとして肯定され、平場との生産力格差と後進性というハンディキャップを負いながら、従来路線に追随していったのである。そして、道南地域を特徴づける稲作＋酪農という偏った地域的土地利用がかたちづけられるのである。

(1)　より詳しく示すと、一九六九年まで続いた戦後開拓事業による開墾面積は二四・二万ヘクタールで、この時点の総耕地と単純対比すると二五％に匹敵する。地域別には根室一七％、十勝一二％、上川一二％、網走一一％、宗谷八％であり、その総計は七〇％に及んでいる(第二節注(5)、北倉前掲書、七三頁)。また、五八年からの開拓パイロット事業として開始された農用地開発事業の実績は、九五年までで四四・九万ヘクタールに及び、総面積対比で三七％の値を示すのである。一九七〇年代までの累計でもその面積は三四・七ヘクタールとなっている(同前、七六―七七頁)。

(2) 第一節注(2)、臼井前掲書、二九頁、表1-5を参照。

(3) 以上の先着順序列の逆転現象は、同一町村内部に関していえば「既存」地区と「開拓」地区との関係において発現している。集落レベルにおいては先着順序列が貫かれていることは、同前、四五―五七頁を参照。

(4) 同前、三二―三四頁を参照。

(5) 以上の分析は、第一節注(5)、田畑前掲論文と同様の手法によっており、空知を対象とした水田地帯とほぼ同様の結果を得ることができた。

(6) 例えば、周辺部に位置する更別村についてみると、湿地改良と層厚調整という土地改良により耕地の外延的拡大の余地がないのにもかかわらず、総耕地面積は七〇〇〇ヘクタールから一万一〇〇〇ヘクタールへと拡大をみせている。

(7) こうした点は、本書では十分論及できなかったが、空知農業と上川農業との対比でも同様である。空知農業は石狩川の中下流域に展開し、第二次大戦後の流域開発によってほぼ水田型地帯に変貌し、土地利用的には十勝と同様に一元的な農業地帯を構成している。これに対し、上川農業は石狩川上流の上川盆地、支流の空知川が形成する富良野「盆地」、天塩川水系の名寄盆地という三つの盆地列からなっている。そのため、盆地の中央部が水田であり、次第に田畑作、畑作に移行するという垂直型の土地利用構造を有しており、戦前期には丘陵部は特用作物である除虫菊、亜麻などが栽培されていた。現在では、野菜作に転換して産地形成を図っている事例が多くみられる。また、分散的ではあるが酪農経営も存立し、多様な経営形態を抱えている。さらに、周辺部には網走と同様、中山間地帯が存在している。太田原高昭「上川の風土と農業」(『北海道農業の思想像』北海道大学図書刊行会、一九九二年)および坂下明彦「盆地における『地域的』土地利用の構造――上川農業の特徴と課題――」(『北海道農業の切断面――その構造と特質――』北海道農業構造研究会、一九八六年)を参照。

(8) 実際、既存農家と開拓農家との関係において、先着順序列を確認することはできなかった。坂下明彦「規模拡大の地域差と現在の土地問題」(『北海道農業』一二号、北海道農業研究会、一九九〇年)を参照。

(9) 山形県の事例については、大江善松「満洲農業移民と北海道戦後開拓」(『北海道農業』八号、北海道農業研究会、一九八七年)、開拓自興会については『満洲開拓史』(復刊)(全国拓友協議会、一九八〇年)を参照。

(10) 戦前の非中核地帯の性格に関しては、第一節注(1)、坂下前掲書、第九章を参照。

(11) 農水省統計情報部『昭和五二年度生産環境別耕地面積調査報告書――基本統計――』(一九七八年)による。こうした土地利用上の特徴は、その地形上の特質とそれに規定された産業構造から説明されており、集落の立地構造としては「櫛の歯状」の構造として指摘されている。七戸長生「日高・胆振の農業構造」(前掲注(7)、『北海道農業の切断面』)を参照。

［坂下明彦］

第四節　北海道の農業集落類型と農家の階層構成

一　農事実行組合型と戦後開拓型

以上の農業地帯構成と地域開発序列の相違は、集落レベルにおける農家構成の相違や農家結合のあり方と相互規定的な関係にある。北海道の集落類型は、農事実行組合型集落と戦後開拓型集落とに区分される[1]。

農事実行組合型集落は、歴史的には経済更生運動期に農業団体の下部組織として行政的に設立されたものである。戦前期の農民層の階層を規定するものは「先着順序列」であるが、農事実行組合型集落は先着上層農家のリーダーシップのもとで主に農業技術取得を行う単位であった。旧開地域においては、第二次大戦後段階になると戦前開発期にみられた農家の土地取得のための農村内移動は終息し、分家創出を除き転入はみられなくなる。そのため、農家の緊密性は強化され、農事実行組合(戦後の総称は農事組合)を単位とする研究会活動が一九五〇年代後半から稲作地域を中心に活発化してくる。農業近代化が進展をみせる六〇年代には、機械導入が農事実行組合を単位として行われ、規模拡大の過程では行的な機械化を補完する労働協業組織としての性格を強めていく。

機械の高度化が進展するなかで、その共同利用組織は解体の方向に向かうが、戦後開拓集落と比較するとその存続率は高く、部分共同などの機械に関わる農家間の結合はより密であった。機械化の進展は規模拡大志向を強めるが、中規模層が多数存在するために土地獲得競争が激しくなり、取得機会の調整は「平等原理」に基づくしかなく、小規模農家優先取得による経営規模の均等化が進展をみせるのである。このことが、集団的対応をより容易にしたともいえる。そうしたなかで、稲作地帯では転作対応や野菜導入などでの集団的取り組みもみられるようになるのである。

これに対し、戦後開拓型集落においては、一部の旧満洲開拓団の集団入植などを除くと、その初発から寄り合い所帯的であり、初期転出も激しく、農家間の関係も生活防衛的な側面が強かった。組織的には、開拓農協が戦後開拓行政の補助金散布の受容機関として位置づけられ、「開拓部落」はその下部組織化されるのである。また、開拓農家の組織である開拓者連盟の組織基盤も同一であった。戦後開拓型組織における、陳情と資金散布という、農家と政策主体との関係はその後も継続、増幅し、その後の農業近代化政策のもとにおける政策受容の基本タイプをなしていくといえる。それは一方では、離農助成を伴った農家のＡＢＣＤランクづけ(農家の経営内容による農協の指導方向)であり、そうした選別のもとでの「選択的拡大」であった。その過程は、いうまでもなく激しい農民層分解の過程であり、なおかつ離農農家の借入金残高が土地代金の形態において存続農家に肩代わりされる構造が広範にみられた。したがって、集落内部での農家の関係は「自由競争」的であり、農家結合も弱かった。その結果、金融的には農協に大きく依存しつつも生産力的には農家の個別的展開が主流をなすようになるのである。(2)

制度的には、前者の「平等原理」による農地移動調整の方式が行政に採用されて、「農地等適正移動対策」として打ち出され(一九六〇年)、以降農業委員会の農地移動斡旋の原則とされるようになる。(3)とはいえ、こうした斡旋事業は農地取得資金の融資という資金的裏づけをもつことで一般化したのであり、農地法三条による相対取引も依然として存在したのである。

このように、戦前期における一定の蓄積のうえに戦後展開をみせた農事実行組合型集落と戦後を出発点とした戦後開拓型集落においては、その農家構成の差を反映して集落の機能にも質的、量的な差が存在しており、戦後開拓型集落こそが専作大規模化を目指した近代化農政にきわめて親和的であったのである。この両者の具体事例による比較は、第二章第一節において改めて行われる。

二　集落類型と農地移動調整

以上の集落の類型差は北海道農業の地帯構成において現れているが、それはさらに同一町村内部にも存在することもまた重要である。すなわち、町村内部においても、そこには主として土地条件の差による開発の基点の相違が存在し、そのことが集落の二つの類型の同時存在をもたらしているのである。

集落の類型差は農民層分解の形態差を含むものであるから、そのことは農地移動に反映して町村内部での地域的な需給の不均衡をもたらすこととなる。すなわち、戦後開拓集落においては離農の頻度が高く、規模拡大も進展しているため新たな離農に際しての農地需要が小さい。それに対し、戦前からの集落においては等質的な中規模農家が堆積しているため農地需要が大きい。こうした需要構造の差が出作・入作関係によって調整され、地域内部での離農跡地処分が可能であったのである。したがって、農地移動の観点からは二つの集落類型は、「出作集落」と「入作集落」として位置づけることができるのである。

旧開地域においても、町村内部には農地条件の差が必ずといってよいほど存在し、すべてが農事実行組合型集落で占められるわけではない。町村内での集落は農事実行組合型と戦後開拓型の二元的構成となっている場合が一般的である。そのため、集落特性により農地の需給バランスに偏差が生まれた場合には、農地需要の大きい農事実行組合型から戦後開拓型への出作が行われ、それによって町村内のバランスが保たれるのである。[4] そうなると、その集落は「草刈り場」となり、およそ集落内での農地移動調整などは行い得ないのである。一九七〇年代後半にはこうした農地移動が数多く観察されたが、八〇年代中期からはそうした農地受給の集落間調整も困難となり、新たな土地問題を派生させることになるのである。

（1）　詳しくは、坂下明彦「北海道の農業集落形成の特質と類型」（牛山敬二ほか編著『経済構造調整下の北海道農業』北海道大学図書刊行会、一九九一年）を参照。

（2）　盛田清秀は、北海道においてはアプリオリに「農地流動システム」が働いていると捉えているが、それは制度化された対策としての把握であり、農地市場の需給構造の差を捉えていないといえる（『農地システムの構造と展開』養賢堂、一九九八年）。

（3）　北海道による適性対策とその事例については、士幌農協研究会『士幌農協七〇年の検証――農村ユートピアを求めて――』（北海道協同組合通信社、二〇〇四年）を参照。

（4）　この点については、谷本一志「生産調整下における農地移動」（『北海道農業』九号、北海道農業研究会、一九八九年）の更別村の事例を参照。

［坂下明彦］

第五節　地帯構成と農協

一　「開発型」農協の特質と地域性

北海道の農業を考えるとき、農協を抜きにして考えることができないことはいうまでもない。しかも、それがホクレンを中心とする系統組織として一体的な事業を展開しているところにその特徴がある。

すでに、戦間期において北海道信用購買販売利用組合聯合会(以下、北聯と略)は総合連合会体制を採り、単位産業組合は北聯が債務保証する政策資金(肥料資金)に大きく依存し、それに対応した購買事業を拡大していった。単位産業組合の貯金量が拡大すると、それを原資として北聯は独自の動きを示すようになる。第一は、農業倉庫担保や営農資金貸越制度(現在の組合員勘定制度の前身)による北聯プロパー資金を運用した単位産業組合への資金供給である。これにより、農産物の販売事業のシェアを高めることに成功する。これに並行して、東京・大阪を含む支所体制の充実を図り、農業の経営形態の相違に対応した販売体制が確立するのである。また、加工事業への参入も一つの特徴であり、精米、ハッカ、豆選、でん粉、肥料配合工場などが次々に設置された。設備投資には膨大な単位産業組合からの貯金が運用されたが、北海道庁からの補助金も重要なバックアップとなった。販売・加工事業の展開は大口販売を可能とさせ、大量消費者では陸軍、鉄道、炭鉱が、加工メーカーでは製粉会社が、商社では三井物産を筆頭とする総合商社が販売先であった。さらに、戦時統制色が強まるなかで、産業組合は流通統制の中心的機関として位置づけられ、農産物の供出、生産資材の配給に大きな役割をもつようになるの

である。(1)

戦後もこうした「ホクレン王国」は拡大をみるが、戦後自作農体制のもとで単位農協の力が強化されたという大きな違いが存在する。北海道の農家は、府県と比較して規模が大きく、したがって生産資材購買額、農畜産物販売額はともに大きい。そのため、年間の営農資金供給が決定的要素となり、金融を起点とする購買―販売事業のシステムの形成が不可欠であった。これが組合員勘定制度であり、戦後の農業手形制度の延長線上に北海道独自にシステム化されたのである。農家は営農計画書を作成して年間の資金計画を農協に提示し、出来秋の農畜産物を担保として、限度額範囲での総合貸越口座を設け、生活資金を含む資金供給を受けるというものである。この契約により、農家は農協に対し一元的な取引関係を取り結ぶことになる。

また、農業近代化政策のもとで規模拡大が進展し始めると、農家の長期資金需要が高まり、それに対応した資金制度が拡充をみるが、補助事業の採択も含め、農家の投資行動に対する農協の規定性が強化されるようになる。こうしたなかで、農家経済の拡大再生産が農協の経済・金融事業の拡大再生産に直結する事業構造ができあがっていく。地域農業の開発が農協事業構造に直結するという意味で、「開発型」農協と規定することができる。(2)

こうしたタイプの農協は、北海道においては一般的であるが、特に農家の経済的蓄積が乏しく、しかも農業近代化政策の実験場とされた戦後開拓地・新開地域に存立する農協(戦後開拓型農協)において最も端的にその性格が現れているのである。

オイルショック以降、全国的には農協事業の伸び悩みが指摘されるが、一九七〇年代までは北海道の農協事業は拡大を続けていた。その背景には、旺盛な資金需要の存在がある。そこで、一九八〇年時点での農協の資金調達・運用構造をみてみよう。(3) X軸には農協資金の運用局面を示す貸預率(預金/[貸付金+受託資金])を、Y軸には調達を示す貯借率([借入金+受託資金]/貯金)をとると、水田型地帯は貯金吸収と信連への預金運用が資金の主要な流れをなしており、左上に位置する。この時点ですでに水田型地帯は余裕金運用に転換しているのである。

これと対照的なのが草地型酪農地帯であり、資金需要は旺盛であり、主に制度資金を援用しながら依然として貸付金運用を行っている。戦後開拓の水田型地帯を示す「大規模水田」地域もまた、草地型酪農地帯と同様な資金調達・運用の形態を示している。これに対し、畑地型地帯は北海道平均に近似的であるが、これは水田型地帯と草地型地帯の性格を併せもつ存在であり、貯金を預金運用しながら、制度資金を農家に供給するというタイプの調達・運用を行っている。

農家の資金需要が高い地域においては、農地資金を除けば、その多くが機械・施設投資に回っているわけであり、農協の購買事業の拡大へとつながり、またそうした規模の拡大が販売事業を押し上げるように作用したのである。ただし、これは農家側からみれば負債圧の増加を示すものであり、投資の拡大は離農のリスクを背負ったものであったことも忘れてはならない。こうして、北海道の農協は一九七〇年代まで、草地型(新開水田型)、畑地型、水田型の順で事業拡大を果たしてきたのであり、強く地域農業の動向に左右されてきたのである。

二　農協と集落類型

農協は戦前から農事実行組合を下部組織として位置づけており、農協運営にとって両者は不可分の関係を形成してきた。すでに述べた組合員勘定制度の契約においても集落構成員の連帯保証が一般的であった。

農事実行組合の機能は、戦間期から戦時体制期における変化を媒介として戦後に基本的に継承されていくが、その具体例を第二章第一節で取り上げる深川市の巴第五農事組合に即して示すと以下の通りである。

戦時経済体制のもとでの第一の変化は、統制経済下での農事実行組合の供出、配給機関化であり、そのなかで強固とはいえなかった深川産業組合への一元的な結合関係が形成されていく。それは生産統制と相まって農業生産資材、生活物資の取りまとめ(「共同購入」)と米を主体とした産業組合への一元的集荷(「共同販売」)により膨張した産業組合事業の補完機能を果たし、金融面でも実行組合共同責任体制によるリスク負担によって、下層までをも包含した信用事業拡大を可能とするものであった。

また他面では、生産統制によって旧来進められてきた簿記記帳→農家経営設計が供出強制のシステムに転化し、戦時期の農業生産資材、労働力不足のなかで農民収奪の道具に変質されていく。しかし、こうした戦時期の生産力拡充政策は一面で生産力展開に寄与する「合理的」側面をもった。それは、一九四〇年代の直播栽培から温冷床による移植栽培への移行、土地改良(暗渠排水、客土)事業に現れており、単収水準も一定の上昇傾向を示す。こうした生産力展開のなかで、戦時期の労働力不足を反映しつつ、冷床栽培による集落内共同田植が四二年からスタートする。これは隣保班単位(八戸)ではあるが、圃場整備前の六三年まで継続され、農事実行組合内の技術変化に対応した新たな労働力結合の形態として一画期をなすものである。こうした戦時期の媒介を経た戦後の農事組合の事業内容をみると、一九六〇年においても基本的に戦前期の農事実行組合の事業は継承されている(4)。

以上の農事組合独自の機能に対し、戦時期に形成された行政、農協との関係(下請機関化)もまた継承されており、高度経済成長期以前においては、供出、配給の取りまとめ機能を担っており、また戦時期から進行した各種補助金の受容基盤をも形成している。さらに各種調査の取りまとめが集落単位で行われ、特に作況調査は租税負担や集落負担区分の基礎資料となるため、巡回班(五班)を設けて相互検見を行っており、これが一種の品評会になっている。こうした農政の浸透機関としての性格は、現局面での転作の集落内受容、調整へと継承されている。

農協との関係でも共同購入の取りまとめや、五〇年代の出資増高での役割、資金借入の申し込みとその基礎となる信用評定の協議、集落連帯保証の設定など、特に六〇年代以降の農協との一元的関係の強化のなかで戦時期と同一の機能を担っている。

生産、経営改善事業においても、戦前期の簿記記帳、整理→農家経営設計が、農業手形制度から組合員勘定制度への移行に対応して簿記記帳→営農計画へと名称を変えて継承されており、また戦前期生産事業の中心であった堆肥増産も、堆肥場設置・堆肥品評会の実施として継承されている。これらは高度経済成長期に一時的に減退したが、八〇年代には有畜複合化の動きと結びついて再度注目されるのである。

以上の例示は、特に一九六〇年代までの一般傾向を示しているが、七〇年代に至ると、農業の専作化の進展のもとで一面では、農協との関連における農事組合機能の空洞化が生じる。しかし、第二章第一節でも取り上げるように、旧開地域においては農事実行組合型集落の存在は農協運営において不可欠な存在であり続け、地域農業再編過程において合意形成や振興策の実戦部隊としての役割を果たしていくのである。

（1）　戦前の産業組合の展開については、第一節注(1)、坂下前掲書を参照。
（2）　坂下明彦「「開発型」農協の総合的事業展開とその背景」（第四節注(1)、牛山ほか前掲書ならびに、坂下明彦「「開発型」農協の事業構造変化」（第一節注(2)、臼井前掲書）を参照。
（3）　注(2)、牛山ほか前掲書、二〇八頁の図4-3を参照。
（4）　詳しくは、坂下明彦「農業近代化政策の受容と『農事実行組合型』集落の機能変化」（『農業史研究』四〇号、農業史学会、二〇〇六年）を参照。

［坂下明彦］

第六節　地帯構成とその変動

一九八五年から始まった経済構造調整政策のもとで北海道農業は、一九七〇年代に形成されたその農業地帯構成を揺るがすような大きな変動局面にある。

八〇年代に入り、「新開地域」の大規模経営はその急速な規模拡大過程における負債償還に耐えられなくなり酪農負債問題、新開水田の基盤整備費負担問題が大きくクローズアップされることになる。ただし、畑地型地帯においては交易条件もよく、生産調整も実施していなかったので、畑作経営は比較的堅調であった。しかし、経済構造調整により農業保護水準が低下した一九八〇年代中期以降、全道的に地価の急速な下落が生じ、農協は揃って負債整理に乗り出し、新開地域を中心に大幅な離農の増加がもたらされた。これは、地域にとって近代化農政によって創出された大規模農家の後処理を意味していた。

以降、規模拡大は停滞的に推移したが、九〇年代に入り旧開地域において大きな変化が現れている。旧開地域においては農業近代化政策による変動は、新開地域におけるほど激しくはなく、むしろ農家構成は等質的な中規模層からなっていた。しかしながら、後継者不在による高齢農家の出現と農産物価格下落による中規模経営の収益低下がみられ、「構造問題」が発現したわけである。水田型地帯、畑地型地帯においては中規模層のなかから自小作展開により突出した上層農家群が出現し、草地型酪農地帯においても政策投資の陰に置かれた中規模地域においてフリーストール・ミルキングパーラー方式による多頭数飼養農家が現れてきている。

新開地域における開拓農家が、混沌とした戦後状況のなかから政策ドライブによって大規模専作農家へと成長したとするなら、旧開地域での近年の動きは価格政策の結果とはいえ「構造問題」への地域的な対応であるといえる。北海道農業は「農業構造政策」の優等生といわれるが、それは新開地域の規模拡大を一面的に評価したものであり、今まさに旧開地帯においても「構造問題」が噴出しているのである。こうした現局面の分析は、第二編において行われる。

［坂下明彦］

第二章　主要農業地帯の形成——構造変動前の枠組み

第一節　水田型地帯——石狩川流域農業

一　戦後稲作農業の形成と農協

(1)　戦後稲作の形成

戦後の稲作は大規模なダム開発によって、流域内のかんがい規模を拡大し、水稲単作経営を創出することが目標とされた。石狩川水系を例にとると(図2-1)、最大の北海土地改良区は(戦前段階一万一〇〇〇ヘクタール)は、桂沢ダム(一九五四年竣工、編入二五七五ヘクタール)、金山ダム(一九五九年竣工、編入二二八三ヘクタール)による流域開発により、一九六〇年代前半には二万ヘクタール台に地区面積を拡大させるのである。開田さ

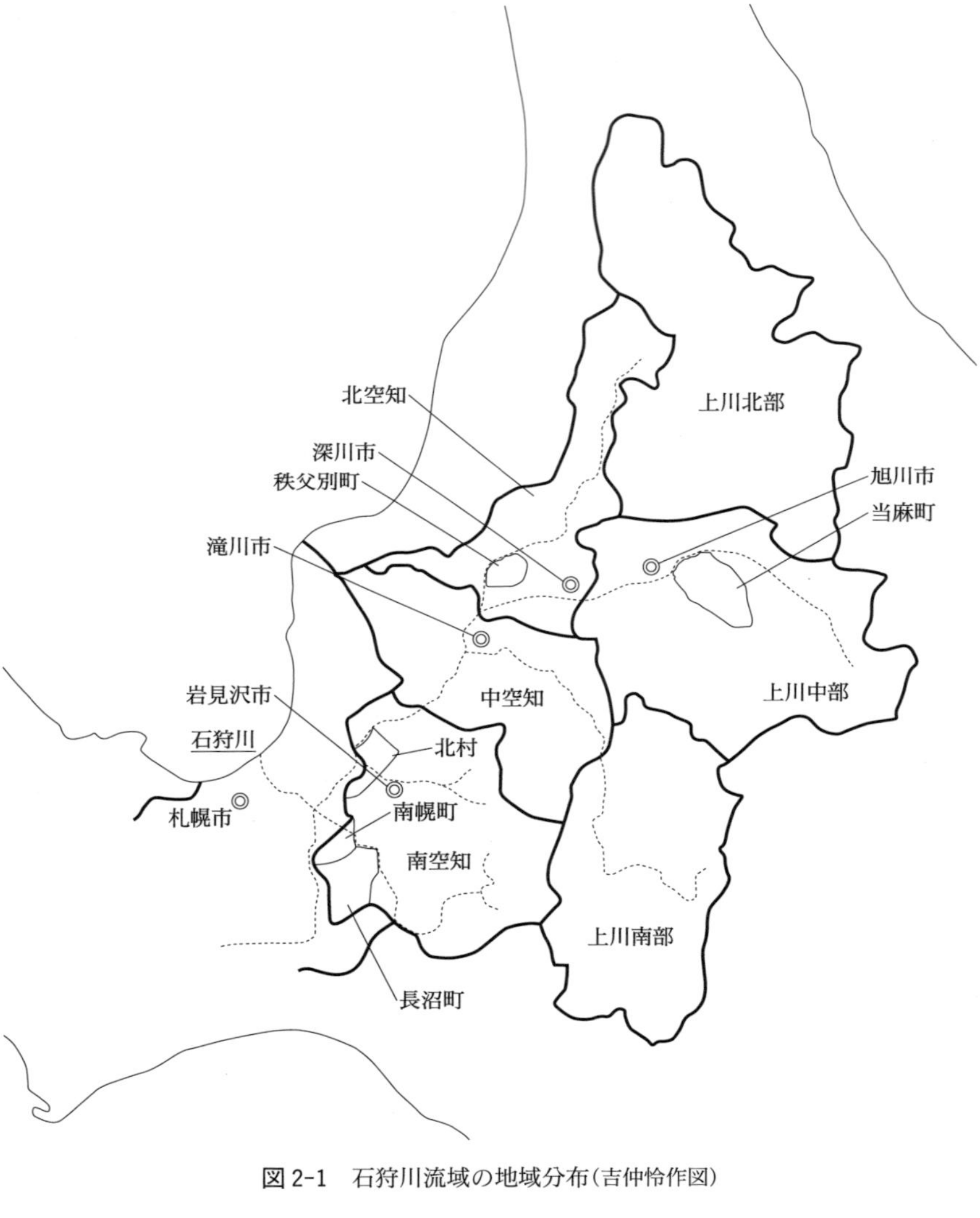

図 2-1　石狩川流域の地域分布（吉仲怜作図）

れた地域は、戦前期には高位泥炭地としてほとんどが原野であった地域であり、戦後はこの地域が新開水田型地帯として立ち現れたのである。戦後の北海道農業開発のなかでも、篠津運河開発は、同じく世界銀行融資を受けた根釧パイロットファームとならび巨大開発の象徴的存在である。この地域はいうまでもなく戦後開拓地帯に重なっており、当初から畑作基準での農地配分(七・五〜一〇ヘクタール)が行われており、こうした開発投資によって他の水田型地帯を超えるキャッチアップを行ったといえる。

稲作技術については、まず育苗技術が戦前期の直播から戦時期の移行期を経てハウス育苗へと転換され、分げつ期の深水かんがい技術とあわせ、冷害対策に大きく貢献した。「苗半作」といわれるゆえんであり、これら育苗技術によって単位収量の増大がみられた。耐冷性の品種改良も行われたが、これらの品種は耐肥性の品種開発とも結びついており、稲作技術の多肥化を促した。

五〇年代後半に実施された新農村建設運動は、農村電化や機械導入などの側面で構造政策の「露払い」とも位置づけされるが、農事組合の活性化を支援する側面もあり、特に旧開稲作地域においては稲作研究会などの自主的な技術改良の気運が高まったこともこの時期の特徴である。水田化は七〇年の減反政策の開始までブームをなし、「軒下造田」などという言葉が生まれたほどである。これにより、全道の稲作作付面積は二五万ヘクタールを突破するのである。また、一戸当たりの稲作作付面積が増大したため、田植えや稲刈りの時期には大量の雇用労働(出面)が必要とされ、東北地方から住み込みの未婚女子労働が流入した。急激な水田面積拡大を背景として、耕耘機の導入から始まる機械化が進展をみせ、収穫機もバインダーから自脱型コンバインへと技術開発が進展する。それまでは不可能といわれていた田植機も減反前後に導入されるようになる。以上の稲作機械化にはメーカーによる技術開発の努力があったことはいうまでもないが、高度経済成長のなかで雇用労賃が上昇したことがその背景にある。

機械導入については、利用組合を編成したうえで半額を補助する農業構造改善事業などの政策的助成が効果を発揮したが、機械の共同化は形式的なものであり、実質的には個別所有が一般的であった。これが稲作の中型機械化一貫体系といわれるものである。しかしたしかに規模拡大の条件は確立するが、すべての農家が規模拡大に向かったわけではなく、減反とともに農外への中規模層をも含めた兼業が増加をみせるのである。

七〇年の減反政策の開始は、北海道の稲作に大変動をもたらす。その第一が減反への過剰反応であった。減反の当初は単純休耕が認められ、奨励金も高水準であったため、全面転作を行い、通年の土建兼業を行う農家も現れる。泥炭地帯では、休耕による土壌改良効果を狙うという目的も付与された。減反政策は一時緩和されたが、七八年には水田利用再編政策下で再度強化され、長期・固定化の方向が示される。ここに減反政策を、「緊急避難としての休耕」に代わって、「本格的な転作」として位置づけるという意識が、稲作生産者や関係者の間に徐々にではあれ生じてきたのである。そのためには転作作物の収益化が必要であった。北海道では不可能といわれていた秋播き小麦の越冬技術に見通しがつき、旧開地域では田畑輪換方式による小麦・てん菜・豆類の輪作と復田が行われるようになり、のちにはこれに野菜が加わるようになる。しかしながら、新開地帯では土壌条件により、転作田が固定されて小麦が連作されるという新たな問題が発生するのである。

(2)　稲作地帯の農協の特徴

以上の稲作の展開とともに農協も軌を一にした展開を遂げてきた。稲作地帯の農協は、食糧管理法に支えられて、オイルショックまでは順調な事業拡大を図ってきた。それは、政府米の集荷受託をベースにした金融と生産資材購買事業の拡大再生産の過程であった。

当時の北海道の農家は経済的蓄積に乏しく、多くの農家は借金経済であった。これを農協のすべての事業に結びつけるのが組合員勘定制度である。戦後当初は、国によって農業手形制度(米の代金をかたちにして農協が春期の生産資材購入のために手形融資をして、日銀が担保する)が行われていたが、五五年には米の概算払い制度に移行する。それを受けて、農協が出来秋の農産物の出荷契約を担保として、限度枠まで生産・生活資金を貸し越す制度が組合員勘定制度であった。この融資制度により、生産資材購買や生活店舗での農協利用が確実になり、収穫後には農産物が農協に集まり、その代金が貯金として歩留まるという仕組みである。これは、一九六一年に北海道農協中央会が普及させたものであり、稲作地帯のみならず全道で今日も実施されている。また、機械の購入や農地拡大の資金は低利の制度資金が使われたが、制度融資のつなぎ資金や融資残が農協のプロパー資金の需要を拡大した。このようにして、稲作の生産力の拡大や規模拡大投資が農協事業に直結する体制がつくり上げられた。稲作の場合、機械や施設投資は個別の農家が行うため、農協の固定資産投資は少なく、政府指定の米倉庫程度に限られたが、これも政府米保管により倉敷料が収入となるシステムであり、過剰期の米の在庫さえ農協収入に結びついていた。ここに「米肥農協」といわれる農協の保守化が進行するのである。さらに、オイルショック以降になると減反政策も関連して農業関連事業は停滞傾向を示すが、農協は貯金の員外吸収とその連合会での運用による利ざや稼ぎを事業の軸に据え、店舗経営とガソリンスタンド、市街地での共済事業推進も実施されるようになる。

こうした事業基盤の転換は、全国的傾向であり、北海道では水田型地帯で顕著ではあるが、農業基盤に依拠した農協事業展開がみられることが北海道の特徴である。以下では、旧開地帯の深川市と新開地帯の南幌町を事例として、地域農業の変化に対応した「開発型農協」の類型の提示と集落レベルでの対応を明らかにしたい。

二　旧開地域における集落を基盤とした地域農政の展開

石狩川中流域に位置する深川町(市)においては、集落活動を基礎にして農協が強力なリーダーシップを発揮し、農業近代化政策を巧みに取り込みながら、独自の地域振興策を展開してきた。ここでは、旧開水田型地帯の典型として、農協を中心とした取り組みの特徴を示すとともに、集落レベルの動向を明らかにしよう。

(1)　旧開地域における地域農業振興策の展開

深川市農協は自治体や農業委員会などとタイアップしながら、さまざまな水田農業の振興を図ってきた(1)。その第一の特徴は、稲作主産地形成の取り組みであり、一九五〇年代から集落を基礎とした稲作研究会の活発な活動がみられ、単収水準の向上が図られた。七〇年代には別会社を設立した圃場整備事業の早期導入を図り、営農集団主体の機械化対応をベースに、中規模地帯としての機械化一貫体系を確立させている。また、減反対応では、配分「一〇〇%」主義に基づき過剰休耕を抑制し、その後の実績配分システムにより転作率の低さを維持した(七八年の転作率一五・一%、北海道平均三四・九%)。さらに、道内優良品種として「ユーカラ」品種の三類指定に成功し、良質米生産志向に先鞭をつけ、「きらら三九七」などの良食味米への転換過程では地区指定を行い、同時に一等米生産割合の向上に努めてきた。

第二の特徴は、集落を単位とする組織活動を積極的に行っている点であり、六二年には課税対策と共同作業・共同利用の推進を意図する農事組合法人化運動を提起し、全農事組合の法人化を図っている。この法人化は一戸一法人に後退したが、それと前後して圃場整備事業を開始し、六六年に設置された農協生産課運転者部会による受託作業システムが形成された。また同年に農協ライスセンターが稼働し、七四年までは大型コンバインによる収穫作業の受託が行われている。そして、六九年には営農集団化構想が打ち出され、トラクタ利用組合などを母体に、七三年から七八年の六年間で二六農事組合のうち二〇農事組合で営農集団が設立されている。七七年時点での組織参加率は、営農集団のある農事組合で七二%、全農家で四〇%に達している。このうち、稲作一貫共同作業タイプは四集団であり、対象とする巴第五営農集団もこれに含まれている。

七八年の水田利用再編対策においては、転作率平均値(一五・一%)を中位とする四段階の転作率を設定して集落ごとの選択に任せ、稲作収益との差額を集落間で「とも補償」するシステムを導入している。実際には営農集団や転作機械利用組合が存在する集落で小麦を中心とする転作が受け入れられ、転作奨励金に小麦収益をプラスした収益が稲作収益を上回ったことから転作の「定着化」が進行したのである。これも集落を基礎とした対応であり、兼業地帯でありながら当初の「捨て作り」を縮小させることに成功している。

第三の特徴は、農事組合を単位として農地移動の調整や田畑輪換が実施されていることである。深川市は中規模地帯にあっては中農層が分厚く存在し、農地獲得競争が熾烈であるため集落(農事組合)を単位とする調整が行われ、後にみるように集落内の農家の耕地規模を平準化させ、営農集団形成にも寄与している。また、八〇年代を通じて転作の「定着化」が目指され、当初の小豆・小麦を中心とする圃場固定化による連作障害の回避のために、農協と農業改良普及所が一体となって田畑輪換の土地利用方式が推奨され、集落単位で実践された。さらに、転作の長期化のなかで、田畑輪換に加え野菜導入と販売対応にも積極的であり、野菜の作物別生産部会の組織化と広域的販売体制の確立を目指してきた。以下では、こうした振興策のもとで、対象集落がいかなる対応を行ってきたかを明らかにする。

(2)　農事実行組合型集落の性格と営農集団の形成

対象とする巴第五農事組合は、一九二八年に設立をみているが、戦前期ならびに戦後改革後の農事組合機能は技術普及と農協事業の補完にあった(2)。

五〇年代には産米改良事業の進展がみられ、試験田の設置による共同研究や、「一人一研究」と称する個別技術研究とその発表を行い、相互の技術向上を図っていた。また、戦時期の四二年から開始された共同田植が継続され、共同防除も実施されていた。こうした協業化、共同化の歴史的流れに沿い、農事組合法人も結成されるが、数年で一戸一法人へと後退し、新たな共同化の方向が課題として残されていた。

機械化体系が大きく変化するのは、六六年の圃場整備事業の実施からである。耕起・代掻は農協運転者部会への作業委託を採り(七五年まで)、田植えは七三年から二条ポット式田植機と手植えの併用による共同田植え方式となり、集落の全一二戸が参加し、その後機械化を完成させる(二戸の離脱)。また九戸によるトラクタ利用組合も設立され、春作業の共同化が達成される。そして、七八年には農村地域工業導入特別対策事業により巴第五営農集団が設立され、春作業組織を統合するとともに、コンバイン導入とミニライスセンター設置により、稲作一貫体系の組織化が図られる。これは、先に述べた農協の営農集団構想の中核的な組織として位置づけられ、同年実施の「とも補償制度」のもとで、秋播き小麦転作の経済的優位性を実証し、七八年に設立された農協の機械銀行とタイアップするかたちで受託組織としての機能も果たしている。

他方、土地利用型作物での作業共同化による省力・増収効果のほかに、(3) 個別経営では有畜複合化を目指したことも重要である。表2-1に示すように、設立四年目の八一年には和牛を中心に複合化を進めているが、これは堆肥生産の拡大を目指していた。転作物は秋小麦とてん菜の交互作が基本であったが、八八年には、メロン、ゆり根、ほうれんそうなどの導入がみられるようになっている。また、非集団員四戸のうち、二戸で野菜の導入がみられる。このように、経営複合化は、非集団員をも巻き込みながら進展をみせた。また、田畑輪換は八〇年代初頭から組織的に進められたが、巴第五集落においても全戸で実施している。以上のように、営農集団の存在は、必ずしも非加入農家との齟齬をきたすことなく、協調関係のなかで集落のまとまりは維持されていたといってよい。

(3)　集落の階層構成と規模平準化の論理

こうした農家間の結合強化は、戦後の機械化段階で農家経営に決定的重みをもつ、農地移動の集落内調整を可能にしている。表2-2は戦後の集落内の土地移動を示すが、圃場整備前を中心に八件の移動がみられる。この

表 2-1　集落構成員の経営形態(巴第五集落)

(単位：歳，a，頭)

1981 年

農家番号	営農集団	労働力 男	労働力 女	水田面積	水稲	転作物 秋小麦	転作物 てん菜	転作物 その他	畜産 和牛	畜産 その他
3	×	39	33	1,164	765	399				
1	○	66,37	62,34	699	288		411		7	
27	×	72,44	68,43	638	467	171				兎 30
13	×	41	37	635	527		108			
4	○	55	51	560	413	96		小豆 48	1	
30	×	43	40	526	399		111	コーン 16		
21	○	47	41	512	349	108		コーン，ごぼう		兎 30
15	○	38	36	511	372		139		2	
12	○	36	33	506	360	101	45		10	
8	○	59	53	477	331	146				
9	○	63,32	27	462	292	105		小豆 65	1	
25	○	64,33	64,30	454	367		71	コーン 15		豚 60

1988 年

農家番号	水田面積	水稲	転作物 秋小麦	転作物 小豆	転作物 野菜
3	1,160	890	270		
1	692	490		140	メロン 20，ゆり根 10，ほうれんそう 12
27	620	480	43	113	ゆり根 12
13	863	635		166	(牧草 62)
4	561	425	130		ゆり根 6
30	537	392		135	ほうれんそう 10
21	651	498	93	50	ゆり根，コーン
15	509	381	73	40	メロン 15
12	503	389		89	メロン 14，ゆり根 6，ながいも 5
8	396	290		106	
9	545	421	85	30	ゆり根 9
25	452	341		111	

出所）1981 年の実態調査，および矢崎俊治『営農集団と農協』(北海道大学図書刊行会，1990 年)，81 頁より作成。

表 2-2　戦後の集落内農地移動(巴第五集落)

(単位：a，戸)

農家番号	年次	売買面積	交換面積	移動面積	買手数	移動理由
6	1957	314	46	360	3	縮小(野菜作)
7	1961	364		364	2	拡大
29	1961	170		170	1	〃
5	1965	490	108	598	2	〃
18	1965	234		234	2	〃
11	1965	378		378	3	〃
24	1968	279		279	2	離農(後継者なし)
28	1975	444	400	844	4	〃
合	計	2,673	554	3,227	19	

注）面積は現在の水張り面積でカウントしたため，移動時とは異なる。
出所）土地台帳，および聞き取り調査より作成。

時期は、圃場整備事業実施時期と重なるが、その際全町的には「見切り離農」がかなり発生した。しかし、この集落の転出農家のほとんどは、他集落への転出によって規模を拡大した者であり、出作的展開を示している。農地移動の第一の特徴は、移動に際して構成員の耕地規模拡差の是正を志向していることである。下層農家の底上げが行われ、五ヘクタールを中心に規模の均等化が行われている。第二の特徴は、こうした農地移動時の団地圃場の分割取得にもかかわらず、圃場の団地性が確保されている点である。三戸の農家が集落内飛び地を所有しているほかは、一農家一団地所有となっている。これは、移動時に転居を含め、交換分合を行いながら隣接地獲得を行った結果である。出し手面積二六・七ヘクタールに対して五・五ヘクタールが交換面積となっており、移動面積全体の一七%を占めている。このような調整が可能であったのは、農地移動時の集落内での話し合いが徹底して行われ、その過程で小規模農家と隣接農家が優先して土地取得をすることが認められたためである。

このようにして巴第五農事組合においては、集落内の経営規模の均等化とそれを条件にして成立した生産組織の相互作用とによって、分解基軸上の農家の底上げを行い、基盤整備以降、ほぼ離農を阻止し、戦前期から形成されてきた集落内結合を維持してきたといえる。さらに圃場整備以降の本格的機械化段階のなかで部分共同から一貫共同へと機械の共同利用を推進し、集落内の集団的生産力形成を図ってきたといえる。

三　新開地域における戦後開拓入植と個別展開

石狩川下流域に位置する南幌町は、典型的な戦後開拓地域である。まさに土地改良事業の進展とともに水稲単作型の規模拡大が進行し、農協も典型的な開発型農協の性格を有している。ここでは、地域の水田開発史を整理するとともに、典型的な集落における農家の規模拡大過程をトレースし、戦後開拓型集落の特徴を明らかにする。

(1)　新開地域における水田開発と農協の機能

南幌町は、旧夕張川とそのショートカット、ならびに千歳川に囲まれた「輪中」であり、一九三六年の夕張川の切り替え工事以前は水害常襲地であった(4)。地形は平坦で、耕地面積五七〇〇ヘクタールのほとんどを水田が占めるが、戦前期の水田開発が三〇〇〇ヘクタール、戦後期の水田開発が七〇〇〇ヘクタール、戦後開拓地の水田開発が一九〇〇ヘクタールであり、戦後開拓の水田面積はおよそ三分の一にすぎない。水田開発の完成はすでに減反が開始された七一年である。五八年時点での戦後入植農家割合は二六%、七三年のそれは一六%であるから、全体としては戦後開拓地とはいえない。しかし、標高差が小さく、北海土地改良区の末流のために還元水を利用した不安定な用水体系下にあり、不安定な稲作生産と畑作に依存していた。石狩川の流域開発と治水事業が相まって、現在の「輪中」が完成されたとみるべきなのである。

戦後の農業展開はまさに農業土木事業の連続であり、治水とかんがいの整備に続く道営圃場整備の完成を待って、生産力的には安定的な水田型地帯が形成される予定であった。たしかに、米価上昇の過程にあっては、畑作を基本とし経営面積規模の優位性をもつ地域が水田化によって一戸当たりの水田面積を増加させ、「日本稲作の新しい波」という評価を得た局面も経験している。

農協自体も、七〇年代前半まではまさに開発型農協としての性格を示し、地域投資が経済事業の拡大再生産をもたらし、貸付金利息による信用事業収益を柱とする農協損益の向上がみられたのである。しかし、七〇年代後半の投資の一巡が、それ以降の農協事業の停滞をもたらすことになる。そして、七八年の水田利用再編による減反強化と連続冷害が追い打ちをかけることになる。

さらに、その後の展開は、圃場整備事業の償還金の負担圧となり、農業構造も「米麦一毛作・兼業化」といわれる長いトンネルに入り込むことになるのである。その後の展開は第二編第三章に譲ることにして、以上の動向を戦後開拓集落である中樹林集落に焦点を当ててみてみよう。

(2)　戦後開拓型集落の展開と農家構成

中樹林集落は高位泥炭地に立地しており、南幌町における三つの戦後開拓地区の一つであり、地区面積は七六四ヘクタール、入植七一戸、増反者四五戸によって開墾が進められた[5]。集落レベルでは五四年から五八年にかけて一八戸が入植しており、六〇年の農家戸数三〇戸と比較すると過半以上を占めている。当初は、畑作が主体であり、豆類・雑穀と乳牛飼養の混同経営が一般的であった。六三年には千歳川からのポンプアップによる水田化が実現し、本格的な水田経営が展開をみる。高位泥炭土壌のため土地改良が必要であり、送泥客土、軌道客土を皮切りに、団体営暗渠事業(七〇〜七三年)、道営客土事業(七一〜七五年)、道営かんぱい事業(七一〜八六年)、そして七八年から八七年までの道営圃場整備事業へと続くのである。この最後の圃場整備事業負担金は、一〇アール当たり二〇万円近くとなり、かんぱい事業の負担金を加えると年間償還額は二万五〇〇〇円を超える水準である。これに、圃場整備に先行した個別の区画整理費や農地購入費、機械購入費などの負債が加わり、米価の下落とともに農家負債問題が深刻さを増していく。

農家戸数は、六五年の三二戸から七五年には三〇戸となるが、八〇年代には急速に減少して八九年には二〇戸となっている。離農農家は戦後開拓農家が多くを占め、六五年の一九戸が八九年にはわずか九戸、これに対し戦前入植農家は一一戸から七戸という動きを示す。離農跡地の売買は相対形式が一般的であり、過去には離農農家の負債継承を売買価格とするケースさえ存在した。しかし、離農の多発に対し、集落内では農地の受け手農家を確保することができず、入り作形態による売買が行われるようになる。これは、第一章第四節でも触れた現象であり、旧開集落と新開集落とにおける農地需給のアンバランスを示している。離農により、一戸当たり農地面積は六〇年の五・八ヘクタールから八〇年の一一ヘクタールへと一度は増加するが、八〇年以降は減少をみせる。新開集落での離農の多発と農家経済水準の低さの表れである。

集落内の農家構成は、先着順序列を示している。図2-2は、仁平により作図された入地時期別の規模拡大と機械化動向に関する模式図である。戦前入植者は当初より規模の優位性を示し、しかも機械化一貫体系を最も早く確立し、さらに規模拡大を図っている。これに対し、戦後開拓入植者は、水田化の時期が遅く、機械化ならびに規模拡大のテンポも遅れている。また、稲作単収においても格差が生じている。そして、この結果は農家経済にも反映しており、純剰余は戦前入植者ではプラスだが、戦後開拓農家はマイナスとされている(七〇年時点)。このことは、戦前入植農家が優等地から定着を始め、戦後開拓用地は集落内の最劣等地であったことを示している。

集落内では、八一年に圃場整備事業の完了を待ってライスセンターが設立されているが、新農構による事業導入を急ぐあまりに合意形成が図られず、当初予定の全戸参加による二三〇ヘクタール規模は達成されず、一三戸、一四〇ヘクタール規模での出発となった。参加農家は、既存の防除組織や農事組合の班とも一致しておらず、農協による強い誘導によって設立が図られた。この意味では、中流域の旧開集落にみられたような合意形成や経営転換への意欲はうかがわれないのである。

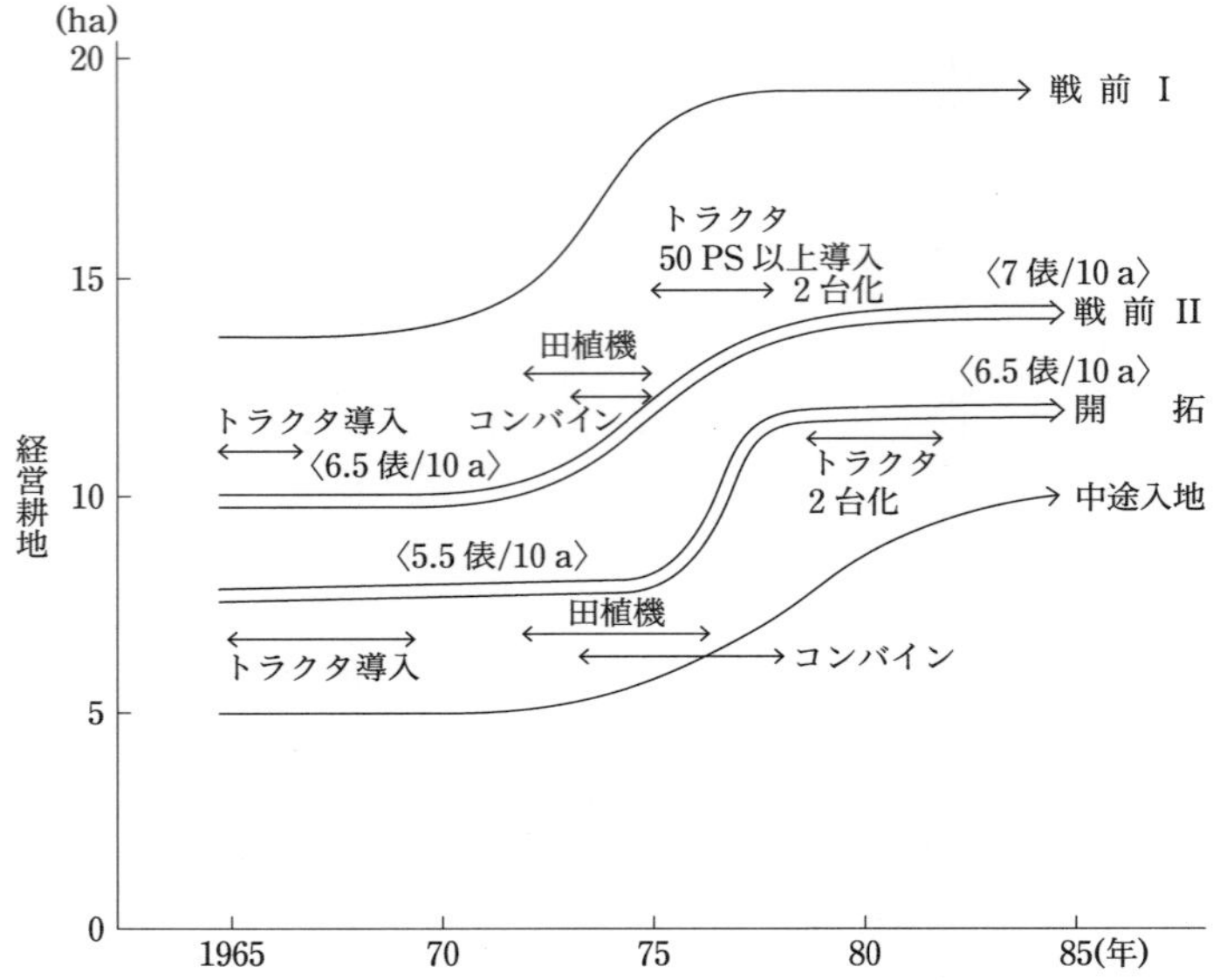

図 2-2　経営展開のタイプ(模式図)

注）1．農家調査票その他による。収量は共済組合の基準収穫量の水準を示す。
2．主に戦前II農家群と開拓農家群を対比する関係で，機械，単収もこれら2つの農家群についてだけ示した。
出所）臼井晋『大規模稲作地帯の農業再編』(北海道大学図書刊行会，1994年)，52頁。

(1) 以下の農業振興策に関しては、太田原高昭「地域農業と農民の主体形成」(『日本資本主義と農業・農民』大月書店、一九八二年)、矢崎俊治『営農集団と農協』(北海道大学図書刊行会、一九九〇年)、杉岡直人『農村地域社会と家族の変動』(ミネルヴァ書房、一九九〇年)、第五章、柳村俊介「深川市における集落再編の特徴」(『北海道農業』二〇号、北海道農業研究会、一九九六年)を参照。

(2) この農事実行組合の戦前の実態については、坂下明彦『中農層形成の論理と形態——北海道型産業組合の形成基盤——』(御茶の水書房、一九九二年)、第二章を参照。

(3) 注(1)、矢崎前掲書、八〇—八二頁を参照。

(4) 以下の叙述は、臼井晋編著『大規模稲作地帯の農業再編』(北海道大学図書刊行会、一九九四年)に依拠している。

(5) 中樹林地区に関する叙述は、仁平恒夫「戦後開拓地区の農業展開と農家構成」(同前、臼井前掲書)、ならびに仁平恒夫「新開稲作地帯における経営展開と生産組織化」（『北海道農業』八号、北海道農業研究会、一九八七年）に依拠している。

［坂下明彦］

第二節　畑地型地帯——十勝農業と網走農業

水田農業を中心とする日本農業のなかにあって、「畑」地目で小麦、馬鈴しょ、豆類、てん菜などの普通畑作物を生産する畑作農業が本格的に展開しているのが北海道であり、なかでも十勝地域と網走地域が畑作農業の双璧をなす。

北海道の畑地型地帯の農業は第一次大戦後に本格的に拡大し、以降作付作物の変遷や農業機械化の進展などを伴いながら、日本のなかでは特異ともいえる三〇ヘクタール前後の経営が広範に成立している。これら経営は、十勝地域においては小麦、馬鈴しょ、豆類、てん菜の四作物が、網走地域では豆類を欠いた三作物の作付を行っているが、こうした現況に通じる土地利用形態が成立したのは、ほぼ一九七〇年代の後半である。また、後述するように十勝地域は相対的に集約的な展開を遂げる中規模畑作地域、経営耕地の拡大を中心に展開する大規模畑作地域、そしてその外周部に草地型大規模酪農が展開するという地域分化を遂げている。畑地型地帯においても酪農専業経営が広範に成立したのは七〇年代半ばであり、上記のような畑地型地帯の地域分化が明確になったのが七〇年代後半なのである。本節は第二編第四章において分析する八〇年代後半以降の畑地型地帯の構造変動の前提として、七〇年代後半に形成された畑地型地帯の特徴を明らかにすることを目的としている。[1]

一　戦後畑作農業の展開

(1)　十勝と網走の畑作農業の展開

北海道畑作は北海道開拓の本格化とともに、より具体的には第一次世界大戦による世界市場への輸出産地というかたちを採って急速に拡大する。十勝はいんげんを中心とする豆類、網走はハッカが世界市場を対象とする主要商品作物であった。その後、網走のハッカ生産は諸外国の生産増加や人造ハッカの登場などにより急速に減少し、一九五〇年代には生産が消滅する。これに対し十勝の豆類生産は、輸出こそ行われなくなるが、国内市場向けの商品作物として六〇年代を通じても基幹作物として生産が継続する。

戦前期の十勝と網走の農地開発をみると、そのピークは一九三五年から四〇年であり、北海道の他地域と比較した場合、第一次大戦後の畑地拡大が顕著な「畑作中核グループ」として位置づけられる。十勝と網走の農業開発の進展度を入植年次別の農家構成を視点としてみれば、三〇年時点のそれは十勝と網走で同一であり、戦前期の農業開発はほぼ同様のペースで進展したと考えることができる(2)。しかしながら、農家の就業構造は異なっており、網走地域は被雇用、兼業(いずれも臨時)比率が高く、兼業構造を有していたのに対して、十勝地域は山間地域での冬山造材などの従事はみられたが、基本的には農業専業の地域であった。

第二次大戦後、脆弱化した生産諸条件のなかで度重なる冷害を被った北海道畑作は転換期を迎える。一九五〇年代半ばの十勝地域と網走地域の畑作は次のような違いをみせていた。第一は農家一戸当たりの経営耕地規模の相違である。十勝地域はおよそ九ヘクタールの経営耕地を保有していたが、網走地域のそれはほぼ半分の四ヘクタールほどであった。第二の相違は土地利用である。十勝地域は豆類作付に傾斜し、作付面積第一位の作物別農家数割合でも菜豆を作付第一位とする農家が過半を占めていた。これに対して網走地域は、後述するように地域内での差異はみられるがてん菜、馬鈴しょ、菜豆を作付面積第一位とする農家数割合が比較的バランスをとって存在し、「複数主産地」の様相を呈していたのである。このように十勝地域は相対的に労働ならびに資本粗放的な豆類の作付を主体に面積でカバーする経営対応が行われ、網走地域は連作という問題を抱えながらも、集約的な作物をしかも複数導入する経営対応が選択されていたのである。(3)

以上のように十勝地域と網走地域は同じ畑作農業でありながら、その性格を異にしていたが、五〇年代、六〇年代の冷害の被害が示すように、寒冷地畑作の確立という共通の課題を抱えていた。寒冷地農業の確立は戦前以来の北海道農業共通の課題であり、相対的に冷害に強い乳用牛の導入やてん菜栽培の推進が取り組まれ、より畑作に不向きな地域では乳牛とてん菜を結びつけた「混同経営」が営農モデルとして推進されたのである。とはいえ、十勝地域や網走地域で乳用牛の導入が本格化するのは戦後であり、五三年の「有畜農家創設特別措置法」、五四年の「酪農振興法」ならびに「集約酪農地域の設定」、さらには六一年の「畜産物の価格安定等に関する法律」などの制定を背景としている。

こうした畜産の振興は「二九・三一年冷害」(一九五四・五六年)を契機にしており、十勝地域では冷害に弱い豆作から馬鈴しょやてん菜などの根菜類作付への転換が提起される。しかし、乳牛の導入や根菜類の導入が明瞭に現れるのは、「三九・四一年冷害」(一九六四・六六年)を経験してからのことである。二度にわたる連続大冷害による被害と六一年に制定された「農業基本法」で示された選択的拡大政策と機械・施設の導入を推し進めた農業構造改善事業の推進などが、十勝地域・網走地域の畑作農業の姿を大きく変えていく。

ここで十勝地域ならびに網走地域の土地利用、作物選択の推移を概観してみよう。五〇年代、十勝地域は豆偏作で馬鈴しょが副次的に選択され、網走地域は小麦、豆類、馬鈴しょが選択されていた。六〇年代の十勝地域では引き続き豆類作付が首位で、馬鈴しょのほかてん菜が副次的に選択され、網走地域はてん菜、馬鈴しょという根菜類の作付を中心に豆類、小麦が副次的に選択されるようになる。後述するように、本格的に機械化が普及する前段である六〇年代までは馬耕が中心であり、家畜飼養のための飼料作生産や自給用の雑穀生産も行われていた。

七〇年代に入ると、十勝地域は豆類、てん菜、馬鈴しょの三作物が、網走地域はてん菜、馬鈴しょの二作物が主体の畑作となる。また、基本法農政による選択的拡大とトラクタ導入は馬飼養農家を激減させ、馬飼養のための飼料生産と自給向けの雑穀生産を消滅させる。こうして七〇年代後半の小麦作の作付増加によって十勝地域は四作物の土地利用、網走地域は三作物の土地利用が明確となり、以降特定作物への過作傾向もみせるが、八〇年代初頭には十勝地域四年輪作、網走地域三年輪作という土地利用が確立するのである。

(2)　機械化の進展と土地利用

十勝地域が豆作に偏った作付を採用していたのは、相対的に大規模な経営耕地を対象に、原生的地力に依拠した資本蓄積に乏しい家族経営が多く存在していたためと考えられる。網走地域は相対的に規模が小さな経営が存立し、そのことが相対的に集約的な複数主産地としての展開を採用させたと考えられる。

戦後、畑作経営が大きな変化を遂げた背景には、栽培技術の変化とそれを可能にした機械化の進展があり、同時に機械化と並行して進展した土地改良事業をあげることができる。基本法農政の基幹事業であった農業構造改善事業は、北海道畑作農業の機械化を急速に進展させた。戦前期に「畜耕手刈り」段階を形成していた畑作農業は、構造改善事業による耕起作業を中心としたトラクタの導入への順応が容易であった。特に、十勝地域は二頭挽きプラウ馬耕が行われていたことも要因として、より急速に、しかも個別化を伴って機械化が進展する。一例をあげれば、一九六五年の農家一〇〇戸当たりトラクタ台数は網走市が一五台、十勝の芽室町が二八台、更別村が二〇台であり、七〇年にはそれぞれ三八台、六二台、五七台となり、七五年には六五台、一一八台、一四五台

と推移している。(4)

機械化の進展をめぐるもう一つの特徴は、十勝地域が個別化の動きを強めたのに対し、網走地域の機械導入・利用が共同利用によって進展したことである。構造改善事業による機械導入の主体は利用組合の形態を採っていた。七〇年頃まではトラクタ共有台数割合は、十勝地域の芽室町・更別村では七五年には二〇％前後であったが、八〇年にはそれぞれ七％、二％と急減する。これに対し、網走市においては七五年には四五％と高く、しかも八〇年においても四〇％を示し、共同利用が継続するのである。

トラクタの導入は耕起作業の深耕を可能にし、堆肥投入による土づくりを容易にするとともに、根菜類の導入・作付面積の拡大を可能にした。さらに、トラクタ化は農作業全般にわたる機械化を大きく牽引していくことになる。六一年には日本甜菜糖株式会社がてん菜の紙筒移植法を実用化し、六三年には移植機が開発され、六四年にはビートディガ・ハーベスタの導入、さらに七一年には自走式ハーベスタが導入される。馬鈴しょも構造改善事業によりポテトディガが導入され、六〇年頃にはポテトプランタが開発され、さらに七〇年代以降には北海道に適合的なポテトハーベスタの小型化が実現する。また、小麦作の機械化は農協が乾燥調製施設建設を行い、あわせて大型コンバインを導入し、営農集団単位で収穫、乾燥調製作業を行う体制が形成された。この農協の取り組みは、十勝地域の芽室町や網走地域の清里町を先進事例として、六〇年代半ばからみられた。こうした小麦の収穫体制は、七二年からの世界的穀物不作などを受けた七四年からの小麦増産政策により畑作地域に一般化していく。(5)

以上の機械化の進展が、豆偏作の十勝地域の土地利用を豆類、馬鈴しょ、てん菜、小麦という四作物の土地利用に変化させた。同様の影響は網走地域にも及び、一部町村では花豆・虎豆などの高級いんげんの栽培が継続するが、一般には豆類の作付を排除した小麦(一部ビール大麦を含む)、馬鈴しょ、てん菜の三作物の土地利用へと変化する。豆類の排除は、農協が中心となり農業試験場とも協議しながら計画的に行われたものである。豆類の価格低迷や連作障害などによる単収水準の不安定性による収益性の低さが、相対的に小規模な網走畑作から豆類を排除する道を選択させ、七〇年代後半に急速に作付面積を減少させていく。

農地・草地造成事業の実施も畑地型農業の地帯構成に大きな影響を与えた。(6) 一九六二年から九五年までの草地開発事業の累計面積と農用地開発事業の累計面積を十勝地域と網走地域について示すと、草地開発累計面積は十勝二万九〇〇〇ヘクタール（一一％、九五年の対耕地面積比率、以下同様）・網走三万ヘクタール（一七％）、農用地開発累計面積はそれぞれ五万六〇〇〇ヘクタール（二二％）・四万九〇〇〇ヘクタール（二八％）となる。これら事業が農地の外延的拡大とともに酪農専業経営の育成を助長したのである。

また、機械化の進展は、圃場整備などの土地基盤整備の取り組みを促進させた。トラクタなどの機械化農業を効率化させ、深耕効果を発揮させるためには、土地改良事業が不可欠であった。暗渠・明渠などによる排水改良、火山灰土壌などへの客土、区画整理とともに農道整備などが欠くことのできない土地基盤整備事業として実施された。畑地型地帯の自治体は構造改善事業に国営の農用地開発事業や道営の畑作地帯総合土地改良事業などを組み合わせ、連続的な土地改良を実施したのである。十勝地域の更別村を事例に、主要な土地改良を示すと次の通りである。サラベツ川排水溝（一五年起工）、国営南サラベツ地区土地改良事業（五八年、サッチャルベツ川開削）、サラベツ川第二期明渠掘削工事（六九年着工）、国営更別中央地区土地改良事業（七一年着工）、更別地区国営総合農地開発事業（七六年着工）などであり、道営土地改良事業も実施されている。この結果、更別村では六五年の七九八七ヘクタールの経営耕地面積が八五年には一万〇三八三ヘクタールに増加している。これにより、湿地を多く抱えた更別村の農地は見事な畑に変貌するとともに、実質的な増反にも結果し、事業効果はきわめて大きかった。一連の事業実施においては、農協のイニシアティブも重要であるが、農家の意向を踏まえた自治体の主導性と両者の連携も見過ごすことはできない。

(3)　地域農業と農協

一九八〇年代前半までの畑地型農業の展開にとって農協の果たした役割はきわめて重要であり、農協が地域農業の先導的役割を果たしてきた。農協が地域農業の実情を踏まえ、独自の地域農業振興を進めたことは、畑地型地帯共通の特徴であろう。

ここでは典型的な農協の取り組みを取り上げる。(7)「日本一豊かな」農協と評価される士幌町農協は農業会時代から馬鈴しょでん粉の加工事業に取り組み、さらにフレンチフライやポテトチップスなどの「馬鈴しょコンビナート」を形成してきた。中札内村農協は、専作化した畑作と畜産経営を結合する地域循環農業を提唱し、機械の過剰投資を抑制し共同利用を推進する「機械銀行」方式を確立した。機械の共同利用システムは南網走農協(現オホーツク網走農協)が先駆的であり、管内では任意組織ながら営農集団単位で専任オペレータ制による共同作業が継続している。また、中札内村農協は戦後いち早く牛乳プラントを設立し、生乳販売を行った。加工原料乳生産にとどまらず、飲用牛乳生産や生乳加工事業への参入は、十勝八農協による「北海道協同乳業(現よつば乳業)」の設立につながり、十勝・北見・根釧という主要酪農地域での工場設置へと広がりをみせている。農協ならびにホクレンによる系統農協の加工事業への進出は、ホクレンの製糖工場建設にもつながっていく。

小麦収穫システムは、農協が乾燥調製施設を建設し、普通型コンバインを営農集団あるいは農協管内一円で効率的に稼働させるものであり、水田地帯の小麦作にはみられない高い労働生産性を実現している。その先駆となったのは十勝では芽室町農協、網走では清里町農協である。このほか、豆類や生食用馬鈴しょの集出荷選別施設、BB肥料配合施設なども農協が施設投資を行い、整備している。馬鈴しょでん粉工場は単位農協の取り組みから、農協間協同による共同利用工場の形態を採って施設整備が行われてきた。

このように畑地型地帯の農業は加工農畜産物主体の生産を行っていることから、農協を中心に自治体との連携のもとで積極的に補助事業を活用し、装置化・システム化を推進してきた。事業導入に際しては「あくまで自主的に、それぞれの地域が真に必要とする発展計画の中に補助金を誘い込むというタイプの活動に終始した」(8)と評価されている。

施設投資は農協単独の取り組みのみではなかった。協同出資による協同乳業、加工事業の連合会によるでん粉工場のほかにも、広域的な農協間協同がみられた。士幌町の馬鈴しょコンビナートは五農協の共同利用施設であり、たまねぎの共選共販を担った網走地域の北見広域連も農協間協同の組織であった。単協としての強い個性をみせながら、機能的な観点から農協間協同を行い、さらにはホクレンにおける事業化を推進したのである。

さらに、加工資本との連携も特徴の一つである。七〇年代半ばには澱原用馬鈴しょの需要減退への対応として、生食・加工用馬鈴しょの生産が急増するが、加工用馬鈴しょの作付に際しては農協が窓口になってカルビーとの交渉を行う体制を形成している。これは加工用スイートコーン生産などでもみられ、農協が農家と加工資本との間に介在することによって、生産面のリスク軽減を目指してきたのである。

二　十勝地域・網走地域農業の地域分化

以上、十勝、網走地域の農業展開を主に畑作の展開に即して明らかにしてきた。しかし、各地域の農業展開は一様ではなく、地域農業としての地域分化や土地利用構造を異にしている。ここでは十勝地域、網走地域の地域分化の様相を概観することにしたい(9)。

それぞれの地域分化の検討に入る前に、農業生産額を指標として十勝地域と網走地域の動向を整理しておく。耕種部門の農業粗生産額は経営耕地面積が大きい十勝地域が網走地域を一〇〇とした指数(以下同様)で一二〇となる。六〇年代後半から七〇年代前半までは一二〇を下回る年も多かったが、以降は一三〇となる年次もみられ、網走地域を下回る年次はほとんどみられなくなる。この変化を端的に示すのが、耕地当たり生産農業所得の動向である。耕地当たり生産農業所得は網走地域に優位性があり、七〇年代前半までは十勝地域の値は七〇前後で推移していた。しかし、七六年に九四を記録してからは指数九〇以上の年次がみられるようになり、網走地域と十勝地域の単位面積当たりの生産農業所得の差は縮小を示す。この結果、経営耕地面積の大きな十勝地域の一戸当たり生産農業所得は七〇年代前半までは一一〇〜一二〇であったが、七〇年代後半以降は一三〇から一五〇を示す年次が多くなり、農家当たり生産農業所得の差は拡大している。

このように、七〇年代半ばを一つの画期として十勝地域は作付作物の変化、単収の安定性、そして経営耕地面積の拡大を要因に、従来の粗放的で変動性の高い大規模畑作から、集約的な方向を内包した大規模畑作経営の内実を備えてきたと考えられる。

(1)　十勝農業の地域分化

十勝地域の農業地帯は、前節でも指摘したように十勝チューネン圏として説明されることが多い(図2-3)。十勝地域は帯広市を中心に十勝平野が広がる比較的平坦な地域である。この帯広市を中心とする中央部、その周辺部、そして十勝地域の北部・東部の山麓部、南西部の太平洋沿岸部に大別され、農業地帯としては中央部、周辺部、山麓・沿海部の三地域に区分される。

一九五〇年代から六〇年代後半の十勝地域の畑作は、戦前同様に豆単作ともいうべき畑作経営であった。同じ豆類のなかでも大豆は比較的価格が安定していたが、小豆、いんげんは収量変動とともに価格変動が大きかった。十勝地域では中央部、周辺部で小豆、いんげんの作付が多く、山麓・沿海部で大豆の作付が多かった。五〇年代、六〇年代の冷害は豆類の収量を激減させたが、「冷害に伴う生産減少を価格上昇が償うことによって、農家経済に対する『市場の収益補償機能』[10]」により、小豆・いんげん作の被害は相対的に緩和されたが、大豆作付の多

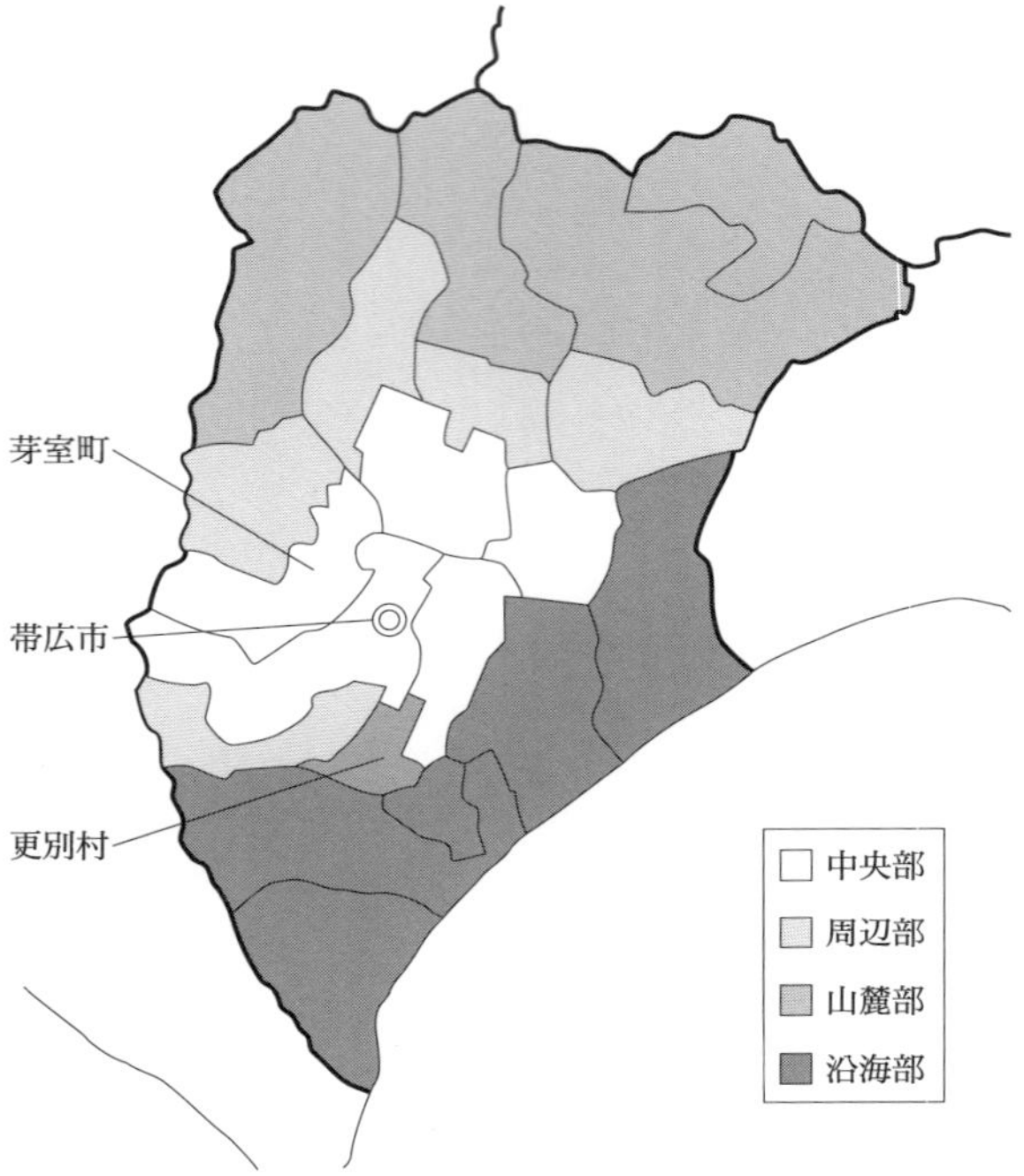

図 2-3　十勝農業の地域区分(吉仲怜作図)

かった山麓・沿海部の経済貧困化は大きな問題となった。山麓・沿海部では当時の酪農振興策を受け酪農の導入が積極的に行われ、畑作物生産から飼料作生産へとその土地利用を大きく変化させる。六〇年代後半から七〇年代前半にかけて十勝地域の畑作物作付面積は大きく減少し、代わって飼料作作付面積が急増するが、山麓・沿海部の酪農転換が大きく影響している。さらに、集乳合理化のためのバルククーラ導入に伴う混同経営の投資問題が、酪農専業か、畑作専業かという選択を農家に迫り、山麓・沿海部は酪農専業へ、中央部や周辺部は畑作専業の方向へと地域分化が促進された。この地域分化により、山麓・沿海部はほとんど酪農経営で構成される草地型酪農としての性格を、中央部や周辺部に点在する酪農経営は畑地型酪農の性格をもち、両者は飼料給与など酪農展開の方向を異にしている。

小豆、いんげんの作付では共通していた中央部と周辺部もまたその性格を異にしていた。周辺部は山麓・沿海部への移行地帯的な性格を有し、相対的に収量変動も大きく小豆よりもいんげんの作付が多かった。中央部は経営耕地面積は周辺部には及ばなかったが、収量は相対的に安定していた。中央部での相対的な農家経済の安定性は、機械化導入を早期化させ、てん菜導入や小麦作の導入も早期となった。しかし、開拓の早期性による小規模畑作の相対的な安定性は逆に農地取得競争を激しくし、しかも規模拡大は緩慢なものにとどまった。

周知のように十勝地域は六〇年の二万三二五四戸の農家戸数を七五年までの一五年間に一万二七九〇戸へとほぼ半減させる激しい離農を経験した。離農は中央部よりも周辺部、さらには山麓・沿海部で激しく、中央部より周辺部で経営耕地の拡大が進展した。

周辺部での経営耕地拡大は、馬鈴しょ、てん菜などの根菜類の導入と相まって、農家当たりの農業所得額が中央部のそれを上回るという逆転を生み出す(11)。中央部の芽室町と周辺部の更別村を比較すると、七〇年代前半までの農家当たり生産農業所得は作柄の良い年はほぼ同水準であるが、不作の年は芽室町が上回る実態にあった。しかし、七〇年代後半以降は更別村のそれが芽室町を恒常的に上回るようになり、八〇年代半ば以降は一〇〇万円から二〇〇万円の差を示すほどになる。

以上のように、十勝地域は豆単作的土地利用から馬鈴しょ、てん菜、小麦の四作物の輪作的土地利用を七〇年代後半までに実現した。しかし、それは地域内で均一に進展したのではなく、山麓・沿海部は畑作から酪農への転換、中央部はてん菜や小麦を早期に取り入れたより集約的、合理的な土地利用を行う畑作経営へ、周辺部は中央部からは遅れるが四作物の土地利用を実現し、拡大条件の存在から農業所得額では中央部を上回る大規模畑作経営を実現したのである。

(2)　網走農業の地域分化

十勝地域が帯広を中心に同心円的に農業地帯を形成しているのに対して、網走地域の農業地帯は南北を基本とするが、その様相はより複雑である。網走地域は斜網、北見、東紋、西紋の四つに区分されるが、農業の特色を指摘するうえで斜網を二つの地域に区分した五つの区分が示されることも多い(12)(図2-4)。

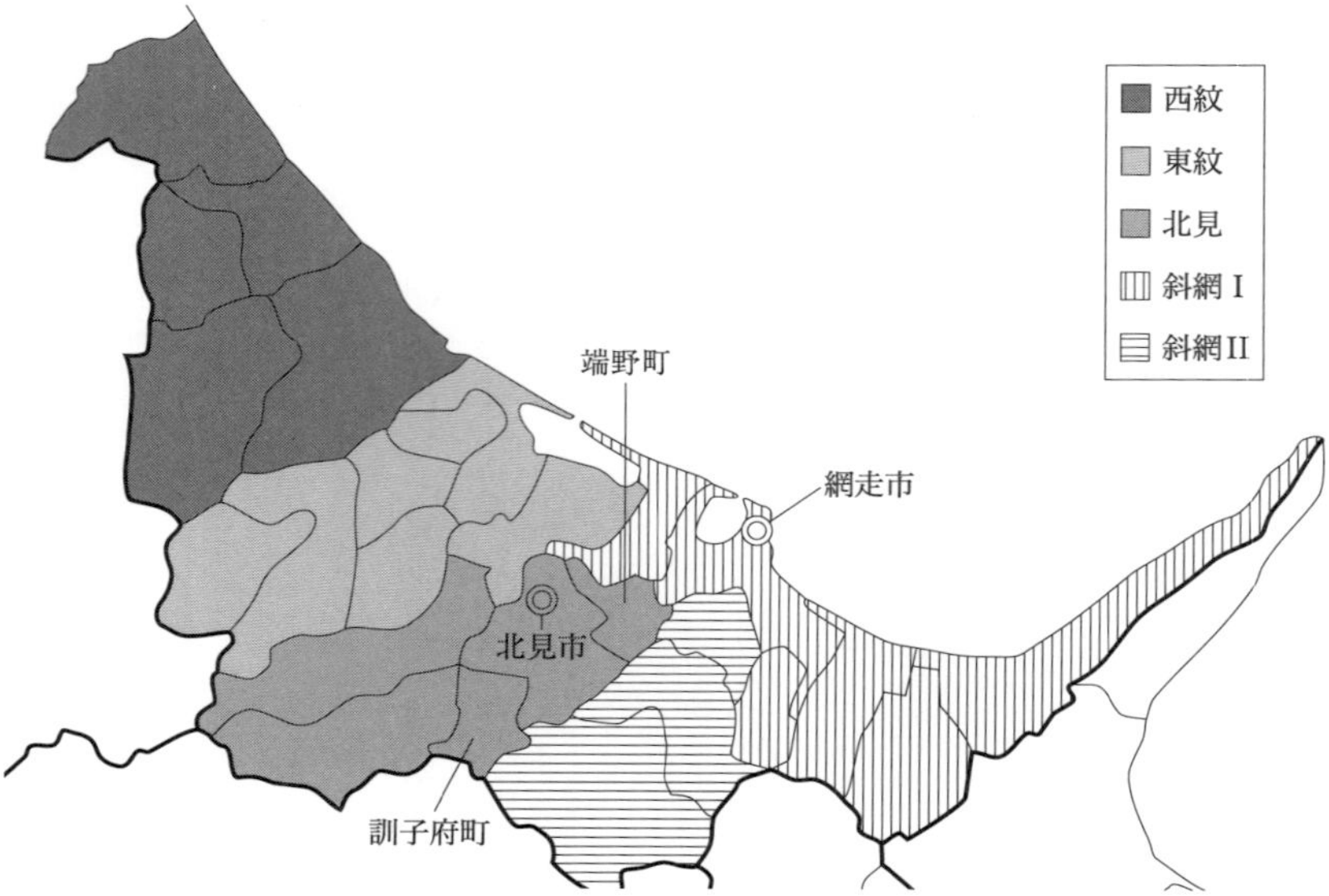

図 2-4　網走農業の地域区分(吉仲怜作図)

網走地域が複雑な様相を呈するのは、開拓時期と経営耕地規模、農業以外の就業条件、農業展開における地形条件の規定性などが錯綜するためである。開拓時期をみれば、オホーツク海沿岸は漁業による開拓、北見市(旧野付牛)・湧別町は屯田開拓であり、さらに一般開拓が続き、開拓の歴史は異なり、それに対応して経営耕地規模は異なっていた。就業条件については、オホーツク沿岸の漁業兼業に対し、西部山間地域は林業、鉱山が存在し、冬山造材が一般的であった。また、地形条件は、斜網地域を除けば、一般に中山間的な立地にあり、比較的平坦な地域にあっても波状地形を示し、開拓後の農地拡大条件も異なっていた。

網走地域の北部に位置する西紋地域は、網走地域というよりも天北地域に類似した農業展開を遂げ、馬鈴しょ中心の畑作農業から戦後の酪農振興策に支えられて酪農専業地域としての性格を強めてきた。東紋地域は西部の山間地域は林業兼業・小規模畑作が行われ、東部は漁業兼業・小規模畑作が行われていた。東部では戦後造田が行われ、少なからぬ水田を有する市町村も存在した。しかし、水稲作は不安定であり、転作政策開始以前に酪農への転換を遂げた市町村も存在するほどであった。西部山間地域は激しい離農が生じ、少数の農家によって酪農経営や粗放畑作経営が行われている。このように西紋地域、東紋地域は畑地型地帯というよりも、西紋地域は草地型地帯、東紋地域の東部は中山間地帯の性格を強く有している。

畑地型地帯としての網走地域の性格を端的に示すのが、北見地域と斜網地域である。とはいえ、これら二つの地域においても網走地域の複合的な農業構造を共有している。五〇年代末の一戸当たり経営耕地面積は、北見地域では五～七・五ヘクタール、斜網地域では七・五ヘクタール以上であるが、同じ北見地域でも屯田開拓地域は三ヘクタール未満の農家が多く、戦後水田地帯に変貌している。

このような複合的な農業構造は同一市町村内においてもみられる。これを北見市に隣接する端野町を事例にして示すと、次の通りである。(13) 端野町は地勢条件に応じて河川流域、高台、丘陵山間の三つの地域に区分できる。河川流域は屯田開拓地域であり、六〇年時点でも一戸当たり経営耕地は三ヘクタール未満で、兼業農家が多い。六〇年以降には、稲作と兼業あるいは野菜(たまねぎ)生産へ向かった地域である。高台地域は六〇年時点でモード層は五～七・五ヘクタールであり、てん菜、豆類、小麦、馬鈴しょという四作物の畑作経営が行われていた。その後、豆類は消失し三作物の畑作農業に転換している。この地域は、経営耕地の拡大が緩慢でたまねぎ導入など野菜作導入に進んだ地域と経営耕地の拡大が進行し三作物の作付にとどまる地域がみられた。後者は離農とともに耕地の外延的拡大が可能であった地域である。丘陵山間地域は六〇年時点の規模は高台と同様であり、作付構造も類似していたが、一五%ほどの飼料作が存在していた。その後は、規模拡大が進み、三作物の畑作ないし酪農専業へと向かうのである。

この端野町の事例を網走地域に敷衍すると、河川流域は北見市を中心とする小規模水田地域を代表とし、斜網Ⅱさらに東紋の一部町村にも同様の性格がみられる。高台地域は小規模集約的な畑作経営が展開している地域であり、耕地の拡大が緩慢であった北見地域、比較的拡大が進展した斜網地域の動向を代表している。この地域の動向が網走地域の畑地型農業の基本動向である。また、丘陵山間地域は酪農専業地域としての動向を示した西紋地域、酪農への転換を含む動向を示した東紋地域の基本動向を代表している。

以上のように網走地域は開拓条件とその時点での規模、就業条件、規模拡大条件が立地する地勢条件と相まって複合的な地帯構成を示している。十勝との対比でいえば、明治期、大正期、昭和期の開発序列（ＭＴＳ構造）が市町村内に同時に並存するという網走型開発序列を示すのである。とはいえ、網走地域の農業展開はより集約的な作物選択を基本に土地利用の方向を模索するという共通性を有していたと考えることができる。

（1）　西村は伊藤繁の研究をもとに十勝畑作は七四年を境に前期、後期に区分できると指摘している。本節では小麦作付が急増し、ほぼ現況の作付構成と同様な水準になるのが八〇年頃であることを念頭に七〇年代後半を画期と考えている。西村正一「戦後畑作農業の調整と成長」（土井時久ほか編著『農産物価格政策と北海道畑作』北海道大学図書刊行会、一九九五年）を参照。また、本稿では農地取得競争の相手が畑作経営である場合を畑地型酪農、酪農経営同士である場合を草地型酪農と考える。十勝畑地型地帯には多くの畑作経営のなかに点在する畑地型酪農と畑地型地帯の外周部に立地する草地型酪農の二つの性格をもつ酪農経営を抱えているのである。

（2）　坂下明彦『中農層形成の論理と形態』（御茶の水書房、一九九二年）を参照。

（3）　北海道立総合経済研究所編『北海道農業発達史Ⅱ』（中央公論事業出版、一九六三年）、「第三篇　北海道農業の転換」を参照。

（4）　経営耕地一〇〇〇ヘクタール当たりトラクタ台数は七〇年までは差は小さく、七五年以降芽室町、更別村の台数が多くなる。また、同じ網走地域のなかでも網走市は機械の共同利用割合が高い特徴を有している。志賀永一「網走農業における機械共同利用の性格」（酒井惇一代表『『辺境』農業・農村の経済的社会的地域固有性とその新たな構築方策』〈平成一二年度～一四年度科学研究費補助金研究成果報告書〉、二〇〇三年）を参照。

（5）　十勝地域を中心とした機械化の動向については、長尾正克「畑作農業の確立に関する経営学的研究」（『北海道立農業試験場報告』四七号、一九八三年）、土井時久「構造政策と畑作の機械化」（注（1）、土井ほか前掲書）を参照。

（6）　草地造成事業ならびに農地造成事業に関しては、『北海道における農用地開発事業の展開と評価』（北海道開発協会、二〇〇二年)を参照。また、注(1)、西村前掲論文、二一頁では農業基盤整備事業費総額の推移から、十勝の方が網走よりも先行投資的に事業が実施されたことを指摘している。

(7)　以下の事例については次の文献を参照。士幌町農協については、立花隆『農協』(朝日文庫、一九八四年)、士幌農協研究会『士幌農協七〇年の検証——農村ユートピアを求めて——』(北海道協同組合通信社、二〇〇四年)。中札内農協に関しては矢島武ほか「農業法人と協同組合」(『日本の農業』一四号、農政調査委員会、一九六二年)、志賀永一『地域農業の展開と生産者組織』(農林統計協会、一九九四年)。南網走農協の営農集団に関しては、矢崎俊治『営農集団と農協』(北海道大学図書刊行会、一九九〇年)、松本浩一『畑作経営展開と農業生産組織の管理運営』(農林統計協会、二〇〇二年)。十勝の小麦収穫体制については、加瀬良明「小麦の収穫・乾燥システムの構造分析——大規模・専業の十勝畑作地帯の場合——」(『日本の農業』一七二号、農政調査委員会、一九八九年)。北見広域連に関しては、三島徳三『青果物の市場構造と需給調整』(明文書房、一九八二年)。馬鈴しょと加工資本に関しては、小林国之『農協と加工資本』(日本経済評論社、二〇〇五年)を参照。

(8)　注(1)、西村前掲論文、二六頁。

(9)　志賀永一「畑作経営の地域性に関する統計的概観——経営部門別統計による十勝と網走の比較——」(『農業経営研究』三〇号、北海道大学農業経営学教室、二〇〇四年)を参照。

(10)　注(1)、西村前掲論文、一一頁。

(11)　注(4)、志賀前掲論文参照。

(12)　網走地域の地域区分は次の通りである。

斜網地域Ⅰ　斜里町、清里町、小清水町、網走市、常呂町、東藻琴村
斜網地域Ⅱ　女満別町、美幌町、津別町
北見地域　北見市、端野町、訓子府町、置戸町、留辺蘂町
東紋地域　佐呂間町、上湧別町、湧別町、遠軽町、生田原町、丸瀬布町、白滝村
西紋地域　紋別市、滝上町、興部町、西興部村、雄武町

(13)　志賀永一「網走地域の農業構造に関する一考察——端野町を事例として——」(『農経論叢』第五〇集、北海道大学農学部、一九九四年)、ならびに「集約畑作地帯の農業構造——端野町地域農業調査報告書——」(『北海道農業』一七号、北海道農業研究会、一九九四年)を参照。

〔志賀永一〕

第三節　草地型地帯——根室農業

本節の課題は、草地型地帯の形成と地帯構成を歴史的に明らかにすることである。本書全体の課題は、北海道農業の展開を従来の経営形態区分ではなく、地目に注目しながら農地開発とその改良の序列(地域開発序列)として位置づけ、農業の地帯構成の変動を明らかにすることであった。そして水田型・畑地型地帯では、戦前期の優等地での農家の定着をベースとした旧開地域と、第二次大戦後の戦後開拓をベースとした新開地域とに明確に区分されることを示した。草地型地帯は、先の水田型地帯、畑地型地帯に対比すると総体としては新開地域であるが、草地型地帯の内部にも入植の歴史や開発投資の違いによる地域差が形成されている。

北海道酪農は、その生産方式の違いから十勝・網走地域の畑地型酪農と根釧・天北地域の草地型酪農とに区分できる。両タイプともに酪農生産力を急速に拡大してきた点で共通するが、畑地型酪農地帯では面積規模の拡大よりも頭数規模の拡大に偏った展開を示し、草地型酪農地帯では頭数規模と面積規模の拡大が並進した。酪農の規模拡大には、飼料生産のための農地購入や機械・施設整備に大きな投資が必要であるが、農家の経済的蓄積のない北海道では、そのための財政支援が必要とされた。この点で、北海道酪農は国家的投資(財政支出)のあり方に大きく左右され、それは入植時期の新しい草地型酪農地帯において一層顕著に現れる。草地型酪農地帯では、一九七〇年をピークに八〇年までは草地造成を中心に巨額の開発投資が行われてきたが、八〇年以降は投資額が減少し、事業の重点も草地整備(草地更新)や施設投資に移行してきた。このような開発事業の推転は草地型酪農経営の展開に大きな影響を与えてきたと考えられる。

そこで本節では、まず、草地型酪農の展開構造を分析し、同じ草地型酪農のなかでも、開発投資の違いによる根室地域と宗谷地域の展開差を明らかにする。第二編第五章では、根室地域内部における地域を農協管轄地域ごとにＰＦ・新酪地域、戦後開発地域、戦前入植地域に分けて分析するが、この地域差を決定的にした新酪事業の性格を分析しつつ、それぞれの地域開発の背景を明らかにする。

一　草地型酪農の展開構造――根室地域と宗谷地域

(1)　草地型地帯の形成

ここでは、草地型地帯の代表として、国家投資のあり方の違いが最も典型的に現れた根室地域と宗谷地域を対象に一九六〇年から八〇年までの展開差を明らかにする。そのため、統計資料に基づき農業構造の変動を示し、次に構造変動に大きな影響を与えた開発事業の推移を整理し、両者の関連を考察する。

一九六〇年から八〇年にかけて、根室と宗谷での変化を『農業センサス』に基づいて検討する。[1] 農家戸数は、両支庁ともに大きく減少したが、専業農家率は増加した。この間の減少の多くが兼業農家であり、漁業自営兼業を多数含むと考えられる。この傾向は、宗谷において一層顕著である。酪農家率は六〇年の根室七四％、宗谷五三％が、七〇年には根室八八％、宗谷八二％に達し、すでに八〇年時点では酪農専業地帯を形成した(図2-5)。

経営耕地面積は六五年以降著しく増加し、両支庁ともに八〇年までに三倍近くに達した。一戸当たり経営耕地面積も急速に増加し、六〇年から八〇年にかけて、根室では六ヘクタールから三六ヘクタールに、宗谷では三ヘクタールから二八ヘクタールに増加した。経営耕地に占める飼料作の割合は、六〇年には宗谷三五％、根室五七％と低かったが、その後急速に高まり七五年にはともに九七％に達した。飼料作面積は八〇年を除いて、経営耕地面積とほぼ同じテンポで増加し、七五年には根室八万ヘクタール、宗谷三・三万ヘクタールに達した。

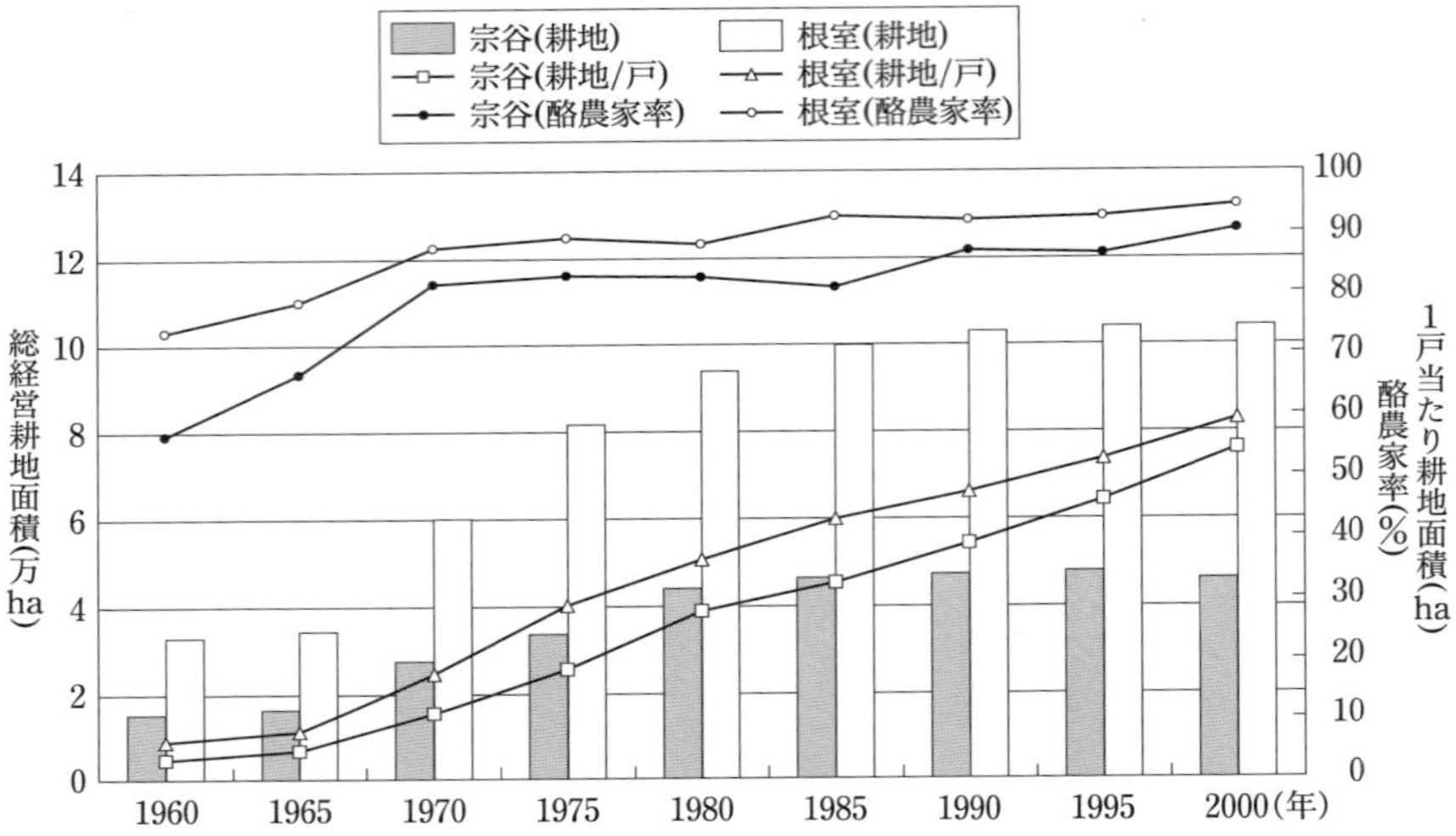

図 2-5　経営耕地面積と酪農家率の推移

出所）『農業センサス』各年度より作成。

乳用牛飼養頭数は六〇年から八〇年までに、根室で一万九千頭から一三万四千頭に、宗谷で九千頭から五万四千頭へと六～七倍に増加した。一戸当たり乳用牛飼養頭数は根室で五頭から五九頭、宗谷で三頭から四一頭へと一〇倍以上に増加した。

このように、六〇年から八〇年までの農家戸数や経営耕地面積の動向には両地域の違いは少ないが、六〇年のスタート時にみられた一戸当たり経営耕地面積や乳用牛飼養頭数の格差がほぼ維持する展開を示した。

(2)　酪農政策と草地造成

次に、酪農政策のなかで農業構造変動に直接的に大きな影響を及ぼした草地開発事業を取り上げる。北海道では、酪農振興法の制定や高度集約酪農地域の指定、根釧パイロットファームの建設(五四～六四年)などを経て、酪農経営の確立を政策的に進める枠組みができあがってきた。なかでも、すでに述べたように、草地開発(整備)事業が重要であり、五〇年代からの牧野改良が、六二年の酪農振興法改正により公共事業に組み込まれた。以降、草地造成面積は急速に増加して七〇年頃がピークとなり、

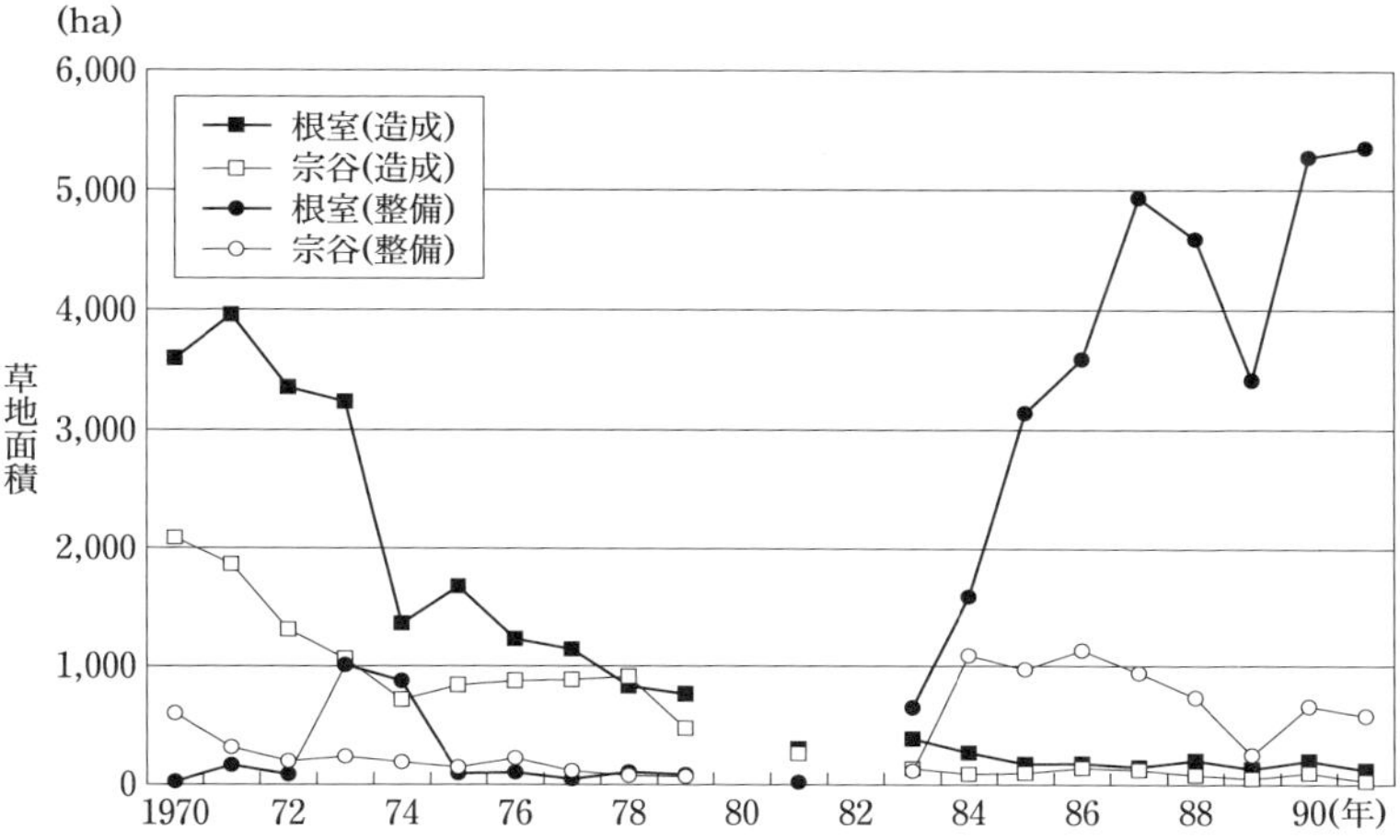

図2-6　団体営の草地整備等面積の推移

草地整備(更新)に重点が移行する。この間、さまざまな事業主体により草地開発は実施されるが、団体営草地開発整備が造成面積累計の六八%を占め、次いで国営草地開発や農業構造改善、広域農業開発と続く。以下では、根室地域と宗谷地域における草地開発事業の推移と差異を比較・検討する。

団体営等事業のうち草地造成に関わる事業費は、両地域ともに一九七〇年代半ばにかけていったん減少し、その後増加に転じているが、常に根室が宗谷を上回った。草地造成面積もほぼ同様に七八年以外は根室が宗谷を上回るが、この期間の造成面積は根室では一貫して減少したのに対し、宗谷では七〇年代半ばまで減少し、以降停滞した[2](図2-6)。七〇年代の草地整備事業は事業費、面積ともに小さかった。

国営と公団営の事業については、根釧パイロットファーム(五六~六四年)と根室(七三~八三年)と宗谷丘陵(八二~九〇年)の広域農業開発が大きな比重を占めた。まず、事業費では、この公団事業の実施期間以外では宗谷が根室をやや上回った。しかし根釧パイロットファームや根室広域農業開発(新酪事業)が実施されている期間は、根室の事業費が急増し、そのピーク時には宗谷の二~三倍に達し、特に新酪事業費の巨額さが際だった[3]。宗谷の事業費は、六八~七一年にかけて増加し、以降や

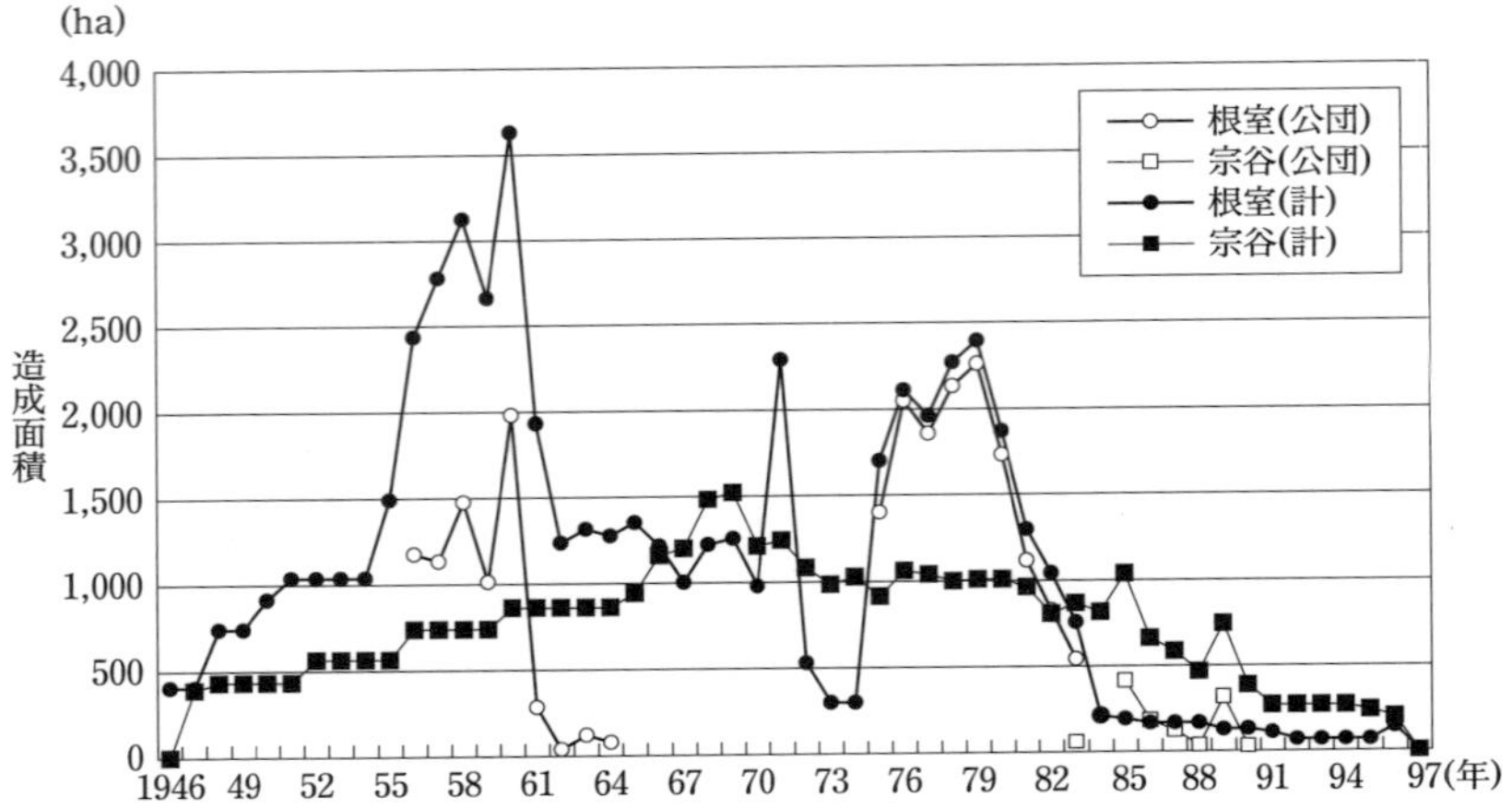

図 2-7　国営・公団営による草地(農地)造成面積の推移

や減少・停滞した。また、草地造成面積では、ほとんどの年次において根室が宗谷を上回り、公団事業の実施期間ではその格差が大きい(図2-7)。なかでも根釧パイロットファームによる面積増加は著しく、ピーク時には宗谷の三倍に達する。宗谷の造成面積は、六九年をピークに緩やかな増加・減少傾向を示す。

このように、公団営を除く草地開発事業は根室、宗谷ともにほぼ七〇年頃がピークとなったが、根室では根釧パイロットファームよる草地造成面積、新酪事業による事業費がきわめて大きく、それに伴い事業実績も大きく変動した。その結果、草地開発事業実績は、根室が宗谷を大きく上回った。一九四六年から八〇年までの草地造成面積累計では根室の約七万ヘクタールに対し、宗谷は約四万ヘクタールにとどまった。これには草地造成面積当たり事業費において根室に比べ宗谷が高いことが影響している。加えて、交換分合事業が根室においてより広範に取り組まれたことで、草地基盤の違いは一層拡大した。

(3)　施設投資と飼養管理

飼養管理の施設整備を強く左右する農業構造改善事業は、一次構(一九六二～七一年)に始まり、二次構(七〇～八二年)、新農構(七八〜九一年)、農業農村活性化(九〇年〜)と継続的に実施された。事業内容は、施設整備割合が圧倒的に高く、根室で八一%、宗谷で八七%を占め、土地基盤整備の割合は低い。時期別には両地域ともに二次構の事業費が図抜けて多く、根室で八二%、宗谷で六七%に達している。ただし二次構までは根室が多く、新農構以降は逆転して宗谷が多くなり、農業農村活性化では根室では全く事業が行われていない。酪農家一戸当たりの事業費では宗谷が根室を上回った。例えば二次構の事業費は根室の二九〇万円に対し、宗谷は三九〇万円であった。これら一連の農業構造改善事業のうち、二次構の施設整備がきわめて大きな比重を占めたが、そこでは補助事業でトラクタ(共同利用)が導入され、単独融資事業で牛舎等施設が整備された。

乳検成績をもとに両地域の乳牛飼養管理の技術水準を検討すると、ともに個体乳量の上昇や分娩間隔の減少から増加する傾向は同じで、その水準もほぼ等しい。飼料効果の低下や乳飼比の上昇では、傾向は類似しているが、その水準には一定の格差があった。例えば一九八〇年で、飼料効果は根室の四・七に対し宗谷は三・八と低く、乳飼比は根室の一四・四%に対し宗谷は一八・五%と高かった(図2-8)。その後、飼料効果と乳飼比の格差は徐々に縮小し、九〇年代にほぼ解消している。

飼養管理での技術水準の格差とその解消の直接的要因を農業構造改善事業に見出すことは難しい。ただし、宗谷において草地開発が遅れ、施設整備関連の一戸当たり事業費が多かったことが、飼養管理に傾斜した経営展開を導いたと考えられる。八〇年代中頃に宗谷の乳飼比が二〇%以上に増加した要因は、この地域で「チャレンジ・フィーディング」と呼ばれた高泌乳化技術が導入された結果である。その背景には、開発投資の遅れがもたらした飼料基盤の狭隘さと農業構造改善事業が誘引した飼養管理への傾斜があり、その結果が購入濃厚飼料に依存した飼養管理による高泌乳化をもたらしたといえる。

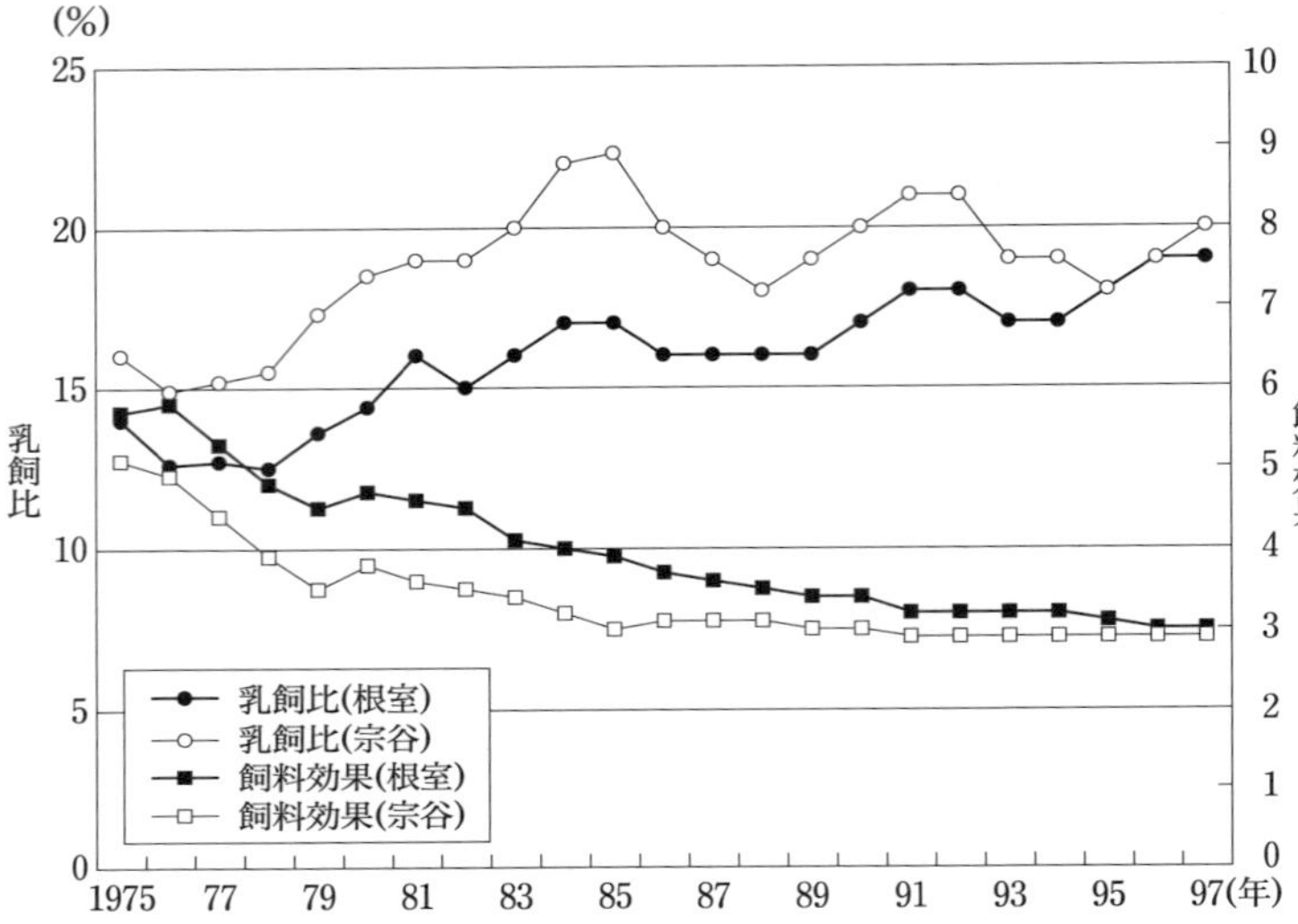

図 2-8　乳飼比と飼料効果の推移

出所）北海道乳牛検定協会「年間検定成績」各年版より作成。

二　新酪事業による根室地域開発とその性格

これまでみてきたように草地型酪農地帯の形成には、巨額の投資による大規模開発事業が多大な影響を与えていた。根室地域を例にとれば、大規模な開発事業は戦前入植、戦後開拓、パイロットファーム、新酪事業(正式には根室区域農用地開発公団事業)(4)と連続して行われてきた。これら開発事業は地域性を覆い隠すほどの影響を与えたと考えられるし、これらの事業地区は時には複数の市町や農協に跨がり特定の地域区分で地域性を析出できるほど単純ではない。しかし、事業の実施時期や内容の違いは根室地域内部での地域性を形成させたことも事実である。ここでは新酪事業の経過をたどることで、開発事業がいかに飼養頭数水準や技術装備、さらには農家の性格に影響を及ぼしたかという視点から根室地域の地域性を検討する。

(1)　新酪事業による地域開発

新酪事業は地域的に偏って多様に実施された。建売牧場への入植は九四戸、交換分合に伴って移転した農家は三一戸、施設整備を行った農家は九六戸で、合計七七四七ヘクタールの増反になった。また、施設整備を伴わない増反は六九四戸で七四〇六ヘクタールに及び、一戸当たり増反面積は一一ヘクタールに達した。さらに、用水や道路などの一般的な条件整備のみにとどまった農家も六〇七戸となる。最も広範囲に及んだ水道と道路の整備では、用水受益面積が約七万ヘクタール、受益戸数は一五二七戸に及んだ。入植や整備などの施設建築を伴った農家は二二六戸で、その地区は四農協に分かれている。

この事業内容を農協ごとに区分すると、移転入植や施設整備農家などの「上もの」を多数含む農協と事業区域外か増反・交換分合・上水道・道路整備のみの農協に二分される。これに入植時期という酪農定着の視点を加えると、根室管内の農協はPF・新酪地区(別海・中春別農協)、戦後開拓地区(西春別・根室・標津農協)、戦前入植地区(中標津・計根別・上春別農協)に大別することができる(図2-9)。しかし、農協内部にも事業区域と区域外が混在し、開発の歴史と自然条件の差が加わり、単作的な草地型地帯とはいえ複雑な地域性を示すことも事実である。

この新酪事業が八〇年前後に形成された草地型酪農地帯の地域性を形成したのである。これを端的に示すのが、農協別平均成牛頭数であり、事業前の七〇年には、戦前入植地区の二農協が一九頭で首位にあったが、入植最終年の八〇年にはPF・新酪地区の農協のみが五〇頭台で首位になり、以降九五年まで飼養頭数上位二位までを独占するのである。

また、戦前入植から始まる根室地域の自然条件は地形図上でも確認できる。戦前入植地区には殖民区画が設定され、明治期に開発の可能性が示された比較的優良な条件にある。これに対して大規模な事業により形成したP

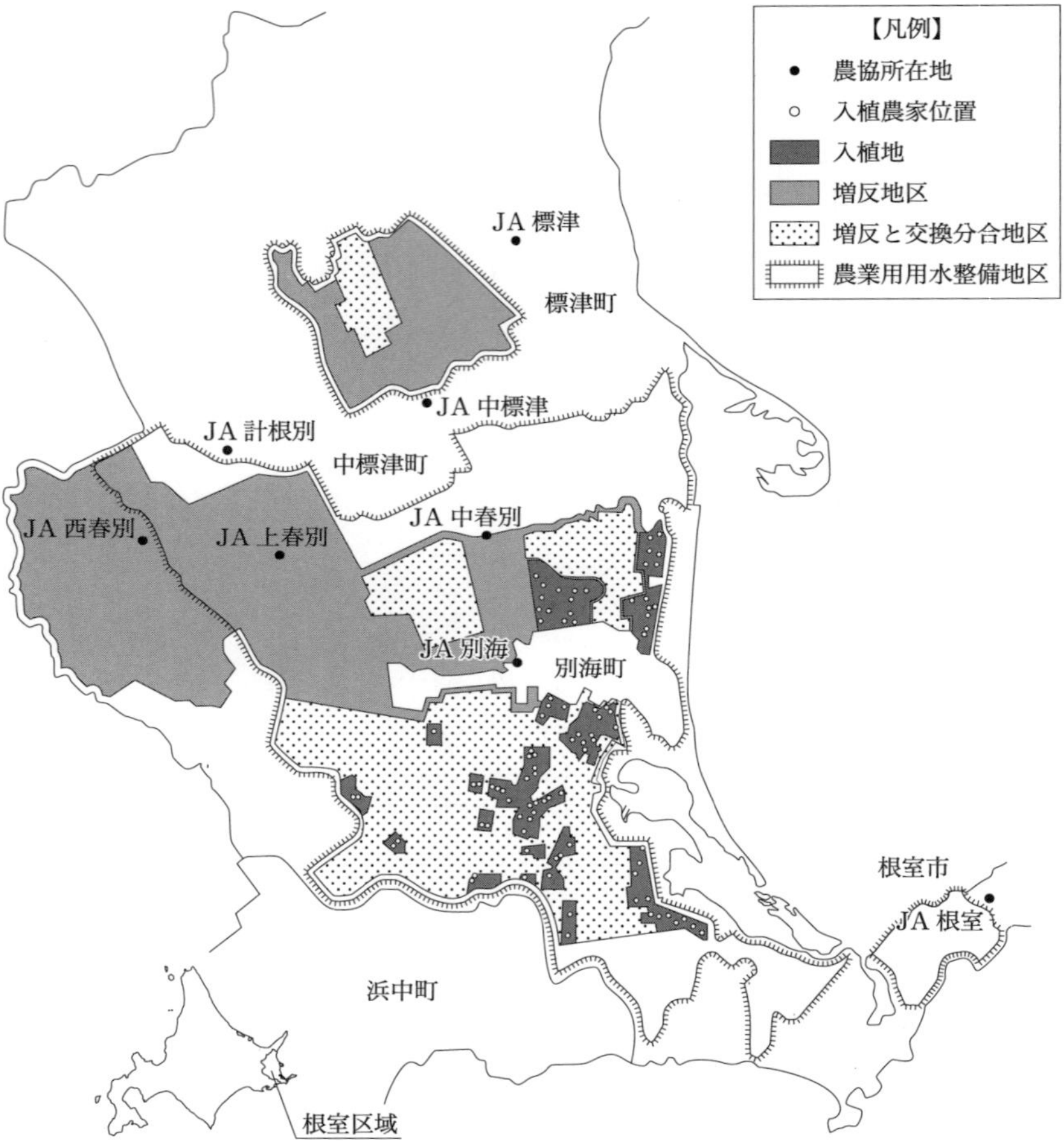

図 2-9　根室地域の開発と農協

出所）吉野宣彦「根室区域農用地開発公団事業による『新酪農村』の形成過程」(『酪農学園大学紀要』第 27 巻第 2 号，2003 年)，56 頁。

Ｆ・新酪地区には殖民区画はなく、河川流域の湿地や丘陵地が多く含まれている。中間の戦後開拓地区の多くは、殖民区画選定は行われたが、実際には入植がなされなかった地区、防風林を解除した地区、旧軍馬補充部の跡地などに位置する。ＰＦ・新酪地域はかつては開発が困難であったが、多額の国家資金を背景にして耕境内に繰り入れられた区域なのである。

以上の根室地域内の地域差を決定づけた新酪事業の性格を把握するため、第一に、事業の計画策定と実施過程への農家の参加状況を検討する。第二に、事業が農業経営に与えた影響を事業への参加形態に分けて比較分析する。第三に、入植者を中心に結成された「新酪農村入植者協議会」による「村づくり」運動の経過から地域農業の主体の性格を問う。

(2)　新酪事業計画の特徴

新酪事業の特徴の第一として、事業計画がトップダウンでつくられ、現場と大きく隔たった点を指摘できる。事業計画は、六八年当初に開発庁が「新酪農村開発構想」を提起し、七一年に「根室地域広域農業開発事業計画概要」としてまとめたものであり、これを公団が「根室区域農用地開発公団事業実施計画」として七四年具体化したものである。計画策定過程で、計画名称が「農村」から「農業」、そして「農用地」へと狭まり、社会的な要素が削られた。また事業の管理主体として、当初「畜産基地管理センター」が構想され、「情報の収集とそれに基づく地域対応策の策定」や「各経営体及び直営施設の経営分析」を予定したが、折衝の過程で事業になじまないことを理由に計画から削除された(5)。さらに、建売牧場の営農設計においても問題が発生した。例えば、スラリーの産出量を過小評価し、散布時期を土壌が凍結する一一～一二月に設定したため、事業完了前に貯留量が不足して雪上散布がなされた。最新鋭の自動給餌装置を備えた気密サイロは、九七年三月時点で、設置された一七四基のうち九九基が使用されなくなっている。農家の事業負担額についても、当初予定の二四六五万円が、完了後には五五〇五万円に倍増している。

第二に、事業実施への参加農家の「参加」の実態を建売牧場の施設決定について示すと次のごとくである。七五年に「入植者八戸……と打ち合わせを行い、畜舎施設や農機具などの具体的な内容を決め」「全戸とも気密サイロを強く望んだ」と公団は記録している。しかし、現実には、七四年六月の農用地開発公団設立後、八月一二日から五日間、実施計画概要が公告縦覧され、同時に八月一四日から九日間という「極めて短い日数で一五四〇戸全員から同意が取得」された。翌年三月一八日に初年度の入植者を決定したが、六月には牧草の収穫が始まるため、サイロの機種選定の期間は四月のわずか一ヶ月弱でしかなかったのである。

第三に、農村建設としての事業管理主体は、計画段階では開発庁が、施工段階では開発公社が、入植者の選考では道が、移転整備の選定では町や農協が担当することになった。責任は分散し、公団事業の完了後には、地元関係機関と参加農家が問題を解決していくこととなったのである。

(3)　入植・整備後の経営展開

新酪事業は当初から問題をはらんでおり、入植整備後には負債問題が顕在化したが、入植者の経営を分析し、事業計画を見直す作業は行われなかった。そのため、次のような問題が顕在化した。

第一に、借入金の返済のための離農多発である。入植整備完了直後の八五年から二〇〇〇年までに、移転や整備を含めた二二六戸のうち六四戸が離農した。離農跡地のうち四六戸分は、周辺農家の規模拡大と新規参入者に利用されたが、残り一八戸は「未活用農場」となった。離農の最大要因である負債は事業完了時に、入植農家一戸当たり平均で七三九一万円にのぼった(6)。これに入植時の持ち込み負債、入植後の追加的な資金投下(7)、年々の収支赤字分の借入金が重なり、九一年に継続していた入植整備農家一八四戸のうち四三戸の借入金は一億円を超えることになった(8)。

表 2-3　今後の飼養頭数の増頭意向(A農協，1991 年)　(単位：戸，％)

		合計	移転入植	施設整備	増反	一般
集計戸数		323	50	41	145	87
合計		100.0	100.0	100.0	100.0	100.0
飼養頭数の増加意向	無回答	1.9	2.0	2.4	2.1	1.1
	増頭めどあり	25.1	38.0	34.1	13.8	32.2
	増頭めどなし	32.8	22.0	24.4	40.0	31.0
	現状維持	34.7	34.0	31.7	38.6	29.9
	減少	5.6	4.0	7.3	5.5	5.7
合計		100.0	100.0	100.0	100.0	100.0
家族労働力の過不足	無回答	1.5	−	−	2.8	1.1
	余裕がある	10.5	2.0	4.9	9.6	19.5
	適正である	30.7	20.0	24.4	35.9	31.0
	不足している	57.3	78.0	70.7	51.7	48.3

注）1．離農分は，入植整備農家のうち 2000 年 6 月までに離農した農家の分。他は継続している農家についての集計。合計に離農分は含まない。
2．もとの選択肢「十分余裕がある」「やや余裕がある」を「余裕がある」に，「やや不足している」「非常に不足している」を「不足している」にまとめた。
出所）中央酪農会議『酪農全国基礎調査』(1991 年実施)の組み替え集計による。

第二に、負債対策として返還猶予や借換融資が行われた。当初は離農を防ぐために公団への返済開始の猶予が八四年から八七年にかけて四五％の農家に実施された。また、畜産特別資金が八八〜九二年に入植整備農家八〇戸に貸し出され、多くが借入金残高を七・二％から三・五％の低利率の資金に借り換えた。さらに九〇年代には、各種基金を積み立て、不良債権を直接償却し、離農後の農場の売却を促進した。(9)

第三に、移転入植者の多くが借入金を返済するために多頭化し、悪循環の拡大が進んだ。例えば一農協管内について今日も継続している農家の特徴を分析すると、移転入植グループでは、他の一般の農家と比べて、拡大の速度が速く、負債、労働、ふん尿処理の問題が顕在化した。アンケートによると、今後「増頭したい」と考え「めどがある」という比率は、移転入植者で三八％と最大だが、同時に家族労力が「不足している」比率も七八％と最大となっている(表2-3)。

第四に、経営間格差が著しく形成された。例えば入植整備グループで経産牛六〇頭の平均的なクラスでも、農業所得額は、最低で五〇〇万円水準から最高は二〇〇〇万円水準までに大きく開いている。ほぼ同一の規模と装備から出発したにもかかわらず、大きな経営間格差を生じたことは、個別的な事情により多様な経営展開がみられることを示している。

(4)　入植者による「村づくり」の胎動

このように事業に翻弄される一方、経営改善や地域という「農村」建設を視点にした活動もみられた。それは、入植三年目につくられた「新酪農村入植者協議会」の活動である。当初会員は入植者に限られていたが、のちに施設整備のみの農家も参加し、ピーク時で一五五名、入植整備農家の六九％に達した。会の目的は、「相互の連絡協調を図り、新酪農村事業の円滑な推進と安定した農業経営の確立を期する事」と幅広く、当初の事務局は会長宅に置かれたことに示されるように農家の自主的な活動であった。役員会の議事録[10]をもとに、協議会による「村づくり」をたどっていこう。

七七～八〇年の初期には、経営改善と自主的な村づくりが試みられた。まず専門部会が設置され、課題を総合的に捉える仕組みをつくった。例えば施設部会は、全会員へのアンケート調査を行い、機械・施設を中心に四〇項目の改善を求める要請書を公団などに提出している。また、経営改善が大きなテーマとなり、経営部会は事業設計とは異なる新たな「営農指標」を提案し、この「営農指標」には「地域に溶け込み村づくりに努力しよう」と記されている。

公団事業完了後の八三～八七年には、専門部会が消滅し、資金返済の条件緩和運動が活動の中心となっている。八三年度の合計一七回の議事録中八回に「条件緩和」が取り上げられている。また、事業完了に伴い会員内部の要求が多様化し、八四年の総会では、動議によりそれまで役員会の承認を必要とした会員の加入・脱退を自由化する規約改正が行われた。八六年の総会では解散について議論が交わされるに至った。さらに、八八～九三年にかけては、大家畜資金による残高借換が実現し、残高借換をした農家から脱会が進むことになる。

(5)　根室酪農の評価

最後に、根室酪農、とりわけ新酪事業に関連した主要な評価を取り上げる。これまでの評価は、主に酪農技術と地域農業主体に焦点が当てられていた。

第一の酪農技術とその展開に関する評価は、「ゴールなき拡大」という言葉に象徴されよう。規模拡大は農家の消極的な行動と評価され、「土地利用型酪農における規模拡大は……飼養管理部門の拡大と……飼料作部門の拡大とが並行しなければならない」「一連の機械、施設装備のため、投資も『循環的、増幅的』に拡大し、固定資本投下額も多額化せざるを得ない[11]」と指摘された。そして、「遠隔地・土地利用型の酪農ほど……機械・施設の大型化・重装備化が進み……借入金依存の傾向が強ま」っており、この「特質が最も典型的に現れるのが……根室地域[12]」であると、本書の対象地域は位置づけられてきた。

第二の地域農業主体に関しては、草地型地帯では政策主導の開発過程において規模や技術に加え生活基盤問題が強く現れるため、絶えず地域農業を担う主体の性格が問われた[13]。事業当初は「畜産基地管理機構」が構想され、参加農家も「入植者協議会」を自主的に設立し、行政も八〇年代に「グリーントピア構想」で地域農業の主体づくりを試みた。いずれも中途で消滅したが、農家の主体的活動は次のような課題を抱えつつも、地域に応じた酪農村建設を目指していたことに注目したい。酪農村は「畜産基地」とされ、国家の食料生産を分担する任務が強調された。地域が開発投資に依存する構造が継続する限り、いかに補助事業を引き出すかが地域農業主体の重要な課題であった。個々の農家の技術選択は、開発政策にのるか否かという政治選択と等しかった。また、農家は繰り返す大規模事業にのるか否かを絶えず問われ続けてきたのである。

「新酪農村」は政治的に利用され、農家や関係機関を含めた地域農業の主体は、基本的には地域個性に根ざした現状認識や目標をつくることができなかったといえよう。とはいえ、ここでは十分に触れることのできなかった交換分合を実施した主体的取り組みや、農家レベルでの学習会活動を含めた地域づくり運動の評価などの課題が残されている。(14)

(6) 小　括

北海道の酪農は農地造成事業や構造改善事業など多大な国家投資によって形成され、急速に専業化し、飼養頭数規模を拡大してきた。とりわけ、草地型酪農地帯は農業開発における農地造成事業の位置づけが高く、根釧パイロットファームや新酪農村建設事業などの国家プロジェクトによる農業開発によって酪農専業地域が形成された。このため、事業による酪農地域開発の影響はより大きく、典型的であるといってよい。このような国策ともいうべき酪農地域開発の性格は、同じく農政が示した酪農近代化計画に酪農経営を適合させ、そこに示された酪農営農類型をクリアする飼養頭数の拡大の先端を行っていたといってよい。その拡大は「ゴールなき規模拡大」と称されたごとくである。

開発投資に支えられた草地型酪農の誕生は、酪農地域の性格を画一的なものにし、地域性を覆い隠す性格をもつものであった。事業を利用した牛舎建設、飼料収穫調製機械の導入、農地造成事業などは、本来家族労働力に規定される家族経営において画一的な飼養頭数規模や飼養管理技術の普及をもたらしたのである。しかし、同じ根釧地域に位置しながらもＰＦ・新酪地域、戦後開拓地域、戦前入植地域という区分が可能であることは、入植時期の社会環境と開発事業実施の有無によって酪農経営の蓄積条件が異なっていることを示している。とはいえ、莫大な事業投資が地域として行われたために、地域内部の特性に応じた酪農経営のあり方という課題は、規模拡大路線の前に顕著な姿を示さなかった。しかし、第二次オイルショック後の農業生産資材価格の高騰に比較した乳価の相対的な低迷は、一〇〇円乳価を前提として進められた酪農経営の投資回収の軌道を大きく狂わせ、日本農業新聞が「涙のランナー」(15)として連載した酪農負債問題を引き起こした。北海道東部の過酷な自然条件のなかで、一からの酪農村建設はそれ自体としても過酷であり、大量の離農を発生させたが、多大な投資を伴う酪農経営の建設は経済的破綻による離農をも多数排出させたのである。八〇年前後には「ヨーロッパ並み」と称された大規模専業酪農経営群が現れるが、同時に投資軌道をゆがめる乳価低迷、増産を抑制する計画生産の登場に対し、彼らは経済的脆弱性を示すのである。(16)

今日、新酪事業の完了から二〇年あまりが経過している。そのなかで、従来突出していた新酪地域とその他地域の関係も大きく変化をみせつつある。こうした八〇年代半ば以降の酪農展開については、第二編第五章で詳しく述べられる。

（1）宗谷支庁は礼文、東利尻、利尻の各町を、根室支庁は羅臼町を除く。
（2）草地開発事業に関して整理された累年的数値がないことから、ここでのデータは道庁、支庁、開発局、公団から収集した数値に基づいているが、すべての事業を網羅したものではない。以下のデータも同様。なお、異なる出所の資料に基づく総草地造成面積（団体営のほか国営などすべてを含む、団体営の占める割合は約七五％）の推移をみると、七二年をピークに大きく増減していることが分かり、また、根室が宗谷を上回っていることが確認できる。
（3）新酪事業費には約三〇％を占める経営基本施設や農業機械等の事業費を含む。
（4）『根室区域農用地開発公団事業誌　新酪農村建設の記録』（農用地開発公団、一九八四年）による。
（5）同前、九二―九三頁、一六〇頁、また以下の叙述も同書による。
（6）『平成五年度農用地整備開発公団事業計画推進に関する調査委託事業　根室新酪農村建設事業参加農家経営実態調査報告書』（北海道、一九九三年）、六頁、および『根室区域経営実態についての資料』（農用地開発公団、一九八一年）による。
（7）宇佐美繁「広域農業開発と地域農業」（梶井功『畜産経営と土地利用』農文協、一九八二年）、一三八―一三九頁に指摘されている。
（8）注(6)、北海道前掲報告書、一三頁による。
（9）一九九〇～九五年に、「公団事業償還金整理特別対策事業」により、全道の公団事業参加者のうち離農して資産処分後も残る借入金五億五〇〇〇万円について、公団、道、関係市町村によって一六億円が積み立てられた。

(10)　一九七九〜八〇年、八三〜九三年の議事録で、途中八一〜八二年分はない。
(11)　田畑保「酪農経営の展開と農家経済構造——昭和五〇年代北海道酪農の展開の特質——」(『農総研季報』一号、農業総合研究所、一九八九年)、三〇頁。
(12)　田畑保「北海道酪農の農家経済構造と農民層分解」(美土路達雄・山田定市編著『地域農業の発展条件』御茶の水書房、一九八五年)、二五四頁。
(13)　山田定市「新酪農村建設事業をめぐって」(『戦後北海道農政史』農山漁村文化協会、一九七六年)、五六五頁、および宇佐美繁『広域農業開発事業と地域農業』(農政調査委員会、一九八〇年)、一〇九頁を参照。
(14)　吉野宣彦「北海道根室支庁管内の大規模酪農地帯形成の帰趨」(大原興太郎・中川総七郎編『戦後日本の食料・農業・農村(第一六巻)　農業経営・農村地域づくりの先駆的実践——地域農業の二一世紀展望事例——』農林統計協会、二〇〇五年)、三〇七—三五〇頁を参照。
(15)　『日本農業新聞』一九八五年一〇月二五日〜一一月一四日の一三回、一九八七年一〇月六日〜一〇月二四日の一四回の連載。
(16)　牛山敬二・七戸長生編著『経済構造調整下の北海道農業』(北海道大学図書刊行会、一九九一年)を参照。

[一-鵜川洋樹、二-吉野宣彦]

第四節　中山間地帯

一　北海道中山間地帯農業の独自性

広大な平地の農業というイメージが強い北海道農業だが、中山間地帯の占めるシェアは決して小さくない。例えば、『二〇〇〇年農業センサス』によると、中間農業地域と山間農業地域が占める割合は、総農家数について

四五％、農家の経営耕地面積について四一％であり、いずれも都府県(順に四三％、三八％)を上回る。(1)

だが、これまで、北海道の中山間地帯農業に対して大きな関心が払われてきたとはいい難い。一九九〇年代に中山間地域政策が浮上するのに伴い、政策論議を後追いするかたちで論じられるようになったというのが実情である。もっともこれは北海道に限ったことではなく、都府県についても大同小異というべきであろうが、北海道では以下のような事情から中山間地帯農業を捉える視点が定まらなかった。

従来、北海道農業の地帯構成を論じる際には、畑作を起点とし、主要には水田化と草地(酪農)化の二つのベクトル(近年では野菜作のベクトルが加わる)が作用して地帯分化が生じたと理解されてきた。言い換えると農業地帯の水平分化が注目されたのであり、この場合、平地農村が念頭に置かれていた。これに対して中山間地帯農業論は垂直方向での農業地帯把握であるが、もとより水平分化の視点が意味を失ったわけではなく、垂直分化の視点がそれに付加されると農業地帯の把握は非常に複雑になる。このことが整理されないまま、中山間地帯は北海道農業の地帯構成のなかで明確な位置づけを与えられず、座りの悪さを否めなかった。(2)

しかし、ただ地帯分化の視点を複雑にするだけでは無意味で、その有効性が示されなければならない。そのためには、中山間地帯農業が平地農業とは異なる独自な特徴をもつこと、具体的には、平地農業(それは水田型、畑地型、草地型を包含する)と対比した中山間地帯農業の特徴を示すことが求められる。詳細な検討を行うには九〇年代以降を含む動向分析が必要になるので、現状を扱うのちの章(第二編第六章)に譲るが、その要点を示すと次の通りである。

第一に、北海道の中山間地帯農業は、北海道農業全般に通じる寒冷地的条件不利とともに地形的条件不利を抱えている。地形的条件不利は積雪量、積算気温、日照時間等の面で寒冷地的条件不利を増幅する一方、耕地拡大を制約し、地域特性に適した農用地利用の確立を阻む。中山間地帯が北海道農業のなかでも限界地的性格を強く帯びるのは、このように条件不利を二重に抱えることによる。

第二に、北海道中山間地帯の地域農業は、稲作、畑作、酪農等の多様な経営形態が存在したり、零細兼業農家と大規模専業農家が混在することにみられるように、農用地利用や農業経営規模、農家経済の再生産といった点において異質的・分散的な構成を示す。北海道の平地・中核農業地帯では農地利用や経営規模において比較的均質な専業的農家が分厚い層を形成しているが、中山間地帯における地域農業の構成は明らかにそれと異なる。また、都府県の中山間地帯が水田農業を基盤とする点で平地農村と共通性をもち、農業生産の後退や零細、兼業、高齢といった農業の担い手不在問題に直面しているのとも異なる。つまり、地域農業の構成に関し、北海道中山間地帯は北海道平地、都府県中山間のいずれとも異なる特徴を備えているのである。

第三に、水田型、畑地型、草地型の中核農業地帯では、七〇年代には地域農業の基盤を確立したとみることができ、本書第一編でもそのような理解のうえに七〇年代における各農業地帯の到達段階を検討している。ここでいう地域農業の基盤確立とは、政策、農用地利用、地域農業組織が相互に関連しあって比較的安定的な構造を形成した事実を指す。具体的には、六〇年代から七〇年代にかけて、北海道農業では稲単作化(水田型地帯)、根菜類と小麦の作付拡大による畑輪作の定着(畑地型地帯)、酪農の飼養頭数増加と専門化(草地型地帯)が顕著に進んだが、こうした動きと並行して米の事前予約売渡制度、生乳の不足払い制度に基づく生乳共販体制等々、農産物の集出荷に関わる制度と体制の整備が行われた。そして、農協と農事組合の結びつきを主軸としながら、畑作物に関わる作物部会や酪農振興会といった要素を加えて地域農業組織が構築された(3)。他方、中山間地帯では中核農業地帯と同時期に地域農業の基盤を確立するには至らず、七〇年代以降も農用地利用が大きく変動した。その結果現れたのが異質的・分散的な地域農業の構成である。こうした地域農業の構成のもとでは農協や農事組合等も強固なものとはなり得ず、中核農業地帯のような地域農業組織は構築されなかった。七〇年代から八〇年代にかけての農用地利用再編は、米生産調整政策や農地開発事業といった政策によって主導される傾向が強かったが、その理由の一つは強固な地域農業組織の不在に求められる。

二　中山間地帯農業の形成

(1)　産業構造の変化と農用地利用再編

以上述べたように、北海道中山間地帯は、地帯構成上、独自の位置づけを与えるべき農業地帯の一つであり、「農用地利用再編」をキーワードとして諸特徴を整理することが可能と思われる。後発性、政策の主導性によって特徴づけられる農用地利用再編が地域農業の異質的・分散的な構成をもたらしたといえるからである。

かかる農用地利用再編を必然化した要因を考えると、農業内的には条件不利を抱えていることがあげられるが、他面で地域農業を取り巻く外的な要因を考えておく必要がある。産業構造の変化がそれである。

農業地帯としての位置づけを与える際には、地域農業が独自の特徴を示すことがメルクマールになるが、その前提として、地域農業が一定の地理的な広がりと地域経済における相応の地位を確立していることが必要であろう。狭小な範囲においては、際だった特徴をもつ農業は多数存在する。前述のように中山間地帯農業に対する関心が払われなかった最大の理由は、一つの農業地帯とみなしうる前提条件を備えていなかったからと考えられる。中山間地帯農業の存在を見落としていたというよりも、中山間地帯農業自体が十分なボリュームをもって形成されていなかったのである。

本書第一編においては、水田型、畑地型、草地型の主要農業地帯の確立期として一九七〇年代を認識しているが、中山間地帯については農業地帯としての前提条件をようやく備えるようになったのが七〇年代であり、地域農業の基盤確立はその後に持ち越されたと考える。その意味で、中山間地帯を他の主要農業地帯と同列に並べるのは適切ではない。

北海道中山間地帯が上述のような意味で本格的な農業地帯として形成されるのは、戦後、特に一九七〇年代以降である。北海道中山間地帯の農業は農用地利用再編を経過するなかで農業生産を拡大する。他の農業地域に対する独自性を示すようになると同時に、地域経済における地位を高めていった。農用地利用再編は、農業内部の変化とともに地域経済における農業のステータスの変化を伴っていたのである。

北海道の中山間地帯ではかつて漁業、林業、鉱業、鉄道等が地域経済の中心に座り、農業は基幹産業の地位になかったケースが少なくない。鉱山や鉄道機関区(車両基地)を中心に形成された市街地向けの野菜生産、漁業や造材、薪炭製造をはじめとする農外兼業によって生計を維持する零細経営が多かった。「夕張キング」のブランドを確立したメロン産地・夕張市はこうしたタイプの農業からいち早く脱皮した例だが、六〇年代前半までは炭坑市街地に供給する多品目野菜の生産が行われていた。しかし高度経済成長期における産業構造の転換により林業や鉱業が衰退し、鉄道の廃線や機関区の統合、営林署の統合、市街地の衰退・消滅といった状況が進行するもとで、零細農業経営の存立条件が失われた。その一方で地域経済における農業の位置づけが相対的に浮上する。これに対応して投入されたのが各種の公共事業や補助事業であり、これらをテコに本格的な農業開発が着手されたのである。

全道的には基本法農政の開始以後、大型公共事業による農業開発が進展するが、条件不利を抱える中山間地帯にその波が及ぶのは平地の中核農業地帯にやや遅れ、七〇年代以降である。林業や鉱業等のなかに埋もれていた農業が地域経済のなかで存在感を増し、中山間地帯が北海道農業の地帯構成の一角を占めるようになるのはこの時期からである。

以上のことがらを下川町に即してみることとしよう。この町は上川地方北部の内陸部に位置する山間農業地域である。北海道のなかでも積雪寒冷地としての気象条件が厳しいうえに、平坦地が少なく傾斜地が多いという地形的な条件不利を抱えている。このような地域では林業や鉱業(沿岸部では漁業)が地域経済の中心であり、農業開発の課題がこれらの陰に隠れていたが、下川町も同様の事情を抱えていた。それは次のような記述からもうかがえる。

谷井の小作争議や連続あるいは断続する冷害凶作などの苦しい時代を支えてくれたのも山でした。私も土方やら、山ご(山ごとは木樵)をやりましたが、農業は二の次で、とにかく山へ行けば食える……こういう考え方は最近まであったように思います。りっぱな農家が何軒あったでしょうか。例外なく木で生きてきたといっても過言ではありません。春には薪炭材や自家用材(馬小屋用など)を伐り出しましたが、良いものは売りに出し、残りを自分の家の周囲に積み……余談ではありますが、その多寡で貧富の度を判別したというほどでした。(4)

つまり、農家経済を支えていたのは農業ではなく林業だったというのである。

北海道の林業や鉱山は六〇年代から七〇年代を境に急速に衰退傾向をたどった。この点、下川町の林業は例外的なケースである。町の振興策もあって森林組合が積極的な事業を展開し、それが全国的にも注目を集めている。そのような下川町でも、産業別就業者数の動向をみると林業の占める割合は半減し、木材加工が主要部分を占める製造業と合わせても就業者割合は低下している。また、かつてここには北海道有数の銅山があり、七二年には三一億二九〇〇万円の生産額をあげていた。農産物販売額の七億三一〇〇万円はもとより、木材・木製品製造および製造業合計(七三年出荷額二五億二六〇〇万円と二七億二五〇〇万円)を上回っていたのである。しかしこの銅山は八三年に閉山した。

このようななかで地域経済に占める農業の位置づけは高まらざるを得ず、本格的な農業開発の課題が浮上する。とはいえ、条件不利地域における農業振興は容易ではない。下川町では六七〜七七年にかけて農協が経営不振のために再建整備を余儀なくされ、地域農業の振興に向けた積極的な対策を講じることができない状況であった。そして農協再建整備の途上で米生産調整政策が始まり、稲作の面積は大幅に減少したのである。

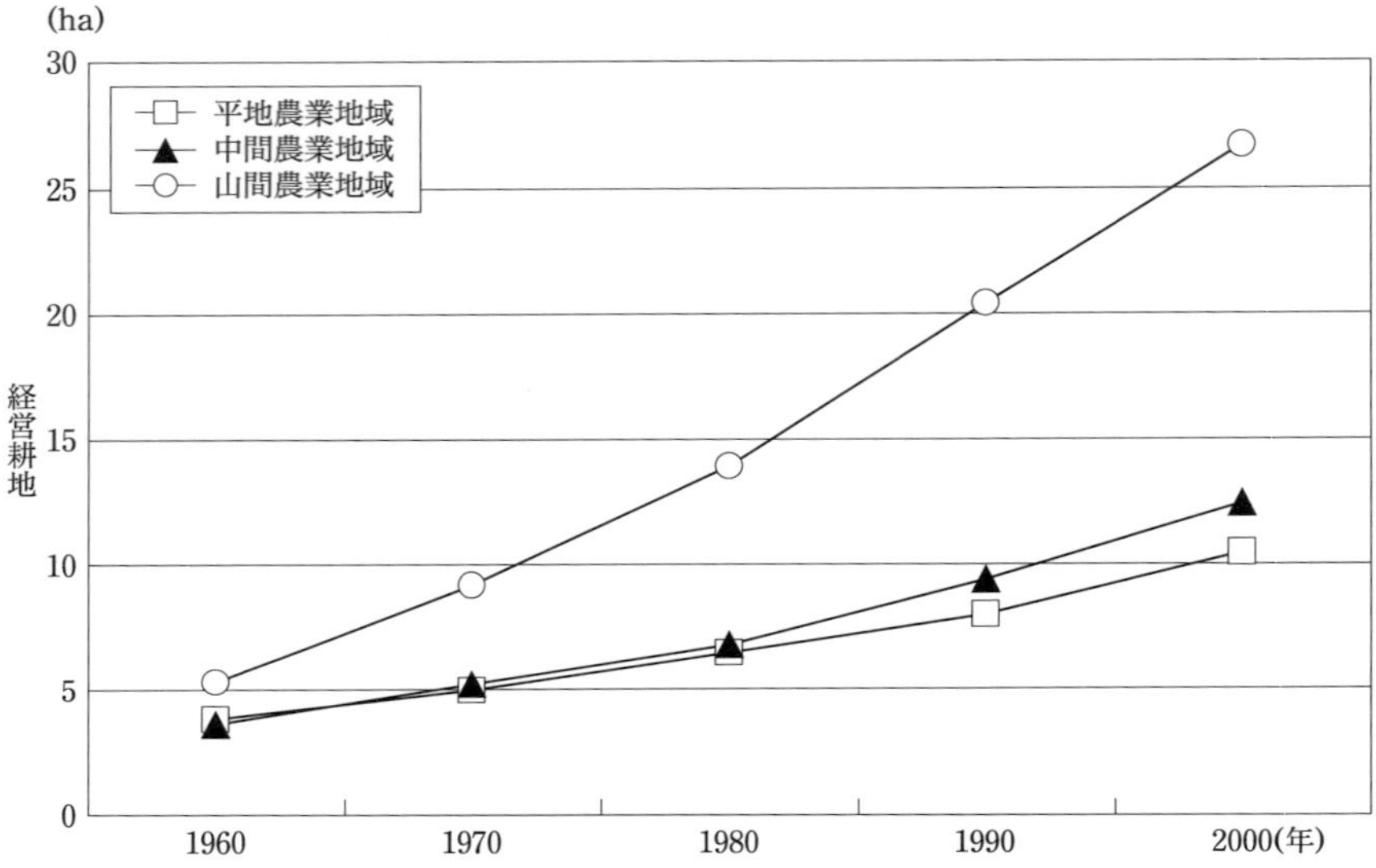

図 2-10　道央内陸部・北限稲作地域における農家１戸当たり平均経営耕地面積の推移

注）1．集計対象となった旧市町村数は平地地域４，中間地域５，山間地域10で，いずれも上川地域に含まれる。
2．各農業地域別に農家数と経営耕地面積をプールして求めた数値を示した。
出所）『農業センサス』各年度より作成。

稲作に代わって地域農業を支えたのが酪農である。農業粗生産額に占める乳用牛の割合は一九六〇年代では二〇％未満であったが、八〇年代には六〇％に達し、現在に至る（図2-10）。下川町の農業粗生産額は米の減少によりいったん落ち込むが、酪農の進展により回復し、さらに増大する傾向を示している。稲作から酪農へ基幹作目が転換したわけだが、酪農の生産基盤は各種の公共事業によって整備された。なかでも特筆されるのが国営総合農地開発事業（一九七三～九一年）である。この事業によって造成された農地は一八六七ヘクタール、受益者は一〇九戸の農家と町営牧場である。『二〇〇〇年農業センサス』の総経営耕地面積二八二八ヘクタール、総農家数一九六戸と対比すると、粗飼料基盤の形成にとっていかに重要な意味をもったかが理解されよう。ともあれ、この時期に劇的に進んだ基幹作目の転換は米生産調整政策のインパクトと農地開発事業の支えなくしては考えられず、政策主導の農用地利用再編ということができる。

中山間地帯農業が抱える条件不利と農用地利用再編の溝を埋めたのが政策であり、少なくとも農用地利用再編の初動段階では政策に強く依存せざるを得なかった。七〇年代においては、政策が中山間地帯における農用地利用再編を主導し、それが中山間地帯という新たな農業地帯の形成につながったのである。

八〇年代後半以降の下川町農業については第二編第六章で詳しく述べるが、農用地利用再編は政策主導から農協等の地域主体が主導する方向に変化している。北海道の中山間農業地帯は条件不利を抱えているが、零細・兼業農業を維持できるような労働市場の展開はみられず、むしろ林業や鉱業の衰退によって雇用が縮小した地域が少なくない。条件不利を抱えながらも、否、条件不利を抱えるがゆえに、新たな農用地利用に向けて地域農業が動いていかざるを得ないのである。

(2)　中山間地帯農業の地域性

さて、以上は各地における調査経験等に基づいて描いた北海道中山間地帯農業のスケッチである。中山間地帯を北海道農業の地帯構成のなかに位置づける際の仮説的モデルというべきかもしれない。したがって、多分に理念的に想定した中山間地帯農業の像を実態に近づけるべく、統計分析等による確認が必要である。しかし、ここではスペースの関係から詳細な分析を行うことはできないので、北海道の中山間地帯農業の地域性について概要を述べ、第二編第六章で事例的に取り上げる上川支庁下川町の位置づけを説明しておきたい。

『農業センサス』では旧市町村単位に農業地域を区分しているので、北海道における分布を旧市町村数で示すと、都市的地域四四、平地農業地域七六、中間農業地域八五、山間農業地域九二となる。後二地域を合計すると一七七と約六割を占める。

水稲作付条件の良否と内陸部・沿海部の区別といった条件を考慮し、これらの条件が同じ地域のなかで農業地

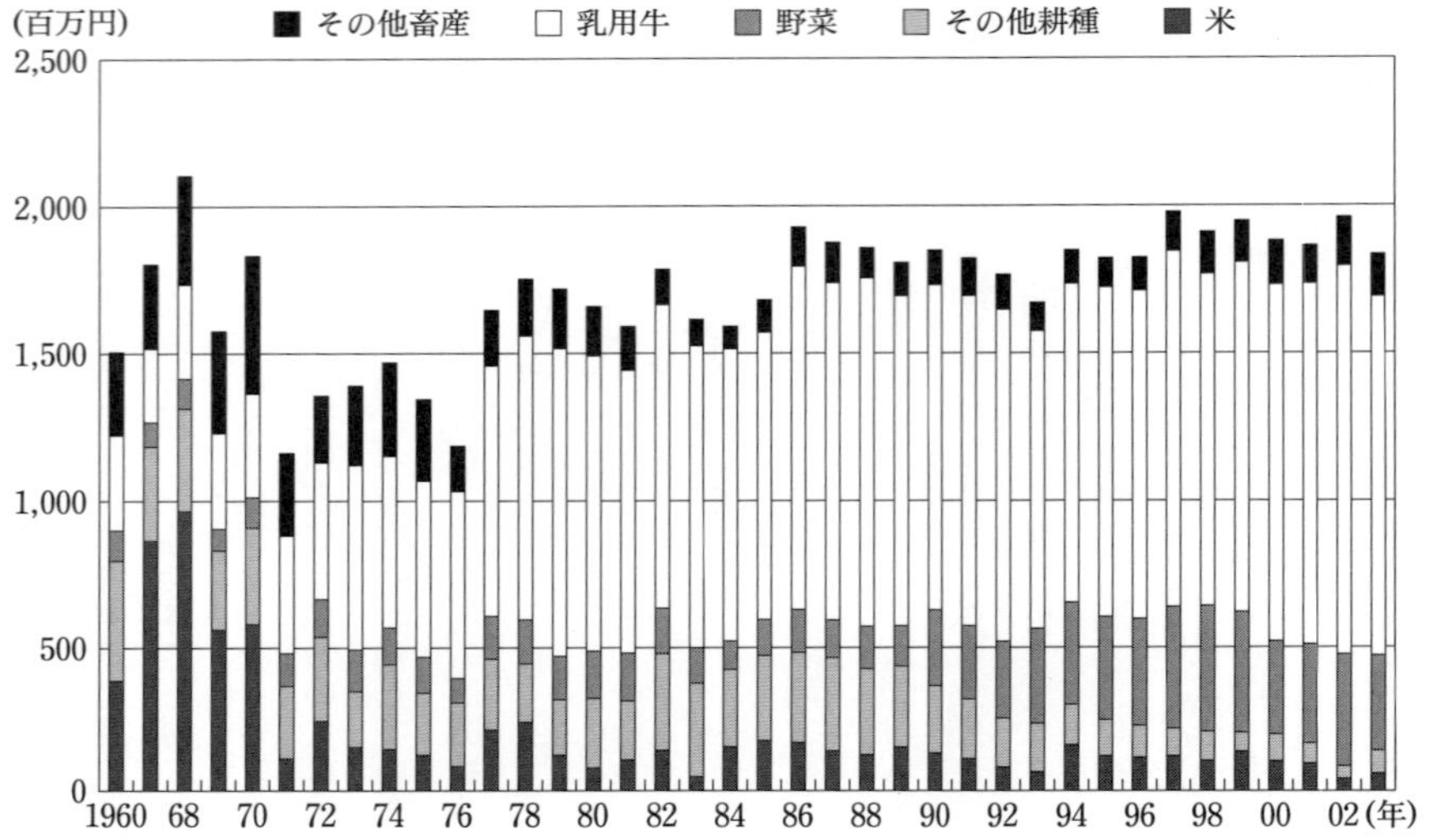

図 2-11　下川町における農業産出額の推移

注）2000 年を基準に農村物価指数・農産物総合でデフレートした。
出所）農林水産省「生産農業所得統計」より作成。

域間の比較をすると、平地農業地域に比べて中間農業地域、山間農業地域は、農家数の減少率が高く、経営耕地面積の増加率が低く、農家一戸当たり経営耕地面積が少ない傾向がみられる。すなわち、水田型、畑地型、草地型のいずれにおいても、中間・山間農業地域は平地農業地域の亜種、それも後退的な亜種として存在している。

しかし、より詳しくみると、亜種にとどまらぬ特徴を示す地域がある。その一つが道南・沿海部の山間農業地域で、農業後退的な傾向が最も強く現れる(5)。もう一つは、逆に後退的性格が希薄、というよりも発展的なタイプである。道央・内陸部の水稲作付条件が悪い地域(上川の稲作北限地域)について、農業地域別に農家一戸当たり経営耕地面積を示すと、山間農業地域が中間農業地域や平地農業地域を大きく上回る伸びを示している(図2-11)。

平地農業地域の亜種タイプや後退的タイプを中山間地帯の典型として位置づけることは適切ではないだろう。発展的タイプが占める範囲は必ずしも大きくないが、亜種タイプが独自性を強めることによって発展的タイプに転化したり、後退的タイプから発展的タイプへの反転という方向性を考えるうえで、道標としての意味をもつと思われる。下川町は、この発展的タイプの代表的事例である。

（1）　本書では、「中山間地域政策」といった行政用語や「中間農業地域」「山間農業地域」のような農業統計用語に関連して論じる場合は「中山間地域」と表現する。そのほか、北海道の農業地帯構成を論じる際には「中山間地帯」という用語を用いることにする。「中山間地帯」と「中山間地域」について特に内容上の区別はしない。

（2）　北海道では、中山間地域政策に対して違和感を感じるむきもあった。条件不利地域についての認識のずれがあるのだが、それはさらに農業地帯の水平分化と垂直分化の視点の違いに行き着く。これについては本書第二編第六章で述べる。

（3）　農用地利用、政策、集出荷体制が地域農業組織に対してどのような影響を与えたかについては柳村俊介『農村集落再編の研究』（日本経済評論社、一九九二年）を参照されたい。また、柳村俊介「北海道——独自な農村社会——」（『高度経済成長期Ⅲ——基本法農政下の食料・農業問題と農村社会の変貌——』〈戦後日本の食料・農業・農村」第3巻(Ⅲ)第4章第1節〉、（農林統計協会、二〇〇四年）では、六〇～七〇年代における北海道における農村社会の安定性を「北海道型農村社会モデル」として論じた。

（4）　『下川町史』（第二巻、一九八〇年）、五四二頁。

（5）　坂下は、戦前におけるこの地域の問題を「日本海沿岸地帯における中農層形成の阻害要因」として取り上げた。坂下明彦『中農層形成の論理と形態』（御茶の水書房、一九九二年）、第九章参照。

［柳村俊介］

第二編　構造変動と主要農業地帯の内部構成

第三章　水田型地帯の構造変動——石狩川流域

第一節　一九九〇年代以降における構造変動と規定要因

序章でもみたように、農業グローバリズムと国内「農政改革」で最も影響を受けたのは北海道であった。そのなかでも、甚大な影響を受けたのが水田型地帯である。それは取りも直さず、日本の農業地帯のなかでの最大の激震地であることを意味する。本章では、水田型地帯の内部構造に留意しつつ、構造変動の内容を明らかにしていく。

一　グローバリズムと北海道水田型地帯

米政策は、この一〇年間に何度かの大きな政策・制度変更を伴ったが、結局は、米価の下落、品質格差の拡大という米市場構造の変化と転作強化・助成金減額をもたらした。その影響の度合いは日本各地でかなり異なるが、北海道においては地域農業と農家に複合的、多重的な困難をもたらした。水田型地帯では、地域農業の崩壊ともいうべき地域を含む全地域での構造変動が進行している。そのなかでも最も激しい変化を被ったのは新開地域である。

石狩川下流の新開水田地域は、かつて「構造政策の優等生」として、北海道内でも有数の大規模経営の存立が注目された地域である。しかし、それは、当時の食糧管理制度(以下、食管と略)とその運用に支えられていた側面が大きい。この側面とはいうまでもなく米の全量買い上げ、生産費基準生産者米価であり、しかもほぼ全国均一米価のことである。つまり、「構造政策の優等生」は、この「恵まれた米価水準」と、国家的投資による水田開発を前提に北海道型大規模稲作の技術とスケールメリットによって成立していたのである。今やその枠組みが取り外され、地域農業の存立条件が問われるようになっている。

戦後の日本農業は、農地法、農協法、食管の三本柱によって支えられてきたといわれている。これらが相互に関連しあって、いわゆる「戦後自作農体制」をつくり上げたが、食管はまさに日本農政の根幹として位置づけられてきた。米は日本人の主食であること、全国全階層でくまなく生産されていたこと、食管が農協事業と密接に結びついていたことがその理由である。

しかし、食管をはじめとする農政三本柱は、高度経済成長以降、財界はじめ農政批判のターゲットにされ、一九九〇年代以降の農政改革では、それぞれは再編・機能停止・解体を強いられるようになってきた(「戦後農政の総決算」)。さらに、日本の米政策・食管は、農業グローバリズムのもとでは「グローバル・スタンダード」と直接的に抵触するため攻撃の矢面に立たされるようになってきた。ウルグアイラウンド合意では米問題の扱いが最後まで紛糾したし(特別措置)、米が関税化してからもＷＴＯ交渉では「高関税」(約四九〇%)ゆえに絶えずターゲットにされてきた。こうして、「内外の圧力」が相乗的に作用し、食管は解体し、米の保護政策は急速に後退していくのである。

二　構造変動の規定要因――米政策の変化と北海道農業

(1)　米政策・米市場の変化

ウルグアイラウンド交渉が始まると、農水省内部では自主流通米の入札制度の検討をはじめ、その後の食糧法の施行、MA(ミニマムアクセス)米の受け入れ、さらには値幅制限撤廃を経て「市場原理の導入」が実現されてくる。

北海道米の代表的品種であるきらら三九七(以下、きららと略)の価格は、一九九三年産で一万九五〇一円を記録した後、下落し続け、二〇〇四年産は一万二八八八円である。大幅な米価下落によって、九七年産以降、粗収益は生産費を下回るようになった。こうした状況が、水田農家として存立するための規模拡大へと作用し、中規模層の存立を脅かし、その結果、経営規模の階層構成に大きな影響を与えている。

「市場原理の導入」は品質差別化を伴い、各銘柄の全国市場での位置づけを明確にした。北海道米は全国市場における低(最低)ランクである。二〇〇四年産の新潟(一般)コシヒカリ一万九一三八円、秋田あきたこまち一万五六四六円、宮城ひとめぼれ一万五四七〇円、に対して北海道きららは一万二八八八円である。このような序列は、入札制度が始まって以来基本的に変化がない。

また、北海道内においても、品質、地域間格差が存在している。北海道では八九年からきららについて地域間格差を設けてきた。評価基準は、一等米出荷率、米穀出荷率、生産調整の実施率、保管施設・出荷施設の整備状況、実需者評価であり、特A、A、B、Cの四つに地域区分されてきた。特A地区の市町村は、後志の共和町、蘭越町を除けば、石狩川上流域・上川中央と中流域・北空知の旧開地域である。それに対して、下流域・南空知の新開地域は、A地区に栗沢町、栗山町が含まれているだけで、他の市町村はすべてB地区である。本章の主たる調査地域との関連でいえば、上流域の当麻町は A地区、中流域の秩父別町は特A地区、南幌町、長沼町はB地区である。(1)

さらに、一〇アール当たり収量の地域格差の問題もある。一〇アール当たり収量は、作況が良好であった一九九〇年には、当麻町五六〇キログラム、秩父別町五五七キログラム、南幌町四八二キログラム、大冷害であった九三年には　当麻町三二八キログラム、秩父別町三二五キログラム、南幌町一一三キログラム、二〇〇一年には当麻町五九〇キログラム、秩父別町五八三キログラム、南幌町五〇四キログラムとなっている。旧開地域と新開地域にはこのような土壌、気候条件を基礎とする地域間格差が存在している。

(2)　生産調整の影響

構造変動の規定要因として、生産調整政策も大きな役割を果たしている。生産調整政策のなかで特筆すべきは、一九九三年の大冷害を背景に九二～九四年度にはそれまで強化されてきていた生産調整を大幅に緩和したことである。その結果、北海道の転作率は、四九・八％から三五・九％にまで低下した。しかし、その後、過剰傾向を受けて生産調整は再強化され、二〇〇三年には五三・三％にまで拡大した。こうした、減反政策の変化と麦・大豆に重点が置かれた生産調整助成金体系の変化は、作付作物の大きな変動を起こしている。

また、転作率の問題も地域間格差の問題と密接に結びついている。生産調整政策が始まった当初、石狩川下流域・南空知では、全面転作や粗放的な転作によって目標以上の過剰な対応がなされ、この転作の実績がその後の転作割当の基礎数字となったことから、北海道内でも多くの転作面積が割り当てられた。

生産調整政策のもう一つの重要な点は、助成金交付額の問題である。北海道の助成金総額は、八一年、八二年がピークで八〇〇億円を超えていた。それから減額が始まり、八四～八六年が五〇〇億円台、八七～九一年が四〇〇億円台、九二年三一〇億円、九三〜九五年二〇〇億円台、九六年から九九年まで三〇〇億円台、二〇〇〇年から再び増加局面に入り、二〇〇〇年四七四億円、〇一年五八六億円、〇二年六一二億円、〇三年六〇五億円となっている。しかし、これも「地域水田農業ビジョン」の実施で大きく局面が変化することになった。「ビジョン」は、各地域の自主的な取り組みに基づく産地づくり交付金というかたちをとることになるので、これまでの助成金と直接比較することは妥当ではないが、目安という意味で比較を試みる。二〇〇四年四月の全道の産地づくり交付金は、合計三八〇億円であり、年度末までに利用された交付金の合計は、三七五億円となっている。〇三年の助成金額六〇五億円に比較すると三八・〇％の減額となっている。(2)

(3)　稲作技術体系の変化

構造変動の規定要因として、稲作技術体系も考慮しておく必要がある。一九八〇年代には、トラクタ、田植機、コンバイン、ライスセンターという中型機械化一貫体系が確立された。米作業別労働時間(一〇アール当たり)における直接労働時間でみれば、馬耕がまだ残っていた六〇年、六五年にはそれぞれ一四六時間、一二〇時間であった。転換期である七〇年には九一時間、七五年には五七時間、中型機械化一貫体系が確立された八〇年には四三時間となっている。以後、八五年三六時間、九〇年二九時間と八〇年代以前のような急激な時間短縮はみられなくなっている。そのことは、八〇年代以降、稲作技術体系に大きな変化はみられなかったことを示す。

したがって、九〇年以降の変化は、第一に、基本的に機械体系を維持しながら、それぞれの機械を大型化していった点に特徴がある。すなわち、トラクタの馬力数のアップ、田植機の移植条数、成苗移植、コンバインの刈り取り条数のアップ等である。

第二に、ウルグアイラウンド対策として、各地にカントリーエレベータなどの大型出荷施設が建設されたことである。これは、農家の収穫、調製作業の内容を変えただけでなく、小規模経営農家の施設投資を軽減し、改めて集落をベースにした生産集団への結集を実現した。したがって、この施設の建設は、収穫・調製施設の所有による大規模経営と小規模経営との階層間格差を縮小するという側面ももっている。また、それは集荷数量の確保、品質の均質化、コンピュータ管理による保管、今摺り米での出荷等を実現したという意味で、農協・ホクレンの販売能力を増すのに大きく貢献することになった。

なお、上述の米作業別労働時間の問題で興味深い点は、二〇〇一年までは直接労働時間は減少してきたのが、二〇〇二年には若干ではあるが、再び増加していることである。おそらく、規模拡大が耕地の分散等でストレートに時間短縮につながらない事態も生まれつつあると推定される。

(4)　野菜輸入の増加

構造変動の規定要因として、WTO体制への移行によって急速に進んでいる、野菜輸入の影響も検討する必要がある。野菜は主な転作作物なので、その価格動向は、水田農家にとって非常に重要な意味をもつ。野菜の自給率は、一九九〇年九一％、九五年八五％、二〇〇二年八二％と緩やかな低下であるとはいえ、確実に低下してきている。世界中から野菜輸入があるが、近年東アジア、特に中国からの野菜輸入が急速に増加している。

日本の野菜輸入は、生鮮野菜(アスパラガス、まつたけ、かぼちゃ、ブロッコリー、たまねぎ)、しいたけ(乾燥)、豆類(乾燥)、冷凍野菜(豆、馬鈴しょ)、調製したトマトやたけのこ等である。これらのうち、アスパラガスはオーストラリア、ブロッコリーはアメリカが最も多く、その他の野菜はほとんどが中国産である。

中国からの食料品の輸入は八〇年代から始まり、九〇年代後半から急増している。九二年には三五二八億円であったのが、二〇〇一年には七二〇〇億円を超えるまでになり、すでにアメリカに次ぐ位置を占めている。そのなかで、野菜輸入も積極的に進められた。中国野菜の輸出先は、金額ベースで六〇％、数量ベースで四〇％が日本であり、主に日本の商社による開発輸入である。しかし、二〇〇二年度には、生鮮野菜の残留農薬問題が発生し、輸入自粛の結果、若干の後退がみられた。

野菜輸入の品目をみていると、かなりの野菜が北海道で栽培されている作物である。したがって、中国産をはじめとする野菜輸入の増加は、生産者価格に対し影響を与えている。

(5)　兼業収入の動向

石狩川流域の農家の専兼別構造は、二〇〇〇年で専業農家三四・八％、第一種兼業農家三九・九％、第二種兼業農家一九・一％で、総農家数の三分の二が兼業農家である。したがって、兼業構造、および兼業収入の動向も構造変動の大きな要因となる。北海道の兼業は、都府県のそれに比べはるかに不安定的・臨時的・季節的であり、農村労働市場は狭く薄い。兼業先は、通年は土建業、冬季は除雪等が圧倒的に多くなっている。

兼業農家の勤務先として最も多い建設業の動向をみておく。まず、北海道の建築着工工事費は、九〇年の二兆一一二八億円をピークに以降減少していく。しかし、九六年まではまだ二兆円弱の仕事量は確保されていたが、九七年以降、毎年一〇〇〇億円近く減少している。二〇〇二年には一兆六七六億円となり、一九九〇年の約半分となっている。

公共事業費は、九〇年一兆二二〇七億円、九三年がピークで一兆六六三〇億円、以後二〇〇二年まで一兆三〇〇〇億～一兆五〇〇〇億円台の水準を維持してきた。転換点は〇二年から〇三年にかけてである。〇二年には一兆四三〇一億円だったのが、〇三年には一兆六二九億円となってしまった。実に、三六七二億円、二五・七％の減少である。

就業者数は、全道で一九九二年三四万六〇〇〇人、九七年三七万二〇〇〇人、二〇〇二年三三万七〇〇〇人であり、空知では、九〇年一九万六一三七人、九五年一九万三八九三人、二〇〇〇年一八万三二三三人となっている。農家にとって兼業収入が期待される状況にありながら兼業機会のないことが以上の数値に示されている。

三　北海道水田型地帯の構造変動と地域格差

(1)　構造変動の実態

農家間・地域間格差

北海道水田型地帯の構造変動を捉えるには、まず、一九八〇年代後半から九〇年代にかけての、大規模農家の形成を中心とする経営耕地規模別農家戸数の変動を確認し、そのうえで、さまざまな問題点を考察していく。

石狩川流域全体では、七〇年から九〇年までモード層は三～五ヘクタールであった。しかし、九五年からは、際だったモード層はなくなる。ただし、注意しなければならないのは、九五～二〇〇〇年にかけて農家数が最も多い階層は、一ヘクタール未満であるということである(表3-1)。

上川中央では、一九九五年までモード層は三～五ヘクタールで、二〇〇〇年には一ヘクタール未満となっている。北空知では、モード層の転換が非常に明確になっている。七〇～七五年には三～五ヘクタール、八〇～九五年には五～七・五ヘクタール、二〇〇〇年には一〇～一五ヘクタールである。南空知では、七〇～九〇年まで五～七・五ヘクタール、九五～二〇〇〇年には一〇～一五ヘクタールとなっている。以上の点にそれぞれの地域の特徴が凝縮されている。

農家経済の激変

まず、基幹である稲作に関し、入札価格と生産費の関連をみてみよう。きららの二〇〇四年入札価格は一万二八八八円である。他方、一〇アール当たり生産費(販売農家)を、九〇年代後半から北空知、南空知の中核層になってきた一〇～一五ヘクタール層で確認すると以下のようになる。九五年一万四六八三円、九六年一万四一二

表 3-1　石狩川流域の経営耕地規模別農家数の推移

（単位：戸，％）

年次	総農家数	1 ha 未満	1.0～3.0 ha	3.0～5.0 ha	5.0～7.5 ha	7.5～10.0 ha	10.0～15.0 ha	15.0～20.0 ha	20.0～30.0 ha	30.0 ha 以上
1980	44,262	5,743	8,748	10,966	9,760	5,012	2,872	657	320	159
1985	41,077	5,987	7,905	9,235	8,559	5,159	3,334	905	664	248
1990	35,819	5,617	5,780	6,827	6,310	4,838	3,638	1,123	641	292
1995	30,721	5,140	4,384	5,002	4,942	4,054	4,154	1,573	932	420
2000	26,609	4,938	3,443	3,887	3,751	3,256	3,564	1,660	1,181	587
構成比	100.0	18.6	12.9	14.6	14.1	12.2	13.4	6.2	4.4	2.2

注）構成比は 2000 年。
出所）『農業センサス』各年度より作成。

二円、九七年一万五〇六三円、九八年一万三三一九円、九九年一万三三七四円、二〇〇〇年一万二四一二円、〇一年一万三〇六二円、〇二年一万三一九八円である。九七年米価下落まで、一万四〇〇〇円以上であったが、それ以後、一万三〇〇〇円台まで引き下げられている。しかし、〇二年の入札価格のように一万三〇〇〇円の米価では、完全に生産費を割り込んでしまうことになる。

経営規模別では、一〇～一五ヘクタール層より経営規模の小さい五～七・五ヘクタール、七・五～一〇ヘクタール層の生産費は、一〇～一五ヘクタール層のそれを上回る。他方、一五ヘクタール以上層は、それを下回る。しかし、二〇〇二年には、様相が異なっている。同年の生産費を経営規模別にみていくと、五～七・五ヘクタール層が一万三六六一円、七・五～一〇ヘクタール層が一万三五〇三円、一〇～一五ヘクタール層が一万三一九八円、一五ヘクタール以上層が一万三九七一円となり、一五ヘクタール以上層が一番高くなっている。

地域別の推計生産費は、上川中央が一万一五〇〇～一万二〇〇〇円、北空知は一万一五〇〇～一万三〇〇〇円、南空知が一万三〇〇〇～一万三五〇〇円となっており、生産費の点でも地域間格差は存在している。

農地価格の下落

米価下落は、小作料、農地価格の下落に直結している。米価下落の過程で、農家の規模拡大志向に陰りがみられ、明らかな買い手市場になるなかで、農地価格の下落は継続している。空知では、以前は一〇アール当たり五〇万円の水準であったが、近年では一〇アール当たり四〇万円の水準を維持することも困難となっている。現状の農地担保金融システムにおいて農地価格の下落は、農家の担保能力の低下をもたらす。L資金が借りられて「農地確保の方の目途は立ったが、農業機械購入の資金が確保できなかった」という話が至るところで聞かれる。このように、農地価格の下落は、農業経営に大きな影響をもたらしているが、農協運営にも直接の影響を及ぼす問題である。

地域農業の空洞化と農家階層の変化

以上の農業収入、産地づくり交付金、兼業収入、小作料の減少は、農地価格を下落させ、農協経営の信用を縮小させ、地域全体の縮小均衡を招いている。そしてそのことが、地域の農家、土地持ち非農家、行政、地域の商店街等のすべてに影響を与えている。すなわち地域農業、地域全体の空洞化が始まりつつあるといってよい。

次に、農家諸階層のうち代表的なものの動向を述べてみよう。

第一に、規模拡大農家層である。一〇～一五ヘクタール、一五ヘクタール以上層は、九〇年代初めに農政が描く「稲作の担い手像」である一〇～二〇ヘクタール規模の個別経営体群に該当する。しかし、この層の米価水準と生産費を重ね合わせると、安定した経営にはほど遠い。単年度の黒字確保が難しいのに、売買で規模拡大した農家は、その分の償還を長期にわたって継続していかなければならないのである。償還がなければ凌げる可能性もあるが、急に規模拡大に着手した場合がほとんどである。

南空知のA農家は、九〇年まで経営規模が一〇ヘクタールであったのを、農地保有合理化事業を利用して二一・七ヘクタールまで拡大した。現在、負債額は四八六八万円、最終的な買い受け時には五九五〇万円となる。L資金の分はまだ据え置きなので、現在の償還金額は年間四七五万円である。事業参加による規模拡大を決めた時点では、米価が一万五〇〇〇円の水準であった。最近の米価水準では「すべて償還するのは不可能ではないか」と不安を抱いている。

第二に、現状維持・自給農家層である。これまで、米への依存をセーブして複合経営の展開に取り組んできた農家層にとって、米価下落は、規模拡大農家ほどではないとしても、経営の柱の一つが動揺するという意味で深刻な影響を与えている。また、先にも指摘したように、規模拡大農家の急増の対極に、一ヘクタール未満層に代表されるような、小規模自給農家が存在している。これらの農家のほとんどは後継者が不在で、米価が生産費を割り込むような事態が続けば、離農を決意せざるを得なくなる。しかし、規模拡大志向が行き詰まっているとすれば、耕作放棄地が大量に出てくる可能性がある。

第三に、土地持ち非農家・年金生活者層である。北海道の水田型地帯では八〇年代以降、集落に居住したままの土地持ち非農家が生まれてきている。これらの層に対して、小作料の大幅な引き下げは非常に大きな影響を与えている。小作料協議の場では、彼らの意見はほとんど反映されない。小作料収入に依拠する老夫婦、寡婦・寡夫の場合には経済的な打撃はさらに大きい。

(2)　一九九〇年代以降の構造変動の実態

一九九〇年代の構造変動の内容を明確にするために、七〇年代から八〇年代中頃までの特徴を確認しておく。この時期は第一に、中型稲作機械化一貫体系が確立されたこと。第二に、上・中流域においては専業農家の比重が増大し、第一種兼業農家の戸数、比重の低下が顕著になったものの、下流域においては専業農家の比重が低下し、第一種兼業農家の増加がみられたこと。第三に、上流域では三～五ヘクタール層、中流域では五～七・五ヘクタール層、下流域では七・五～一〇ヘクタール層がモード層として明確に存在していたこと。第四に、これが重要だが、農家所得は米価上昇、安定した生産調整助成金、野菜価格の上昇、兼業所得が増加していた時期であったこと。このような動向を背景にして、農地価格が上昇していたのである。

以上のような、七〇年代から八〇年代中頃までの特徴が九〇年代に急激に変化していく。九〇年代前半の生産調整の緩和と再強化によって作付作物、経営形態は変動した。表3-2は、稲作農家の経

表 3-2　北海道における稲作農家の経営形態

(単位：%)

田面積規模		水稲作付農家比率	稲作1位					野菜・花＋稲作
			計	2位の部門				
				なし	麦類作	雑穀・いも類・豆類	野菜・花	
			水稲作付規模別					
平均	1990年	81.1	79.7	11.8	25.2	23.9	13.5	5.1
	1995年	82.0	71.0	32.5	4.4	17.3	23.0	6.8
	2000年	75.0	78.9	20.6	11.4	20.3	20.9	9.3
1.0 ha未満	1990年	(56.9)	42.3	18.8	3.9	11.8	5.4	6.1
	1995年	(54.8)	40.9	25.6	0.8	7.2	5.7	8.5
	2000年	(37.0)	45.4	27.4	0.8	8.8	6.6	11.8
1.0～3.0	1990年	(70.5)	76.9	14.9	17.7	26.5	12.9	8.3
	1995年	(70.9)	70.9	33.0	2.7	14.2	16.9	12.5
	2000年	(58.5)	65.9	27.8	4.2	16.4	14.8	14.7
3.0～5.0	1990年	(84.7)	91.4	8.2	31.3	28.3	17.4	4.1
	1995年	(83.9)	86.0	36.2	3.6	17.1	25.2	8.6
	2000年	(75.8)	79.9	22.3	9.2	21.6	23.7	12.2
5.0～10	1990年	(93.4)	76.6	7.1	41.6	25.0	15.9	1.7
	1995年	(82.9)	75.4	32.3	6.0	21.2	31.5	3.0
	2000年	(87.9)	91.4	15.0	17.0	23.9	30.9	5.6
10 ha以上	1990年	(94.2)	97.9	8.2	55.8	16.9	10.0	0.1
	1995年	(95.3)	98.7	33.1	9.9	24.6	26.7	0.5
	2000年	(93.4)	97.2	13.2	23.4	25.2	27.2	1.2

注）1．水稲作付農家比率は田面積規模別，経営形態は水稲作付規模別。
　　2．水稲作付面積規模別の水稲作付農家に占める各経営形態の比率である。
　　3．表中の「野菜・花」は，1990年については施設園芸＋野菜，95年と2000年については露地野菜＋施設野菜＋花き・花木。

出所）農林水産省『農業センサス　経営部門別農家統計報告書』より小池晴伴作成。

営形態をみたものである。九〇年の時点で形成されていた稲作＋畑作物の経営形態(米麦一毛作)は、九〇年代前半の減反緩和の過程で大きく変化し、一方で水稲単作に向かう農家と、他方では稲作＋野菜・花きの複合経営へ向かう農家へと分化がみられた。九五年度からの減反再強化によって転作物として小麦・野菜を取り込んだことにより、水稲単作農家の比率は低下し、稲作＋畑作物の農家が増えた。野菜転作では、露地野菜が減少し、施設野菜が増加している。

小規模層では、五～六割程度の農家は同一の規模階層にとどまっていたが、総じて水田作廃止に向かう傾向が強い。離農した水田農家の大部分は、この階層であり、この小規模層で「廃止」(離農、水田なし、自給的農家への変化)した農家比率は八割前後を占めている。小規模層で拡大した農家比率は一〇%未満にとどまっている。一ヘクタール未満層では、全面転作か、それに近い畑作物や牧草の作付、あるいは水稲単作、さらに野菜との複合経営となっている。一～五ヘクタール層では、全面転作が減少し、水稲単作、稲作＋畑作物、稲作＋野菜の複合経営が増え、経営の中心が水稲から野菜作へとシフトしている。

中規模層では、激しい分解圧力のもとで、米を中心としつつも野菜作を採り入れることによって経営を維持している。大規模層では、水稲単作の農家比率は低下し、稲作＋畑作物に加え、稲作＋野菜作の農家も多い。大規模農家で野菜を導入している農家の比率が大きくなっている。

以上のような変遷を踏まえて、九〇年代の特徴を整理する。

第一に、中型稲作機械化体系という点では変化がないが、自脱型コンバインはグレインタンク装着型へ、田植機であれば、四条植から六条植というように条数を大きくするというようなかたちで、個々の農業機械の性能をアップさせている。

第二に、農家戸数の減少はほぼ同様のペースであるが、その内部構成の変化が激しい。専業農家層の後退(最上位層は依然として専業、九〇年代末には微増)と、兼業化(第一種兼業農家の増加と一ヘクタール未満層の増加、しかし、一部には安定兼業農家層も生まれており、その延長線上に在村離農層の形成)を特徴とする。

第三に、九〇年代は、農家所得が大きく後退する時期である。したがって、売買による規模拡大の経済的条件が喪失した時期でもある。農地流動化の基調は賃貸借となり、農地価格は下落へ向かう。しかし、農政は、WTO体制への移行をにらんで、L資金の貸与等によって、売買によるさらなる規模拡大を推し進めることになった。また、農地保有合理化事業による北海道農業開発公社の中長期中間保有が、売買移動を進める大きな契機となったが、売渡後の負債償還が開始されつつある。そこに規模拡大の性格に深く関わるもう一つの流れが存在している。

第四に、賃貸借による規模拡大の進行は、農民層の分解を急速に推し進めている。一方の極には、一〇ヘクタール以上層、他方の極には、全面転作、兼業＋稲作、稲作＋野菜作等のさまざまな存在形態をもつ、一ヘクタール以下層、自給的農家層が形成されてきている。旧開地域ではかつての中核農家層の解体が進行している。新開地域では旧開地域のそれよりも一回り大きい層の両極分解が進行した。小規模層の農家が大量に離農する一方で、中規模層から経営規模を拡大した農家によって大規模農家が層として形成されたことにより、北海道の水田農業の規模階層構成が、従来とは大きく変化した。

四　本章の構成

以上、一九九〇年代における水田型地帯の構造変動の概要を、水田の規模階層ごとの動きに着目して明らかにした。以下の各節では北海道における主要な水田地帯である石狩川流域の地帯構成の分析を行う。

第一節では構造変動の規定要因と構造変動の実態を大きな流れとしてみたが、第二節～第四節では、上・中・下流域の地域性(上・中流域＝旧開、下流域＝新開)に注意を払いながら、実態調査結果に基づく分析を行う。具体的には、下流域・南幌町、中流域・秩父別町、上流域・当麻町を取り上げ、地域農業の構造変動と具体的な実態把握に迫る。農地流動化に即してそれぞれの地域の特徴をいえば、南幌町は賃貸借が増加してきたとはいえ、依然として売買が主流、秩父別町は売買と賃貸借が並進状態、当麻町はほとんど賃貸借となっている。第五節では、その構造変動の諸形態として、上・中・下流域における転作対応、兼業農家、土地持ち非農家の諸相を検討している。転作対応は、下流域では集団的転作対応による高い転作収益の確保、上流域では捨て作り的な対応が特徴的である。兼業に関しては、各流域ごとの特徴を整理するとともに、八〇年代後半以降の急速な規模拡大のために兼業を余儀なくされた大規模兼業農家を取り上げる。土地持ち非農家に関していえば、借地構造が府県のような安定的な構造とはなっていないことを検討する。

さて、厳しい現状のなかで活路を開いていくために、新たな地域農業の再編の課題と農協の役割を論じるのが第六節である。具体的には、米の販売対応、野菜生産、地域営農システムの諸問題が、上・中・下流域それぞれについて検討される。

（1）　きららの地区区分とともに、米ガイドライン配分ランクもある。最上位ランクが七で最下位ランクが一である。上川中央の市町村は七～五のランク、北空知の市町村は六～三のランク、南空知の市町村は五～三のランクに入っており（二〇〇二年度北海道農協米対策本部資料）、きららの地区区分と同様の地区区分となっている。

（2）　二〇〇五年九月、北海道農政部からの聞き取りによる。

〔寺本千名夫〕

第二節　下流域における農業構造の変動――南幌町

一　規模拡大と農業開発公社の機能

南幌町の位置する石狩川下流域は北海道においても有数の大規模水田型地帯である。二〇〇〇年の人口は九九四二人であり、第一次産業の就業人口は二八％を占めている。札幌の通勤圏であるため地域内に住宅団地が形成され、北海道としてはめずらしく人口増加傾向にある。町は千歳川、旧夕張川およびそのショートカットに三方を囲まれており、すべて平坦地である。総面積八七四九ヘクタールのうち、農地面積は五六二二ヘクタールを占め、九六％が水田である。

この地域は、北海道の特殊土壌である泥炭地が広く分布しており、戦前期の開発は一部の沖積地にとどまり、水田開発の多くは戦後開拓入植とその後の石狩川水系の水利開発によって行われた。戦後開拓入植地区での土地配分は七・五ヘクタール以上に及び、さらに離農も多かったことから大規模な水稲単作経営が広範に形成され、七〇年代には北海道稲作をリードするものとして注目を集めた。しかし、八〇年代になると米価上昇が鈍化し、後発的な圃場整備事業による一〇アール当たり事業費の上昇が農家の負担金を引き上げ、農家経済が極度に悪化する結果となった。特に、七〇年代後半の高地価期に農地を拡大した一〇～一五ヘクタール層での負債問題は深刻となった。この負担金問題への対応として、一〇アール当たり二万円以上の基盤整備事業負担金部分を後年度に回すという「円滑化事業」が実施されたが、農家負担は引き延ばされただけであった。また、負債農家の対応は、転作については小麦の連作を行い、日雇い兼業によって生活費をまかなうという「米麦一毛作・兼業化」という後ろ向きのものであった(1)。

八〇年代後半以降、地価は下落を続け、九〇年代後半からは米価も一万四〇〇〇円を割る水準となり、かつての六〇年代後半からの一〇年間に匹敵する大量離農が発生している。

まず、水田地価の下落が始まった八五年からの農家戸数の動向をみてみよう。八五年の農家戸数は六七一戸であったが二〇〇〇年には四一五戸となり、減少率は三八％である。五年きざみで減少戸数をみると、六一戸、一二一戸、七四戸であり、九〇年代前半の離農が最も多かった。専兼別では、専業が一五八戸、第一種兼業が二三五戸、第二種兼業が四五戸であり、規模拡大が進んでいるにもかかわらず、日雇い兼業は大規模農家の一部を含んで存在している。経営規模別にモード層をみると、八五年では七・五〜一〇ヘクタール層であったが、九〇年にはこの層は減少に転じて一〇〜一五ヘクタール層となる。しかし、九五年にはこの層も減少し、二〇〇〇年には増加しているのは二〇ヘクタール以上層となっている。同年の二〇ヘクタール以上層は八〇戸、二〇％弱を占めており、すでに中心的階層となっている。農協資料によると、二〇〇一年の水田経営農家は三八二戸であり、二〇ヘクタール以上は六八戸(一八％)である。ちなみに、五〇ヘクタール以上が四戸、四〇ヘクタール以上が四戸、三〇ヘクタール以上が一六戸となっている。

次に農地移動の特徴をみてみよう。八五年から売買移動が活発化するが、北海道農業開発公社の介入が始まる九三年以前の八年間の累計は七六九ヘクタールであり、年平均売買面積は九六ヘクタールであった(年移動率は一・七％)。これに対し、九三年からの八年間の売買面積はおよそ二倍の一五四八ヘクタールとなっている(表3-3)。このうち、農業開発公社が買入を行った面積は九〇五ヘクタールであり、逆に公社が売り渡した面積は二六五ヘクタールである。公社の中間保有期間は売渡予定者に賃貸されるので、売渡時点を実質の譲渡と考えると実質売買面積は一二八三ヘクタールとなり、この期間の年平均売買面積は一六〇ヘクタール(年移動率二・

表 3-3　南幌町における農地移動（1993～2000 年）　（単位：ha，百万円，千円）

年次	売買移動 A	公社買入 B	公社売渡 C	実質売買 A－C	公社買入金額	公社買入単価	公社売渡金額	賃貸移動 D	公社貸付 E	実質賃貸 D－E
1993	235.4	12.5	0	235.4	68	543	0	136.4	0	136.4
1994	163.4	18.5	0	163.4	89	481	0	112.1	31.0	81.1
1995	212.0	162.8	1.0	211.0	782	480	5	84.7	95.9	－11.2
1996	188.9	158.0	0	188.9	750	475	0	484.2	284.9	199.3
1997	134.9	183.2	5.6	129.3	838	457	29	270.6	181.7	88.9
1998	209.4	157.1	14.2	195.2	712	453	77	331.8	126.9	204.9
1999	157.0	105.7	33.3	123.7	453	428	166	312.0	198.8	113.2
2000	246.8	107.3	211.1	35.7	445	415	999	154.2	63.7	90.5
累計	1,547.8	905.2	265.1	1,282.7	4,137	457	1,277	1,886.0	982.9	903.1

注）マイナスは資料期間の不整合による。
出所）『北海道農地年報』，および北海道農業開発公社資料より作成。

九％）となっている。公社の介入率は五八％にのぼり、主に後継者不在農家のリタイアによる農地放出を制度的に保障したといえる。この時期は、中間保有期間が従来の五ヶ年に加え、一〇ヶ年の制度も創出されたことが、農地処分の円滑な実施を支えたのである。

地価に関しては、八〇年の一〇アール当たり八五万円が八五年前後には七〇万円まで下がり、さらにこの期間の公社購入地単価をみると、九三年の五四万円から二〇〇〇年には四二万円の水準までに急速に低下をみせている。それでも、この八年間の公社買上額は四一億円にのぼっている。この中間保有地は二〇〇〇年から売渡期間に入り、二〇〇〇年のみでも一〇億円となっており、低米価のもとでの農地取得に伴う負債の増加が必至である。これの一つの対応として第六節で詳しく述べる拠点型法人化が二〇〇一年から開始されている。

従来、石狩川下流域の農地移動は売買形態が主流であったが、徐々にではあるが賃貸借の増加もみられる。一九八五年から八年間の賃貸借設定面積の累計は、六五〇ヘクタールであり、『センサス』による賃貸借面積率は八五年が二・〇％、九〇年が二・六％であった。九三年からの八年間は設定面積の累計が一八八六ヘクタールと、形式的には売買移動面積の累計を超える動きを示している。これには公社による中間保有地の賃貸借が含まれており、実質賃貸借面積は九〇三ヘクタールとなるが、実質売買面積には及ばないものの急増していることは間違いない。『二〇〇〇年農業センサス』での賃貸借面積は二〇%の水準にあるため、公社借地を除いても一〇%程度の比率を占めている。今後は、売買移動の受け手が減少することが予想されるため、賃貸借の増加が見込まれている。地価の下落にやや遅れるかたちで借地料も下落しているが、近年では一〇アール当たり一万三〇〇〇円という低水準になっている。

このように、石狩川下流域においても高齢農家のリタイアに基づく農地供給が続いており、農地市場はかつての出し手市場から受け手市場へと転換している。しかも、その供給量は個別の規模拡大志向農家の需要を上回っており、地域的な対応を必要とする水準に至っている。したがって、従来は資金管理のみを行っていた農協が債権保全の意味からも地域農業の担い手確保対策に乗り出さざるを得ない客観的状況にあるといえる。

二　転作の動向と経営規模・地域間格差

次に農家経済を強く規定する転作の動向をみておこう(2)。一九七八年度からの水田利用再編対策期の当初においては、小豆と捨て作り(えん麦)が多かったが、七九年からは小麦転作が主流となり、八五年から九一年までは転作面積のうち小麦が七五%以上を占めるというきわめて偏った作付構成を示す。この間、転作率はピークの九一年に四六%、およそ二〇〇〇ヘクタールとなり、小麦作付面積もピーク時には一六〇〇ヘクタールを数える。

泥炭地においては畑地化は不等沈下をもたらし、復田に際してはブルドーザーによる均平作業が必要であり(一〇アール当たり一〇万円の経費)、田畑輪換は難しい。したがって、転作圃場の多くは固定化されて、小麦の連作が行われることになった。その結果、病害(がんもん病など)が多発し、収量の急速な低下が問題となった。これは、九二年からの減反緩和による稲作面積の拡大によりいったん回避される。減反緩和初年度は土地改良の

表 3-4　地域別・規模別の転作率の相違(2001 年)

(単位：%，戸)

面積規模	農家構成			転作率		
	沖積地	泥炭地	合計	沖積地	泥炭地	合計
50 ha～	1.4	0.9	1.0	52.5	98.7	65.1
40～	1.4	1.8	1.0	47.3	69.4	58.6
30～	4.9	4.5	4.2	43.3	69.1	58.8
25～	2.1	1.8	2.6	42.2	75.9	55.3
20～	6.9	9.9	8.9	39.3	46.9	44.0
15～	9.7	18.9	15.2	36.0	41.9	42.7
10～	26.4	24.3	21.5	31.3	46.0	38.7
7.5～	18.1	19.8	19.6	33.3	40.7	38.7
5～	12.5	9.9	13.9	26.1	41.4	36.6
2.5～	10.4	3.6	7.6	27.7	78.1	43.3
～2.5	6.3	4.5	4.5	99.2	97.9	98.4
合　計	144	111	382	37.0	51.9	45.3

注）1. 20 地区のうち，沖積地を 9 地区，泥炭地を 5 地区抽出して集計。
沖積地は岐美，上石川東・西，下石川，大野，鶴城第 1・第 2・第三・共栄
泥炭地は川向，栄進，三重第 1，晩翠，晩翠江南，晩翠大栄
2. 農家構成の合計は戸数。
出所）農協業務資料より作成。

必要から復田は遅れたが、九三年、九四年と復田が進行し、九四年の転作率は二七%を示す。これにより、従来行われていた小麦の作業受託体制は脆弱化し、豆類と捨て作り転作が増加をみせ、小麦の転作率は五〇%を割るようになる。しかしながら、九八年からの減反再強化により小麦の作付は再び増加し、二〇〇〇年には六七%となっている。

減反の配分については、減反が再強化された九五年には強化分を一律配分としたが、翌九六年からはそれ以前の転作実績を白紙とし、申告方式とした。具体的には、予想転作率である三五%以上の転作率希望農家の数値を固定し、三五%未満希望農家については、未達面積を農家面積で除して配分し、転作配分が増加する場合には上乗せするという方式とした。二〇〇〇年からの新政策でも、同様に申告方式を採っている。

この結果、転作面積の個人配分には大きな格差が存在している。表3-4は二〇〇一年の三八二戸について規模別・地域別の転作率を示したものである。全体では、上層ほど平均転作率が高くなっており、二五ヘクタール以上層では転作率は五〇%を超えている。また、五ヘクタール以下層になると転作率は上昇し、二・五ヘクタール以下層では九八%を示している。最下層は離農予備軍であり、作業委託に依存しており、実質的には経営がな

されていないものと考えられる。地域別には、泥炭地における転作率は五二%を示し、沖積地の三七%とは対照的な動きを示している。しかも、九%を占める二五ヘクタール以上層ではほぼ七〇%以上の転作率を示すのである。これに対し、沖積地においても上層農家での転作率は高いが、最上層を除きほぼ町平均の転作率であり、一五ヘクタール以下層では町平均より一〇ポイント以上低い転作率となっている。なお、表示はしなかったが、全面転作農家が四三戸(一一%)存在し、最上規模農家(六七ヘクタール)を含む二五ヘクタール以上層で四戸、二・五~五ヘクタール層で八戸(二八%)、二・五ヘクタール未満層で一四戸(八五%)となっている。泥炭地で転作率が高い点は、八〇年代後半でも確認されているが(3)、沖積地において規模拡大が進み、泥炭地帯に匹敵する規模に到達してもこうした傾向が継続している。

とはいえ、二〇〇〇年からの新たな政策のもとで、農協も転作田の輪作化の方針を打ち出しており、二〇〇一年からは大豆やてん菜の増加傾向がみられるようになっている。これは、農協が二〇〇〇年からこれまでの転作奨励金と共済金(小麦)に依存した営農から脱皮し、単収の向上と品質改善によって農業収入をできるだけ増加させるという取り組みを開始したことによる。

小麦については春小麦の作付を回避し、大豆の間作により一〇アール当たり収量を八俵水準とし、新品種の導入による適期刈取期間の長期化による穂発芽防止を行っている。大豆については価格の下落が予想されるが、小麦の前作(麦間作)として位置づけ、てん菜については小麦の後作として考えられている。これによって、水稲面積二八〇〇ヘクタールに対し転作面積を二三〇〇ヘクタールとし、転作畑のローテーションは小麦(五七五ヘクタール)→小麦(五七五ヘクタール)→てん菜(一〇〇ヘクタール)・野菜(四〇〇ヘクタール)→大小豆(五〇〇ヘクタール)という四年三作体系が構想されている。田畑輪換が可能であれば、畑作のローテーションに余裕ができるが、泥炭地では土地改良を実施したにもかかわらず、復田後のたんぱく値が上昇してしまうという問題が生ずるため、現在の米戦略のもとではその実施は難しく最大の課題となっている。

以上の土地所有、利用問題への打開策として、農協は二〇〇一年から拠点型の農業生産法人育成を開始するが、これは第六節に譲る。ここでは、高位泥炭地域で規模拡大が進展した栄進地区と、比較的土地条件に恵まれかつての中規模地帯をなした西幌地区を取り上げ、特に九〇年代以降の農家経営の動向を明らかにする。(4)

三　大規模地帯の離農の析出と規模拡大――栄進地区

栄進地区は、第二章第一節で取り上げた中樹林集落を含む五つの集落の合併によって設立されている。この地区は、戦後開拓入植地区を含む戦後の土地改良事業によって稲作経営が本格化したが、土壌条件は高位泥炭地であり、町内でも最劣等地であった。八〇年代に顕在化した基盤整備の農家負担問題が最も激しく浮き彫りになった地区であり、土地利用は小麦の連作を主体とする転作に傾斜し、多くの農家は兼業収入に依存する行動を示した。以下では、その後の農家動向を明らかにする。

農家戸数の変化をみると、その激減に驚かされる。七〇年には七九戸であったが、七〇年代に二〇戸が離農して八〇年には五九戸となる。さらに、離農が加速する八五年には五五戸であったが、九〇年に四〇戸、九五年に三〇戸、二〇〇〇年には二二戸となり、二〇〇三年には一七戸となっている。減少率は対七〇年比で七八%、対八五年比で六九%を示す。こうした離農の多発により旧来の集落は存続が困難となり、八七年の集落再編時に中樹林集落と北幌集落が合併して栄進地区となり、さらに九九年には晩翠江南集落が、二〇〇〇年には六区が編入されている。この結果、一戸当たり耕地面積は八五年の八・九ヘクタールから二〇〇〇年には一八・四ヘクタールへと二倍以上の増加をみる。とはいえ、急速な離農により、地域内では受け手を維持することができず、地区内農家の総耕地面積は、七〇年の五三七ヘクタールから、八五年には四八八ヘクタール、二〇〇〇年には四〇四ヘクタールとなり、入り作によって農地の需給調整が辛うじて行われていることが分かる。また、転入者（後出

表3-5　栄進地区の農家の性格（2003年）

（単位：歳，ha，％）

農家番号	法人参加	経営主年齢	後継者確保	兼業状況	経営面積	うち借地	規模拡大の時期 80〜	85〜	90〜	95〜	00〜	累計	拡大率	土地利用 転作率	小麦率
1	○	55		○	45.6				32.1	12.6		44.7	98.0	100.0	75.3
11	×	53	○	×	43.1	公7.6	3.9		公10.7	公7.3	公7.6	29.5	68.4	58.5	84.7
12	×	56	○	100万円	30.5	8.7				11.1	借8.7	19.8	64.9	28.9	33.0
2	○	42	△	×	30.2	4.9		公4.2	5.0	借4.9		14.1	46.7	71.7	69.8
13	×	51		×	27.9		4.0	3.3	(公)12.9			20.2	72.4	100.0	18.4
14	×	32		×	21.7			1.9		公8.2		10.1	46.5	56.8	22.1
15	×	35		×	21.0				公7.5	(公)14.1		21.6	102.9	51.6	34.4
3	○	49	△	○	18.7				(公)7.6			7.6	40.6	41.3	56.7
4	○	42	○	280万円	18.7		2.3	9.7				12.0	64.2	71.0	69.0
5	○	52	○	270万円	17.3		5.9			0.9		6.8	39.3	48.2	14.7
6	○	42	△	100万円	17.1			公7.7				7.7	45.0	43.2	95.0
7	○	37		○	16.9			5.5			1.0	6.5	38.5	50.2	58.4
合計					308.7	21.2	16.1	32.3	75.8	59.1	17.3	200.6	65.0	64.0	56.7

注）1．面積は水張り面積。
　　2．(公)はこの期間に公社経由の売買を含むもの，公は公社経由のみのものを示す。
出所）農家調査，および農協資料より作成。

1番農家）と分家入植者（同15番農家）が存在するため、これを除くと既存農家の総面積は三三七ヘクタールにとどまっている。また、二〇〇二年の転作率をみても、全町平均が四六％であるのに対し、地区のそれは五五％であり、泥炭地において転作率が高いという傾向と一致している。以下では、農家調査をもとに八〇年代後半以降の農家経営の変化を浮き彫りにしていこう。

調査農家は、一七戸のうちの調査に応じてくれた一二戸である。その概要を表3-5に示している。

まず、経営主の年齢であるが、三〇歳代から五〇歳代前半に分布している。また、五〇歳代五戸のうち、二戸で後継者が確保されている。調査を実施できなかった五戸のなかには高齢農家も存在するが、次の西幌地区と比較しても、経営主年齢は若い。これは、高齢農家の存在を許さない経営条件の厳しさと全般的な規模拡大の進行を示している。

経営規模は四〇ヘクタール以上層が二戸、三〇ヘクタール以上層が二戸、二〇ヘクタール以上層が三戸で、一五ヘクタール以上層が五戸である。こうした規模にもかかわらず、一五ヘクタール以上層を中心に七戸が兼業農家であり、特に4番と5番農家は兼業収入が二七〇万円に達しており、通年兼業化によって所得が維持されていることを示している。

規模拡大はほとんどが売買によるものであり、公社の中間保有地一戸(11番農家)を除くと借地のある農家は二戸(12、2番農家)にすぎない。一二戸の総面積は三〇九ヘクタールであるが、このうち六五％の二〇一ヘクタールが八〇年以降の取得となっている。このうち、九〇年から九四年の取得が最も多く七六ヘクタール(三八％)を示す。この時期から公社による中間保有(五年)が増加していることも特徴的である。九五年から九九年の期間も若干減少するが、公社中間保有を含む売買移動は依然活発であり、五四ヘクタールを示す。この時期以降、借地も出始めており、売買移動による限界が現れつつある。

土地利用に関しては、転作率が六四％であり、四六ヘクタールの1番農家と二八ヘクタールの13番農家が全面転作となっている。全町平均の四七％を下回る農家は三戸のみであるが、全面転作農家を除くと上層農家の転作率が極端に高いというわけではない。転作の内訳は、小麦が六〇％、大小豆が二〇％、地力えん麦が二〇％となっており、小麦の過作状態は改善されていない。個別にみると五戸が小麦作付率の平均値を超えているが、一〇〜三〇％台も五戸存在しており、作付構成には大きな相違がある。後者については、地力えん麦に傾斜した粗放経営が多く、てん菜を導入して輪作体系の確立を目指しているのは13番と14番農家の二戸にすぎない。このように、土地利用の転換もなされていなかったといえる。

こうした状況に対し、第二章一節でも触れたライスセンターの組合員を中心に七戸の農家が二〇〇四年に農業生産法人「ＮＯＡＨ」を設立し、負債軽減のための経営転換に取り組み始めている。

四　中規模地帯における規模拡大と多様化——西幌地区

西幌地区は、南幌町内では比較的土地条件がよく、離農が少なかったことにより中規模地帯を形成してきた(5)。圃場整備事業が七三年から早期に着手され、土地改良負担金問題もなく、第二次構造改善事業による機械利用組合が遅くまで存続した地域である。葉菜類を中心とした野菜複合経営の展開もみられ、町内では集約的な農業経営形態が比較的多く存在する地域である。

まず、農家戸数をみると、離農が進む八五年の五一戸から二〇〇〇年には三六戸と減少率二九％を示している。七〇年から八五年の減少率は一一％であるから、主に高齢化による離農が発生していることを示している。とはいえ、全町平均のそれは、四一％、二八％であるから、離農の発生は平均を大きく下回っているということができる。これにより、平均規模は八五年の八・五ヘクタールから二〇〇〇年には一三・三ヘクタールとなり、町平均をわずかに下回る規模となっている。規模別の階層構成も五～一〇ヘクタール層が二八％(全町は三二％)、一〇～二〇ヘクタール層が五八％(同三八％)、二〇ヘクタール層が一四％(同二〇％)であり、全町平均を下回るとはいえ、大規模層の厚みが増しているといえる。兼業については、第一種兼業が主体であるが、そのピークは八〇年の七八％で、二〇〇〇年には五三％にまで減少している。これは後にみるように複合経営の増大を主要因としている。

この地区のもう一つの特徴は、圃場整備事業に連動して第二次構造改善事業により四つの機械利用組合が設立され、それが比較的長期にわたり存続してきたことである。春作業が主体であり、参加農家の減少を伴いながらも二集団が現在も存続している。九七年には、泥炭地米との差別化を視野に入れた稲作の籾乾燥調製施設(地域農業基盤確立農業改善事業、事業費三億九〇二五万円、五〇％補助、町が事業主体で農協が管理)が設置され、その受け皿として西幌ほなみ利用組合が設立された。これは、九四年から始められた「一等米づくり研究会」を母体としたもので、一八戸からなっていた。このなかの一四戸によって二〇〇二年に設立されたのが、有限会社「ほなみ」である。

以上の八五年からの規模拡大を経た二〇〇一年時点での西幌地区全農家の経営面積と経営主年齢をクロスさせて示したのが図3-1である。ここからは、八五年以降に規模拡大した大規模層、経営規模を維持し野菜複合経

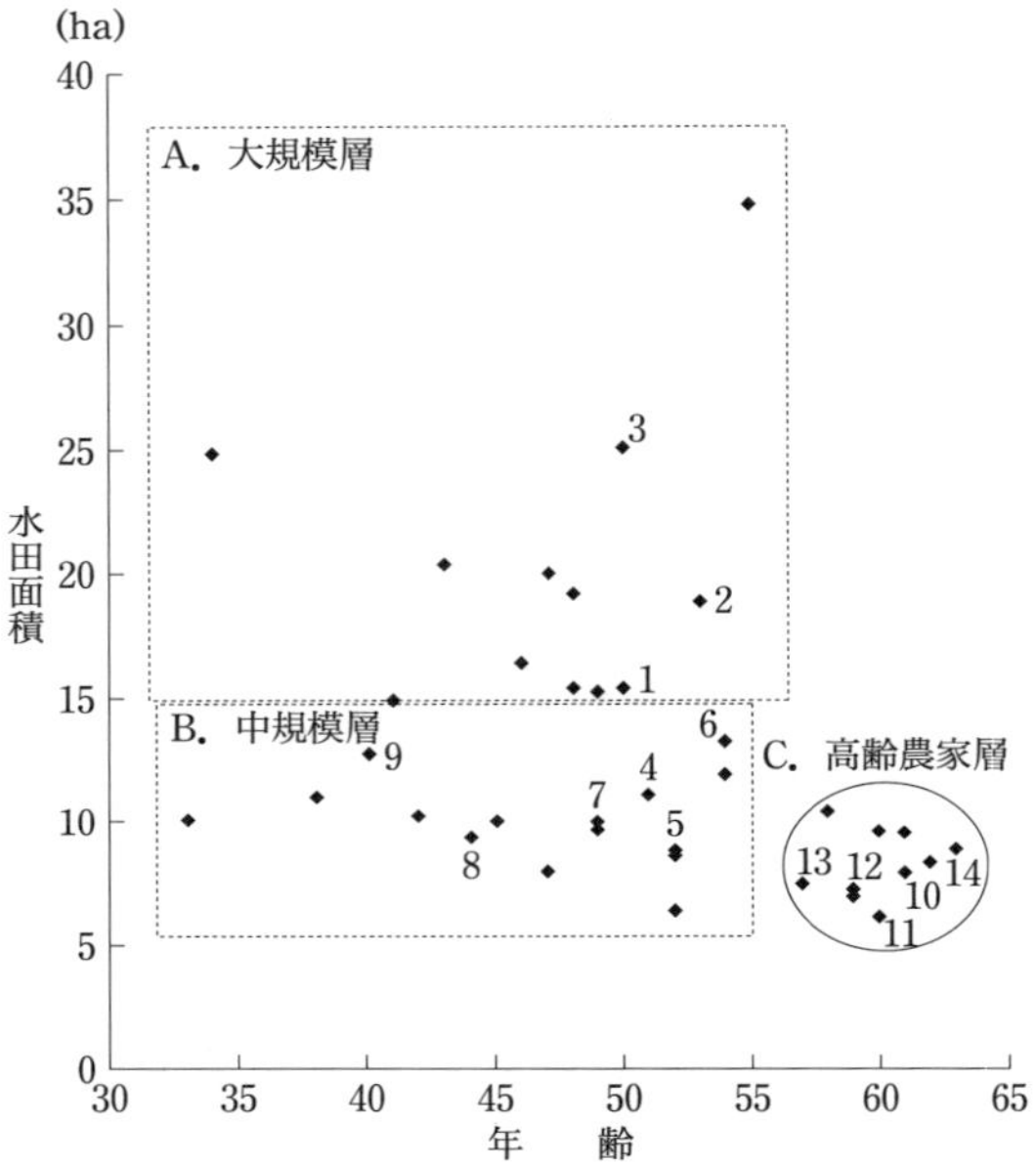

図3-1　西幌地区における農家構成(法人化前，2001年)

注）(有)ほなみを構成する農家には農家番号を付してある。
出所）南幌町農協資料より菅原優作成。

営を行っている中規模層、規模は維持しながらも年齢構成が高まりをみせている高齢農家層という三つのグループを確認することができる。このうち、農家番号を付したものが「ほなみ」参加農家であり、三つのグループそれぞれから参加している。そこで、一四戸の農家実態調査により、八〇年代以降の個別農家の経営展開を詳しくみていこう(表3-6)。

構成農家は先の分類に対応してほぼ三つのグループに分かれている。第一、が経営規模一三ヘクタール以上の五戸の大規模農家群であり、経営主年齢は五〇歳代中心で、町議、農協理事、農業委員を含んでいる。このグループは八〇年代後半以降に規模拡大を進めた農家であり、3番農家を除くと売買型の集積を行っている。うち四戸は九〇年代後半の高齢リタイア農家の多発に対して農業開発公社による農地保有合理化事業の一〇年借地によって規模拡大を行っており、〇二年以降に中間保有地の買い受けを予定していた。[6] 土地利用上の特徴では、野菜を導入せず稲作主体で一般畑作ローテーションを行うタイプ(1番と9番農家)と露地野菜を導入し、その他転作を小麦と地力えん麦で省力的に対応するタイプ(2番と6番農家、3番農家は露地・施設併用型)からなっている。

第二のグループは、一〇ヘクタール前後の規模の中規模農家群であり(年齢階層は第一グループと同じ)、兼業に重点を置いた経営から野菜導入によって専業に転化した農家群である。露地キャベツの導入から始まった農家が二戸あるが、すべて軟白ねぎやピーマン、ほうれんそうなどの施設野菜へと移行している。このグループは、ハウス面積の拡大によって雇用問題を抱えていた。

第三のグループは、経営規模では六～八ヘクタール層であり、経営主の年齢は六〇歳代である。八〇年代以降

表 3-6 「ほなみ」の構成員の性格

農家番号	経営主年齢	兼業の経過		経営面積	転作率	一般畑作(a)			野菜(a)		ハウス(坪)	規模拡大の時期(a)					生産組合
		期間	備考			小麦	大小豆	地力	面積	導入年		80～	86～	91～	96～	小計	
3	53	77～81	夏場	25.2	60.6	786		709	32	85	500	1.8	借 12.9		公 1.6	16.3	第 4
②	56	70's		19.0	38.5	544	75		111	89	×				公 8.9	8.9	第 2
1	53	70's	夏場	15.5	32.1	291	167	39			×		5.9		1.9	7.8	第 2
⑥	57	71～87	通年	13.4	22.7	86		87	131	88	?			公 3.1	公 2.8	5.9	第 1
9	43	継続	6ヶ月	12.9	28.8	136	122	112			×				(公) 4.8	4.8	第 2
4	54	～85	100 日	11.2	29.6	165		56	111	85	700			2.3	借 3.6	5.9	
7	51	～99	200 万円	10.1	22.4	218			8	99	200	2.6		借 0.9		3.5	第 1
8	47	87～89	120 日	9.4	39.0	170		162	34	88	900				公 3.4	3.4	第 4
5	55	～90		8.7	22.2	97	33		63	90	200	2.6				2.6	第 1
14	65			8.4	23.3	132		44	19	73	460		−3.0			−3.0	第 1
10	64	継続	通年	8.0	16.6	122		3	7	99	×	2.2				2.2	第 1
13	60	～97	6ヶ月	7.6	37.4	183	99				×						第 2
12	62	～93	会社倒産	7.3	0.4						×		2.4			2.4	第 1
11	63	74～84	180 万円	6.2	46.7	79	80	43	88	85	700						第 4
合計・平均	55.9			162.6	33.5	55.2	10.6	23.0	11.1		3,660	9.1	21.2	6.3	26.9	63.5	

注) 1. 規模拡大は借地から購入に移行した場合は購入のみを示した。
2. 農家番号の○は後継者ありを示す。
出所) 農協資料，および聞き取り調査より作成。

の規模拡大はほとんどなく、地区内ではやや小規模層に属する。14番農家のような野菜導入の先駆者や11番農家などの施設・露地野菜の導入農家と、兼業農家タイプ（10番、12番、13番農家は高齢専業化）からなっている。このグループは、後継者がおらず離農予備軍的存在である。

このように、西幌地区のような旧開地域においては、一方では八五年からの規模拡大を目指したグループと施設野菜を中心に野菜複合経営に転化したグループ、そして高齢リタイアを待つグループに多様化する傾向をみせており、そのことが「ほなみ」のような大規模複合経営を目指す生産協同組合的法人化を現実のものにしたのである。

以上のように、南幌町は急速な規模拡大が進展する石狩川下流域を典型的に表す地域であり、九〇年代における離農跡地処分を公社の中間保有制度を活用して一応の解決を行っている。さらに、土地利用に関しても、転作田を固定した輪作体系の確立による単収の向上と野菜作導入による単位面積当たり所得の増大を目指している。地区の比較分析によって分かるように、新開地区においても町内には相対的に旧開的な地区が存在し、新たな土地利用再編・経営転換を準備していた事実がある。南幌町は、第六節でも取り上げるように、農協を中心に拠点型法人化を推進しているが、他方では土地利用型の大型水田経営も存在しており、その行方が注目される。

（1）　臼井晋編著『大規模稲作地帯の農業再編』（北海道大学図書刊行会、一九九四年）を参照。
（2）　データについては、坂下明彦「北海道空知郡南幌町における現地実態調査報告」（『生産政策の展開と流動化施策の効果的推進に関する調査報告書』全国農地保有合理化協会、二〇〇二年）を参照。
（3）　注（1）、臼井前掲書、一〇二―一〇六頁においても、泥炭地帯における転作率の高さが指摘されており、この傾向は継続しているのである。
（4）　同前、第一章二節、第三章三節において、栄進地区（A地区）の中樹林集落（N集落）と西幌地区の共栄集落（K集落）の比較分析が行われている。

（5）　西幌地区は、夕張太沼ノ端、共栄、東の三集落が八七年に合併したものである。近年の法人化を含めた動向については、坂下明彦「大規模水田地帯の地域農業再編――北海道長沼町・南幌町――」（田代洋一編『日本農業の主体形成』筑波書房、二〇〇四年）、および菅原優「(有)ほなみの構成員農家の性格と法人化移行の経営展開」（未定稿）を参照。

（6）　3番が一・六、2番が八・九、6番が二・八、9番が三、8番が三・四ヘクタールである。法人化の設立は、個別農家の農地取得による負債圧の縮小を一つの狙いとしていた。

［坂下明彦・西村直樹］

第三節　中流域における農業構造の変動――秩父別町

一　秩父別農業の特徴

秩父別町は、石狩川支流の雨竜川左岸に位置し、東部丘陵地を除けば概ね平坦地である。土壌の大部分は沖積土であるが、一部泥炭地(南部)、粘土地(東部丘陵地)も存在する。一八九五年から四〇〇戸の屯田兵が開拓入植した町で、稲作の旧開地帯に属している。

人口は、一九九〇年から二〇〇四年にかけて、三七三五人から三一四一人へと減少しているが、世帯数は一一〇五戸から一二二五戸へと増加している。

秩父別農業の基軸は稲作であり、同町における八〇年以降の稲作の課題は良質米の生産にあった。その契機は、同年に始まった特別自主流通米制度の発足であり、町ぐるみの対応を行った。初年度は全道平均の二倍の面積配分を受け、八六年には全道一の上位等級米出荷率を実現し、食糧庁長官表彰を受けた。九一年には全量一等米出荷を果たし、九三年の大冷害年においても一等米出荷率八四％を実現した。

その結果、九三年から九七年の期間の転作率は一〇％台に抑えられた。転作強化の過程でも転作率は低く、二〇〇四年には北海道平均が五〇％を超えるなかでも二〇％前後の数値となっている。その後も、品質の均質化およびフレコン化・軽量化に取り組み、カントリーエレベータの設置も実現し、低温貯蔵や今摺り米出荷にも取り組んでいる。さらに、最近では、整粒歩合八〇％以上、玄米蛋白七・〇％以下を目標とし、「北育ち元気村こだわり米」（低・減農薬、整粒歩合・適正水分の確保、土づくり・有機減肥栽培）にも取り組んでいる。

作付品種は、キタヒカリから始まってゆきひかりへ、ゆきひかりときらら三九七（以下、きららと略）の併存、さらに、きららとほしのゆめの併存へと、新品種の栽培に積極的に取り組んできた。九九年には、ほしのゆめが一二三五ヘクタール（五六％）、きららが九四一ヘクタール（四三％）であったが、〇三年には、納入先の卸業者の依頼によって、きららが一三九八ヘクタール（六七％）、ほしのゆめが五三六ヘクタール（二六％）と逆転している。

最近では「うまい、安い」に加えて「安全、安心」な米づくりにも取り組み、二〇〇三年からカメムシ対策、減農薬を目指して、畦へのハーブ植栽事業に着手している。「米麦改良・こだわり米生産協議会」が中心となり、札幌市民にも呼びかけ五〇〇人で植栽活動に取り組んだ。二〇〇四年度から一〇アール当たり一〇〇〇円の奨励金（産地づくり交付金）が出されている。

同町の主な転作作物は、九〇年代前半には、秋小麦と地力増進作物が多く、次いで小豆であった。ほかには面積は少ないが、大豆、花き、野菜、ブロッコリー、メロン等があった。九四年の転作緩和期には、秋小麦の作付が極端に減少し、地力増進作物の比重が大きくなった。九七、九八年からの転作強化の過程で、秋小麦が復活するとともに、地力増進作物、そば等の作物が増加し始めている。

最近では、農産物の加工研究施設「婦人の家」が創設され、現在、六組の農家女性グループが地場農産物を利用して活動を行っている。「かあちゃんの野菜畑」（ローズガーデンの直売所）、「漬物研究会」、「ちっぷの里」（笹だんご）、「ほしきらら」（きららを利用した笹寿司）、「あきぐみくらぶ」（あきぐみを利用したゼリーの製作）、「手紡ぎ研究会」（羊毛を利用した日用品の製作）がそれである。

以上のように、秩父別農業は、稲作の比重が圧倒的に大きく、言い換えれば、いかに転作率を抑えるかという点に力を注いできた。したがって、収益性の高い転作作物の導入については十分とはいえなかった。以下では、こうした地域農業の形成過程を跡づけていく。

二　秩父別農業の構造変化

(1)　一九八〇年代までの秩父別農業

まず、農家戸数をみると、一九六〇年八六〇戸、七〇年六三七戸、八〇年五一九戸、九〇年四一四戸と、六〇年から七〇年にかけて急激に減少した後は、一〇年間で約一〇〇戸ずつの減少であった。専兼別農家割合では、七〇年までは専業農家が七〇％前後、第一種兼業農家が二〇％前後、第二種兼業農家が一〇％前後となっていた。七五年から専業農家と第一種兼業農家とが逆転し、前者が二五〜三〇％前後、後者が六〇％前後となった。第二種兼業農家は一〇〜一五％前後の間で、大きな変化はない。兼業従事者数は、七五年の五八五人から九〇年五〇一人まで五〇〇〜六〇〇人台で推移し、うち男子が三分の二で、日雇・臨時雇であった。女子の方が恒常的勤務の割合が大きかった。

農業就業人口は、トラクタへの転換期である七〇年から七五年にかけて大きく減少した後、九〇年までは緩やかな減少をたどった。年間一五〇日以上の農業専従者でも同様であった。農業臨時雇は、雇い入れ農家数が七〇年から七五年にかけて大きく減少し、延べ人数も大きく減少した。

経営耕地規模別農家のモード層は、六〇〜六五年が三・〇〜五・〇ヘクタール層であり、七〇〜九〇年は五・〇〜七・五ヘクタール層であった。農業粗生産額は、六五年から七五年まで急激に増加した。特に、七〇年から七五年にかけての増加は著しく、一四・七億円から三三・九億円へと二・三倍となった。しかし、その後は九〇年まで三〇億円台で推移している。その根本原因は、米の粗生産額の低迷であり、野菜は八〇年からかなりのペースで増加していた。生産農業所得は、七五年には二〇億円を超えたが、その後一〇億円台へと後退した。農家一戸当たり生産農業所得は、七五年から八五年にかけて三〇〇万円台で、九〇年には四二八万円となった。耕地一〇アール当たり生産農業所得は、七〇年の二万八〇〇〇円から七五年には六万六〇〇〇円へ急増し、その後、九〇年まで五万円台であった。

農地移動面積は、七〇年代から八〇年代前半まで少なく、そのほとんどが売買であった。しかし、徐々に賃貸借が増加をみせ、八〇年代半ばには売買と賃貸借が拮抗し、八八年からは賃貸借が売買を件数、面積ともに上回るようになった。

農地価格は、中田の価格をみると、八〇年は一〇アール当たり七〇万円、ピークである八五年には七七万円となり、ここから下落が始まり、八八年六六万円、八九年六四万円、九〇年には六〇万円にまで低下した。

標準小作料は、七〇年代後半には一〇アール当たり三万三〇〇〇円であったが、八〇年代半ばにはやや上昇して、三万四〇〇〇〜三万六〇〇〇円となった。しかも、実勢小作料はそれに一〇%程度上乗せされた額であった。したがって、ピーク時には四万円近い小作料であった。

(2)　一九九〇年以後の農業構造の変化

一九九〇年代に入ると、秩父別町の農家数は急減している。九〇年の四一四戸から二〇〇〇年の三〇二戸まで、一一二戸、二七・一％もの減少である。専兼別農家比率では、専業農家が二六・八％、第一種兼業農家が六〇・〇％、第二種兼業農家が一二・八％であり、第一種兼業農家が六〇％前後という構成に変化はない。農家世帯員では、全世帯員数一二一二人のうち、六〇歳以上が四七二人、三八・九％を占め、農業就業者も六五〇人のうち、五〇〜五九歳が一四五人(二二・三％)、六〇歳以上が二八七人(四四・二％)となっており、農業従事者数の三分の二が五〇歳以上である。また、同居農業後継者のいる農家の割合は二三・四％である。雇用労働力については、年雇はほとんどないが、臨時雇を雇い入れた農家数は二五戸、延べ人数が三九六六人であり、九〇年比では若干回復している。結い、手間替え、手伝いを受け入れた農家数、延べ人数も後退している。このように、全体的に、農家数の減少はもちろんのこと、農家労働力、雇用労働力の高齢化、後継者不在農家の増加が目立っている。

経営耕地総面積は、二〇〇〇年には二九三八ヘクタールであり、うち水田が九四・三％を占めている。農家一戸当たり耕地面積は、農家戸数の減少、高齢化のもとで拡大しており、九・七ヘクタールに至っている。経営規模のモード層は、九〇年代の七・五〜一〇・〇ヘクタール層が、二〇〇〇年には一ランク上がり、一〇・〇〜一五・〇ヘクタール層となっている。

こうした急速な規模拡大は、大量の農地移動によっている。すでに述べたように、近年の農地移動は賃貸借中心であったが、表3-7に示すように、九八年以降、再び売買が増加し、二〇〇三年には賃貸借の設定を上回った。この多くは、北海道農業開発公社(以下、公社と略)による農地保有合理化事業によるものである。これにより、規模拡大は売買・賃貸借並進型に転換したといえる。

一〇アール当たり水田の農地価格は、九〇年代には六〇万円前後にまで低下したが、さらに下落傾向は継続し、二〇〇二年以降は五〇万円を割り込む水準となっている。最低価格は、すでに三〇万円台を割っている(1)。小作料水準は、実勢で四万円水準と高かったが、九〇年代半ばには実勢で三万円にまで下落した。さらに、米価が下落した翌年の九八年には標準小作料が改定され、上田は二万円、中田は一万七〇〇〇円となり、プレミアムはなく

表 3-7　最近の秩父別町における農地流動化の状況

(単位：件，ha，千円/10 a，戸)

年度	売買		賃貸借		売買価格(田)		離農	公社扱い
	件数	面積	件数	面積	最高	最低		
1998	15	26	32	80	535	375	7	3
1999	21	59	39	97	520	300	10	9
2000	6	19	14	30	500	368	9	2
2001	27	69	30	78	500	300	4	8
2002	23	74	32	94	480	366	7	6
2003	29	78	22	59	470	300	5	17
計	121	325	169	438			42	45

注）1．売買価格については，特殊な条件のものは除外している。
2．賃貸借は，更新案件を含まない。
出所）「秩父別町営農対策協議会資料」より作成。

なっている。(2) 二〇〇二年の改訂では、それぞれ一〇〇〇円引き下げられている。地価と小作料の動向をみると、米価の下落の影響が大きく、合理化事業の導入は地価下落に一定の歯止めをかけたということができる。

次に、一九九〇年以降の農業粗生産額の動向をみておこう。農業粗生産額は大冷害後の減反緩和期が最も高く、九四年が四二億円、九五年が三九億円、九六年が三六億円と推移したが、九七年に三〇億円台に後退し、以降低迷を続けている。この水準は、ピーク時からみると一〇億円の減少である。その内訳をみると米販売代金の下落が目立つ。九六年には約三一億円だったのが二〇〇三年には一八億五〇〇〇万円、約四〇%もの減少である。野菜・花き等も伸び悩んでいる。〇三年には、低品位米麦・雑穀の伸びと農業共済金でようやく三〇億円を超えるという厳しい状況にある。

生産農業所得をみると、九五年が二〇億円、九六年が一五億円、九七年以降は一〇億円から一三億円の水準で推移している。また、農家一戸当たり生産農業所得は、九五年が六一〇万円、九六年が四六七万円であり、以後、二〇〇一年(四四八万円)を例外として、三〇〇万円台である。一〇アール当たり生産農業所得は、九五年が六万四〇〇〇円、九六年が四万九〇〇〇円、二〇〇一年が四万三〇〇〇円で、それ以後、三万円台となっている。このように、生産農業所得レベルでみると、粗生産額以上の落ち込みを確認できる。

以下では、直近の二〇〇四年から〇五年初頭にかけての事態について触れておこう。

二〇〇三年度の米販売代金は一八億五〇〇〇万円で、厳しかった〇二年度から回復しなかった。〇三年産米の精算単価は、きららで仮渡金一万二五〇〇円、早期仮渡二〇〇〇円、追加仮渡八〇〇円、精算払四三八円で、最終単価は一万五七三八円であった。ほしのゆめは、仮渡金一万三〇〇〇円、早期仮渡二〇〇〇円、追加仮渡八〇〇円、精算払四三八円で、最終単価一万六四七一円であった。

引き続く〇四年産米は、八、九月のコメ価格センターの入札において創設以来の安値を記録し、農協仮渡金九三〇〇円、これに稲作所得基盤確保対策による補塡金額七〇〇円を加えれば一万円、それに返還する場合もあり得る共計費(＝経営対策費)二〇〇〇円を加えれば、一万二〇〇〇円となっている。この金額は前年仮渡価格の七四・四％で、七〇年代の生産者米価の水準でもある。またこの価格帯は、中国産短粒種SBS米(民間流通分)七〇〇〇円台という価格帯に接近したものでもある。生産農家から「これでは営農計画そのものが成り立たない」、「拡大した農地の償還金が払えなくなる」という声が出ている。なお、生産費は一〇アール当たり一万三〇〇〇円であり、それを割り込んでいることは間違いがない。

こうした事態のもとで、二〇〇五年二月に行われた標準小作料の改訂は大幅なものであった。上田(収量五五八キログラム)は一〇アール当たり一万五〇〇〇円、中田(収量五三七キログラム)は一万二〇〇〇円であり、〇二年の改訂に対し、ともに四〇〇〇円の引き下げであった。この改訂によって、小作料は実勢小作料三万円といわれた九六年頃に比較すると、ほぼ半額となった。

三　集落レベルにおける農家の階層構成

(1)　集落の概要と農地移動の性格

ここでは、以上の秩父別町の農業構造の変化を具体的に把握するために、新盛地区を取り上げ、農地移動の動向と現局面での農家の階層構成の特徴について考察を加える。

新盛地区は、旧一四生産組合と旧一五生産組合から成り立っている。同地区は秩父別町市街地の西北部に隣接している。同地区は屯田兵による開拓地であり、いわゆる旧開地区に属する。土壌は肥沃な沖積土で、町内でも優良地として位置づけられ、同町内での水田の区分では上田に分類されている。

以前はほぼ同一の経営規模の農家構成をとっていたが、旧一四生産組合と旧一五生産組合の現状は異なった様相を示している。高度経済成長期以前にはともに農家戸数が四〇戸ほどであったが、現在、旧一四生産組合は七戸まで激減し、旧一五生産組合は一七戸が営農を継続している。後者は町内でも後継者が多く、それゆえ、農地取得が非常に難しい生産組合でもある。

全体として、八〇年代中頃から、米価の停滞、下落のなかで離農者が現れ、農地移動も激しくなった。その結果、大規模経営農家が形成されてきた(3)。

この地区の農地移動は、八〇年代後半までは基本的に売買によるものであった。地目は、ほとんどが水田であるが、一部には水田として利用可能な堤防地も含まれている。資金調達は、七〇年代から八〇年代にかけては農地取得資金によっており、九〇年代以降はスーパーL資金の利用が多い。購入相手は集落内が多いが、他集落の場合も少なくない。農地の出し手の理由で最も多いのが離農である。これには、高齢で後継者のいない農家の離農だけではなく、比較的若い世代が農業に見切りをつけて他産業に従事し、そのまま離農していく事例もみられる。

農地価格は、七〇年代前半には一〇アール当たり二〇〜三〇万円台であったが、八〇年代半ばには一挙に上昇して八〇万円を記録している。その後九〇年代前半に六〇万円台、九〇年代後半には五〇〜五二万円、二〇〇〇年以降は四〇万円台後半であり、下落の速度も急である。農地保有合理化事業は、九〇年代以前の利用はないが、それ以後は増加している。

賃貸借は、七〇年代で二件、二・一ヘクタール、八〇年代で三件、六・四ヘクタール(うち畑四ヘクタール)と少なかったが、九〇年代になると二〇件、四九・四ヘクタールと急増をみせる。契約期間は一〇年間が多いが、三〜五年のものも存在する。実勢小作料は、九〇年代半ばまでは三万円を超えていたが、九八年頃より米価の低迷、標準小作料の引き下げに連動して、二万円台前半、さらには一万円台後半の水準となっている。貸し手は、売買と同様、地区外の農家も存在する。貸し手の性格は、売買とは異なり、高齢で後継者のいない農家の離農のケースが圧倒的である。

(2)　農家の階層構成と性格

同地区農家の経営耕地面積の変化を整理したものが、表3-8である。八〇年代後半から売買・賃貸借による農地移動によって、一挙に九六年時点に示す農家構成が成立し、さらに二〇〇四年にかけて変化しつつある。調査農家を類型化すると、規模拡大を進めてきた一〇ヘクタール以上の大規模農家層と五〜七ヘクタール以下の現状維持を志向する中小規模農家層とに大別できる。大規模農家層には、専業農家層と第一種兼業農家層の二つのタイプがある。これに土地持ち非農家が加わったものが、集落の世帯構成である。以下では、それぞれの特徴を示す。

表 3-8　新盛集落の経営耕地面積の変化

(単位：a)

農家番号	1996年経営耕地面積				2004年経営耕地面積				②−①
	小計①	水田	転作	うち借地	小計②	水田	転作	うち借地	
1	3,042	2,657	365	242	2,638	2,618	803	1,135	−404
2	1,740	1,540	195	715	1,466	1,461	192	435	−274
3	1,733	1,506	202	490	1,933	1,908	431	441	200
4	1,678	1,468	195	512	1,863	1,848	397	512	185
5	1,625	1,415	184	−	1,753	1,727	141	416	128
6	1,498	1,328	160	564	2,111	2,101	298	1,049	613
7	1,414	1,234	162	−	1,414	1,396	290	−	0
8	1,375	1,190	180	−	2,224	2,219	313	−	849
9	1,360	1,340	150	196	1,393	1,373	138	196	33
10	1,320	1,122	188	506	1,618	1,608	339		298
11	1,259	1,059	185	124	1,484	1,469	224	349	225
12	1,204	1,016	173	439	1,183	1,168	236	445	−21
13	928	764	151	−	63	50	50	−	−865
14	900	782	104	−	900	886	215	−	0
15	844	733	96	168	658	643	119	−	−186
16	839	730	98	111	825	814	146	111	−14
17	831	718	100	−	831	818	161	−	0
18	786	678	96	−	816	804	216	30	30
19	778	664	96	−	778	760	152	−	0
20	740	655	75	60	740	730	97	60	0
21	583	518	52	140	813	800	198	370	230
22	573	513	48	−	573	561	0	−	0
23	551	481	55	134	417	402	53	−	−134
24	542	527	68		518	503	189	−	−24
25	527	443	69	−	497	482	482	−	−30
26	371	323	35	−	117	104	101	−	−254
	29,041	25,404	3,482	4,401	29,626	29,253	5,981	5,549	

注）1．畑は集落全体で 373 a（全農地の 1.3%）あり，1 戸平均 14.35 a である。

2．以上の農家のほかに，1996 年には 8 戸，2005 年には 7 戸の土地持ち非農家が存在する。

大規模専業農家層

大規模専業農家層は、同地区の最上位層である。1～4番農家がこれに対応する。これらの農家の主な農地購入の時期は八〇年代後半で、購入面積は以前の中核農家の一戸分である。1番、3番農家は、すでに七〇年代前半にも農地購入を行っていた。この層は、農地購入だけでなく賃貸借による規模拡大も行っている。賃貸借は九〇年代以降のものが多い。また、3番農家を例外として、経営主が比較的若いか、後継者が存在することも特徴的である。1番、4番農家は、花き栽培も導入している。転作作物は、1番農家は地力増進作物と秋小麦、3番農家はそば、4番農家は地力増進作物と花きであり、2番農家は地力増進作物の作付が多い。経営面積が最も大きい1番農家は、兄弟二戸による農業生産法人であった。

しかし、これらの農家群も全く課題がないわけでない。三番農家は後継者が不在であり、一番の農業生産法人は二戸一法人から一戸一法人となり経営面積も縮小、2番農家も経営耕地面積が後退している。これらの規模拡大農家にとって、農地購入の負債償還は、最近の米価下落によって重圧となってきている。

大規模兼業農家層

5番農家から12番農家までは大規模兼業農家層である。経営主は五〇歳代が多く、規模が大きいほど後継者を確保している率が高いが、それ以外では未定か不在となっている。この層の農地購入の時期は、六〇年代後半から七〇年代であり、九〇年代後半にも拡大している。この層は、経営主が兼業に出ていることで共通している。兼業種は、建設・土木、運輸、鉄工所等で、就業形態は臨時雇、日雇となっている。さらに、11番農家のように経営主の妻が兼業に出ているケースも存在している。したがって、これらの層の経営規模拡大は、経営主、あるいは妻も含めた兼業収入と不可分の関係になっていることが分かる。しかし、九〇年代後半から購入による規模拡大を行ったことで、米価下落は大きな打撃となっている。また、土木建設の仕事は激減しており、調査対象農家四戸のうち三戸が、現在も従事していることは稀なケースである。

中小規模農家層

この農家層は、若干規模拡大した21番農家を除けば、二つのタイプに分けられる。一つは九六年からほとんど変化のない農家で、他は規模縮小農家である。後者の例を示すと、13番農家は経営主が他界し、水田五〇アールを残して売却、15番農家は高齢農家であり、借地を返却している。26番農家も後継者不在の高齢農家で、九五年に二・五ヘクタールを売却し、残りの土地も処分して離農を考えている。これらの層は、経営主の高齢化、後継者未定ないし不在の点が共通している。経営主の妻は、臨時的職員として水産加工工場に通年勤務し、子供たちも他出、会社勤務である。したがって、この農家層は、このままでは次の土地持ち非農家となる可能性が高い。

この層の経営面積は六ヘクタール規模である。この農家層は、このままでは経営規模の小さい農家層であるが、以前にはこの経営面積規模が、秩父別町を含む北空知における中核的農家層であった。この点に北空知の構造変動の意味が象徴されていると考えられる。

土地持ち非農家

一九九六年の調査時点では、土地持ち非農家は八戸で、うち七戸が旧一四区であった。戸主の年齢構成は、八〇歳代二戸、七〇歳代二戸、六〇歳代一戸であった。面積は九ヘクタール台が一戸、五ヘクタール台が五戸、二～三ヘクタール台が三戸で、九ヘクタール台の非農家以外は、以前の集落の平均経営面積規模のまま、あるいは一部を売り渡した非農家である。

二〇〇五年の段階では、八戸のうち一戸は農地をすべて売却し、市街地へ移っている。また、八戸のうち四戸で経営主が死亡しているが、多くは妻が健在で子供と同居しており、集落内に居住している。これら土地持ち非農家の農地のほとんどは、3番から10番の大規模農家に貸付けられている。

九〇年代後半からの小作料の急速かつ大幅な引き下げは、土地持ち非農家の収入に非常に大きな影響を与えている。しかし、標準小作料をめぐる協議の場では、彼らの主張が通る状況ではなく、圧倒的に生産者側の立場が強いのである。

四　小　括

九〇年代後半のＷＴＯ体制移行後の、米価下落による米収入の減少を契機とした農業の構造変化は、秩父別町のように稲作に全面的に依存する地域において典型的に現れている。たしかに、一部にはこの米価水準でも対応可能な資金、技術体系を整えている農家も存在するが、ほとんどの農家には大きな打撃である。多くの農家から、仮渡金の引き下げによって、「営農計画の作成ができない」、「離農を決意せざるを得ない」という悲痛な声があがっている。

すでに規模拡大した農家は、「今後の購入農地の償還計画の目処が立たない」という声をあげている。また、規模拡大を考えていた農家は、拡大意欲の喪失を訴えている。さらに、大規模専業農家の3番農家や大規模・兼業農家である7番農家は、経営規模拡大を進めてきたにもかかわらず、後継者を確保していない。このままでは、農政の基本方向とは逆に、大規模経営の再分割をせざるを得ない状況も生まれている。

大規模農家といえども、兼業収入に依存しなければならない農家群が存在することも、一つの大きな特徴である。しかし、公共事業に依存する地域経済の冷え込みのなかで、地域労働市場は縮小しており、兼業そのものの機会も失われつつある。また、米価下落のもとで、小作料の引き下げ圧力は強まっており、年金と小作料収入に依存する在村離農者・土地持ち非農家の生活基盤は根底から覆されようとしている。この兼業問題と土地持ち非農家の問題に関しては、第五節で取り上げる。

（1）　公社の標準地価格によると、九八年は六〇万円であったが、九九年に急落して五六万円となり、二〇〇三年には四八万円となっている。

(2)上田の標準小作料の算定根拠は以下の通りである。一〇アール当たり粗収入一〇万八〇二九円、生産費八万五二五二円で、純収益は二万二七七七円、経営者報酬を五九六八円として、残余が一万六八〇九円、実際には稲の作付率が八二・八%で、一万三九一八円である。それに転作分の残余六五五三円を加えると、二万〇四七一円となる。

(3) 秩父別町農業委員会からの聞き取りによる。同地区の調査は、一九九六年一〇月、九七年一二月、九九年一一月、二〇〇一年八月、〇五年二月と、五回実施された。データは初回の調査結果を基本とし、追加調査の結果を付け加えている。

［寺本千名夫・吉川好文］

第四節　上流域における農地賃貸借の展開――当麻町

石狩川上流域の上川中央部は肥沃な沖積土のもとで一八九〇年代から水田開発が進んでおり、道央水田地帯のなかでも最も早期に農家が定着した旧開地域である。開発時の出発点として、一戸当たり配分面積がおよそ二・五ヘクタールであったために、その後の規模拡大にもかかわらず今日でも平均五ヘクタール前後となっている。ただし、その水稲生産力は高く、また良質米生産地域として知られている。

地域では経営面積が小さいために早くから若年層の他出流出が進むとともに、他面では旭川市を中心とした労働市場の広がりにより、一定の就業機会も開かれている。そのため、道央水田地帯のなかでは最も後継者他出による高齢化と兼業進行が著しくなっている。また、この地域は土地改良等の農業投資が控えられてきたため、負債問題は発生していない。

農地移動の形態は、売買が少ない反面、高齢農家、兼業農家の農地貸付による離農、土地持ち非農家化を背景として、八〇年代後半以降では借地による移動が急増している。一方、供給農地は少数の担い手農家に集積され、道央水田地帯としては突出した大規模経営が形成されている。

生産調整に関しては、良質米地域のために相対的に転作配分率は低い(道平均五二%、上川中央三七%、当麻町三七%)。転作田では露地・施設野菜に加え、牧草、えん麦、そばといった省力的作物が主体である。これには専業的大規模農家は収益向上のために施設園芸を導入し、また兼業高齢農家は粗放的な作物で省力的に対応しているためである。

以上を踏まえ、本節では借地展開の進んだ当麻町を対象として、農地賃貸借展開による農家階層構成変化と大規模農家の性格を明らかにする。

一　当麻町の概況と農業構造

上川中央部・当麻町は旭川市から北東へ約一五キロメートルの距離に位置している。町の農業は、七九八戸の農家と中山間地域を含む三六〇〇ヘクタールの水田面積から構成されている(二〇〇〇年)。稲作に関していえば、その米の評価は高く、北海道ガイドラインランキングでは六年連続(一九九九〜二〇〇四年)全道一位の実績を誇る良質米生産地域となっている。一戸当たり経営面積は六ヘクタール弱にとどまるが、複合化は顕著であり、一九七〇年代から施設園芸作の産地化が進んでいる。このように良質米生産に加えて施設園芸作も盛んであるため、相対的に収益性の高い農業経営が形成されている。

一〇アール当たり地価・地代の動向をみると、中田農地価格は一九八〇年代前半をピーク(八〇万円台)に低下し、九〇年代半ば以降は三五万円前後で推移している。標準小作料も低下し、二〇〇二年度よりは上田一万九〇〇〇円、中田一万五〇〇〇円、下田一万一〇〇〇円となっている。

圃場条件は、一九七〇年代に四〇〜五〇アール区画への整備が進んだものの、圃場基盤の未整備な地域も依然

表 3-9　当麻町の農業構造

農業構造の指標				上川中央 当麻町	北空知 深川市	南空知 北村
農地の	受け手	男子生産年齢人口がいる専業農家率	(%)	10.7	24.3	25.0
		世帯主農業主のⅠ兼率	(%)	25.8	45.8	54.7
		合　計		36.5	70.1	79.7
	出し手層	男子生産年齢人口いない専業	(%)	13.9	12.6	5.1
		世帯主恒常的勤務Ⅱ兼率	(%)	17.4	5.2	1.6
		世帯主日雇い・臨時雇Ⅱ兼率	(%)	8.5	1.6	1.2
		世帯主自営兼業Ⅱ兼率	(%)	1.5	0.5	1.1
		合　計		41.3	19.9	9.0
販売金額1位農家率		稲作	(%)	71.9	78.1	91.5
		施設野菜	(%)	14.7	4.5	0.9
規模拡大動向		1戸当たり経営耕地面積	(a)	514	798	1146
		借地面積率	(%)	26.9	19	9.1
	経営面積シェア	20～25 ha	(%)	10.7	6	7.9
		25～30 ha	(%)	3.4	1.3	2.8
		30 ha 以上	(%)	6.8	3.5	3.5

出所)『2000 年農業センサス』より作成。

存在しており、小区画、不整形な圃場も多い。特に、中山間地域での整備は遅れ、溜池利用や水利権のない地域も多い。転作対応としても、こうした地域を中心に牧草、そばの作付が支配的な状況にある。

農業構造の特徴としては、農地賃貸借が活発なことと農家階層構成の両極分化が進行していることがあげられる(表3-9)。すなわち、兼業農家、後継者他出の高齢農家、さらには水田を経営から切り離す施設園芸農家によって農地の貸し手層が厚い一方で(表示していないが、このほかにも膨大な数の土地持ち非農家が存在する)、そこから供給される農地は少数の担い手による集積が進み、突出した大規模経営が形成されている。[1] 経営面積シェアの動向をみると、大規模な二〇ヘクタール以上の各階層では北空知、南空知の市町村を凌駕する状況にある。ここでは等質的な自作農的農家集団の構成が崩れ、少数の担い手層とそれ以外の高齢農家、兼業農家層との分化が進んでいる。

こうした動向を具体的にみるための素材としたのがC六-Z集落である。C地区(六集落から構成される)は町で最も早く入植が開始された地区であり、なかでも調査対象のC六-Z集落は二番目に形成された歴史の古い集落である。現在では実質農家数六戸、土地持ち非農家五戸、全地売却者一戸の一二世帯が存在し、耕地面積は三二ヘクタールである。

二　調査対象集落における農業構造の動向と大規模農家の性格

表3-10はZ集落の集落構成員の概況を示したものである。

C六-Z集落は戦後、二〇戸の構成員で出発したが、その後は高度経済成長を挟んで一九七〇年代末期までに八戸の離村が発生し、現在の構成員である一二戸にまで減少する。離農跡地はすべて現構成員によって購入されている。

七〇年代末期までの農地移動は、一つに、離村離農、住居移転、購入者による離農者宅への転居がみられ、二つに、交換分合も含めて個々の地片の購入者が売却者に転化するなど、農地所有者が頻繁に交替し、農家・農地自体の流動性が高いなかで行われた。八〇年代以降になると、離村はおさまり農家の流動性が沈静化する反面、農地を貸付けたまま集落に居住する土地持ち非農家の形成が進み、借地関係が展開している。

現在の集落構成員はおよそ次の三つの階層に区分できる。

I階層(四戸)…二〇ヘクタール規模を筆頭に経営面積が大きく、世帯主年齢も五〇歳代前半の1〜4番農家である。これら四戸は自作地面積五ヘクタール以上と大きいが、借地面積も三〜一二ヘクタールあり、出作地も存在している。特に、1番、2番農家では圃場枚数が多数であり、なかでも2番農家は八団地を抱え、最遠圃場は八キロメートルに及んでいる。就業状況をみると、世帯主世代は農業部門に就業の比重がある。ただし、2番農家の後継者は経営を継承せず、4番農家の後継者は他出状態にある。このように、大規模農家であっても必ずしも農業後継者が確保されているわけではない。

表 3-10　C六-Z集落構成員の概況

区分		農家番号	経営面積(a)	自作地(a)	借地(a)	借地 集落内	借地 集落外	圃場条件 圃場枚数	圃場条件 団地数	圃場条件 最遠距離	貸付地(a)	世帯員と就業状況 家の後継	世帯員(人)	主世代(歳) 男	主世代(歳) 女	作付構成 水稲	生産調整 土地利用作物	野菜・施設園芸作
在村者	I	①	1,958	1,080	879	364	515	63	3	2.0 km	0	○	6	52 aa	51 a	1,579	えん麦170，牧草150	きゅうり(ハウス4棟)，すいか(ハウス3棟)
		②	1,890	642	1,248	0	1,248	81	9	8.0 km	0	○	3	52 aa	49 a	1,516	牧草369	しいたけ(原木)5.7 a(ハウス5棟)
		③	1,219	545	674	486	198	23	3	3.0 km	0	○	5	53 aa	54 B	915	えん麦76	花(ハウス3棟)
		④	800	481	319	117	202	27	4	1.0 km	0	×	4	52 B	48 A	618	大豆10，そば120	メロン10 a(ハウス4棟)，花：10 a(ハウス1棟)
	II	⑤	337	337	0	0	0	11	3	隣接	0	○	4	65 B	61 B	0	えん麦317	わさび：20 a
		⑥	91	91	0	0	0	2(4)	1	1.0 km	262	×	2	67 C	63 D	61	えん麦30	
		⑦	11	11	0	0	0	2(3)	1	隣接	87	×	2	65 D	65 D	0		自家野菜等11 a
	III	⑧	0	1995年より全地貸付け				(17)	2	2.0 km	500	×	2	72 D	68 D			
		⑨	0	1976年より全地貸付け				(2)	1	隣接	193	×	2	62 C	55 C			
		⑩	0	1987年より全地貸付け				(2)	1	隣接	135	×	2	76 C	72 D			
		⑪	0	1972年より全地貸付け				(1)	1	隣接	103	○	3	49 C	46 C			
		⑫	0	0	0	0	0	0	0	0	0	○	4	55 C	48 C			
離村者		13	0	0	0	0	0	0	0	0	0	1948年住居移転→町内						
		14	0	0	0	0	0	0	0	0	0	1948年住居移転→町内						
		15	0	0	0	0	0	0	0	0	0	1953年死去(家途絶)						
		16	0	0	0	0	0	0	0	0	0	1968年住居移転→市街						
		17	0	0	0	0	0	0	0	0	0	1970年離村→札幌市						
		18	0	0	0	0	0	0	0	0	0	1971年住居移転→町内						
		19	0	0	0	0	0	0	0	0	0	1972年離村→深川市						
		20	0	0	0	0	0	0	0	0	0	1978年離村→旭川市						

注）1．2003年12月時点の動向を示している。
2．③農家経営面積のなかには年度途中の借入れ地も含まれており，後に示す作付面積の合計とは一致しないことを断っておく。
3．圃場枚数の「(　)」は貸付地の圃場枚数を示す。
4．家の後継者確保は16歳以上に限定している。「×」は他出していることを示す。
5．「世帯員構成と就業状況」の記号は以下の通り。
A：農業専従(基幹)，a：農業専従(補助)，aa：農業主・兼業従，
B：兼業主・農業従，C：他産業のみ従事，D：無職。

出所）農家実態調査(2003年11～12月，2004年11～12月)より作成。

Ⅱ階層(三戸)…規模が小さいうえに(借地は皆無)、世帯主年齢も六〇歳代前半の5～7番農家である。5番農家を除いて貸付け農地があり、それも自作面積を大きく上回っている。同時に男子同居後継者が不在のため、6番、7番農家は高齢夫婦世帯となっている。全地貸付けには至らないものの、5番、6番農家では全面作業委託状態にある。

Ⅲ階層―離農者(五戸)…水田をすべて貸付けた土地持ち非農家群(四戸)と、全地売却者一戸に分かれる。前者は、いずれも所有面積が一ヘクタール以上ある。11番農家を除いて家の後継者も不在の六〇～七〇歳代の高齢夫婦世帯である。後者は世帯主五〇歳代で他産業に従事し、子弟も同居しているが、最近になって全地を売却したものである。

このように集落構成員一二戸のうち、営農者は六戸に減少しており、しかも実質的な耕作者(稲作)は四戸にすぎない。構成員の性格の異質化と階層構成の分化が著しい状況にある。これは当麻町における借地展開の現況を端的に示している。

こうしたなか、担い手と目されるⅠ階層に関してみれば、複合化への様相がうかがえる。

これらの農家では転作として牧草、そば、えん麦の省力的作物が定着する反面、きゅうり、すいか、花、メロン、しいたけの集約作物も導入されている。特に、1番農家における転作施設園芸部門の販売額は六〇〇万円弱に及んでいる。このように大規模農家においても、施設園芸が欠かせない部門として位置づいている。

このなかで最大規模の1番農家は一定の自作地を基盤に複合化を図り、規模拡大してきたものである(図3-2)。その経営展開の第一段階は一九八〇年代半ばまでであり、七〇年代までの規模拡大(農地購入)によって八〇年代初頭には七ヘクタール弱の自作地を確保する一方、集約作として八〇年代初頭にきゅうり作を導入し(七〇年代末はピーマン)、中頃にはその拡大が行われていた。第二段階は八〇年代後半以降であり、地域の離農増加に乗じて農地購入も含め急速に規模拡大を図った。九〇年代中期以降はきゅうり作の拡大とすいか作の導入も

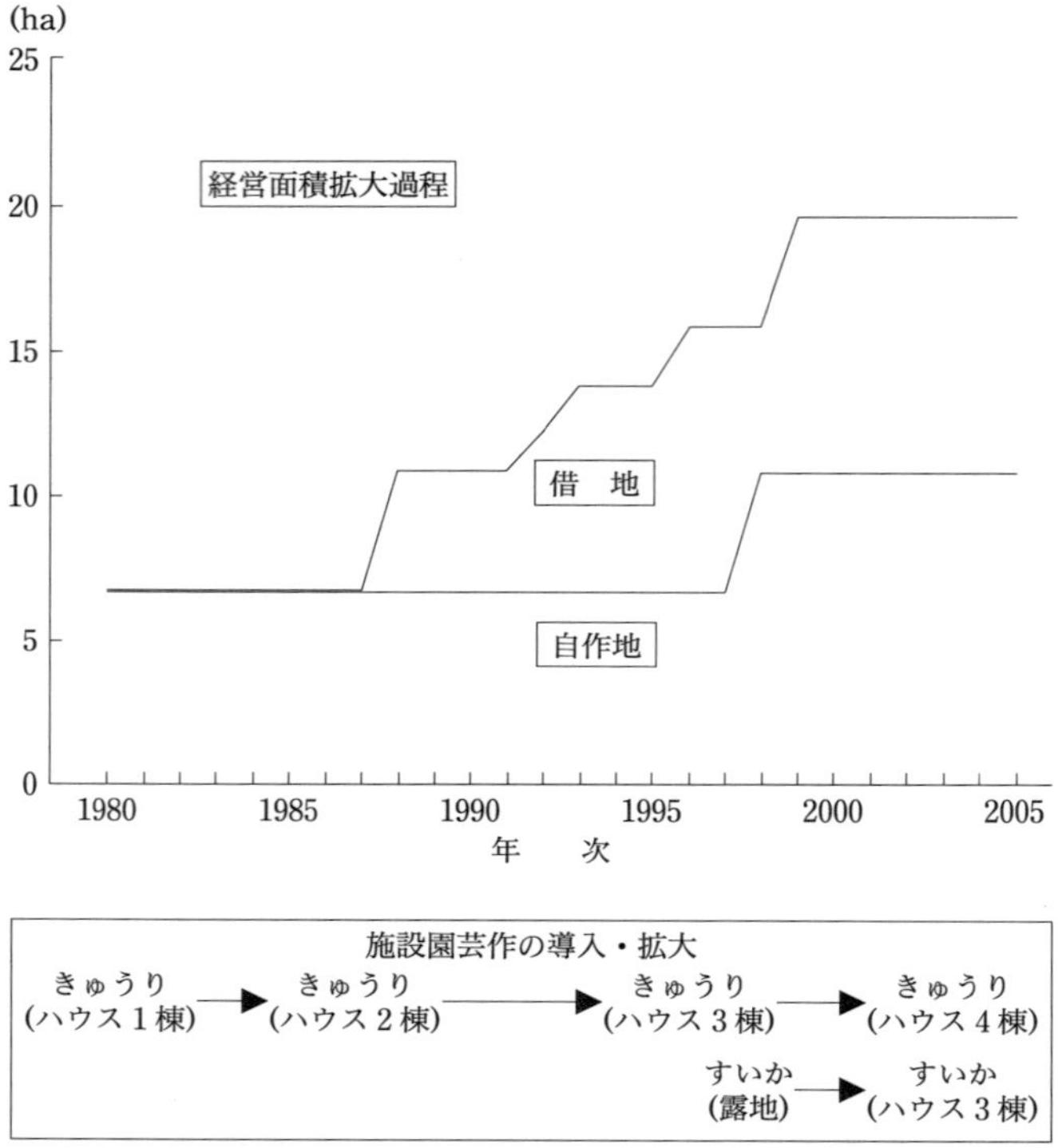

図3-2　1番農家の経営展開過程

出所）表3-10に同じ。

行っている。このように複合部門の拡充と同時に規模拡大も実現してきたのである。第三段階の二〇〇〇年以降になると規模拡大は行っていない。

三　農地移動の動向

図3-3は農地の受け手（I階層）の集積状況を示している。

集積が本格的に開始されるのは農家リタイアが進む一九八〇年代後半以降、とりわけ九〇年代以降になってからである。九〇年代の農地集積は減反緩和に伴う規模拡大期でもあった。集積方法は、七〇年代までは購入が主体であったが、八〇年代後半以降になると借地が主流となっている(後述する借地から売買への移行を含めて

農家No.	経営面積(a)	事例No.	売買貸借	年次	面積	地価地代	距離	契約年数	世帯No.	相手	世帯員構成	居住形態	履歴	将来
①	1958.1	1	購入	1970	…	40万	2km		1	C6-7	…	八郎潟移住		
		2	購入	1978	100	80万	100m		2	C6-Z	…	旭川市転居		
		3	借地	1988	414	2.5万	2km	10	3	C6-7	…	在村		
		4	借地	1992	135	1.7万	隣接	3	4	C6-Z	60歳代夫婦のみ	在村		
		5	借地	1993	156	1.9万	1.7km	10	5	C3区	70歳代夫婦のみ	在村		●, ◎
		6	借地	1995	30	1.9万	…	5	6	C6区	80歳代世帯主のみ	旭川市転居		●
		7	借地	1996	178	1.9万	隣接	10	7	C6-Z	70歳代夫婦のみ	在村		●
		⑧	購入	1998	414	26万	2km							
		9	借地	1999	369	1.9万	1.7km	10	8	C6-6	70歳代夫婦＋息子	在村		●, ◎
②	1890	1	借地	1983	70	1.9万	隣接	3	1	C6-2	60歳代夫婦のみ	在村		
		②	購入	1985	70	125万	隣接							
		3	借地	1987	277	1.2万	8km	10→3	2	K5区	80歳代女性主＋娘	市街地転居		●, ×, ○
		4	借地	1993〜98	212	2.4万	3km	3	3	C2区	80歳代夫婦＋子弟	在村	●	
		5	借地	1993〜98	19	2.4万	3km	3	4	C2区	70歳女性主＋子弟	在村	◎→○	
		6	借地	1993	217	1.7万	6km	10	5	K3-2	70歳代夫婦のみ	市街地転居		
		7	借地	1994	437	1.9万	6km	10	6	U1区	70歳代夫婦＋子弟	在村		
		8	借地	1995	248	1.7万	5km	3	7	K3-1	80歳代夫婦のみ	旭川市転居		●, ◎
		9	借地	1997	35	1.9万	2km	10	8	C6-2	60歳代夫婦のみ	在村		
		10	借地	1997	99	2.1万	隣接	3	9	C6-Z	60歳代夫婦＋子弟	在村	◎	
		⑪	購入	2003	99	42万	隣接							
③	1219	1	借地	1975	69	…	…	3	1	C6-2	親＋60歳代夫婦＋子弟	在村		
		2	借地	1975	67	…	…	3						
		③	購入	1989	69	120万	…							
		④	購入	1995	67	46万	…							
		5	借地	1992〜99	224	…	遠距離	…	2	K地区	…	在村	●	
		6	借地	1993	193	1.9万	隣接	3	3	C6-Z	60歳夫婦のみ	在村	□	
		7	借地	1993〜00	154	1.9万	…	…	4	C6-2	死去	在村	◎→○→耕作放棄	
		8	借地	2000	87	1.9万	隣接	5	5	C6-Z	60歳代夫婦のみ	在村		
		9	借地	2001	198	1.9万	…	3	6	C3区	…	在村	△	
		10	借地	2004	103	1.7万	隣接	10	7	C6-Z	40歳代夫婦＋子弟	在村	◎	
④	800	1	購入	1970	75	40万	0.5km		1	C6-Z	親＋60歳代夫婦＋娘	在村		
		2	購入	1971	120	45万	0.5km		2	C6-2	…	市街地転居		
		3	借地	1987	117	1.9万	隣接	3	3	C6-Z	親＋50歳代夫婦	在村		●, ×
		4	借地	1994	61	1.9万	隣接	10	4	C6-2	60歳代夫婦のみ	市街地転居		●, ×
		5	借地	1998	140	1.9万	隣接	10	同上		〃	〃	◎	●, ×

図 3-3　受け手農家の農地集積状況

注）1.「履歴」の記号は次の通り。
◎：以前の借り手がリタイアしたため，借地がまわってきた
○：大規模農家側の事情により，借地を返却した
●：第3者へ売却のために，借地が引き上げられた
△：以前の借り手の耕作状況が不良なたために，借地を引き上げて大規模農家に貸付けた
□：借り手農家間による農地調整の結果，借地がまわってきた
2.「将来」の記号は次の通り。
●：貸し手側に売却希望あり
◎：大規模農家側に購入意思あり
○：大規模農家側が返却を希望している
×：大規模農家側に購入の意思なし
3. 小作料は契約解除，あるいは売却に移行した事例を除いて，現在の支払額を示す。
4.「…」は不明を示す。

出所）表 3-10 に同じ。

も)。本格的な規模拡大は八〇年代後半以降であり、現世帯主は三〇歳代から農地を集積し、それが現在まで継続してきている。

農地の集積範囲としては購入、借地のいずれにも出作があるもののC地区の範囲にほぼおさまり、農地はC六区内、特にZ集落に偏る傾向にある。これは農地の出し手が増加し、受け手が減少するもとで、徐々に貸付先が集落内へと集中する傾向にあることを示している。ただし、このなかでは2番農家での他のC地区やU地区、K地区という遠距離地域への出作が目立つ。遠距離地域では牧草転作が主体であり、農作業遂行上の非効率は避けられない。

農地価格の動向をみると、一九八〇年代前半には一〇アール当たり一〇〇万円を超える事例がみられたが、以降は低下して九〇年代後半では二〇〜四〇万円台となっている。借地契約にはすべて利用権設定されたなかで短期三年と長期一〇年が併存しているが、最近では徐々に後者の契約が目立つようになっている。また、小作料は標準小作料改定に沿って低下している。

農地の出し手側の性格をみると、売り手、貸し手とも多世代同居世帯よりも、家の後継者不在の高齢夫婦世帯が多い。高齢夫婦世帯は在村での農地継承は見込めず、これが農地売却にも結びついてきたと思われる。同時に、近年でも市街地への転居者、離村者が複数確認される。

また、契約は短期・長期にかかわらず、借地関係から売買への移行があるうえ(五例)、既存借地の購入希望も散見される。特に出作依存の2番農家は九七年に借入れた集落内農地を二〇〇三年に購入している。これは集落内、隣接地における農地の出物は稀少であり、そのために返却を要求されないよう自作地として確保することが必要だったためである。また、貸し手側においても農地売却希望者が複数確認される。1番農家に即していえば、貸し手五人のうち三人が「地価下落のなか、さらなる低下前に売却を望んでいる」として、その時期を「五〜六年後」とみている。1番農家にしても、条件良好地は購入に前向きである。このように、借地関係のなかには売買に至る過渡的なものも含まれているのである。

以上、借り手である大規模農家の借地関係は安定的となり、集積農地の安定化を図る対応も確認される。貸し手の動向もあわせてみれば、現在の借地関係のなかにもいずれ売買に移行するような農地も少なくないといえる。ただし、現在では農地移動が一段落している。集積先の中心であるC六区では離農すべき農家はほぼ離農し尽くし、農地借入れも終了しているのである。すなわち、それは二〇〇〇年以降、新たな農地借入れの発生が3番農家において三例確認されるのみという現況からうかがえる。C六区では後継者不在農家が多いものの、五五～五六歳世帯主が多く、それが農業者年金受給年齢に到達しない限り、集積できない状況にある。しかし、これは同時に五～一〇年後における大量の離農発生と農地供給を意味し、現在の農地移動沈静状態も次の大幅リタイアに向けた一時の停止期間にすぎないと思われる。

今後、町全体として問題となるのは土地持ち非農家の大幅な増加が見込まれるなかで、はたして供給農地を受けきれるかという点である。中山間地域も広がるなか、担い手不足の進行とも相まって行政・農協サイドでは大量農地の遊休化を懸念している。しかも二〇〇四年産米価はさらに下落しており、農家経済としては複合部門拡充がいっそう重要性を増している。(2) こうした動向は大規模農家群の農地集積にブレーキをかける恐れもあるといえる。大規模農家群がどのような経営対応を図っていくか、それが今後問われるのである。

（1）　二〇〇二年時点では農地所有者が一二〇〇戸確認されるが、うち実質的な耕作者は六〇〇戸にすぎず、残り半数の六〇〇戸が土地持ち非農家と化している。

（2）　町の二〇〇四年産六〇キログラム当たり仮渡し金はほしのゆめが一万一五〇〇円、きらら三九七は一万一〇〇〇円へ低下し、手取りでは一万円を下回る水準にある。

［細山隆夫］

第五節　石狩川流域における構造変動の諸相

一　土地持ち非農家の存在形態

北海道の自作地有償移動と賃貸借の設定の合計に対する賃貸借割合(以下、「賃貸借割合」)は、一九八〇年二四%、八五年三九%、九〇年四九%、九五年六〇%、二〇〇〇年六五%と年々高まり(農水省『土地管理情報収集分析調査』)、北海道の農地移動でも今や賃貸借が主流となった。このことは、北海道の離農もかつてのような離村離農とは異なって農村内にとどまる在村離農が増加し、大量の土地持ち非農家が存在していることを示唆している。とはいえ、地域別に「賃貸借割合」はかなり異なり、石狩川流域に即してみれば、上流域で高く、中流域がこれに次ぎ、下流域は低くなっている。一般的には、「賃貸借割合」の高い地域は在村型離農が多く、また土地持ち非農家が多く存在しているといってよい。しかし、こうした北海道の借地展開の基盤=農地の貸し手である土地持ち非農家が、将来的にも地域に定住したなかで、世代を超えて長期的に農地を貸付けていくことができるかどうかの吟味が必要である。

そこでここでは、「賃貸借割合」が高い石狩川上流域、当麻町を分析対象地として、土地持ち非農家の存在形態を明らかにする。

(1)　農地賃貸借と農地の貸し手の概要

当麻町は経営規模が相対的に小さく、そのために早くから若年層の町外流出が進み、高齢農家の増加が著しい。他面では北海道の地方中核都市・旭川市に隣接する条件のもとで一定の就業機会も開かれ、兼業化が進行している。同時に、以前からの施設園芸(すいか、トマト等)の産地でもある。このように当麻町は、高齢者農家が多いうえに兼業農家、施設園芸農家が存在し、そのために農地の貸し手(候補)が多いことが特徴である。

次に地価・地代の動向をみる。一〇アール当たり中田農地価格は一九八〇年代前半をピーク(八〇万円台)に低下し、九〇年代半ば以降は三五万円である。一〇アール当たり標準小作料も九〇年代初頭以降低下し、近年の米価下落もあって二〇〇二年度よりは上田一万九〇〇〇円、中田一万五〇〇〇円、下田一万一〇〇〇円となっている。

農地流動としての売買は少ない反面、高齢農家、兼業農家のリタイアが増えたため、一九八〇年代後半以降は借地による流動化が急増している。一方、供給農地は少数の担い手農家に集積され、突出した大規模経営が形成されている。

表3-11では経営規模一〇ヘクタール以上の大規模経営群の事例を示している。当麻町は、北海道水田型地帯の大規模経営としては借地面積が大きく、なかには二〇～四〇ヘクタールの経営規模にまで達している農家もある。とはいえ自作地規模の大きい農家群もあり、三七・八ヘクタールと最大経営規模の1番農家は、その六割が自作地である。

これら農家群における借地の地主人数は合計一〇一人を数える。借地が最も多い2番農家への貸し手は一二人に及んでいる。農地の貸し手は農業者年金受給のために第三者移譲した後継者不在の高齢者や兼業農家、あるいは施設園芸作に特化したなかで水田を手放した農家であるが、多くは零細な自留地を残して農地を貸付けた土地持ち非農家となって地域内に在住している。同時に、そのほとんどが高齢夫婦のみないし単独世帯であり、無職か臨時的勤務の状態にある。農地賃貸借は個別相対から農業委員会に持ち込まれたものであり、ほとんどが利用

表 3-11　当麻町における大規模経営の展開事例

農家番号	集落	経営面積 (ha)	自作地 (ha)	借地 (ha)	借地率 (%)	作付作物 水稲 (ha)	豆類 (ha)	そば・牧草 (ha)	えん麦 (ha)	野菜・施設園芸作 (a, 坪)	借地(人数) 自集落	他集落	計
1	U 3-1	37.9	22.5	15.4	40.7	31.27		6.30		すいか(ハウス含む)48 a，ハウスかぼちゃ39 a，キャベツ 10 a	0	5	5
2	U 3-1	36.3	15.1	21.2	58.5	26.06	0.15	4.72	2.12	きゅうり 900 坪，たまねぎ 46 a	1	11	12
3	C 4-2	29.7	7.6	17.9	60.2	25.50		1.93	2.26		1	7	8
4	U 2-2	28.3	8.0	20.3	71.7	23.02	1.70	1.00	1.60	露地はくさい 14 a，ハウス(すいか 10 a，きゅうり 10 a)	1	7	8
5	C 5-1	25.5	7.9	17.6	69.0	20.00	1.47		4.00		4	2	6
6	C 1-2	24.6	8.8	15.8	64.1	18.93			5.10	すいか(ハウス含む)100 a	2	8	10
7	C 2-3	23.1	5.1	18.0	77.7	16.27	5.18		1.14	メロン(ハウス含む)53 a，かぼちゃ2.7 a	1	6	7
8	C 1-1	22.6	8.8	13.8	61.0	15.82	4.20		2.60		5	1	6
9	I 1-3	21.0	7.2	10.8	51.3	13.95		1.62	2.00	すいか(ハウス)34 a，ハウストマト 15 a，たまねぎ 10 a	4	0	4
10	C 6-1	18.9	5.4	13.5	71.3	15.16		1.70	1.92	かぼちゃ 4.1 a，トマト 1.6 a，原木しいたけ 5.7 a	1	5	6
11	R 2	18.9	7.5	9.4	49.7	14.22	0.70	1.71	0.30	かぼちゃ 200 a(畑)	0	2	2
12	H 3-1	16.8	13.8	3.0	17.9	15.35			1.10	トマト 100 坪，ミニトマト 400 坪	0	1	1
13	C 5-2	16.6	6.5	10.1	60.7	12.85	1.24	2.08	0.40		3	6	9
14	U 3-1	16.4	7.0	9.4	57.5	12.01	3.32		1.07	ハウス・ミニトマト 90 坪，水耕ミツバ 500 坪	1	3	4
15	C 4-2	16.3	12.4	4.0	24.2	14.57	0.40	1.89	0.18	ハウスきゅうり 33.8 a，かぼちゃ11.8 a，いも 4.3 a	2	2	4
16	C 3-4	16.1	8.9	7.2	44.8	11.32	3.80	0.20	0.43		4	0	4
17	U 2-3	14.9	6.8	7.5	50.3	13.40		0.70		きゅうり 750 坪，たまねぎ 110 a，他野菜 23 a	3	1	4
18	R 1-1	12.9	10.7	2.1	16.6	9.16		3.35	0.38	ハウス・ミニトマト 250 坪，ハウス・すいか 200 坪	0	1	1

注）1．いずれも町内の水稲直播実施農家であり，大規模層に偏在している。
2．2001 年度の実績を示している。
3．11 番農家と 17 番農家の経営耕地面積にはそれぞれ畑地が 2.0 ha，0.7ha 含まれている。
出所）北海道農業研究センターによる農家実態調査(2001 年 12 月および 2002 年 3 月実施)より作成。

権を設定されている。実勢小作料は、改訂ごとに低下する標準小作料と同水準で低下し、両者の乖離はなくなっている。

しかし、利用権設定の動向からは、必ずしも長期的な借地関係が成立しているとはいえない。契約年数は一〇年契約が三八件を数えるものの、三年契約も三九件とほぼ同数を占めている。同時に農地購入のなかには借地からの移行、さらに他農家の借地が解約されて購入を依頼されたものが存在する。また貸し手のなかにも売却を志向する、いわば潜在的な売り手層も存在している。

(2)　貸し手の存在状況

以上にみた貸し手の動向を典型的に示す事例として、2番農家、10番農家、15番農家への貸し手の状況をみる(表3-12)。

第一の事例である2番農家は、三六・三ヘクタールで自作地も一五・一ヘクタールと大きいが、借地面積が最大規模(二一・二ヘクタール)の農家である。貸し手一二戸はすべて離農跡地で生活しており、在村型離農世帯の典型的なパターンを示している。そこでは子弟が同居し、団体職員、役場等の安定就業状態の貸し手も二戸あるが(貸し手番号1、10)、農業者年金受給のため離農し、無職もしくは臨時的勤務の高齢単独・夫婦のみ世帯が七戸を占める。特に、貸し手番号9は七〇歳代単独世帯の状態にある(妻は老人ホームで死去)。この点、兼業進行地域においても安定就業者が農地の貸し手であるとは一般化できない。

利用権設定年数としては三年が多く、それが繰り返されて借地関係が維持されている(すべて標準小作料の一〇アール当たり一万九〇〇〇円)。これは米価の低落が続くもとでは、その都度に小作料水準の見直しが可能な短期契約が選択されているためである。

一方では、売却の申し出もある(貸し手番号7、9、12)。自作地拡大も行ってきた2番農家はさらなる農地購

表 3-12　農地の出し手の存在状況

(単位：年，a)

		NO.	集落	年次	処分面積(a)	契約年数(年)	営農	主年齢・世帯構成	居住形態	就業状態
2番農家	貸し手	①	C 2	1975	107	3	×	70歳代夫婦＋息子	在村	団体職員退職者
		②	S 5	1980	80	3	×	60歳代夫婦のみ	在村	臨時雇・農業者年金
		③	C 2	1982	63	3		70歳代夫婦＋息子	在村	不明
		④	U 3	1985	255	10	×	60歳代女性単独	在村	無職・農業者年金
		⑤	C 1	1987	194	3	×	60歳代世帯主のみ	在村	臨時雇・農業者年金
		⑥	C 2	1991	240	3	×	70歳代夫婦のみ	在村	花き栽培も縮小
		⑦	U 3	1993	234	3		50歳代飯米農家	在村	他産業従事
		⑧	C 7	1994	300	3	×	70歳代夫婦＋息子	在村	農業者年金
		⑨	U 2	1994	256	10	×	70歳代主単独	在村	無職・農業者年金
		⑩	C 7	1997	128	3	×	70歳代夫婦＋息子	在村	息子：役場職員
		⑪	C 7	1998	219	3	×	70歳代夫婦＋息子	在村	高齢化でリタイア
		⑫	U 2	1999	295	10	×	60歳代夫婦のみ	在村	臨時雇・農業者年金
	売り手	①	C 7	1989	300	−	×	80歳代女性単独	在村	無職・農業者年金
		②	N	1995	140	−	×	70歳代夫婦のみ	在村	無職・農業者年金
		③	C 7	1997	150	−	×	70歳代夫婦＋息子	在村	息子：役場職員
10番農家	貸し手	①	C 6	1983,97	105	3,10		60歳代夫婦のみ	在村	花(キク)農家
		②	K 5	1987	277	3	×	80歳代女性主＋娘＋子	在村	無職
		③	U 1	1994	437	10	×	70歳代夫婦＋次世代	在村	自営・土木建設業
		④	K 3	1994	217	10	×	70歳代夫婦のみ	市街地転居	無職・農業者年金
		⑤	K 3	1994	248	3	×	80歳代夫婦のみ	旭川市へ転出(息子夫婦宅)	
		⑥	C 6	1997	99	3	×	60歳代夫婦のみ	在村	無職・年金
15番農家	貸し手	①	C 7	1989	57	10	×	80歳代女性単独	在村	無職・農業者年金
		②	C 4	1995	105	3	×	70歳代女性主のみ	在村	無職・農業者年金
		③	C 4	1998	137	3	?	70歳代女＋息子40歳	在村	息子サラリーマン
		④	C 3	2001	96	10	×	60歳代夫婦のみ	在村	臨時雇・農業者年金
	売り手	①	C 4	1987,94	146	2	×	70歳代女性単独	F市老人施設	無職・農業者年金
		②	C 4	1995	226	3	×	高齢の女性単独	A市老人ホーム	無職・農業者年金
		③	C 4	1983,95	227	10	×	70歳代女性単独	T県の息子宅へ転居	

出所）表 3-11 に同じ。

入に意欲をみせ、一〇アール当たり四〇万円なら採算に合うとしている。ただし、用水が不便、農道が未整備な農地の購入は否定しており、そのような農地は過去五年で三戸断っている。すでに大規模化を実現したとはいえ、条件不良地も多数抱えており、これ以上そうした農地の引き受けはできず、さらに農地供給の見込みもあることから、農地の選別が可能な段階にある。

そのため借地の返還も生じている。貸し手番号7は別農家に売却するために貸付地を引き上げる予定であり、2番農家としても水稲単収の低い土地なので返還し、借地関係を解消することになる。新規貸付依頼に関しても過去五年で条件不良地を理由に、やはり三戸断っている。とはいえ、貸し手側による借地引き上げとその売却は、依然として貸し手側の状況変化によっても借地関係が中断されることを示している。

このように土地持ち非農家は主に小作料と農業者年金に依存しながら地域内に在住している。ただし、高齢者のみの世帯であることから、加齢に伴っての転居、住居移動は不可避といえる。同時に、なかには借地関係の売買への移行、ないし継続の不安定性もある。こうした点は次の出し手側の市街地転居や村外転出のケースに端的にみられる。

第二の事例である10番農家は、一八・九ヘクタールで自作地五・四ヘクタール、借地一三・五ヘクタールと借地で拡大を図ってきた農家である。貸し手六戸のうち、五戸は七〇～八〇歳代の高齢夫婦世帯であり、完全な土地持ち非農家が四戸を占める(土地持ち非農家でない高齢農家の例は別途述べる)。ここではすでに四ヘクタール階層にまで世帯主夫婦のみの離農世帯が現れている点が指摘できる。また、なかには利用権設定の一〇年契約を結びつつ高齢のためすでに市街地へ転居した者、あるいは三年契約の更新を続けながら(小作料は標準小作料の一万九〇〇〇円、一万七〇〇〇円)、旭川市の子弟宅へ転居した者など、不在地主化もみられる。

第三の事例である15番農家は、経営面積が一六・四ヘクタールであり、そのうち自作地一二・四ヘクタール、借地四・〇ヘクタールと自作地拡大型の農家である。貸し手は兼業の母子世帯もいるが、主体は高齢夫婦世帯である。契約年数は三年契約と一〇年契約が半々を占め、小作料は二万一〇〇〇円から改定により低下が予定されている。短期契約は地主側の要望であり、所有地に執着があるためである。ただし、この所有地への執着とは、資金の必要が生じた際に売却すれば解決してくれる重要な資産という意味である。短期契約の要望も、不測の事態発生を見越したなかで可能な限り常時売却できるような体制が望まれた結果でもあるといえる。

15番農家への売り手をあわせてみると、すべて高齢夫婦世帯であるが、老人ホーム入居、府県在住の子弟との同居(土地取得、住宅新改築)のためなど、村外や市街地移転のために資金を必要としたものである。いずれも借地期間の後、それも短期契約ばかりでなく一〇年以上を経た後にも売買に移行している(宅地処分者も存在する)。一方、当経営はこれ以上の農地購入は負債増を招くため回避したい状況にある。

ここからは、土地持ち非農家の性格として、高齢化の果てに独居が不可能になった場合は転出し、その資金捻出のために農地貸付から売却も行われていることが指摘できる。

ここで、10番農家への貸し手(土地持ち非農家でない高齢農家)の実態をさらに詳しく紹介しよう(図3-4)。貸し手番号1は水田二ヘクタールを貸付けている高齢の花(キク)生産農家である。夫六七歳、妻六四歳の夫婦のみの世帯であり、長男(四〇歳)は学卒後に府県に就職し、現在N県に在住している(娘も他出)。一九七〇年の生産調整開始を契機に水稲部門の投資を回避して花を開始し、最盛期には一〇〇〇万円の売上があった。

水田規模の縮小は一九八三年から始まり、集落内の一〇番農家に隣地であることから七〇アールを売却し(一〇アール当たり一一〇万円)、六八アールは貸付けた。その後も八八年には他集落A氏に六九アールを貸付けている。二つの貸付地は三年契約で小作料は一〇アール当たり三万円であった。残る自作地一〇七アールで牧草と花を継続していたが、九七年には三五アールを10番農家へ(一〇年契約一万九〇〇〇円)、三〇アールはB氏へと各々貸付けて、現在三〇アールで花を栽培している。

この事例は後継者が村外に他出し、夫婦のみの状態で高齢化が進んだために、農地の切り売りや貸付けによっ

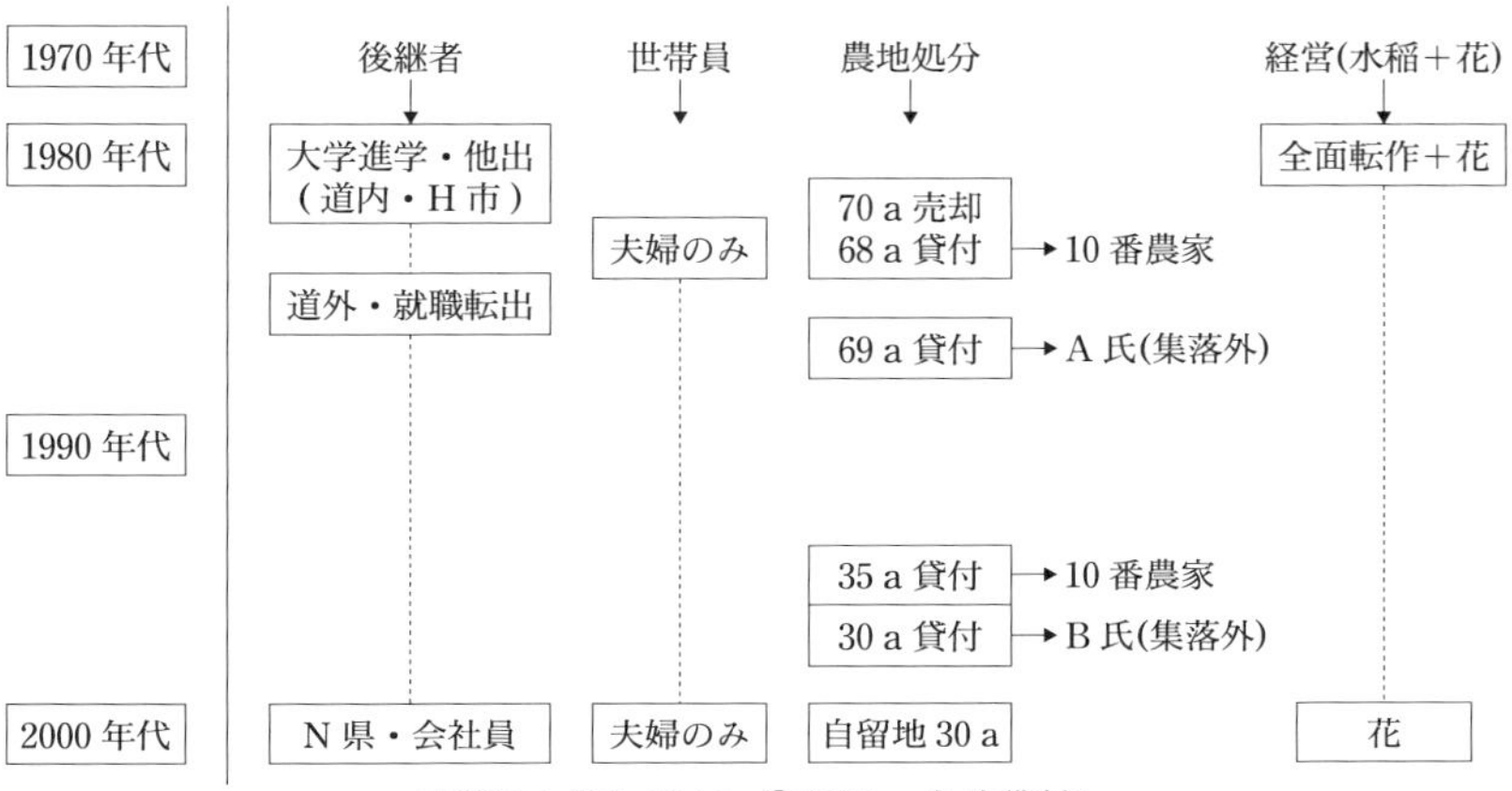

事例1：貸し手No.①(200 a 全地貸付)

図3-4　10番農家への貸し手の事例

出所）北海道農業研究会による農家実態調査(1996年11月)，および北海道農業研究センターによる農家実態調査(2001年12月，2002年3月)より作成。

て経営を縮小せざるを得なかったものである。そして、村外他出子弟との同居のためにいずれ離村という結末を迎えるのである。

(3) 小括

以上の分析から農地の貸し手の状況は次のようなにまとめることができる。

第一に、農地の貸し手である土地持ち非農家は地域定着性に乏しい状況にあるといえる。その多くは年金と小作料に依存し、不安定な就業・生活状態にある高齢の夫婦のみ・単身世帯である。同時に、高齢者世帯であるために、いずれは村外や農村市街地へ移動せざるを得ない。したがって、農村内での定住とはいえ一代限りで終了するとみられるのである。

第二に、その農地貸付に関しても、世代を跨ぐような長期的関係が支配的とはいえない。土地持ち非農家のなかには離村時に資金必要が生じた場合、借地関係を解消しての売却もみられる。特に、長期契約の後に売却に移行する借地もあるが、短期契約が目立つのは常時売却が可能な体制を採る必要があるためといえる。一方で、近年の米価下落の状況のもとで、買い手がつかなければ不在地主となっていく恐れも生じるのである。

二　農家兼業の存在形態

ここでは、水田型地帯・石狩川流域における農家兼業の存在形態を明らかにする。はじめに対象地域の労働市場の特徴を概観し、次いで中流域・滝川圏に位置する秩父別町の兼業実態、特に北海道的ともいうべき規模拡大農家の農外兼業の実態を明らかにする。最後に、農家兼業の今後の展開方向を考察する。

(1)　水田型地帯における地域労働市場の特徴

石狩川流域を中心とした水田型地帯では、一九七〇年代以降の生産調整を契機として、地域的な差異を伴いながら大きく二つの方向で農家の兼業化が進展してきた。一つは、上流域の上川中央地域や中流域の北空知地域に典型的な中小規模農家にみられるもので、七〇年以降の機械化や米生産調整によって生じた労働力の遊休化を契機とする兼業化である。もう一つは、下流域の南空知地域などに典型的な戦後の大規模開発で形成された大規模専業農家にみられるもので、七〇年代後半から八〇年代にかけての農家負債圧や米価の下落による稲作所得の低下を背景とした兼業化の進展である。(1)

表3-13は、現段階の地域労働市場に関する指標を掲げたものであり、石狩川流域の市町村を職業安定所単位に旭川圏(上流域)・滝川圏(中流域)・岩見沢圏(下流域)に分けて集計したものである。『二〇〇〇年農業センサス』によれば、各地域の兼業農家割合は、旭川圏(上流域)六五％、滝川圏(中流域)六八％、岩見沢圏(下流域)六六％となっており、兼業農家割合においてはさほど変わりがない。しかし、兼業深化の度合いはかなり異なり、第一種兼業農家の割合は旭川圏、滝川圏、岩見沢圏の順に低く、逆に、第二種兼業農家の割合は旭川圏、滝川圏、

表 3-13　調査地域の地域労働市場の概要

(単位：戸，人，％)

石狩川流域	上流域		中流域		下流域	
地域労働市場圏	旭川圏		滝川圏		岩見沢圏	
販売農家戸数	8,132	100.0	5,446	100.0	4,119	100.0
兼業農家	5,256	64.6	3,687	67.7	2,728	66.2
第 1 種兼業	3,497	43.0	2,765	50.8	2,183	53.0
第 2 種兼業	1,759	21.6	922	16.9	545	13.2
※恒常的勤務	2,663	45.2	1,789	42.8	1,193	40.4
※臨時・日雇い・出稼ぎ	2,840	48.2	2,119	50.7	1,560	52.8
就業者数	229,183	100.0	84,696	100.0	72,444	100.0
第一次産業	20,337	8.9	12,189	14.4	9,746	13.5
農業	19,511	8.5	11,725	13.8	9,615	13.3
第二次産業	51,173	22.3	21,383	25.2	16,831	23.2
建設業	29,758	13.0	11,950	14.1	9,015	12.4
第三次産業	155,496	67.8	51,035	60.3	45,676	63.1
卸売・小売業	53,231	23.2	15,298	18.1	13,887	19.2
サービス業	66,225	28.9	23,870	28.2	20,868	28.8
雇用者数	190,618	83.2	66,506	78.5	57,277	79.1
季節労働者数	16,837	8.8	6,716	10.1	5,576	9.7
新規求人数	28,036	100.0	10,585	100.0	9,588	100.0
常用	10,211	36.4	3,993	37.7	4,116	42.9
臨時・季節	17,825	63.6	6,592	62.3	5,472	57.1
うち建設業	13,872	100.0	6,457	100.0	6,457	100.0
常用	1,623	11.7	886	13.7	886	13.7
臨時・季節	12,249	88.3	5,571	86.3	5,571	86.3
減少率(90～2000 年)						
新規求人数	−21.9		−39.3		−36.8	
常用	−11.5		−44.9		−38.7	
臨時・季節	−26.8		−35.3		−35.3	
うち建設業	−31.8		−30.9		−37.2	
常用	−12.9		−35.6		−32.0	
臨時・季節	−33.7		−30.1		−38.3	

注）1．各流域の数字は各職業安定所管内の市町村の合計となっている。
2．農家戸数，就業者数，雇用者数は 2000 年時点によるものであるが，雇用兼業農家の内訳のみ 1998 年となっている。
3．季節労働者数，新規求人数は，98～2000 年の 3 年平均を算出した。
4．90 年の新規求人数は，88～90 年の 3 年平均を算出した。
出所）『農業センサス』，『北海道農業基本調査』，『国勢調査』，『労働市場年報』各年次より作成。

岩見沢圏の順に高い。そして、すべての地域で臨時・日雇い割合が恒常的勤務割合を上回っている。北海道の兼業は、そのほとんどが季節性をもった不安定な雇用形態による兼業化であり、都府県で展開する常用・恒常的勤務の雇用形態とは決定的に異なる。

北海道の地域労働市場は、これまでも就業機会の乏しさや多数の季節労働者の存在から就業の不安定性にその特徴があったが、(2)近年では、公共事業の後退や景気低迷による企業倒産が増加し、雇用情勢は厳しさを増している。二〇〇二年の『北海道経済白書』によれば、北海道の完全失業率は九八年以降、上昇傾向にあり、〇二年には六・〇%と過去最高となっている。

前掲表3-13に就業者数、雇用者数、季節労働者数、新規求人数を示している。各経済圏で、雇用者数、就業者数において差異がみられるものの、季節労働者数の割合や新規求人数に占める臨時・季節割合の高さという点ではほぼ共通している。つまり、どの地域においても決して安定的な就業機会を有しているとはいえないのである。しかも九〇年以降の一〇年間で、新規求人数は二割から三割以上減少しており、特に下流域=岩見沢圏、中流域=滝川圏での減少率は高くなっている。これまでも建設業や土木関係の業種は農家の兼業先として有力な地位を占めていたのであるが、その建設業の新規求人数(臨時・季節)において三地域とも三割以上の減少となっている。したがってこうした指標からも、石狩川流域の水田型地帯に展開する地域労働市場の不安定性と就業機会の縮小傾向が読み取れる。

九〇年代の石狩川流域における農家兼業は、上流域・中流域・下流域ともに兼業農家の規模拡大が程度の差はあれ進展をみせている。(3)とりわけ九〇年代後半以降は、米価下落・転作強化のもとで農業収入・所得が低迷しているため、兼業収入の確保が兼業農家の再生産にとって不可欠なものとなり、兼業所得への依存度合いが高まっていると考えられる。兼業所得への依存度合いが高まっているにもかかわらず就業条件・機会が悪化していることに、北海道における農家兼業の厳しさがうかがえるのである。

(2) 農家兼業の存在形態

表3-14は、滝川圏・中流域に位置する秩父別町の集落悉皆調査農家の経営概要と兼業内容を示したものである(一九九六年時点)。調査農家は一九戸であるが、一〇ヘクタール以上層には大規模借地農家を中心に五戸、五〜一〇ヘクタール層が一〇戸、五ヘクタール以下層が四戸という構成になっており、概して中規模層が厚く存在している。転作対応の特徴としては、小豆・地力作物のほかに中規模層では野菜園芸作(花き・メロン・ブロッコリー・トマト)を採り入れている点を指摘できる。

C8番農家を除く一〇ヘクタール以下の農家一四戸で兼業が行われている。転作作物や経営面積との関連で、兼業内容は以下のように大きく三つのタイプに分かれている。

第一は、施設園芸(花き・メロン)に取り組んでいる農家(C7・C9・C11・C13・C15)で、秋冬期を中心とした臨時の兼業である。第二は、小豆・地力・ブロッコリーを中心とした転作を行っている農家(C5・C6・C10・C14・C16・C17)であり、夏期ならびに通年的な臨時の兼業である。そして第三の小規模農家(C18・C19)は、正社員として勤務する安定的な兼業農家である。

北海道の農家兼業の特色は、規模拡大を行いつつ兼業に従事する農家が多いことである。事例では、C5・C10・C11・C12・C13・C14・C16番農家がそれに当たる。そこで、このような兼業農家の事例を詳しく紹介しよう。

C5番農家は、経営主年齢が四九歳で、家族構成は妻と父母と長女、次女、長男の七人家族である。通常、農業に従事するのは経営主夫婦と父母の四人である。水田面積は一四・二ヘクタール(うち借入地六・八ヘクタール)で、作付構成は、水稲一一・一ヘクタール、転作が三・〇ヘクタール(転作率二一・五%)で、小麦二・二ヘクタール、えん麦〇・八ヘクタール(うち〇・四ヘクタールはブロッコリー)を内容とする。

表 3-14　調査農家の経営概要と農家兼業

地域	農家番号	経営主年齢(歳)	経営(水田)面積(ha)	借入地	経営類型	経営主による兼業 兼業内容	年間収入(万円)	開始年	後継者の有無	今後の耕地面積の意向	2001年面積(ha)	1991年以降の増減面積	備考(兼業農家の類型)
秩父別町・中流域	C 1	46	13.9	4.8	水稲・野菜複合	なし	—	—	△	現状維持	12.5	−0.1	
	C 2	53	10.8	—	水稲・野菜複合	なし	—	—	◎	借地・購入拡大	10.5	0.4	
	C 3	46	10.7	1.4	水稲・花き複合	なし	—	—	△	借地・拡大	13.9	3.5	
	C 4	56	10.2	4.1	水稲・野菜複合	なし	—	—	◎	購入・拡大	11.2	4.7	
	C 5	44	10.1	2.5	水稲単作	土木・除雪(臨時・通年)	300	78年,90年(冬期)	△	借地・拡大	14.2	6.8	兼業農家の大規模化
	C 6	42	9.6	3.6	水稲単作	土木(臨時・夏期)	230	79年	△	現状維持	9.4	−0.1	
	C 7	45	8.8	—	水稲・花き複合	土木(臨時・秋冬期)	200	75年以前	△	借地・拡大	8.6	—	
	C 8	52	8.3	—	水稲・野菜複合	なし	—	—	△	現状維持	8.1	1.8	
	C 9	48	7.9	—	水稲・野菜・花き複合	灯油配達(臨時・冬期)	60	71年	△	借地・拡大	7.7	—	
	C10	58	7.2	—	水稲・野菜複合	土木(臨時・夏期)	170	75年以前	○	購入・拡大	7.0	0.3	兼業農家の拡大
	C11	43	7.1	—	水稲・野菜複合	土木(臨時・秋冬期)	30	75年以前	単身	購入・拡大	10.9	3.9	兼業農家の拡大
	C12	46	6.9	—	水稲・野菜複合	除雪(臨時・冬期)	60	90年	△	現状維持	12.4	5.7	兼業農家の大規模化
	C13	47	6.7	—	水稲・花き複合	土木・除雪(臨時・通年)	190	91年	△	借地・購入拡大	9.4	3.1	兼業農家の拡大
	C14	41	6.3	0.9	水稲・野菜複合	運輸・土木(臨時・通年)	180	85年,90年(夏期)	△	購入・拡大	15.4	9.4	兼業農家の大規模化
	C15	56	5.7	—	水稲・野菜複合	土木(臨時・秋冬期)	110	91年	×	現状維持→離農	離農	−5.5	
	C16	44	4.4	—	水稲単作	建設(臨時・夏期)	200	89年	△	購入・拡大	9.4	5.1	兼業農家の大規模化
	C17	46	4.2	—	水稲単作	建設(臨時・夏期)	260	91年	△	現状維持→離農	4.1	0.0	
	C18	36	3.6	—	水稲単作	ガス会社(正社員)	500	78年	本人	現状維持→離農	離農	−3.5	
	C19	55	3.2	—	水稲単作	建設(正社員)	380	71年	×	現状維持→離農	3.1	—	

注）1．今後の耕地面積意向については，調査時点の96年を基準としたものであり，97年以降の米価下落が与える影響は考慮されていない点に注意が必要である。
2．後継者の有無は，農業後継者が◎，同居他産業従事・女子のみが○，在学中で未定が△，不在が×となっている。
3．備考(兼業農家の類型)については，現在の経営主を基準とした判断であり，ここでは親世代の兼業は含まれていない。

出所）農家実態調査(1996年時点)より作成。

八六年に一〇アール当たり八六万円で水田〇・八ヘクタールを購入した後、九六年と二〇〇〇年に水田二・五ヘクタール、四・三ヘクタールを借地し、規模拡大を行ってきた。九六年の貸し手は、六〇歳の元兼業農家(町内・建設業)であり、後継者が不在で圃場が隣接することを理由に貸付を行い、離農している。二〇〇〇年の貸し手はC15番農家であり、農作業事故が原因となって離農し、将来は土地売却を希望している。規模拡大とともに、九九年にはトラクタを更新(六五馬力・六五〇万円・自己資金)し、〇一年には納屋(フレコン対応・農機具ローン借入)の建て替え、乾燥機(四〇石・中古・二〇万円・自己資金)を購入している。農地に関わる借入金は、八六年の購入の際のものであり、年間およそ五〇万円の償還額となっている。

経営主は、学卒就農時から通年で臨時の兼業(建設業・夏期は土木作業、冬期は除雪作業)に従事しており、九六年時点では年間約三〇〇万円の兼業所得を得ていた。しかし、近年の景気低迷によって兼業先の仕事量も減少し、冬期の除雪は中止になったため、兼業所得は二〇〇万円にまで減少した。それでも春と秋の農繁期には兼業先で休暇を取得できるため、規模拡大後も確実な現金収入を求めて現在の兼業を継続する予定である。

今後は借地による規模拡大を希望しており、二〇ヘクタールを当面の目標としている。現在の借地については相手の意向により購入せざるを得ない状況も想定しているが、低米価のもとでは購入は困難であるとしている。新たに野菜作・花きなどの労働集約的な作物を導入する考えはなく、現在の兼業を維持していく予定である。田植機の更新が迫っているが、近年は農業収入・兼業所得ともに減少しているため更新をためらっている状態にある。

以上の事例は、八〇年代後半から九〇年代において、経営規模拡大と機械・施設の拡充を行った大規模兼業農家であるが、米価下落と兼業所得の減少によって、近年の農家経済は逼迫している。しかし、年間二〇〇万円の兼業所得が農家経済に占める割合は高く、農家の兼業収入の確保は、規模拡大以降も農家の再生産にとってますます不可欠となっている。

こうした大規模兼業農家の存立要因は、大区画化・大型機械化による省力化技術の採用、小麦・えん麦・そば等、単品目による粗放的・省力的な転作対応や作業委託、兼業先での雇用形態(臨時・日雇いの不安定就業)や雇用条件(就業期間・日数など農作業との競合を極力回避できる)などが指摘できる。調査事例のなかでは、ブロッコリーの導入などの経営複合化も行われており、大規模経営での経営主の兼業を維持するには父母や後継者など、自家労働力の保有状態が豊富であることが条件になっている。すなわち、事例のような親子二世代経営では、経営主が夏期を含めた通年的な兼業を継続することが可能なのである。さらなる規模拡大や経営複合化、経営主の加齢や父母層のリタイアによる自家労働力の不足などが進行すると、大規模経営における兼業の維持は次第に困難になるが、父母層に代わって農業後継者が確保された場合には、経営主の兼業の継続可能性は高まるといえる。

(3)　今後の展開方向

八〇年代後半から九〇年代以降にかけて農地を取得して経営規模の拡大を行ってきた大規模兼業農家の存在が注目される。高齢化や跡継ぎ不在の農家が増加するなかで、これら大規模兼業農家に対し、地域農業の担い手としての積極的役割が期待されている。しかし米価下落による農産物収入の低下を不安定な兼業所得でカバーしている点で、その経済的基盤は脆弱である。特に農地移動が売買(公社事業を含めて)中心となっている下流域の農家兼業には、大規模化に伴う負債圧を兼業所得により緩和しようという意向が依然として強い。

一方、北海道における景気低迷や雇用情勢の悪化が地域経済に深刻な影響を与えており、臨時・日雇いなどの不安定雇用に依存した兼業農家は厳しい局面を迎えつつある。最近調査を行った下流域・北村では、大規模層まで巻き込んだ兼業が進展しているが、ここでも兼業先の倒産によって兼業機会を失った事例がみられる。北海道では建設土木関係に多い専業的季節労働者と競合するようになったことも深刻な事態を招いている。兼業に依存せざるを得ない農家にとっては、兼業機会の喪失は、まさに農家そのものの存立基盤を大きく揺るがすことになる。特に、兼業依存度が高いと考えられる上流域や中流域では、こうした事態によって離農がさらに進むことも予想される。ただし、こうした兼業機会の喪失を契機として、規模拡大や集約部門を導入・強化し、専業農家として展開する事例も少なからず存在する。今後の兼業農家の動向および性格変化は、地域農業の将来展望を考えるうえでも注目されよう。

三　転作対応の地域性とその性格

(1)　農家規模構成の地域性と転作率

ここでは、下流域・北村と上流域・当麻町を取り上げて、石狩川流域における転作対応の地域性が農業構造とどのような関連をもつのかを明らかにする。地域における農家の階層構成は流域内で大きな相違があり、下流域の北村では比較的大規模な担い手層が分厚く存在するのに対し、上流域の当麻町では多数の小規模層のなかに少数の大規模層が存在するという構成を示す。そして、この二地域における水田転作率を経営耕地規模階層別にみると、次のように興味深い特徴が現れる。すなわち、一九九八年における当麻町の全町平均転作率は三二%であるが、五ヘクタール未満層の転作率が三八%と最も高い。規模が大きくなるにつれて転作率は低下し、一五ヘクタール以上層の転作率が二七%と最も低い(4)。同様に北村について二〇〇〇年の転作率をみると、全町平均は三四%であるが、五ヘクタール未満は三二%と平均を下回り、一五ヘクタール以上層の転作率が四〇%と最も高い。両地域の階層ごとの転作対応は逆に現れており、当麻町における大規模層の稲作志向の強さと北村における大規模層の転作志向の強さが示唆される。

こうした稲作志向と転作志向を分ける要因の一つは、転作と稲作収益性との相対的な関係である。『二〇〇〇年農業経営統計調査』の個票の再集計により、上流域と下流域における大規模層の稲作収益性を比較すると[5]、一〇アール当たり粗収益は上流域一二・〇万円に対して下流域一〇・二万円であり、これから稲作支出を控除して算出される一〇アール当たり稲作所得は、上流域四・四万円に対して下流域は一・六万円にすぎない。

(2)　下流域・北村における集団的な転作対応

米価下落によって稲作収益性が低下する一方、転作助成金の手厚い交付により小麦・大豆・飼料作物への作付誘導が図られるなかでは、水田型地帯のなかでも相対的に稲作収益性の低い下流域においてこれら重点作物への転作志向が強まった。先に述べたように下流域では生産調整の強化とともに小麦の作付割合が増加しており、さらに、近年では大豆の作付割合が急激に増加している。以下では、北村の集団的転作対応の取り組みを通じて、下流域の大規模層の転作志向の性格について検討する。

北村では、ミニライスセンター(以下、ミニRCと略)を核とした生産組織による集団転作が多くみられ、転作作業の受委託による転作の効率化が図られている。このミニRCによる作業受委託システムの存在によって、担い手層の経営展開は大きく二つの方向に分化している。一つは、ミニRCの構成農家であり、共同所有・共同作業による機械・施設コストの削減によって転作の収益性を高め、転作のさらなる拡大を志向している農家である。もう一つは、ミニRCへ転作作業を委託する農家である。転作作業を委託して転作作業の合理化を図る一方、軽減された労働力を活用し、兼業への従事、あるいは野菜部門の拡大によって所得確保を図っている。以下では、小麦・大豆の共同作業・受託作業を行うミニRCの事例を取り上げ、前者の経営展開を検討する。

ここで取り上げるA・ミニRCは、生産調整が強化されるなかで小麦の生産性向上に取り組むと同時に、小麦連作による収量の低下を防ぐために、九八年から転作田での輪作作物として大豆を導入した。大型コンバインや大豆の乾燥機等の機械施設の導入に際しては、補助事業を積極的に活用することによって費用負担の軽減を図った。さらに地域で転作に取り組むための協議会を設立して転作作業の受委託体制を構築した。このＡ・ミニＲＣの財務をみると、作業受託収入の増加が機械・施設投資の償還を容易にしている。Ａ・ミニＲＣにおける大豆作の収支は転作助成金がなくても採算が合う水準にあり、転作助成金を加えると剰余、所得ともに稲作を大きく上回っている。転作物を有利に販売するために直売にも力を入れている。

転作の高い収益性と米価急落による稲作収益の低下を背景に、Ａ・ミニＲＣの構成農家は、平均転作率を上回る転作に取り組む傾向にあった。とりわけ二〇〇〇年における動きは顕著であり、構成農家六戸のうち四戸において六〇％以上の高率の転作を実施している。北村でみられた大規模層の転作率の相対的な高さは、以上のような集団的な転作対応によって実現した高い転作収益性に基づく主体的な行動の結果ということができる。

Ａ・ミニＲＣ構成農家は、近年、規模拡大を図っている。従来のように水稲作付拡大を意図したものではなく、転作拡大を狙った規模拡大行動とみることができる。

(3)　上流域・当麻町における「捨て作り」転作

当麻町では小規模層が厚く分布しているが、そのなかには兼業農家、リタイア寸前の高齢農家、野菜・花き農家といった複数の農家タイプが含まれる。兼業農家と高齢農家は労力面から粗放的な転作に傾斜しているが、野菜・花き農家も集約作物の作付に特化する傾向を示しており、水田の多くを転作に割り当て、高率の転作を行っている。このような小規模層の転作への傾斜を条件として、大規模層が水稲作付を増加させることが可能となっている。

当麻町における大規模層の転作対応の実態を示したものが表３-15である。大半の調査農家の転作率が町平均を下回っており、大規模層の稲作志向がうかがえる。野菜作付による集約的な転作対応が一部にみられるが、大規模経営であるため集約作物のみでは転作割当をすべて消化することは困難であり、粗放作物による転作対応を

表 3-15　当麻町における調査農家の転作対応(2001 年)

(単位：a，%)

農家番号	水稲	加工	直播	転作	牧草	地力	そば	野菜	その他	転作率Ⅰ	転作率Ⅱ
1	3,127	442	8	659	535	48	25	51		17.4	29.3
2	1,352	9	10	538	325	192		21		28.5	29.5
3	1,568	201		372	175	49	17	56	小麦 75	19.2	29.5
4	1,378		88	418		200	162	34	調整水田 23	23.3	28.2
5	1,562			1,053		1,047		7*		40.3	40.3
6	1,951	220		697		458	202	37		26.3	34.6
7	1,877	459		362		339		15*	大豆 5，小豆 2	16.1	36.5
8	1,516	8		623		364	256	3*		29.1	29.5

注）1．転作率Ⅰ＝転作面積/田面積×100。転作率Ⅱは転作Ⅰの分子に加工米・直播面積を加えて算出。01 年の当麻町全体の平均は，転作率Ⅰが 31.5%，転作率Ⅱが 38.2%。
2．5 番農家は，01 年経営主の怪我があったため平年の対応である 00 年について示した。
3．地力は地力増進作物を示す。野菜欄の* は自家用野菜の作付を示す。
4．7 番農家は不作付田が 11 a あるため水稲作面積と転作面積の和が田面積に一致しない。

出所）農家実態調査より作成。

とらざるを得ない。具体的には、牧草、地力増進作物、そばを中心とした作付である。

さらに特徴的なのは、経営内で相対的に劣等な圃場を転作圃場として固定し、優等な圃場に水稲の作付を集中させる行動をとっていることである。具体的には、牧草連作、そば連作、地力増進作物とそばの交互作等である。牧草転作は輪作の必要が生じないため、将来の水稲作付を予定していない最も条件の悪い圃場で採用されている。後二者についても、そばの採算性は度外視されている。これらは、割り当てられた生産調整面積の消化を狙いとするいわば「捨て作り」転作である。なお、事例農家のなかには、地域内の劣等地をこのような捨て作り対応による転作を消化する目的で借り入れることにより、水稲作付面積を確保しているケースも存在する。

(4)　転作対応の評価

以上みてきたように、それぞれの地域における転作対応は、稲作収益性と転作収益性との相対関係、および地域の農業構造に左右されると考えられる。転作を進める経済的なインセンティブは、転作作物の収益性が稲作のそれを上回ることである。米価下落による稲作収益性の低下や重点作物に対する手厚い転作助成金の交付によって、転作に対する経済的インセンティブをもたらしてきたのである。とりわけ、石狩川下流域のように稲作収益性が相対的に低い地域においては、その傾向が顕著にみられる。

北村のミニRCのような転作作業主体の存在は、構成農家・委託農家いずれにとっても相互にメリットをもたらすものとなろう。このような転作作業受委託は、現在の転作制度を与件とし、転作の本作化と地域全体の農家所得の向上に貢献するものとして評価できよう。ただし、転作助成金の減額が始まっていること、転作の過剰対応が実績とされ、転作面積がさらに傾斜的に配分される危険性をもっていることに留意が必要である。

一方、当麻町の大規模層は、相対的に高い稲作収益性を背景にして、現在のところ稲作を主体とした個別完結の展開方向を志向している。その志向が、劣等地における「捨て作り」的な転作対応をもたらしている。このような「捨て作り」的転作対応は、転作作物の生産性の向上を意図する転作助成金の本来の政策意義から外れるものの、現時点の転作制度を与件とした農家の対応としては合理性をもっている。

（1）　西村直樹「土地利用と就業構造の変化」（臼井晋編著『大規模稲作地帯の農業再編――展開過程とその帰結――』北海道大学図書刊行会、一九九四年）を参照。また、北海道の農家兼業の地域性については、泉谷眞実「新農業基本法と北海道農業の兼業化問題」（『北海道農業経済研究』七巻二号、北海道農業経済学会、一九九八年）を参照。

（2）　北海道における不安定就業や季節労働者の存在状況、および建設業に占める季節労働者の位置づけについては、奥田仁・今井健・泉谷眞実「北海道における労働市場の特質と農業雇用」（岩崎徹編著『農業雇用と地域労働市場――北海道農業の雇用問題――』北海道大学図書刊行会、一九九七年）を参照。

（3）　杉戸克裕「北海道稲作地帯における水稲単作化・規模拡大と兼業農家――空知支庁・秩父別町の事例をもとに――」（『北海道農試農業経営研究』七五号、北海道農業試験場、一九九八年）、菅原優・臼井晋「北海道稲作中核地帯における兼業農家の性格と大規模化の要因――北海道秩父別町を事例として――」（『オホーツク産業経営論集』九巻一号、東京農業大学産業経営学会、一九九九年）を参照。

（4）　二〇〇三年度の転作率は、北海道五〇・〇％、北村四四・八％、当麻町三五・〇％となっている。

（5）稲作一〇ヘクタール以上経営で、上流域・下流域の代表市町村のサンプルを集計した。芦田敏文「北海道における大規模水田経営の展開方向――農地市場構造の相違を視点として――」（『北海道大学大学院農学研究科邦文紀要』二六巻一号、二〇〇四年）、一三頁を参照。

［一-細山隆夫、二-菅原　優、三-芦田敏文］

第六節　地域農業の再編と農協の機能

一　流通再編下における農協の米集荷・販売対応

(1) ホクレンによる米集荷・販売対応の展開

北海道は新潟県と並ぶ米の大生産県であり、販売量の多くを都府県へと移出している。北海道における二〇〇〇年産の農協集荷率は六九・六％と、全国の四九・六％よりも高く、ホクレンを中心とした系統農協による集荷体制は強固である。ホクレンによる自主流通米の販売数量は二〇〇〇年産で三一万八三五六トンであり、このうち三分の二を移出している。

北海道米は低価格であるため、スーパーや生協などにおける低価格家庭用米として単品販売もされているが、中心は外食用米、業務用米として用いられるブレンド用である。

ホクレンによる米の販売対応は全国的にみて後発であった。一九六九年に創設された自主流通米制度は、当初、良食味米を対象としたものであった。そのため、全国的にみて食味が劣るとされた北海道米は対象とならず、七〇年代にはほとんどを政府買い入れに依存していた。また、政府買入・売渡価格の銘柄のなかで、最低ランクの五類に位置づけられた。八〇年に特別自主流通米制度が創設されて以降、特に八〇年代後半にその集荷数量を増加させたが、九〇年産からは一般の自主流通米に編入された。

この過程で、ホクレンは集荷・販売力を強化した。当初、道内の良食味米産地を対象にしていたが、次第に集荷範囲を広めていった。特別自主流通米は道内の米の共計(共同計算)体制のなかで取り組まれたが、特別自主流通米の生産者受取価格が政府買入米よりも低かったために、九〇年産まではその差額を「とも補償」で埋め合わせる対応を行った。販売面では、卸売業者からの産地指定を積極的に受け入れ、特に北空知地域の各農協と特定の卸売業者との結びつきが形成された。こうした販売対応のもとで、北海道の産米改良も急速に進んだ。

北海道米の販売数量が増加したことによって、道内における品質・食味の地域格差が顕在化し、道内産地を一律に扱うことが困難になっていった。八九年産以降、良質・良食味米産地が手取価格の面でも優遇されるようになった。九一年産からは「とも補償」が廃止され、良食味米産地が手取価格の面でも優遇されるようになった。

一九九五年一一月の食糧法の施行のもとで北海道米の価格が大幅に下落し、北海道きららの指標価格は九六年産の一万九三七七円から二〇〇四年産では一万二八八八円にまで低下している。北海道内の系統農協はできるだけ有利販売の方策を模索しており、産地では、品質の統一、物流の整備が重要となっている。全国流通において北海道米の特徴を明確に打ち出す必要があり、北海道米の集荷・販売対応は新たな取り組みを迫られた。

その一つは広域産地形成の取り組みであり、広域農協合併を予定している地域を単位とする産地形成が図られている。各産地とも「統一ブランド」の名称を設定し、広域産地の核となる施設として大規模集出荷施設を位置づけている。空知地方においては四つの地域で広域産地形成の取り組みが進められている。

二つは品位別集荷である。これは整粒歩合とたんぱく質含有率との組み合わせによって七つの品位に区分して集荷し、品位別の格差金をつけるというものである。ただし、加算金は低たんぱく米に限定されるようになり、削減されてきた。生産者にとっては、高整粒米出荷の経済的メリットが薄れることになる。また、二〇〇二年産以降、高たんぱく米の区分が導入され、一般米と比較して大きく減額されることになった。これは、単協の対応としては、低価格を求める実需者に対しては高たんぱく米を販売する戦略を採ることが可能になり、販売先の確保につながるという面をもっている。一九九七年産からは消費者契約栽培米が導入されたが、これは実質的には、ホクレンを通さない単協による直接販売である。しかし、九九年産の一万〇一三二トンをピークに減少し、二〇〇一年には六一三三トンとなり、単協直売の難しさを示している。

次に、「生産目標数量配分のガイドライン」がある。これは、年度ごとに市町村を評価基準によって七つのグループに区分し、生産目標数量配分を下位のグループから削減し、上位のグループに増加させるというものである。評価基準においては、高整粒比率や低たんぱく米比率が重視されている。

道内の米産地にとっては、水稲作付面積を確保するために高整粒米や低たんぱく米の出荷が重要となっている。しかし、他方では、低価格を重視する外食産業等への販売を拡大しなければならない。どのような方向に向かうかを各産地が模索している状況である。米政策改革が掲げる「売れる米づくり」のもとで、単位農協による米の販売対応も多様化している。

表3-16は、北海道の主要な水田地域における、高整粒米と低たんぱく米の出荷比率をみたものである。いずれの比率も二〇〇〇年産までは順調に上昇した。これは良質・良食味米生産のための営農指導の成果と考えられるが、整粒歩合については、大型集出荷施設における調製によるところが大きい。

ところで、北海道米にはなお品質格差があり、各産地では産米の品質・食味に応じた販売対応が重要となっている。以下では、業務用米の販売に力を入れている、いわみざわ農協、北空知地域において「広域産地形成」を進めつつ、独自な販売対応を行っている秩父別農協、および生産者組織の直接販売を取り込みつつ、大型のカン

表3-16　北海道の水田地域における高整粒米・低たんぱく米の出荷比率　（単位：％）

	年　産	1997	1998	1999	2000	2001	2002	2003
高整粒米	南々空知	0.0	12.7	69.1	70.6	0.7	0.0	0.0
	南空知中央	0.1	13.8	33.4	54.4	3.8	1.6	0.2
	中空知	0.4	39.7	36.7	80.6	27.0	24.9	0.2
	北空知	0.0	5.1	58.1	99.5	57.3	38.7	46.1
	上川中央部	0.1	23.6	68.6	81.8	50.3	44.3	50.1
低たんぱく米	南々空知	1.0	0.6	7.7	33.3	0.4	5.9	0.0
	南空知中央	4.0	1.8	2.5	8.5	1.8	2.5	0.1
	中空知	4.3	8.1	10.0	33.1	14.8	14.4	0.7
	北空知	2.9	18.9	4.1	22.4	24.1	9.8	1.1
	上川中央部	5.9	26.6	13.4	45.4	32.2	17.5	7.3

注）比率は計画流通米に対する占めるものである。
出所）北海道農協米対策本部「北海道米ガイドライン配分について」より作成。

トリーエレベータを活用した集荷・販売を行っている当麻農協の対応をみていこう。

なお、前述の「ガイドライン」におけるランクは、いわみざわ農協管内の三笠市が四、北村・栗沢町・岩見沢市が二、秩父別町は六、当麻町は七となっている。

(2)　いわみざわ農協による業務用米販売

いわみざわ農協の集荷数量は全体で約三万トンとなっており、うち半分以上の一万七三七六トンが産地指定を受けている。販売の中心である業務用米については、外食事業者A社には丼物用としてきららの「準情熱米」を一九二四トン、加工米飯業者B社には冷凍やきおにぎり用としてきららを一五〇〇トン、冷凍ピラフ用として「大地の星」の集荷全量三八五五トン、加工米飯業者C社に無菌包装米飯用としてきららを一八〇〇トン出荷している。二〇〇五年産からは、東海地方のすし屋のグループへ特定用途の業務用米のきららを三〇〇〇トン、卸・小売業者を経由して販売することになっている。

こうした販売先ごとの数量は、毎年、ほぼ固定しているか、あるいはその予定であり、農協にとっては外食産業など販売先の実需者が必要とする米を確実に生産・集荷することが重要となっている。

二〇〇五年度より、農協は、販売先別の米を安定的に集荷するために、これまでの低たんぱく米の出荷状況を踏まえて、管内を「東地域」と「西地域」との二つの地域に区分し、二〇〇四年産の実績をもとに、品位別、部分的に品種別の集荷予定数量を割り振る取り組みを開始した。「東地域」では、品種をきらら、ほしのゆめ、ななつぼしに絞り、低たんぱく米の安定的な出荷を目標とした。低たんぱく米の出荷率が低い「西地域」では、低たんぱく米の出荷を推進するとともに、特定業務用途として「大地の星」、きららの多収米にも力を入れることになった。家庭用米の原料米として用いられる「情熱米」については、基本的には「東地域」で全量を集荷することとした。外食産業A社への出荷を中心とする「準情熱米」については、「東地域」では二〇〇四年産の数量を維持し、また「西地域」での拡大を目指している。加工米飯業者B社向けの「大地の星」、およびすし屋のグループへの特定業務用きららの生産は、「西地域」に限定した。特に、特定業務用きららについては、「西地域」の生産者の申告によって、圃場を特定して生産することとした。この「大地の星」と特定業務用のきららについては、低価格での販売となるので、生産者の収入を確保するために肥料を多投し、多収量栽培を行うことになった。このように、これまでは良食味米生産のために施肥量の抑制が管内全域で推進されてきたが、部分的には多収量の方向も見直されている。

将来的には、販売先・用途ごとに圃場を決めておくことも検討されている。農協では、地区別に異なる評価基準を設定した。将来的には、この評価基準によって生産者に対する生産目標数量の配分を行う意向をもっている。農協は、「どこに売るための米」を作るかの意識の定着を目標としている。

(3)　秩父別農協による卸売業者への販売

一九八〇年代から、北空知のいくつかの農協は産地指定を通じて生協や卸売業者とのつながりを深めており、各農協単位での販売対応に取り組んでいた。野菜の広域産地形成等を進めてきた北空知広域連が中心となって、九四年、「北空知『元気村こだわり米』協議会」が結成され、各単協と卸売業者との結びつきを集約し、一般の北海道米とは差別化して販売をしようとする動きが始まった。広域連と傘下の農協は、地域内で統一した生産基準にしたがって技術指導を行い、米の出荷に際しても自主検査を行うことによって広域産地ブランドの確立を図った。そして、この取り組みを卸売業者にアピールして産地指定に結びつけ、販路を確保しようとした。九五、九六年産において、自主検査に合格した玄米を「北育ち　元気村こだわり米」として集荷した。価格差はつけられなかったが、販売先の集約化という目標はある程度達成された。また、Ａコープや道内スーパーでの「元気村こだわり米」の白米販売にも取り組んだ。

しかし、九七年産から、ホクレンによる「高品質米」の区分集荷が開始されると、北空知地方でも、その区分にしたがって集荷を行うことになった。それ以降、自主検査による「元気村こだわり米」としての集荷は停止され、九八、九九年産については「高品質米」の集荷数量は順調な伸びをみせた。当初、一般の北海道米に対する差別化販売を目指し、全道共販から離脱する可能性をもっていたこの運動は、ホクレンによる「高品質米」の集荷数量を増加させるための産米改良運動へと転化した。

こうしたなか、秩父別農協では、九九年にカントリーエレベータを建設し、二〇〇〇年産米から本格的に稼働している。この施設による製品出来高はおよそ二〇〇〇トンに達し、管内の約二〇％の米を処理している。今摺米用に三〇〇トンのサイロ六基に貯蔵していた米の全量を神戸の大手卸売業者に純バラとフレコンの二通りの出荷形態で出荷している。

(4)　当麻農協による直接販売

当麻農協管内においては、生産者による米の直接販売が盛んであった。米不足期に消費者への白米の直接販売を一気に拡大させ、その後も集荷数量を維持していた。同町における特別栽培米の生産は、一九九〇年二月、高価格販売を目的に結成された「当麻グリーンライフ研究会」によって開始された。発足当初から会員農家が五〇戸と比較的大きな組織であったが、九三年までは徐々に会員農家が増えるにとどまっていた。その後、九三年度の冷害による米不足を契機として、購入を希望する消費者が急増したことによって、従来の会員生産者が新会員を勧誘し、九四年度には会員生産者数二一二戸、作付面積四三一ヘクタール、出荷数量一七四二トンへと一挙に拡大した。九六年には会員が一四〇戸と減少したが、集荷数量は維持された。その後、「当麻グリーンライフ研究会」は有限会社となり、集荷数量は減少し、有機栽培農業に特化することになった。

他方で、当麻農協は米販売対応を活発化させ、部分的に直接販売にも取り組んでいる。集荷数量約一万二〇〇〇トンのうち約半分を愛知県の卸売業者に販売しているほか、大口の販売先として道内の卸売業者を位置づけている。首都圏のスーパーに対する白米販売も行っている。

以上のように、北海道における農協の米集荷・販売対応は地域別に分化する傾向が強まっている。米政策改革のもとで、各地域における水稲作付面積の確保のために、「売れる米づくり」を推進しているのである。ホクレンによる全道共販・共計の枠組みを維持しながら各地域の特徴をどのように明確していくかが、今後の課題となろう。

二　農協主導の野菜産地形成

一九九〇年代の石狩川流域・水田型地帯の転作野菜生産は、転作緩和期から転作再強化期への移行のなかで大きな変容を遂げている（表3-17）。九〇年の転作面積を基準にすると、上流域では、半減（九四年）と復活（二〇〇〇年）という激変をたどったにもかかわらず、一貫して野菜作が維持されている。それに対して中流域では、九四年の転作面積が八割近く減少し、ほぼ稲単作へと転換したことから、二〇〇〇年においても野菜作は著しく減少したままである。下流域は上流域と同様の転作対応を示しつつも、野菜作の拡大傾向をみせている点に大きな

表3-17　1990年から10年間の石狩川流域別転作動向

（単位：ha）

流域区分		合計	野菜類	飼料作物	麦類	そば	豆類	てん菜	地力増進作物	花き	その他
上流域計	1990	6,554	646	1,842	1,455	443	1,252	39	729	42	106
	1994	3,231	512	1,599	213	243	313	17	220	57	57
	2000	5,382	516	1,549	230	303	655	6	1,953	55	115
当麻町	1990	1,350	154	271	442	9	251	16	173	33	1
	1994	489	97	240	28	1	44	—	47	32	0
	2000	946	116	136	17	40	84	—	516	24	13
旭川市	1990	3,976	423	1,344	745	281	682	23	402	8	68
	1994	2,243	363	1,104	176	190	203	17	140	23	27
	2000	3,661	339	1,078	361	245	507	6	1,044	30	51
鷹栖町	1990	1,228	69	227	268	153	319	—	154	1	37
	1994	499	52	255	9	52	66	—	33	2	30
	2000	960	61	335	37	18	64	—	393	1	51
中流域計	1990	4,053	431	309	1,546	195	1,230	143	156	34	9
	1994	904	257	188	56	58	158	10	121	49	7
	2000	2,541	189	173	886	398	306	43	448	83	15
深川市	1990	2,260	374	233	533	146	805	90	65	7	7
	1994	624	237	146	7	50	101	1	60	17	5
	2000	1,803	180	130	378	362	419	43	236	43	12
妹背牛町	1990	1,029	42	45	528	6	317	50	17	23	1
	1994	182	8	29	48	0	40	6	24	27	0
	2000	557	6	23	336	1	110	—	52	29	0
秩父別町	1990	764	15	31	485	43	108	3	74	4	1
	1994	95	12	13	1	8	17	—	37	5	2
	2000	451	3	20	172	35	47	—	160	11	3
下流域計	1990	5,682	316	189	3,582	10	980	263	285	16	41
	1994	2,758	384	394	837	18	656	122	254	23	70
	2000	5,751	402	565	2,442	46	1,455	136	566	34	105
南幌町	1990	2,040	37	14	1,611	9	176	59	116	4	14
	1994	1,074	77	36	570	11	217	13	125	5	20
	2000	1,973	69	60	1,322	8	282	24	191	6	11
長沼町	1990	3,642	279	175	1,971	1	804	204	169	12	27
	1994	1,684	307	358	267	7	439	109	129	18	50
	2000	3,778	333	505	1,120	38	1,173	112	375	28	94

出所）北海道農政部『平成２年度　水田農業確立対策実績の概要』，『平成６年度　水田営農活性化対策実績の概要』，『平成12年度　水田農業経営確立対策実績の概要』より作成。

特徴がある。以下では、こうした流域ごとの野菜作の作付対応の違いがどのように生じているのかを明らかにする。

(1) 下流域・南幌町の転作対応とキャベツの産地化

南幌町の転作対応の特徴は、稲作生産調整が開始して以来、一貫して稲作プラス麦類の作付対応が維持されてきた。しかし、一九九〇年代に入ってから、中規模農家を中心に野菜作が導入、拡大され、さらに近年では転作圃場の輪作化と転作作物の収益化が目指されている。野菜の導入をもたらした背景の一つは、八〇年代後半以降、中流域での市町における規模拡大の一層の進行によって、下流域の動きを上回る経営面積の拡大が進んだことであり、もう一つは中流域に比して遅れて実施した基盤整備に伴う負債圧と長期にわたる稲作プラス麦類の連作化による地力問題が表面化したことにある。

こうした客観的要因とともに、主体的要因として、八五年のキャベツの産地指定と九一年の「第七次農協事業中期五カ年計画」(九二～九七年)とがあげられる。特に、後者の計画は重要であり、これまで農協が進めてきた方向を一八〇度転換するものであった。つまり、農協がこれまで進めてきた緊急避難的転作対応から脱皮するために、転作の大きな柱に野菜と花きの二品目を位置づけ、諸施設(選果施設、予冷庫、貯蔵庫、プラグ苗育苗施設など)の導入を計画した。この内容は「第八次中期三カ年計画」(二〇〇一～〇三年)に受け継がれ、今日のキャベツを主体とした野菜産地が形成されたのである。

野菜産地の内実を確かめるため農協の青果物取扱高をみると、キャベツ(四〇%)と長ねぎ(三二%)で七割を占め、かつ、総取扱高に占める青果物取扱高の比率も一五%と中流域の秩父別町を超え、上流域の当麻町のそれに近い水準となっている。また、この二つの品目の作付面積をみると、二〇〇一年でキャベツが七〇ヘクタール、長ねぎは三三ヘクタールで、いずれも道内七位に位置し、相対的に大規模な産地となっている。

こうしたキャベツと長ねぎの産地が形成できた理由の一つは、後述する秩父別町のブロッコリーの転作対応と同様、地力増進作物を前・後作に導入した作付方式にある。実際に圃場に作付している中規模農家（一一・二ヘクタール）の事例を紹介すると、作付順序は地力増進作物→キャベツ→秋小麦→秋小麦→小豆と、キャベツ→地力増進作付→秋小麦→秋小麦→小豆という二つの作付方式で行われている。作付の主流は後者だが、それは、地力増進作物をキャベツの後作に作付することによってチッ素分を吸収し、かつ「無肥料」でも小麦作が可能となるからである。また、長ねぎの作付順序もキャベツと同様であるが、キャベツのように輪作を組む必要がなく、連作が可能である点が大きな違いである。しかし、キャベツと違い、長ねぎの場合、収穫調製作業（堀取りから皮むき、結束、箱詰めまで）に三週間を要し、かつ、この作業時間が全体の七割を占めており、それが家族労働力の処理面積の限界を規定している。

こうした露地野菜作の家族労働力による処理面積の限界を克服する糸口ともなっている農業生産法人の動きについて注目したい。これが産地形成を促進するもう一つの要因である。特に、前述した農協の「第八次中期三カ年計画」の大きな柱であった農業生産法人の支援方針が二〇〇一年以降、「フローア」と「ほなみ」の設立によって具体化され、さらに〇四年には八法人となり、拠点地域の担い手群が確保された。法人設立によるハウスの団地化と水稲・転作田の分離という土地利用の再編によって、米プラス小麦・大豆作を主体とした大規模稲作農家群が分厚く形成され、その一方では、長ねぎ、キャベツなどの露地野菜の生産とピーマンなどの施設園芸生産の導入を図る中小規模稲作農家群の存立条件も強化されたのである。

特に、施設園芸としてのピーマンの導入・定着は今後の南幌町の野菜産地にとって重要な意義をもっている。その理由の一つは、長ねぎ・キャベツなどの露地野菜をめぐる畑作地帯での大産地との競合が回避できるからである。

(2)　中流域・秩父別町の転作圃場の土地利用とブロッコリーの産地化

秩父別町の転作対応の特徴は、一九九四年の転作率が一〇％と著しく低く、北海道のなかで復田がトップであったこと、そして九五年からの転作再強化期に入っても稲作プラス地力増進作物の転作対応に変化がなかったことである。そうした転作対応の背景には野菜の転作奨励金の額が小麦や地力増進作物のそれより相対的に低く、かつ、地力増進作物に要する経営費が小麦のそれより低いことがあった。

さらに、転作再強化期に入って、ブロッコリーと地力増進作物の交互作が拡大していることである。その作付方式の内容を具体的に紹介すると、一つの圃場の半分にブロッコリーを作付し、残り半分の圃場にえん麦などの地力増進作物を同時期に作付し、それぞれの作目の収穫後、もう一方の作目を作付する方式である。この方式によって、地力増進作物の転作助成金が得られるとともに、ブロッコリーの収益が確保できるのである。この方式を導入した背景として、海外産品との競合によるブロッコリー価格の大幅な低下がある。作付面積のピークとされる九〇年の四〇ヘクタールが九四年の一・八ヘクタールへと大きく減少したことから、ブロッコリーの生産拡大に対する対応が迫られたのである。九五年以降、ブロッコリーの作付面積は拡大に転じた。二〇〇一年の作付面積は四〇ヘクタールに達し、北海道内でも有数のブロッコリー産地に成長し、農協におけるブロッコリーの取扱高は青果物全体の六一％を占めるまでになっている。

その最大の推進力は農協内に組織された洋菜類生産部会の活動であり、その内容の一つは品質基準（「鮮緑色で花粒のしまり、揃いの良い一玉二五〇グラム」）と出荷基準（「二L・L・M・S」）に基づく共選、共販の徹底化の取り組みであり、もう一つは道外移出を主体とした販路（東京都、埼玉県、京都府などの各市場）の確保、拡大への取り組みである。

今後の課題として、前述したような転作助成金依存のブロッコリー生産の不安定性の問題が残されている。事実、二〇〇〇年度から開始された「水田農業活性化対策」で野菜と小麦、大豆との転作助成金の格差がより大きくなり、近年のブロッコリー単価の低迷もあって、作付面積は二〇〇二年に三八ヘクタールへと後退している。

次に、農協の青果物において取扱高が大きい加工用トマトは町単独事業の対象品目であり、農業経営費の一部を補助する生産促進事業が実施され、その成果としてトマトのジュース製品「あかずきんちゃん」が広く販売されている。また、きゅうり、メロンなどは二〇〇二年現在、道内出荷を基本に北空知広域連で取り扱われており、産地の広域化が可能となった反面、ロットの拡大とどのように結合するかが課題となっている。

以上のように、ブロッコリー主体の産地形成は基本的に転作助成金によって下支えされていることから、「米政策改革大綱」の「産地づくり推進交付金」の水準如何が今後の産地を大きく左右するものと考えられる。この点に稲作の全面復帰を志向し、相対的に大規模化した中流域の課題がある。

(3)　上流域・当麻町の転作対応の特徴と野菜の総合産地化

当麻町の野菜産地の歴史は古い。旭川市と隣接していることもあり、戦後初期から若手農家が中心になって「当麻町蔬菜振興会」を結成し、稲作複合化の大きな柱として野菜作を位置づけ、活動してきた実績がある。この実績が今日まで生き続けている。しかし、九〇年代前半の転作緩和期のなかで、稲作復帰が困難な高齢・小規模農家の転作田等が貸し出され、稲作志向の農家が積極的に借地拡大を図った。そのなかで、野菜作の地位が揺れ動くことになったのである。

こうした状況のなかで、転作配分に対する農協の基本姿勢は注目すべきものがある。つまり、町の二大品目として野菜と花きを位置づけ、転作作目の優先枠として固め、その後に転作配分を行うという内容である。その背景には町の農家一戸当たり経営面積が四ヘクタールと石狩川流域のなかで狭小であること、そのため、土地利用の集約化・高度化に適した品目を選定せざるを得ないことがある。近年では、嫌地現象を回避するための野菜を組み入れた輪作化にも取り組んでいる。

以上の取り組みの結果、二〇〇一年度の青果物取扱高は農協全体の一九%を占め、花きの一二%を加えると三一%に達し、稲作複合の定着を示している(表3-18)。青果物の品目別内訳をみると、きゅうりが三一%と首位を占め、次にすいかが二三%、トマト、ミニトマトが各八%、ほうれんそう、軟白長ねぎ、かぼちゃが各三%と、施設園芸品目のウエイトが高い点が注目される。また、野菜の品目数も五〇を超えるなど、多品目生産に基づく販売対応を農協が行っていることが確認できる。

そこで、農協による野菜の市場対応について述べると、まず、ほうれんそうやかぼちゃは府県移出型野菜と位置づけて、出荷量の大半を大阪市場に出荷している。また、上記の品目に関しては一〇年前に設置された「上川中央青果団地」(当麻町、比布町、上川町、愛別町)で取り扱いを行っている。市場評価も高く、かつ、価格安定化に努めている品目である。次に、でんすけすいかについては九九年度の選果機の導入もあり、品質、食味の均一化が進み、道内出荷(旭川市、札幌市の各市場)を基本としつつ、都府県を含めた量販店へのギフト用としても販売している。最後にトマト、ミニトマト、きゅうりについてであるが、これらの品目は取り扱いの歴史も長く、共同育苗に基づく共同選別・出荷が徹底しており、道内出荷を基本に置いている。近年ではミニトマトやきゅうりの一部を大阪市場に出荷する一方、きゅうりの一部をコープさっぽろに無選果で出荷するなど、道外市場や市場外流通にも道を開きつつある。また、農協として加工事業にも乗り出しており、トマトジュース「朝もぎ一番」を製品化し、販売しているほか、野沢菜大根の漬け物を販売するなど、全方位型の市場対応が行われている。

以上の市場対応のもとで、二〇〇二年四月に、町と農協との協力による施設園芸(でんすけすいか、トマト、ミニトマト、きゅうり)の大型産地化の方針が決定された。農協有のハウスを五年間リースした後に農家の所有に移すという内容で、リース期間中の利子補給が行われる。初年度には二〇戸程度の農家が対象となった。また、二〇〇一年にきゅうりの選果機が更新されるなど、生産基盤の確保に向けた取り組みが行われ、野菜総合産地の

表 3-18　各農協における米および青果物・花きの販売状況

(当麻農協)　(単位：千円，%)

		販売高	割合
総販売高		428,217	100
米		291,981	68
青果物	小計	81,765	19
	きゅうり	25,586	(31)
	すいか	18,506	(23)
	ミニトマト	6,894	(8)
	トマト	6,439	(8)
	ほうれんそう	3,023	(4)
	軟白長ねぎ	2,811	(3)
	かぼちゃ	2,150	(3)
	メロン	2,132	(3)
	葉菜	1,751	(2)
	その他	12,473	(15)
花き		49,318	12

(秩父別農協)　(単位：千円，%)

		販売高	割合
総販売高		274,199	100
米		238,475	87
青果物	小計	15,511	6
	ブロッコリー	9,463	(61)
	加工用トマト	1,591	(10)
	きゅうり	1,428	(9)
	メロン	1,250	(8)
	ミニトマト	499	(3)
	かぼちゃ	456	(3)
	いちご	15	(1)
	その他	809	(5)
花き		14,980	5

(南幌町農協)　(単位：千円，%)

		販売高	割合
総販売高		373,341	100
米		271,091	73
青果物	小計	55,791	15
	キャベツ	22,249	(40)
	長ねぎ	18,128	(32)
	たまねぎ	4,289	(8)
	ピーマン	4,258	(8)
	ブロッコリー	3,895	(7)
	しその木	765	(1)
	その他	2,207	(4)
花き		5,708	2

注)（　）内の数値は青果物に占める割合である。

出所）当麻農協資料，秩父別農協資料，南幌町農協資料より作成。

構築が図られている。

三　農協による地域営農システムの展開

(1)　石狩川流域における地域営農システムの動向

第二章第一節ならびに第三章で考察してきたように、水田型地帯における農協の事業構造もまた地域農業との相互規定性を有しており、特に営農指導部門においてはそれが鋭く現れる。石狩川流域に限ってその特徴をみてみよう。

石狩川下流域は流域開発の終着点として戦後の開発投資が最も大きく、農家の規模拡大と離農という両極的選択が行われた。そのもとで個別経営展開が主流をなし、農協の営農部門における機能は事業導入と資金管理に集約され、八〇年代の農家負債問題の発現時にはもっぱら経営管理に重点が置かれることになった。

対極に位置する石狩川上流域は旭川市の存在という特殊事情もあり、農家の兼業化が激しく（捨て作り転作の多さ）、農協事業は金融や店舗という農外面での事業に傾斜し、最も府県的な性格を有するようになった。とはいえ、八〇年代には専業農家を中心とする野菜導入が比較的活発に行われるようになり、マーケティングや集出荷施設の整備、生産部会の強化が図られたといえる。

石狩川中流域は最も中農層の分厚い形成がみられ、農協活動も農事実行組合型集落を基礎とするものであった。第二章第一節で取り上げた一九六〇年代の法人化運動は広域的に取り組まれており、全町村規模での営農集団化の動きも深川町（市）農協にとどまらず、北竜町農協、沼田町農協でも取り組まれており、中流域の大きな流れとなっていたのである(1)。このことは、農業近代化政策をストレートに導入するのではなく、地域農業構造に対応したかたちにモディファイして導入することを可能とさせ、そのことが離農の発生を最小限に抑え、農地移動調整の地域合意を形成する基盤となったのである。まさに、中流域こそ地域営農システムの先進地であったといえる。しかしながら、九二年の減反緩和を契機とする新たな規模拡大の展開は、従来の集落をベースとした石狩川中流域の地域営農システムを弛緩させる方向に作用した。また、七三年に設立された北空知広域農協連を核として八〇年代からは広域産地を目指した施設投資と広域共販体制が目指されたが、そのこともまた集落をベースとした地域営農システムからの転換につながった(2)。

これに対し、現在注目されるのが石狩川下流域の動向である。下流域においては、八〇年代後半の基盤整備事業の負担問題を経て、「米麦一毛作・兼業構造」からの脱却を目指す動きが開始され、転作作物の収益化や野菜作の導入への取り組みが強化されている。またタイプは異なるものの、集落を基礎とする受託集団や法人化の育成を柱とする地域農業再編の取り組みが行われているのである(3)。ここでは、長沼町、南幌町の事例を取り上げ、その現段階的意義について考察してみよう。

(2)　長沼町の地域営農システム化

長沼町は石狩川の下流域に位置し、ながぬま農協(一九九四年に北長沼農協と合併)の管内である。かつてはほとんどが水稲単作地帯であったが、二〇〇一年では、水稲作付が三九八八ヘクタール、転作畑が四五七一ヘクタールと逆転している。転作は小麦・大豆が主体であるが、野菜の収穫面積も八〇六ヘクタールとなり、基幹作物となっている。農家戸数は、九〇年の一二六五戸から〇〇年の一〇〇六戸(専業二六一戸、一種兼五五三戸、二種兼一九二戸)へと二〇・五%の激減をみせている。経営規模は五ヘクタール未満層と五〜一〇ヘクタール層がおよそ三〇%、一〇〜一五ヘクタール層と一五ヘクタール以上層がおよそ二〇%ずつを占め、平均面積は一〇・二ヘクタールに達している。

以上の規模拡大過程における農地移動調整と土地利用再編を担ってきたのが農協である。その基礎となったのは、合併前の長沼農協が九二年に策定した地域集落営農システムの構想である(4)。

この背景には、以下の問題が存在した。第一は、兼業農家の増加や経営主の高齢化が進行し、集落における一斉防除などの共同作業体系が崩れてきたこと、第二には集落内での競争意識を引き出す活力が低下し、中核農家の営農意欲が減退してきたこと、第三は、同一集落内部での農地売買が難しくなり、農地の分散化が進み作業効率の低下がみられたことである。組合員アンケート結果によると、後継者不在農家が三分の一を占め、その面積が二〇〇〇ヘクタールを上回ることが明らかになった。

このため、従来の北海道農業開発公社による農地保有合理化事業に加え、農協が農地保有合理化法人資格を取得して賃貸借による流動化を進めるとともに、集落(行政区)ごとに営農集団を組織化して作業受委託の体制を整備するという、二本柱の実行計画が立てられた。

これが可能であったのは、従来から集落を単位とする農用地利用改善団体が機能し、農地売買に関する調整機能が確立していたことがある。また、八一年から営農指導体制が強化され、集落担当制のもとで営農相談員が個々の農家の経営状況を把握していることも、農地流動化や作業受委託関係の調整に有利に働いた。農地移動は集落(改善団体)による自己完結的な調整が基本とされ、調整ルールも担い手、小規模層、隣接地を優先するなどの独自のルールが採られてきた。そして農地購入者の最終決定にあたっては、営農相談員が対象者の意欲や経済的条件を勘案して農協としての同意を行うという仕組みが定着している。

この計画に沿って、農協は農地保有合理化法人格を取得し、九二年度から公社・農協による売買・賃貸借に関する農地流動化対策が実施に移された。農協による農地保有合理化事業においても、集落(改善団体)が調整機能を果たしている。農協の合理化事業が進展をみせた背景には小作料の下落があり、標準小作料は九二年の二万六〇〇〇円から三年ごとに引き下げられ、〇一年には一万六〇〇〇円となっている。これに対し、小作料をめぐるトラブルが多数発生したため、農協が介在することでその調整が図られたのである。また、作業委託に関しても、次に述べる営農集団へ一括委託を行い、集団内での協議により協同作業ないし個別担当者が決定される仕組みとなっている。このように、売買、賃貸借、ならびに作業受委託に農協(経営相談課)が介在し、改善団体(集落)ないしそれを母胎とする営農集団が調整を行うシステムが形成されているのである。

二〇〇一年までの農地保有合理化事業の実績をみると、公社の農地保有合理化事業(売買)は、当初は五年保有の事業が中心であったが、九七年からは一〇年の長期貸付事業も加わっている。その総数は一七二件、七九六ヘクタールに及んでいる。また、農協による同事業(賃貸借)は借入が一〇六件、貸付が一二一件であり、農協による保有面積も年々増加して〇一年度には三七〇ヘクタールに達している。この間の公社による売買の介在率は五七%を占めており、近年増加傾向にある。また、『二〇〇〇年センサス』による借地は九一八ヘクタールであり、公社の中間保有地四一二ヘクタールと農協の保有地三七〇ヘクタールがその大半を占める。

営農集団の設立も一九九二年から着手された。最初の二年間は二地区ずつ設立されたが、それ以降は計画を上回る勢いで増加し、九八年には九地区で設立、二〇〇〇年までに市街地を除く全地区で設立を完了している。これに伴い、九五年には営農集団協議会が発足した(表3-19)。

営農集団設立の考え方は、農家を「専業的農家群」、「兼業農家群」(年間一五〇日以上農外就労、収入の五〇%以上が農外収入)、「実年農家群」(六五歳以上で後継者がいない)に区分し、後の二つの群に属する農地を将来「専業的農家群」に集積させることを目的とし、各集落ごとに五～一〇戸程度の担い手グループ＝営農集団を設立することにあった。

毎年三集団の設立を目標に、集落での協議の場が設けられ、設立後には活動資金として初年度に三〇万円の助成金の支給と町単独事業による機械導入が行われた。受託集団の設立を当初の目的としたが、集落独自の意志決定を重視して、助成金の対象を無条件としたため、研究会型や直売型、観光農園型の集団も生まれている。

表 3-19　農協による農地移動対策と営農集団育成

（単位：件，ha，千円）

年	農地保有合理化事業						営農集団の設立（数字は区）	営農集団組織活動費	農地保有合理化事業
	農協				公社				
	借入	貸付	面積	保有	件	面積			
1992	2	3	10.8	10.8	5	32.4	17 25		
1993	16	17	54.5	65.4	10	46.6	13 29	1,100	
1994	15	21	58.0	123.4	3	20.2	14 15 22		
1995	10	13	44.1	154.2	18	72.8	28 30 1 23	1,700	17,000
1996	11	14	39.5	193.7	26	120.1	24 31	2,600	33,787
1997	10	10	21.8	198.1	25	137.4	9 12 20	2,600	42,600
1998	10	19	50.7	216.8	30	135.6	5 6 7 8 10 18 19 21 26	3,100	43,600
1999	33	33	104.0	291.1	18	74.7	2 3 4 11 16	1,676	34,300
2000	19	25	83.6	348.0	23	92.3	27	2,976	40,500
2001	6	8	25.6	370.3	18	66.4		2,300	49,163

注）1．年度は農協の合理化事業は４月～３月，公社（買入ベース）のそれは１～12月の実績。
　　2．営農指導費は予算ベース。空白は資料なし。

全町的にみると、集団への参加率は七〇％と高いが、設立の早い集団では参加率が低く、当初の受託組織としての目標に沿っている。逆に設立が集中した時期の集団では丸抱え的な集団となっている。参加率が一〇〇％を超える集団はリタイア農家を含む集団を現している。受託作業内容をみても、九五年までに設立された一一の集団で受託作業の種類が多く、また小麦の受託集団や無人ヘリコプター部会に参加する集団が多い。やや遅れて設立された集団は、機械のリース組織としての性格が強いといえる。ともあれ、個別完結型の経営が多かった長沼町に、こうした営農集団の網の目が張られた意義は大きく、農家間の意志疎通の密度を高めるためにも大きな役割を果たすことが期待されている。

営農集団の受託作業内容をみると、水稲防除を中心に、管理作業（砕土、土壌改良）、畑作の播種、水稲・小麦・大小豆の収穫、乾燥調製など多岐にわたっている。作業面積では、営農集団協議会のなかに位置づけられている無人ヘリコプター部会（九八年設立、五営農集団）による防除が最も大きい（〇一年で延べ一一六五ヘクタール）。当初は割合の大きかった稲作の移植や収穫は減少をみせており、受託面積の急増した〇一年の作業内容は振興作物である大豆の耕起、播種、防除、中耕、収穫の各作業が目立っている。営農集団の威力が発揮された例とみることができる。

営農集団化のなかでもう一つ注目されるのは、集団設立に伴う助成事業である。良質米づくりに対応した土づくり対策のなかで稲わら除去のためのロールベーラーの導入が助成されたり、「米の館」（籾乾燥調製施設）の設置に伴う汎用コンバイン（農協リース事業）の受け皿になるなど、営農集団が新たな産地形成のための核として位置づけられている。また、九八年から三ヶ年で七年リースのハウス施設が二九一棟設置されており、新たな野菜産地の基礎づくりが行われている。このなかで、野菜作と労働競合する土地利用型部門について集団・集落内での作業受託が行われ、労働集約的部門との分業関係が形成されているのである。

以上のように、長沼における地域集落営農システムは、九二年からの農地保有合理化事業による農地流動化対策と集落を拠点とする営農集団の育成という二本柱で形成されてきた。また、〇一年の農業振興計画では、新たに大規模農家による一戸一法人と共同経営による特定農業法人が位置づけられている。(5)

(3)　南幌町の拠点型農業生産法人育成

南幌町については、第二章第一節ならびに本章第二節において農業展開ならびに現状について分析対象としてきた。ここでは、以上とも関連して、二〇〇一年以降実施している「拠点型」法人化による地域営農システム化について取り上げる。(6)

農協では一九八七年に集落再編（営農振興組合）を行い、それに対応した集団づくりを提起したが、個別完結型を志向する農家が多数存在したため、その形成には至らなかった。その後、規模拡大が進行し、平均面積は一六・七ヘクタールにまで上昇したが、米価下落のもとで個別の規模拡大では今後の農地流動化に対応することが困難と考えられた。そこで、二〇〇〇年に農業生産法人の設立と運営の支援、組合員個々の実情に即した個人経営の相談と中期的経営シミュレーションを行う相談窓口が営農部のなかに設けられた。この過程で農協の営農指導部門を強化し、法人担当の相談窓口を開設して「ワンストップサービス体制」（窓口一本化）を確立している。

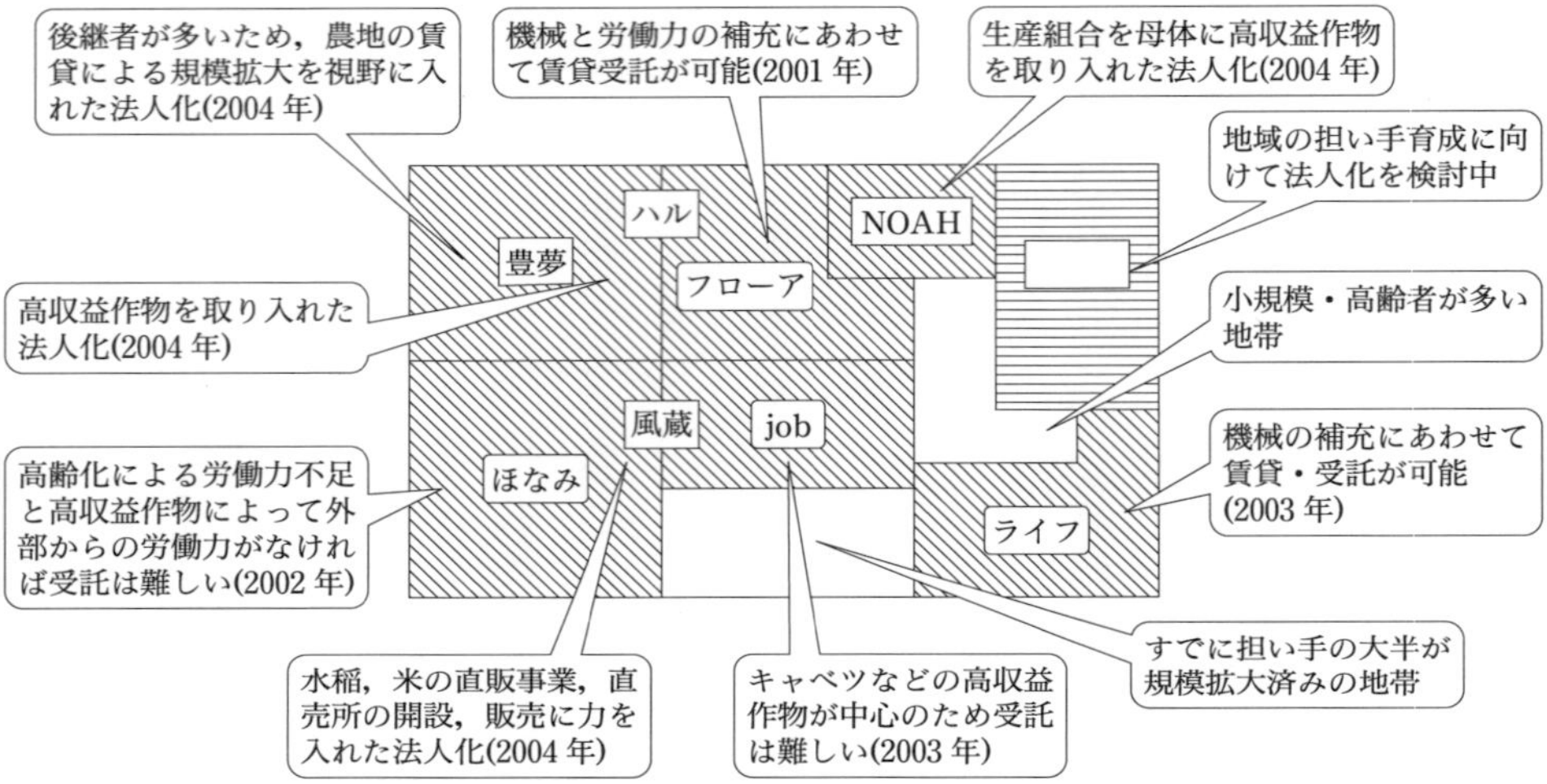

図 3-5　南幌町の農業生産法人の分布(8法人)

出所）農協資料より作成。

これにより、地区を区切った法人設立の検討が開始され、農協との密接な協議のもとで、二〇〇一年に一法人、〇二年に一法人、〇三年に二法人、そして〇四年には四法人が設立され、合計八つの法人が拠点配置方式で形成されている(図3-5)。すべて有限会社であり、四～五戸からなる法人が六法人、七戸と一四戸からなる生産協同組合型の法人が二法人である。農地は出資せず、参加農家から引き継いだ借地とともに賃貸借方式を採っている。すべての法人が稲作を基礎としていることはいうまでもないが、その経営内容は異なっている。

当初の四法人は、主に「受託型」と「野菜複合型」に区分することができる。「フローア」(〇四年の経営面積一二二ヘクタール)は水稲と土地利用型の転作作物(小麦、大小豆、てん菜)を基幹としながら大規模な作業受託を目指し、「ライフ」(同八〇ヘクタール)も機械装備の充実によって受託作業の拡大を目指した。これに対し、「ほなみ」(同一九一ヘクタール)は稲作+土地利用型の転作作物のほかに、キャベツ・ブロッコリー・長ねぎなどの野菜を採り入れた自己完結型の複合経営を目指している。また、「ｊｏｂ」(同七六ヘクタール)は、稲作と小麦のほかにキャベツ二四ヘクタールを作付しており、雇用を導入した複合経営を行っている。また、経営主年齢が高く、後継者が限られている法人では、すでに新規参入者を受け入れている。また、これらのうち、「ライフ」は市民農園といちご狩りを、「ほなみ」はパークゴルフ場を実施して多角化を図っており、「ｊｏｂ」は九州での冬期のキャベツ栽培の試作を行っている。

二〇〇四年に設立された四つの法人はよりバリエーションが拡大しており、「豊夢」（同九一ヘクタール）と「ハル」（同六〇ヘクタール）は「野菜複合型」を目指しているが、「ＮＯＡＨ」は「負債対策型」であり、「なんぽろ風蔵」は自己販売を目指している。以下では、参加農家数が多く集落を基盤とした生産協同組合的性格を有する「ほなみ」を事例として、その特徴を明らかにしていく。

「ほなみ」は〇二年に一四戸の農家によって設立されている。その立地する西幌地区の一九八〇年代以降の農業展開については、すでに第二節で分析を行っている。その特徴は、南幌町において比較的入植が早く、稲作基盤の形成や機械化体系の導入も集団的に行われていた点である。また、葉物を中心とした野菜複合経営の展開もみられ、町内では集約的な農業経営形態が比較的多く存在する地域であった。そして、九七年のライスセンターの設立により、その受け皿として西幌ほなみ利用組合が設立された。有限会社「ほなみ」はこの一八戸の集団のなかから一四戸によって設立された生産協同組合型の法人である。

参加前の各農家の経営の特徴は、前掲表3‐6に示しているが、経営主六〇歳以上が四戸（14番農家は「定年」で妻が社員）、五〇歳代が八戸、うち後継者が二戸、四〇歳代が二戸となっている。法人化の契機は、利用組合の活動のなかで共同化のメリットが共有されたこと、米価の下落による将来不安、そして高齢化の進展への対応にあった。法人化以前の土地所有は、一戸が一五ヘクタールであるのを除くと、ほぼ七・五～一〇ヘクタールであった。また、他方で一一戸が野菜を導入した複合化を進めていた。

法人に継承された借地は、長期の安定的な借地は三戸が借り入れた四件であり、合計面積は一七・四ヘクタールである。これに対し、北海道農業開発公社の保有地は五戸が一時借入していた六件であり、合計面積は二〇・九ヘクタールであった。後者の農地は長期の借地の後に公社保有に転換したものであり、その時期は米価下落以降の九七〜〇一年である。

法人化に伴って、構成員の土地は法人に賃貸され、従来の借地についても法人が継承することになった。しかし、公社保有地については、賃貸期間の終了とともに売買に移行するが、これは構成員の個別所有ではなく法人が購入することになっている。すでに、二件、八・七ヘクタールは法人が取得しており、残りは二〇一一年までに法人が取得することになっている。法人化は一面では、予定される個人の公社保有地の取得による負債圧の増大を法人が代替することで解消するという意図があったのである。

二〇〇二年の作付をみると、一六四ヘクタールのうち水稲作付が一〇〇ヘクタール、転作率は三四・六％であり町平均と比較すると低い。転作のうち、土地利用型作物は小麦が二一ヘクタール、豆類が八ヘクタール、てん菜が六ヘクタールに対し、露地野菜(キャベツ、ブロッコリー、ねぎ)が二〇ヘクタールで、野菜の比率が高い。また、高齢化に備えて施設野菜の拡充を目標としており、〇三年には個別のハウスを集約して団地化を図っている(一二八アール)。施設野菜の品目は、軟白ねぎ、ピーマン、きゅうり、花きである。また、畦畔撤去による区画整理、水稲単作圃場と転作専用圃場との分離なども行われている。

売上高については、農産収入が三億二四六九万円であり、水稲が二四％を占めるのに対し、露地野菜が二〇％、施設野菜などが一一・九％で合計三一％となり、稲作収入を上回っている。一般畑作物収入は六％にとどまり、転作奨励金一四％がそれを大きく補填している。また、小麦の受託作業を中心とする受託作業収入は一般畑作の転作収入を超えており、転作収入を補完するものとなっている。このように、「ほなみ」はライスセンターを核とする生産組織をベースにして設立され、同時にすでに個別導入されていた野菜作を統合するかたちで土地利用再編を行い、合理化を進めているといえる。

(4) 農協による地域営農システム形成の可能性

以上、石狩川下流域の二町における地域農業再編の事例を考察してきた。そこで明らかになったのは以下の点である。

第一に、石狩川下流域においても高齢農家のリタイアに基づく農地供給が続いており、農地市場はかつての出し手市場から受け手市場へと転換している。しかも、その供給量は個別の規模拡大志向農家の需要を上回っており、地域的な対応を必要とする水準に至っている。したがって、従来は資金管理のみを行っていた農協が債権保全の意味からも、地域農業の担い手確保対策に乗り出さざるを得ない客観的状況にあるといえる。長沼町の事例は、農用地利用改善団体(集落ベース)を通じた土地保有調整が農協営農指導員と一体となったかたちで進められており、北海道農業開発公社と農協による農地保有合理化事業の棲み分けが行われるとともに、営農集団を通じた作業受託の配分も行われている。南幌町の場合には、複数戸法人の設立により高齢農家の農地の抱え込みを図るとともに、受託型法人による高齢農家・兼業農家との賃貸・受託関係の形成が目指されている。また、一部では、法人への新規参入が目指されている。

第二には、この過程で農協の営農指導部門が強化されていることである。長沼町の場合には、早期に営農相談員の拡充が図られているが、農協が合理化法人となることで、地区担当制が一層強化されている。また、南幌町の事例では、営農指導部署に法人担当の相談窓口を開設してワンストップサービス体制を確立しているのである。また、地域農業再編のなかに位置づけられている農業生産法人は、従来指摘されてきたような「農協ばなれ」の方向ではなく、農協事業に組み込まれた存在であり、そのエリアも集落を基盤としたものとなっている。

第三には、土地利用の再編が目指されていることである。長沼町の場合には、営農集団への機械リース方式によって大豆導入が達成されており、また土地利用型作物の省力化を図りながら野菜・花きの導入を集団的に取り組んでいる。南幌町の事例では、野菜複合型の法人の設立により、野菜作の拠点が形成されている。これは限界のみえてきた個別経営における複合経営化から法人によるスケールアップされた複合経営化を図るものとして注目される。また、法人化により、「交換分合」が実施され、土地利用の合理化が図られている。

第四には、農地保有合理化事業によって購入した農地の負債償還圧への対応である。南幌町の事例では、法人設立前に法人参加者が購入し、公社の中間保有となっていた農地を法人が取得するかたちで個別農家の負債圧を回避する対策が採られている。長沼町の事例においても、営農集団の中核農家の負債軽減を一つの目標として法人化が模索されている。

以上のように、従来個別展開志向が非常に強かった石狩川下流地域において、農協が主導する地域農業再編が進行していることは、一面では農地問題の深刻さを物語るものである。しかし、その再編過程のなかで従来みられなかった集団的・協同的活動が活発化していることは重要であり、やがて石狩川中流域にも波及していくものと考えられる。

（1）例えば、北竜町については、「特集　稲作における集団的展開の現状と問題点――北竜町農業の実態――」（『北海道農業』一一号、北海道農業研究会、一九八九年）を参照。

（2）「特集　石狩川中流域における水田農業の現局面」（『北海道農業』二〇号、北海道農業研究会、一九九六年）、特に柳村俊介「深川市における集落再編の特徴」を参照。

（3）北村の動きについては新田義修・志賀永一「土地利用型転作部門の収益性改善に関する事例研究」（『農経論叢』五九集、北海道大学大学院農学研究科、二〇〇三年）を参照。

（4）詳しくは、坂下明彦「大規模水田地帯の地域農業再編――北海道長沼町・南幌町――」（田代洋一編『日本農業の主体形成』筑波書房、二〇〇四年）、小山良太・堀部篤「産業空洞化に対応した地域マネジメント体制の確立と地方財政問題――北海道長沼町を対象として――」（日本地域経済学会個別報告資料、二〇〇三年）を参照。

（5）農地保有合理化事業による中間保有期間が終了し、農家への売渡しが問題化しており、法人化の一つの契機となっている。

その実態については、注(4)、坂下前掲論文の事例を参照。

(6)　南幌町の法人化については、注(4)、坂下前掲論文ならびに仁平恒夫「水田作法人における事業多角化の新たな動向」(『北海道農業研究センター農業経営研究』九〇号、北海道農業研究センター、二〇〇五年)を参照。

［一-小池晴伴、二-矢崎俊治、三-坂下明彦・小山良太］

第七節　北海道における水田作の課題

一　主な調査対象地域の構造転換の小括

ここでは、主な調査対象地域の構造転換の実態調査を簡潔に整理、小括することから始めることにする。

(1)　下流域・南幌町

南幌町は、石狩川下流域に位置する大規模稲作地帯である。この地域には高位泥炭土壌が存在するため、第二次世界大戦前の水田開発は沖積地のみであった。泥炭地における水田開発は、戦後開拓入植として行われた。一九七〇年代には大規模水稲単作地帯として脚光を浴びたが、八〇年代には、一方では米価の停滞、他方では圃場整備事業の負担金の圧迫という事態から、地価上昇期に経営規模を拡大した農家経営は非常に厳しい事態に直面した。

南幌町の特徴は、泥炭土壌に規定されて野菜その他の単位当たり収入の上がる転作作物への取り組みが遅くなったこと、転作強化で小麦へ回帰したが連作障害の発生、さらに米のたんぱく値の関係で田畑輪換はできないという状況にあること、農地保有合理化事業により中間保有されていた農地の売渡対策ならびに経営転換のための拠点型法人の設立があることが指摘されている。

南幌町における農業構造の変動は以下のようになっている。第一は、農家戸数の急激な減少である。総農家数は、八五年六七一戸、九〇年六一〇戸、九五年四八九戸、二〇〇〇年四一五戸と減少のテンポがきわめて速くなっている。九〇～二〇〇〇年の減少率は、三二・〇%である。第二は、経営規模の急速な増加である。南幌町の経営規模のモード層は、七〇年代は五～七・五ヘクタール層、八〇年代は七・五～一〇ヘクタール層、九〇年代は一〇～一五ヘクタール層となっている。二〇〇〇年には、一五ヘクタール以上の農家が一二七戸、全体の三〇%を占めている。第三は、農地流動化は、依然として農地売買が主流であるとはいえ、賃貸借も増加しつつある、ということである。賃貸借には農地保有合理化事業による中間保有地も含むが、この点を差し引いても、借地率は九〇年が二・六%、九五年が八・六%、二〇〇〇年が一九・七%と急増している。

(2)　中流域・秩父別町

秩父別町は、石狩川支流の雨竜川左岸に位置し、東部丘陵地を除けば、概ね平坦地である。土壌の大部分は沖積土であるが、一部には泥炭地(南部)、粘土地(東部丘陵地)もある。秩父別町は屯田兵が開拓入植した旧開地域である。

秩父別町の特徴は、第一に、特別自主流通米制度創設期から良質米生産を追究し、その結果全道一低い転作配分となったこと、第二に、転作作物として花き、ブロッコリーへの取り組みが行われたこと、第三に、地力増進作物、そば等の粗放的な転作対応がみられること、第四に、地域労働市場が狭いこと、である。

秩父別町における農業構造の変動は以下のようになっている。まず、農家戸数の推移は、八五年四八六戸、九〇年四一四戸、九五年三三二戸、二〇〇〇年三〇二戸である。九〇年から二〇〇〇年の変化は、四一四戸から三〇二戸へ一一二戸、二七・一％の減少である。経営規模については、秩父別町のモード層は、比重の低下はあったとはいえ、七〇年から九〇年まで一貫して五〜七・五ヘクタール層であった。それが九五年には七・五〜一〇ヘクタール層、二〇〇〇年には一〇〜一五ヘクタール層へ急速に変化してきている。農家戸数の急激な減少に対応した動きである。農地移動は、九〇年以前は基本的に売買であったが、九〇年を境にして、売買と賃貸借が逆転し、九〇年代の後半以降になると、売買と賃貸借が並進する状態となってきている。

(3)　上流域・当麻町

当麻町もまた屯田兵村として開発され、典型的な旧開地域の良質米産地として知られてきた。旭川市に隣接しており、最近では、産業構造にかなりの変化がみられるようになってきた。産業別就業者数では、農業は、八〇年代の四〇％の水準から、九〇年代には三〇％の水準へと後退し始めているものの、依然として首位の座を維持している。

当麻町の特徴は、旧開地帯の中核層である一〜三ヘクタール、三〜五ヘクタール層が分厚く存在していること、旭川市に隣接しており地域労働市場が開けていること、近年の町をあげての低農薬有機栽培による良質米生産への取り組みが進んでいること、野菜、花き等の転作作物定着と、そのための農協独自の販売努力があること、地域の行政、農業関係者一体となった支援体制の構築が進んでいること、などである。

当麻町における農業構造の変動は以下のようになっている。第一は、農家戸数の減少である。九〇年には九八九戸であったのが二〇〇〇年には七九八戸へ後退し、差引一九一戸、一九・三％の減少、となっている。第二は、旧開地域の中核層といわれてきた経営面積一〜三ヘクタール、三〜五ヘクタール層の減少傾向である。八五年には二つの階層で六四・九％を占めていたのが、九五年には四四・六％へとその割合は大きく減少している。その反面、七・五ヘクタール以上の農家数は、八五年には、七八戸(六・七%)であったが、九五年には、一六八戸(一九・三%)となっている。第三は、このような変動の基礎となっている農地移動は、そのほとんどが賃貸借である点である。九〇年では、売買面積が五七ヘクタール、新たな賃貸借面積が一八五ヘクタール、九五年では、売買面積が一八ヘクタール、新たな賃貸借面積が二三一ヘクタールである。さらに、九七年以降になると賃貸借面積が三〇〇ヘクタールを超えるようになっている。

二　生産の課題

水田作の課題を生産、販売・流通に分けてみよう。

生産からみていくと、第一に品質の問題がある。まず、食味の問題である。北海道米はこれまで厳しい評価を受けてきたが、キタヒカリ、ゆきひかりからきらら、ほしのゆめへという北海道における良食味米の追求の努力は、着実に実を結んできている。この点は、引き続き継続的な努力が必要である。また、等級の問題では、北海道米も冷害年を除けば、一等米比率は非常に高くなり、安定したものとなってきている。さらに、収量の面でも安定してきている。しかし、旧開地域と泥炭地などを含む新開地域では、食味、等級、収量の点で格差が存在していることも事実である。地域の特性を的確に把握した稲作りに取り組むことが今後とも重要な課題である。(1)

また、低農薬、無農薬、有機栽培など安全性への取り組みも今後の米生産の重要な課題である。周知のように北海道ではクリーン農業を追求してきた。そこでは、減化学肥料、減農薬を実現するために、クリーン度が設定されている。(2)このような取り組み、その方向性は、都府県の目指している方向と同じであり、全く問題はない。しかし、北海道と都府県の先進地に比較すると、その進度においてはかなりの格差が存在している。つまり、北海道の場合には、慣行栽培とクリーン度一の差が問題になっているのに対し、都府県における主産地では、北海道のクリーン度でいえば、クリーン度一、二は当然であり、クリーン度三、四が問題となりつつある。(3) たしかに、クリーン農業が目指している方向は明快であり、北海道稲作にとっては画期的な観点であったことは疑いないが、都府県の米の主産地では、低農薬・有機栽培は当然のことになりつつあり、無農薬栽培への挑戦も始まっている。北海道でも、夏期の害虫発生の点で有利という条件を踏まえて、さらにクリーン農業の展開に取り組んでいく必要がある。

転作作物の問題も重要である。確かに、国内自給が当然と思われていた野菜輸入の急速な進行は、転作作物の選択の幅をせばめている。輸入野菜の動向を冷静に見極め、安心・安全にこだわりながら、取り組んでいくべきである。基本的に高レベルの稲作機械をベースにして、地域ごとに稲作＋畑作物、野菜(田畑輪換あるいは固定方式)の組み合わせを工夫し、さらには畜産との連携(4)に取り組んでいく必要がある。ある意味で北海道は、国内で最も有利な条件をもっていると考えてよいし、北海道稲作の活路があると考えられる。この点でも、旧開地域と新開地域では、異なった展開がみられる。前者では、施設園芸が中心であるのに対し、後者では露地野菜である。これらの特徴を生かしながらの取り組みが必要である。

第二に経営面の課題がある。まず、大規模農家層の経営を安定させることが必要である。そのためには、適正な小作料の設定、小作地の交換分合、農地の中間保有の強化等が必要である。農地保有合理化事業を活用した規模拡大の場合には、償還金支払いを可能とする経営転換の促進が重要な課題となる。また、急激な米価下落によって各地で発生し始めている経営破綻に対し、農地処分の強制は極力抑制すべきである。

他方、新たな経営所得安定対策では、加入できる農家の面積要件(当初案では一〇ヘクタール)が設けられている。したがって、面積要件以下の農家群への対応が、特に重要な課題となってきている。石狩川流域の一〇ヘクタール未満農家数は一万九二七五五戸で、全農家戸数の七二・四%(『二〇〇〇年センサス』)を占めており、北海道でも、営農集団や共同経営をもとにした法人化に向けた対応を迫られている。

実際、九〇年代後半、各地でウルグアイラウンド対策として導入されたカントリーエレベータを核として、営農集団をはじめとするさまざまな形態の組織が設立され、水田型地帯の新たな動きをみせている。端的にいえば、集落、あるいは地域、行政単位の営農集団、受託作業集団の形成であるが、長沼町や南幌町の事例にみられるように、七〇年代、八〇年代の機械利用組合に比べてより高度な機能を発揮する組織の形成が求められている。

特に、これまで経営規模が大きく、個別経営の展開が主であった新開地域である下流域・南空知において新たな組織化の動きが始まっていることは非常に注目される。これまで売買によって規模拡大してきた大規模層が急激な米価下落によって危機に直面し、農協がその打開のために法人化を指導したものである。しかし、このような法人化は個別農家の枠組みを超えた地域レベルの低コスト生産への取り組みであり、同時に中小規模の農家の拠り所を確保する可能性をもつ。さらに、地域における耕作放棄地の発生を防ぐ手段でもある。したがって、地域農業再生の拠点たり得る存在である。経営規模の大きい新開地域の南空知において、このような動きが発現していることが、北海道稲作、日本稲作の現段階の課題を指し示していると考えられる。

中流域・北空知は、規模拡大の速度が南空知よりも遅れていたが、賃貸借による規模拡大と並行して売買による規模拡大が進んでいる。そこでは、若干の時間的な遅れはあるにしても、南空知と同様の課題が発生してくると想定される。

なお、以上のような生産技術の向上、農地流動化等の地域ぐるみの営農活動を活性化するために、先進地では行政、農協等、地域の農業関連団体が一体となった農業センター等の設立がみられる。このような組織を立ち上げる努力も必要である。

三　販売・流通の課題

販売・流通では、北海道米の安定した供給先を確保することが最重要課題となっている。良食味米は家庭消費向けとして、良食味米生産が困難な地域では低価格による業務用米(加工用、外食産業用)の販売ルートの確保に取り組むことが重要である。上述のカントリーエレベータは、集荷数量の確保、品質向上両面で積極的な役割を果たしている。地域別では、旧開地域の米は家庭消費用と外食産業用が主体で、新開地域の米は冷凍米飯等の加工用と外食産業用が主体となっている。したがって、後者では、この分野での積極的な取り組み、新たな販路の拡大が最重点課題となる。

また、本州と比較して系統集荷率の高い北海道では、ホクレンが販売・流通面で果たしている役割は非常に大きい。とはいえ、今後の全国的な生産面積の調整、販売調整は、ホクレンの努力だけでは解決することは困難である。前者では、北海道、自治体、農業関係団体との協力、調整が不可欠であり、後者では、政府、全農、他都府県との協力、調整が今まで以上に必要となってくる。

さらに、もともと北海道農業は本州への食糧供給を目的として形成され、現在でも、その役割を果たしている。しかし、最近では、北海道でも札幌市を中心とする道央圏に二〇〇万人を超える巨大な消費者人口が形成されている。そこでは、消費者団体等が主体となって、有機栽培、低・無農薬栽培をベースに置いた、地産地消運動が展開されるようになってきた。産直活動は衰えず、農家の庭先の販売コーナーから各種施設にまとまった大型の直売店まで、その展開はさらに多様化しつつある。

さらに、農業・農村の多面的な機能についても言及しておく必要がある。畑地型地帯、草地型地帯と比較すると若干遅れた感があるが、水田型地帯においてもグリーン・ツーリズム、都市住民との交流事業等への取り組みが活発になってきている。具体的には、観光農園、農家レストラン、農業体験、農作業支援、食農教育等である。下流域・南空知は札幌圏に、上流域・上川中央は旭川市に隣接しており、この点では、畑地型地帯、草地型地帯よりも有利である。これらの都市住民との交流の取り組みは、今後の農業活性化の一つの方向性を示している。

四　小　括

北海道水田型地帯の農家は、府県の第二種兼業主体の農家とは異なり、主業農家から構成されており、この間の規模拡大により一九八〇年代半ば以前とは異なった大規模農家を含むようになっている。府県では、法人経営と両立するかたちで集落営農の形成が課題となっているが、北海道においては集落の性格が異質であり、同様の議論は行い得ない。八〇年代後半から形成されてきた大規模農家を包含するかたちで、集落、地域を基礎とした農家の組織化をいかに図るかが課題となっているのである。その一つが、第六節で取り上げた南幌町の生産協同組合型の法人化の方向である。

最後に、以上の水田型地帯の諸課題を解決していくためには、一層の農地利用の合理化が必要であるが、農地売買による経営規模の拡大は、限界点に達していることを指摘しておきたい。九〇年代後半からは農地保有合理化事業の中間保有期間が一部五年から一〇年に長期化され、石狩川下流域、中流域の順に事業が伸長をみせた。下流域の自作型の規模拡大、中流域の自小作展開から自作化への一部転換はこの事業によって進んだのである。現在、中間保有期間が終了し、徐々に売渡が実施されているが、米価下落のもとでの償還は大きな困難を伴っている。それへの一つの対応が法人化により公社からの農地取得を行って、経営転換により償還財源をつくり出そうという動きである。今後は、賃貸借が主流と考えられるが、売買移動が必要なケースもむろん存在する。その場合、農地保有合理化事業の拡大が必要である。中間保有期間をさらに長期化することで、長期の借地経営を可能とするものである。それに対応しうる経営の育成が前提であることはいうまでもない。これについては、終章で改めて政策提言を行う。

これから農村・農業の活路切り開くためには、都市住民との交流も重要な意味をもつであろう。産直、農業体験等から農作業支援等への交流の広がりは、究極的には、農家だけの農地管理から、農地トラストなどを含む地域・都市住民全体の農地管理へ発展していく可能性を秘めていると考えられるからである。

（1）泥炭土壌の比重が大きい新開地帯はもともと排水条件が悪く、開田が遅れた。その意味では、これらの地域は、もとから豪雨時の洪水調節機能をもっているといってもよい。農業・農村の多面的機能の一環として、水田の洪水調節（＝防止）機能が脚光を浴びつつある。日本学術会議「地球環境・人間生活にかかわる農業及び森林の多面的な機能の評価について（答申）」では、水田の洪水防止機能を三兆四九八八億円としている。新潟県岩船郡笛吹川流域では、進捗しない同河川改修に対応し、関係者で「田んぼダム洪水調整フォーラム」を組織し、排水施設の機能増進のため、『田んぼ』をダムにして一時貯留し、洪水ピークを調節する取り組みを始めている。南空知でも、千歳川放水路の代替案として十分検討の対象となろう。

（2）クリーン度一は、北海道の指導基準、施肥標準ならびに防除基準を守っている事例で、減量割合が三〇％以下、クリーン度二は、減量割合が三〇％以上～五〇％以下、クリーン度三は、減量割合が五〇％を超えるが〇ではない事例（農水省の特別表示ガイドラインの減農薬・減化学肥料のレベル）、クリーン度四は、一切の化学肥料・農薬を使用していない事例（同、有機農産物および転換中有機農産物）となっている。

（3）例えば、秋田県大潟村。米の集荷業務を行っている大潟村カントリーエレベータ公社では、生産者と有機栽培協定を結び、あきたこまちカントリー米（農薬、化学肥料を極力抑えた栽培、以前の低農薬米）、あきたこまち特別栽培米（農薬・化学肥料の使用を秋田県標準基準の半分に抑えた栽培、以前の低農薬有機米）、あきたこまち有機米（農薬・化学肥料および化学土壌改良材を一切使用せず、有機肥料をふんだんに使って栽培したJAS認定有機米、以前の自然農法米）の三種類を集荷している。集荷通常の加算金のほかに、特別栽培米に対しては一俵一〇〇〇円、有機米に対しては一俵五〇〇〇円以上を加算している。集荷の内訳は、カントリー米がほぼ四〇％、特別栽培米が二〇％、有機米が二〇％となっている。

大潟村あきたこまち生産者協会では、自前で精米時に出る米ぬかを利用した「米ぬか肥料」による有機栽培を行い、食品分析研究所、高品質米栽培研修センターを創設して、残留農薬分析、水分測定、穀粒測定、食味値測定、炊飯試食を実施し、個々の農家への栽培指導を行っている。特に、残留農薬分析は、生産、荷受、精米、発送すべての段階で行っており、安全性に対して非常に大きな配慮をしている。最近ではさらに一歩踏み込み、国際環境規格ＩＳＯ一四〇〇一の取得、無洗米の導入、マイナスイオン環境の精米にも取り組んでいる。

（4）　最近、再び強調されるようになってきたところの「耕畜連携」の試みである。有機肥料の確保、地力増進に効果があり、冬場の作業として重要な意味をもち、収入確保につながる。なかなか困難な課題であることを十分承知のうえで指摘することとしたい。

〔寺本千名夫〕

第四章　畑地型地帯の構造変動——十勝農業を中心に

第一節　一九九〇年代以降における構造変動と規定要因

十勝、網走は北海道を代表する一般畑作物生産地域であり、同時に北海道有数の酪農地域でもある。二〇〇〇年度の十勝地域の農業粗生産額は二三〇四億八〇〇〇万円で、全道の二二％(酪農は全道の二五％)を占め、網走地域のそれは一六六三億九〇〇〇万円で、全道の一六％(同一五％)を占める。この十勝、網走の農業粗生産額は豊作を主要因として農畜産物価格の低迷下にありながらも史上最高を記録している。低迷の続くわが国農業地帯のなかでひとり活況を呈している感があるが、この両地域農業を活況あるものにしている取り組みと、その背後に隠されている諸問題を十勝地域を主対象として検討する。

北海道の畑作農業は豆類、馬鈴しょ、てん菜、小麦を基幹作物とし、地域的には十勝、網走地域を中心に二〇ヘクタールから三〇ヘクタールという経営耕地規模の畑作経営が分厚く存在している。畑作専作経営が成立するのは一九七〇年代後半である。それを端的に示すのが乳用牛飼養農家率であり、一九七〇年、七五年、八〇年のそれは十勝が五五・三％、四七・五％、三八・三％、網走が三八・四％、三二・一％、二六・九％となっている。すなわち、冷害に強い経営として振興された畑作と乳用牛飼養を併せもつ「混同経営」から、酪農専作、畑作専作に分化したのが七〇年代後半と考えられるのである。とはいえ、七五年の一戸当たり経営耕地は十勝一五・〇ヘクタール、網走九・一ヘクタールと相対的には小規模であり、しかもようやく小麦の作付が増加する時期であり、豆類、馬鈴しょ、てん菜という三作物中心の作付であった。

小麦の作付が増加し輪作の一環として定着するのは八〇年前後であり、網走で豆類の作付が激減し、馬鈴しょ、てん菜、小麦の三作物の作付となるのも同時期である。さらに、七〇年代後半には畑地型地帯の首座も交代している。十勝、網走ともに耕種の粗生産額は急増するが、生産農業所得をみると一〇アール当たりでは網走が上回り、経営耕地面積の大きい十勝と農家一戸当たり生産農業所得では同水準を保っていた。しかし、その後、十勝の一〇アール当たり生産農業所得が増加し、一戸当たり生産農業所得も網走を上回るようになる。

このような地域内での変化と、地域間の地位交代を伴いながら、八〇年前後には四作物を作付する十勝畑作と三作物を作付する網走畑作という今日の畑作土地利用体系が成立する。この北海道畑作の原型はその後いかなる変貌を遂げたのであろうか。二〇〇〇年の一戸当たり経営耕地は十勝二八・五ヘクタール、網走二一・八ヘクタールとなり、それぞれの地域で二倍前後に拡大し、八〇年以降も劇的な変化を伴いながら今日の大規模な畑作専作経営を形成してきた。

また、両地域とも地域内部で画一的な動向を示したわけではなく、第二章第二節でみたように一九七〇年代後半から八〇年にかけて、十勝地域では中央部に比較して周辺部が大規模畑作の優位性を発揮し、農家一戸当たりの生産農業所得の逆転が生じている。八〇年代半ば以降畑作物をめぐる市場、政策は大きく変化した。農家一戸当たりの生産農業所得では停滞をみせていたが、その間に、てん菜糖分の向上、澱原馬鈴しょからの転換、野菜作の導入、専業酪農化への転換といった構造変動が進展した。このような環境変化に中央部、周辺部はそれぞれ特徴をもった対応をしてきた。

本章はこうして構造変動を遂げた九〇年代の十勝農業が市場、生産環境の変化に対応してどのような構造変動をたどってきたのか、その規定要因を分析する。まず八〇年代後半から起こった畑作をめぐる諸政策の変化についてみてみよう。

一　北海道畑作をめぐる諸政策

北海道畑作の基幹作物である小麦、てん菜、馬鈴しょ(原料用)、大豆は価格支持政策が採用され、「政府管掌作物」とも呼ばれている。この価格動向の転機となったのは一九八五年のプラザ合意を契機とした経済構造調整政策である。[1]また、八五年は農業団体による「畑作物作付指標面積」の設定が行われ、北海道畑作にとって一つの画期をなす。

畑作物価格は八五年以降四年間で約三割の引き下げが行われた。この背景にはウルグアイラウンド(UR)交渉における農業保護政策の後退をあげることができるが、さらに九五年四月からは小豆・いんげんなどの雑豆は輸入割当(IQ)から関税割当(TQ)制に移行し、毎年一二万トンが輸入されることになり、原料用馬鈴しょから生産されるでん粉は輸入制限措置が廃止された。

このような輸入制限の緩和とともに、八五年以降の円高の進展は輸入農産物を増大させることになった。北海道で生産される畑作物のほとんどは原料農産物であり、それらはその自給率に示されるように大半を輸入に依存する作物でもある。こうした国内生産される原料農産物は価格引き下げだけではなく、国内加工メーカーから品質の向上という効率性要求にもさらされている。

八五年以降の原料農産物価格算定基準への品質基準導入がそれである。てん菜の糖分取引への移行と基準糖度の引き上げ（八七、八八、九七年度）、澱原用馬鈴しょの取引基準であるライマン価の引き上げなど、量基準から質を重視した価格体系への変更である。また、小麦の産地銘柄格差の導入や二〇〇〇年産からの民間流通制度への移行など、品質強化を要請する取引基準の強化に加えて市場原理の導入も本格化してきている。こうしたなか、前記「畑作物作付指標面積」の設定は継続し、現在に至っている。このような諸政策の変化のなかで十勝農業はどのように変化してきたのかを確認しよう。

二　十勝農業の構造変動

全国の経営耕地面積が減少するなかにあって、北海道は農用地造成事業などをてこに経営耕地面積を増加させてきたが、十勝地域もこの動向を端的に示していた。しかし、『一九九〇年農業センサス』の結果は十勝地域の経営耕地面積が漸減に転じたことを示した。経年的動向を把握するため『北海道農林水産統計年報』の数値を用いるが、八九年十勝地域の経営耕地面積は二六万一〇〇〇ヘクタールであり、翌九〇年は二六万七〇〇〇ヘクタールとなった。さらに、二〇〇二年には二五万七六〇〇ヘクタールとなっている。変化は経営耕地面積だけでなく畑作物の作付にも表れた。豆偏作であった五〇年代、六〇年代を別にすれば、てん菜、馬鈴しょ、豆類、小麦の畑作四作物の作付面積合計は八九年をピークに以降は微減し、それを維持している状態が続いている。

ところで、畑作物の作付は上記四作物を一定の順序で作付する輪作が行われている。第二章第二節でみたように十勝地域では七〇年代を通して豆類の減少、馬鈴しょ・てん菜という根菜類の増加、さらに七〇年代後半からの小麦作付の増加によって、豆類、馬鈴しょ、てん菜、小麦がそれぞれ四分の一を占める作付となった。豆類を欠く網走の三年輪作に対して、十勝の四年輪作は八〇年代初頭に成立したのである。畑作の生産環境の変化がより顕著になる九〇年代以降、てん菜・馬鈴しょの作付はかろうじて維持されているが、豆類作付はさらに減少し小麦作付が相対的に増加し、畑作四作物の作付バランスに変化が生じている。一方、飼料作物は八八、八九年の一一万六五〇〇ヘクタールを底に増加に転じ、九三年、九九年に一二万二二〇〇ヘクタールとピークを迎えるが、再び一二万ヘクタールを下回っている。

こうしたなか、経営耕地面積と畑作四作物プラス飼料作面積との差は八〇年代以降、九〇年代前半まで拡大する。この差は主に野菜作面積と考えられ、農業粗生産額に占める野菜生産額は雑穀・豆類を上回り、小麦、馬鈴しょ、てん菜に次ぐまでになっている。八〇年代中頃から十勝中央部に導入されたながいも、だいこん、ごぼうなどの根菜類を中心とした野菜作は、九〇年代前半までは順調に増加し、畑作四作物に野菜作を組み込んだ輪作体系の確立が目指されて、一時期中規模畑作の新たな経営の方向として定着したかにみえた。

しかし、九〇年代後半からは中国産を中心とする輸入野菜の直撃を受けて、減少傾向にある。ただし、品目により動向を異にする。ながいもは農協を中心とした販売対応によってブランドを確立したため、九〇年代後半になっても相対的に高い収益性を維持しており定着している。かぼちゃは減少しながらも生産が継続している。一方、輸入野菜の直撃を受けたのが、だいこん、ごぼうである。これらの作物はながいもに比較して初期投資額が少なく作付中止に伴う損失も少ない。そのため規模拡大に伴って野菜を中止する農家も多い。また、一時期作付が拡大したキャベツは輸入の影響を受け、さらに収穫作業が機械化されていないために、二〇〇〇年以降減少に転じている。周辺部の中規模経営でみられた野菜作は、九〇年代後半の規模拡大に伴って作付を大きく減少させている。こうして一時定着するかにみえた野菜作は、機械収穫が可能で価格条件の良いながいも、契約栽培であるにんじんなど、ごく少数品目に収斂する傾向をみせている。

このように大規模畑作地帯である十勝地域においても野菜作付の進展がみられたが、九〇年代後半以降の輸入野菜の増加に伴って、野菜作は作付面積・生産額ともに停滞状況に陥っている。

また、十勝畑作は原料用農産物生産が中心であり、製糖業、でん粉業などの加工資本との関係を強くもちながら展開してきた。上記の業種は政府管掌作物を対象としているが、それ以外にも製菓業者、冷凍食品業者などが新規作物の導入や産地化を進めた作物がみられる。加工用途の馬鈴しょやスイートコーン、にんじんなどがそれである。加工資本は工場の通年操業のために、複数の作物を産地に要求し、それに応えるかたちで多くの品目が導入された。これにより、十勝農業のいわゆる第五の作物への期待が高まったのである。しかし八〇年代半ば以降の経済構造調整政策とUR交渉の開始などで食品産業をめぐる環境も大きく変化した。輸入原料の価格が大幅に低下し、馬鈴しょや枝豆、スイートコーンなどの原料輸入が増加した。

さらにこうした原料としての輸入に加えて、冷凍、非冷凍の調理食品の輸入が大幅に増加している。これらの数値を示す資料が少ないため、馬鈴しょを事例にみると、「調理食品」は統計に計上されるようになった八八年にはわずか五七三トンであったが、二〇〇〇年には一万八四四七トンまでに増加し、その金額は八一億円に及び、馬鈴しょ関連の輸入総額三八二億円の約二一％を占めている。(2)

食品産業は収益性を確保するために、安価な輸入原料への依存を強めたが、製品輸入の増加によって中小企業は倒産や事業の撤退を余儀なくされ、大企業は海外に製造拠点を移すなどの行動をとった。すべての企業が撤退したわけではないが、他の畑作物と同様に、国際競争にさらされているのである。こうしたなかで、食品産業による国産原料の使用をセールスポイントとした販売戦略や、芽室町農協による加工事業の取組などの農協系統組織による加工事業、地場特産品製造の取り組みなど、新たな対応がみられている。これらの動向が十勝農業の今後を左右する一つの大きな要因になると考えられる。

ところで、十勝地域は大規模畑作地域の典型であるとともに、乳用牛飼養農家戸数、飼養頭数ともに北海道一の酪農地域でもある。二〇〇一年の乳用牛飼養戸数は二〇八〇戸、総飼養頭数は二〇万四一〇〇頭(二歳以上一二万三六〇〇頭)である。乳用牛飼養頭数は九四年をピークに微減傾向を示すが、乳牛飼養農家戸数は大きく減少したため一戸当たりの飼養頭数は九〇年の五九・六頭から二〇〇〇年には八八・五頭へ大きく拡大している。

十勝地域の酪農経営は施設化の進展を特徴とする。二〇〇〇年のパーラー導入農家率は一三・七％(全道八・七％、根室一三・三％、網走八・七％)、フリーストール導入農家率一五・八％(全道一一・一％、根室一五・五％、網走九・二％)、パーラー・フリーストール導入農家率一三・六％(全道九・五％、根室一三・一％、網走八・五％)である。(3)

九〇年代に入り経営耕地面積、各作物の作付面積、乳用牛飼養頭数などさまざまな指標が、従前までの「右肩上がり」から一転して減少・停滞傾向を示している。これが十勝畑地型地帯の現況なのである。さらに特筆すべき点は、農家戸数の減少である。八〇年代の農家戸数の減少率は八〇年から八五年が六・七％、八五年から九〇年が八・九％であり、一〇％を下回っていた。しかし、九〇年から九五年は一二・八％、九五年から二〇〇〇年は一二・七％と再び減少率は上昇に転じ、農家戸数の減少はとどまる状況にない。すでにみたように九〇年代に入って経営耕地面積は微減傾向を示しているが、農家の減少率は高率であり、八〇年以降の一戸当たり経営耕地面積をセンサス年次で示すと、八〇年一七・二ヘクタール、八五年一九・四ヘクタール、九〇年二一・八ヘクタール、九五年二四・九ヘクタール、二〇〇〇年二八・一ヘクタールと拡大が続いているのである。

三　地域別の構造変動

十勝農業は地域一円で同様の動きを示すわけではない。第一章で示したように十勝農業は帯広市を中心に中央部、周辺部、山麓・沿海部という十勝チューネン圏と称される農業地域をなし、中央部は集約的な畑作、周辺部は大規模な畑作、外周部は酪農が立地している。以下、九〇年代の地域内部での構造変動の特徴を整理する。

第一は規模拡大がより一層進展したことである。十勝の中央、周辺、山麓・沿海部の八〇年代における農家戸数の減少率をみると、八〇年から八五年は従来と比較して最も低率であり、それぞれ五・二％、四・九％、八・

六％、一二・六％であった。それが八五年から九〇年にかけて七・五％、九・七％、一一・九％、一二・六％となった。農家減少率を十勝地域の市町村単位でみると、八〇年代は減少率が一〇％を上回るのは周辺部、山麓・沿海部に位置する市町村が中心であり、九〇年代もこの傾向は基本的に継続している。しかし、中央部の市町村でも十勝地域の農家減少率を上回る市町村が散見されるようになっている。農家減少率の上昇は結果的に規模拡大を促し、二〇〇〇年には市町村平均の一戸当たり経営耕地面積が四〇ヘクタールを超える市町村さえ出現している。

『二〇〇〇年農業センサス』によると（表4-1）、一戸当たり経営耕地の十勝平均は二八ヘクタールであるが、中央部二四ヘクタール、周辺部二九ヘクタール、山麓部三二ヘクタール、沿海部三五ヘクタールである。中央部においても一戸当たり経営耕地の拡大は進展しているが、周辺部、山麓・沿海部におけるその勢いはさらに急速である。

十勝地域は専業農家が七割弱を占め農業専業地帯としての特徴を維持し、農家経済も好況を呈しているが、同居農業後継者がいる農家率は三六・九％である。各地域ともほぼ四〇％弱であり、今後も離農は続いていくと想定される。地域別にみると経営主の年齢構成に若干の違いがみられる。周辺部、山麓・沿海部は、四〇歳代が約三五％、五〇歳代が三〇％程度となっているが、中央部はそれと比較してやや高齢化しており、四〇歳代二九・〇％、五〇歳代二八・七％、六〇歳代二〇・九％となっている。

土地利用の変化についても、地域性が顕著である。中央部は、他の地域と異なり九五年まで耕地面積を拡大していたが、二〇〇〇年には七万六八三九ヘクタールから七万五二九〇ヘクタールへと約一五五〇ヘクタールの減少となった。土地利用では豆類作付が減少し小麦の作付割合が増加している。小麦作は過作傾向がみられ、小麦の二年連作を前提とした輪作体系が広範にみられる。(4) また、九五年に六四七五ヘクタールにまで拡大した野菜は、二〇〇〇年には五四〇八ヘクタールへと減少をみせる。

表 4-1　十勝における地域別農業構造(2000 年)

	十勝		中央部		周辺部		山麓部		沿海部	
販売農家戸数(戸)	7,472	100.0	3,103	100.0	2,412	100.0	852	100.0	1,105	100.0
専業	5,087	68.1	2,074	66.8	1,676	69.5	576	67.6	761	68.9
Ⅰ兼	2,062	27.6	900	29.0	656	27.2	213	25.0	293	26.5
Ⅱ兼	323	4.3	129	4.2	80	3.3	63	7.4	51	4.6
専従者あり	7,034	94.1	2,892	93.2	2,301	95.4	784	92.0	1,057	95.7
うち 60 歳未満男子専従者	5,856	78.4	2,369	76.3	1,985	82.3	608	71.4	894	80.9
年齢別農業経営者数(人)										
29 歳以下	53	0.7	23	0.7	19	0.8	5	0.6	6	0.5
30～39	1,021	13.7	424	13.7	337	14.0	100	11.7	160	14.5
40～49	2,411	32.3	901	29.0	847	35.1	282	33.1	381	34.5
50～59	2,121	28.4	892	28.7	701	29.1	228	26.8	300	27.1
60～69	1,402	18.8	648	20.9	395	16.4	155	18.2	204	18.5
70 歳以上	464	6.2	215	6.9	113	4.7	82	9.6	54	4.9
同居農業後継者がいる(戸)	2,756	36.9	1,172	37.8	878	36.4	299	35.1	407	36.8
他出農業後継者がいる(戸)	266	5.2	83	4.0	55	3.3	26	4.5	102	13.4
経営耕地総面積(ha)	212,849		75,866		71,118		27,639		38,226	
1 戸当たり耕地面積(ha)	28		24		29		32		35	
家畜飼養農家戸数(戸)										
乳用牛	791	10.6	403	13.0	773	32.0	371	43.5	551	49.9
肉用牛	413	5.5	176	5.7	248	10.3	172	20.2	195	17.6

注）1．経営耕地規模別農家戸数の 20 ha 未満には例外規定の農家も含んでいる。
2．数値は販売農家戸数のものである。
3．十勝の地域区分は以下の通り。
中央：帯広市，幕別町，音更町，芽室町，池田町
周辺：中札内村，更別村，士幌町，鹿追町，清水町，本別町
山麓：新得町，上士幌町，足寄町，陸別町
沿海：広尾町，大樹町，忠類村，豊頃町，浦幌町
出所）『2000 年農業センサス』，『北海道農林水産統計年報(市町村別編)』，『十勝の農業』より作成。

周辺部の作付面積は九〇年、九五年ともにおよそ七万一四〇〇ヘクタールであったが、二〇〇〇年には七万五三八四ヘクタールへと増加している。これは士幌町で「その他」の作付が増加した影響であるが、これを除くと、地域としての耕地面積は減少傾向にある。作付では飼料作の割合がやや低下し、二〇〇〇年には三四％になっている。また、二〇〇〇年には麦類、豆類、いも類、工芸作物のバランスがとれた作付構成となっている。

山麓・沿海部は九〇年までは耕地面積の拡大を伴いながら、畑作物の面積も増加していたが、九〇年を境にして、耕地面積の縮小が表れるとともに、飼料作割合を増加させている。

このように中央部は一般畑作に導入された野菜作が一定の定着をみせ、周辺部は大規模な畑作経営の方向を鮮明にし、山麓・沿海部は酪農専門に特化する動向がみられるのである。もちろん周辺部の町村であっても野菜作の振興を行っている町村もみられるが、重要なのは十勝チューネン圏的構造をより鮮明にする方向が強く表れている点であり、同一町村内部にも集約化、大規模化、酪農専作化の動きを内包していることである。

次いで農地市場についてみてみよう。九〇年代における農地移動の特徴は、農地価格の下落および周辺部における借地市場が形成されたことにある。全道的な傾向として、九〇年代の農地移動において北海道農業開発公社(以下、公社と略)による農地保有合理化事業の利用が増加しているが、公社への売渡、および公社からの借入を除いた実質的な農家間の売買、賃貸借面積についてみてみよう。

農地価格は、八〇年代後半以降、それまでの右肩上がりから一転して低下傾向をたどっており、九〇年代もそれは続いている。公社が定点調査をしている畑地価によると、中央部の一〇アール当たり価格は、九五年の三八万円から二〇〇三年には三五万円まで低下し、周辺部でも同二六万円から同二四万円まで低下している。九〇年代を通じて離農率は高く推移したが、中央部では農地獲得競争が激しいため地価は相対的に高く、賃貸借が進展している。その傾向は九〇年代も継続しており、売買移動面積は九四年の一〇六二ヘクタールから二〇〇〇年には二四六ヘクタールに減少している。一方、周辺部では八〇年代は売買移動が中心であった。九〇年代も中央部に比較して売買移動面積は五〇〇〜七〇〇ヘクタールを維持しているが、賃貸借も九〇年頃から増加し、九四年時点ですでに一〇〇〇ヘクタールを超えるまでになっていた。二〇〇〇年にはさらに増加して二〇〇〇ヘクタールとなっている。周辺部でも借地市場が形成されたとみることができる。

農地の受け手と出し手に注目すると、中央部ではながいもを導入した野菜作導入層が受け手となり、ながいもの作付が可能な農地は現在も高価格で取り引きされている。出し手は高齢農家層であるが、高齢農家のなかには数年後の貸付を前提として小麦の連作を行うという土地利用もみられる。このような利用をされた農地がどのように流動化するのかは今後の問題である。

周辺部では、九〇年代に規模拡大を行ったのは主に後継者のいる農家である。そしてこれら農家層は後継者世代に託すかたちで、多額の資金借入によって農地購入や機械整備を行い、大規模畑作経営を成立させている。ここでも出し手は高齢農家が主体であるが、地価の下落と低金利のもとで、農地売却よりも賃貸借を有利と考える農家が現れ、賃貸借が増加傾向にある。また、売買移動においては、公社による保有合理化事業を活用する事例が多い。公社による中間保有期間と農地取得後の資金返済の元金据え置き期間により、購入による資金償還までの猶予期間は長期化しており、返済問題は今後の課題として先延ばしにされている。

四　生産農業所得からみた畑作経営の到達点

一戸当たりでみた生産農業所得は、図4-1にみるように九〇年代も一貫して増加した。九〇年代を通じて、中央部よりも周辺部の大規模畑作が優位であるという地域間格差は維持されてきた。

この内容をやや詳しくみてみよう。図4-2は単位当たり生産農業所得の推移をみるために、横軸に土地生産性（一〇アール当たり）を、縦軸に労働生産性（専従者一人当たり）をとったものである。各地域ともに八〇年代前

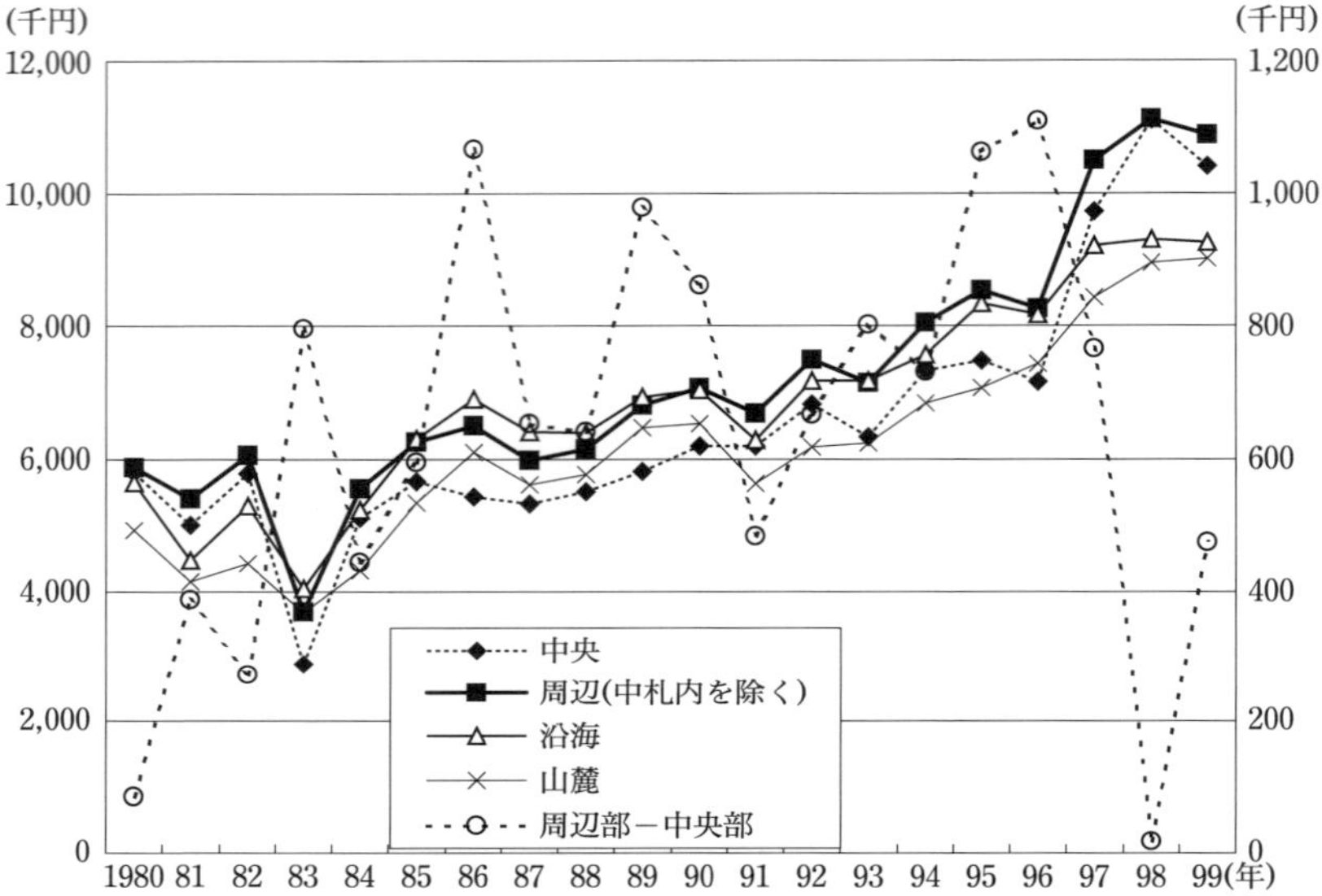

図 4-1　十勝の地域別農家 1 戸当たり生産農業所得

注）1．地域区分は表 4-1 に同じ。
2．1999 年を基準に農産物総合物価指数でデフレートした数値である。
3．中札内村は全村的に法人化しており，農家戸数の定義が異なるため，数値から除いている。
4．周辺部－中央部の数値は右軸である。
出所）『生産農業所得統計』各年次より作成。

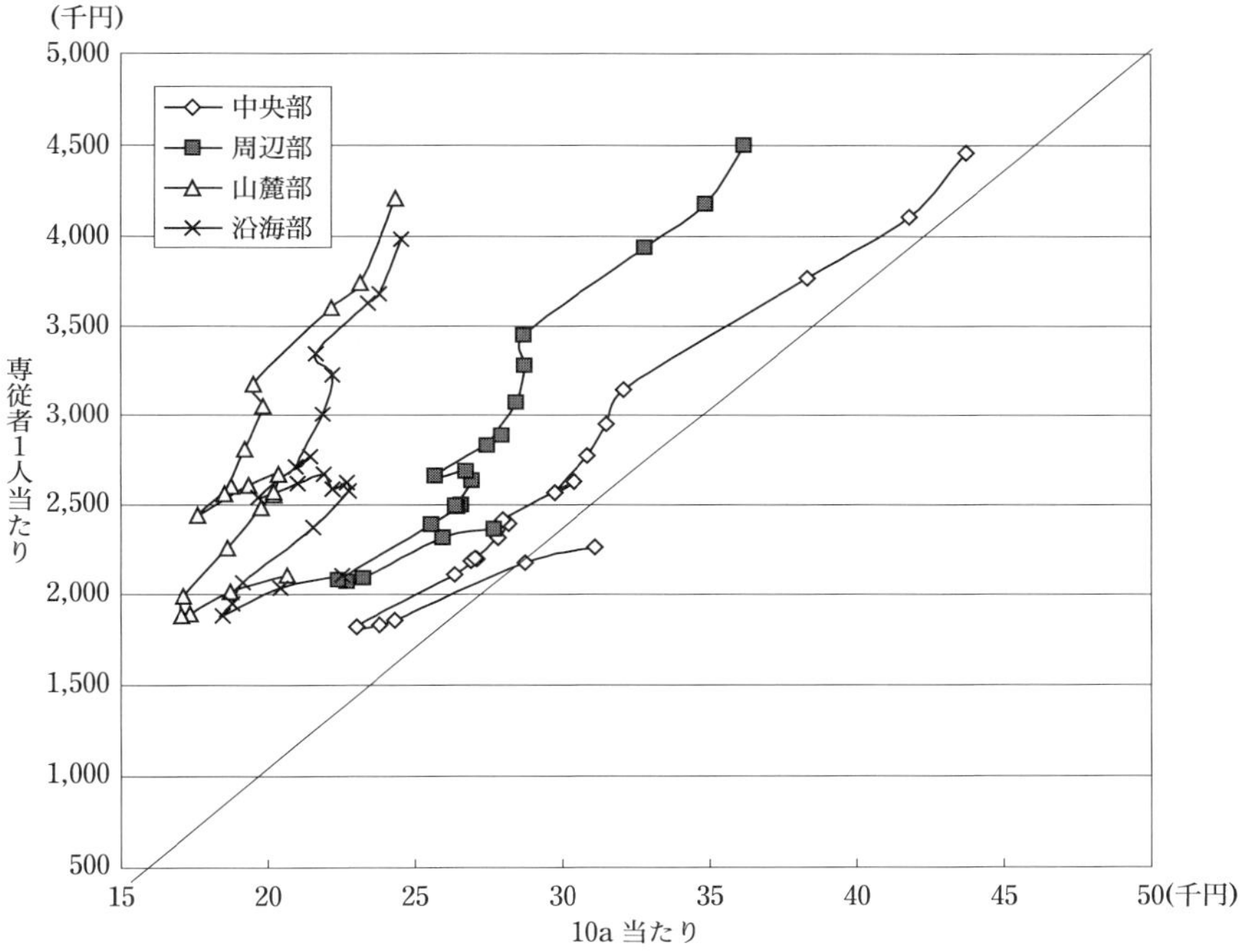

図 4-2　十勝における単位当たり生産農業所得の推移(1980～1999 年)

注) 1. 地域区分は表 4-1 に同じ。
2. 1999 年を基準に農産物総合物価指数でデフレートした数値である。右上が 99 年。
3. 中札内村は全村的に法人化しており，農家戸数の定義が異なるため，数値から除いている。
4. 83 年が凶作だったため，その前後年の数値が低くなっている。

出所)『生産農業所得統計』各年次より作成。

半は土地生産性と労働生産性はともに低下している。八三年の冷害の影響もあるが、八〇年代前半の生産性は停滞していたとみることができる。八〇年代後半になると、山麓部、沿海部では労働生産性は向上するが土地生産性の向上はほとんどみられず、すでに指摘したように酪農専作地帯への性格変化を強めていたと考えることができる。これに対し、八〇年代後半以降、中央部と周辺部は土地生産性と労働生産性を併進させるが、中央部の土地生産性は周辺部のそれよりも大きく増加し、周辺部では労働生産性の増加が大きかった。中央部における野菜作の導入や周辺部における規模拡大という基本動向が中央部と周辺部の生産性の動向を左右したと考えられる。また、九〇年代半ばに土地生産性の停滞が確認できるが、これは野菜作が輸入の打撃を受け、小麦に転換するなどしたためと考えられる。そして、九〇年代の後半は、豊作が続いたことも奏効して、土地生産性、労働生産性ともに急進したのである。

五　本章の課題と構成

以上みてみたように十勝地域は八〇年代半ば以降の農業保護の後退局面に実に見事に対応し、一見してそのままの構造を維持しながら九〇年代を推移してきたかにみえる。九〇年代末から豊作に恵まれたという自然条件もあるが、こうした十勝農業を動かしてきたエネルギーは何か、そこで活躍する畑作農家の体力はいかなるものなのか、それを検討することが本章の課題である。

まず、第二節では集約畑作地帯である中央部の芽室町を対象として、野菜作を導入して集約化を図っている層に注目する。他方で離農増加を背景に規模拡大を図る層も出現しており、この規模拡大層、および高齢離農予備層にも注目する。中央部の土地利用は小麦の過作傾向がみられるが、そこでの土地利用・輪作の実態を検討する。また、輸入野菜に翻弄されている野菜作の導入の特徴や定着品目の特徴を検討する。こうした検討を通じて野菜作導入経営の評価、および農協を中心とした市場対応の性格を分析する。

第三節では、周辺部の急速な拡大という構造変動を更別村を対象として明らかにする。周辺部では八〇年代後半に形成された土地利用体系が基本的に規模拡大が進展するなかでも維持されてきたこと、そのために必要であった機械投資の経営的評価を行っている。

第四節では、十勝の畑作と並ぶもう一つの顔である酪農について、特に畑地型酪農の特質を明らかにする。すでにみたように九〇年代において地域分化がより明確になり、十勝の山麓部、沿海部は酪農専作地帯としての様相を呈している。本節では畑地型酪農の特質を明らかにするために、中央部、周辺部に位置する酪農経営を対象に、畑作地帯のなかに位置する酪農経営の特徴を、土地利用、飼養管理、ふん尿処理などの点から明らかにする。

第五節では、十勝農業の特徴である農協主導型の地域農業再編を明らかにする。まず、九〇年代後半の構造変動を推進した要因として、農協による施設投資および支援策について、その現段階的な特徴を明らかにする。そして、地域農業再編主体としての農協経営の特徴を、事業構造、経営構造から明らかにし、今後の十勝農業の展開のうえで農協が果たしていく役割とその展開方向について考察する。

第六節は、十勝農業の特質をより明らかにするために、もう一つの畑地型地帯である網走との比較を行う。網走地域は中規模畑作として集約化が進んでいる地域である一方で、豆作および生食用馬鈴しょがなく純粋な原料農産物生産地域であるという意味で、十勝地域以上に政策の影響を受ける地域である。網走農業の九〇年代の構造変動および農協による野菜産地化の取り組みを明らかにする。

第七節では以上の分析を踏まえて、外見上順調に展開してきた十勝が抱える構造問題、市場問題を明らかにしたうえで、ＷＴＯ体制下における畑作農業について展望を行う。

（１）　牛山敬二・七戸長生編著『経済構造調整下の北海道農業』（北海道大学図書刊行会、一九九一年）を参照。

(2)『食品界資料・統計　食糧年鑑』各年次および財務省『日本貿易月表』による。
(3) 北海道農政部酪農畜産課「新搾乳システムの普及状況について(平成一三年六月調べ)」を参照。
(4) 芦田敏文・志賀永一・天野哲郎・松本浩一・黒河功「芽室町農業の展開と二〇〇一年調査速報」(『農業経営研究』二八号、北海道大学農業経営学教室、二〇〇二年)を参照。

［志賀永一・小林国之］

第二節　中央部・集約畑作経営の動向

一　集約畑作地帯における階層変動

以下の分析では十勝中央部の代表である芽室町を対象とし、一九九〇年代の十勝中央部における畑作経営の動向を検討する。

表4-2は、芽室町における農家経営構造の変化を示したものである。二〇〇〇年時点の芽室町の平均経営耕地面積は二五・九ヘクタールであり、十勝平均の二八・一ヘクタールを下回っている。七五年時点の平均経営耕地面積は、芽室町で一七ヘクタール、十勝平均で一五ヘクタールであったことを考慮すると、芽室町におけるこの間の規模拡大のテンポは緩やかであったといえる。さらに経営耕地面積規模別の農家の分布は、七五年時点で一〇～二〇ヘクタール層に六四・八%が集中しており、同時期の十勝合計の五〇・〇%に比べても集中度が高かった。すなわち、従来から芽室町は相対的に規模が大きく等質的な農家が多かった地域であり、規模拡大が進まなかったことにより、モード層の上向が緩やかであると同時に、比較的等質性が保たれてきた。

表 4-2　農家経営構造の変化

（単位：ha，戸，％）

		1戸当たり平均経営耕地面積	総農家戸数	農家戸数減少率	経営耕地規模階層別の戸数分布（構成比）					
					1 ha未満	1〜10 ha	10〜20 ha	20〜30 ha	30〜40 ha	40 ha以上
十勝地域	1970年	11.8	16,239		4.2	36.2	50.0	8.6	1.0	—
				(21.2)						
	1975年	15.0	12,790		4.3	26.9	41.9	21.3	5.6	—
				(8.5)						
	1980年	17.2	11,705		4.1	22.3	35.8	27.6	10.3	—
				(6.7)						
	1985年	19.4	10,923		3.5	19.2	30.0	30.7	16.5	—
				(8.9)						
	1990年	21.8	9,954		3.5	16.4	24.2	31.9	16.0	8.1
				(12.8)						
	1995年	24.9	8,681		4.0	13.2	18.8	29.6	20.5	13.8
				(12.7)						
	2000年	28.1	7,582		4.4	10.8	15.0	25.5	23.1	21.2
芽室町	1970年	14.2	1,294		1.3	20.3	64.8	12.8	0.9	—
				(18.1)						
	1975年	17.1	1,060		1.6	13.4	52.9	28.3	3.8	—
				(4.7)						
	1980年	18.6	1,010		1.5	11.4	44.5	36.8	5.8	—
				(4.4)						
	1985年	20.1	966		2.1	9.2	37.3	42.3	9.1	—
				(5.1)						
	1990年	21.5	917		2.0	7.9	30.4	45.8	11.6	2.4
				(8.6)						
	1995年	23.1	838		1.9	7.9	22.3	48.0	15.6	4.3
				(11.1)						
	2000年	25.9	745		2.0	5.2	17.9	41.2	25.1	8.6

注）1．農家戸数減少率は5ヶ年間の間の戸数減少率である。
　　2．下線はモード層を指す。
出所）『農業センサス』各年度より作成。

芽室町で規模拡大が進展しなかった理由としては、次の二点を指摘できる。第一は、離農戸数が少なかったことである。芽室町における農家減少率は、七〇年代以降一貫して十勝平均よりも低く推移した。第二は、農地市場の停滞である。離農戸数が少ないことを反映して七〇年代後半以降の農地有償移動率、借入面積率はともに低い水準で推移している。

以上のことは、芽室町においては激しい農地取得競争のもとで経営展開がなされたことを示唆する。そこで、農家実態調査に基づき、芽室町における規模拡大と土地所有の特徴について検討する。(1)

実態調査によると、八五～九四年の間に規模拡大を行った農家では、一部の借地を含みながらも相対的には農地購入に比重を置きながら農地集積を進めていた。調査地域における農地価格は、八〇年代後半のピーク時で一〇アール当たり八〇～一〇〇万円であったが、その後は低下し九四年時点では四〇～五〇万円となった。一方、借地料は一〇アール当たり一・五万円前後であり低下傾向はうかがえなかった。ともあれ、地価・借地料水準は周辺町村より明瞭に高水準で推移している。また、離農跡地は周辺農家によって分割して取得されており、調査農家のなかには分割された小面積の飛び地であっても購入するという行動が確認された。対象地区においては交換分合がなされているのにもかかわらず、現在も小規模圃場が残存していた。このように高地代が維持されてきたこと、高地価であっても賃貸借よりも有償移動が選択されてきたことは、芽室町における農地取得競争が激しかったことを傍証しよう。

規模拡大行動には、後継者の有無が大きな影響を及ぼしており、後継者が不在の場合は一戸を除き規模拡大は行われていない。小規模層には後継者不在の農家が多く、集落によっては集落戸数の半数を超える場合も認められた。これら農家は、現状の経営耕地面積を維持もしくは縮小する意向であったが、中長期的には離農による大量の農地が農地市場に供給されることが想定される。中央部の代表町村である芽室町においてすら、農地需給状況が大きく緩和すると見込まれる地域が生じている。一方、後継者を確保している農家は、今後も規模拡大を行う意向をもつが、農地の集積方法はこれまでの購入中心から借入中心へと意向が変化していた。この理由としては、現在の農地価格が近年の農産物価格を勘案した場合相対的に高く、購入では採算が合わないからである。機械装備の面では、規模拡大は十分可能と判断されていた。

以上、検討してきたように中央部の代表である芽室町では、近年まで規模拡大がはかばかしく進まず、そのもとで激しい農地取得競争が展開した。ところが将来の見通しが悪化するなかで、後継者不在によって農家戸数の減少テンポが速まるとともに、農地需給は緩和しつつある。また、離農の理由が経営不振ではなく後継者不在を理由とすること、実勢金利がきわめて低いことは農地移動を貸付中心とする方向に働かせていると思われる。一方、後継者を確保した農家は規模拡大意欲が高く、農地価格が高水準であることから借地による農地集積が意向されている。農地の出し手・受け手の双方において借地による農地流動化の意向がみられ、これまで保たれてきた等質性は今後消失していくと推察される。

次に上記の農業構造を有する芽室町で、いかなる農業が展開されてきたのかを、土地利用の動向を視点として分析する。表４-３に芽室町における作付作物の推移を示した。七五年以降の土地利用の特徴的な動向としては、次の三点を指摘できる。

第一は小麦の作付が急速に増加したことである。これに対して、同時期に豆類は作付を急減した。第二は、作付作物の集約化が進んだことである。根菜類の作付は七〇年代に機械化一貫体系の確立を契機として増加したが、八〇年代以降は作付面積率、作付農家率に大きな変化はみられなかった。しかし、用途別に馬鈴しょ作付をみると、澱原用馬鈴しょは作付面積率・作付農家率を減少させた一方、比較的集約的な生食用・加工用馬鈴しょが増加した。特に支持価格の低下が明瞭となった八〇年代後半以降、とりわけ九〇年代には澱原用馬鈴しょは急速な作付の減少をみせている。第三は、八〇年代後半以降の野菜作の増加である。野菜の作付面積は九〇年代後半にピークを迎えるものの、二〇〇〇年時点で作付面積率では六・八％、作付農家率は七〇％と三分の二以上の農家

表 4-3　芽室町における主要作物別作付面積の推移

(単位：ha)

	1970 年	1975 年	1980 年	1985 年	1990 年	1995 年	2000 年
麦類	1,570	1,476	2,905	3,509	5,342	5,114	5,666
豆類	5,656	4,516	2,671	2,017	2,252	2,144	1,955
馬鈴しょ	2,796	2,390	3,973	4,757	3,945	3,817	3,504
てん菜	4,154	4,322	3,561	4,308	3,909	3,695	3,637
野菜・雑穀	761	2,337	2,849	2,526	2,025	2,542	2,033
スイートコーン	170	2,020	2,240	1,880	1,530	1,460	935
かぼちゃ	20	55	211	143	161	222	229
アスパラ		32	140	60	47	22	11
ながいも	—	—		27	112	158	188
ごぼう	—	—		29	92	148	120
にんじん	25	19	75	48	62	181	128
だいこん	62	29	13	23	23	114	108
キャベツ	21	21	3	6	14	52	56
たまねぎ	0	14	33	12	13	28	39
えん麦	351	151	76	20			
そば	30	28	6	10			9

注) 1. 大項目(麦類・豆類・馬鈴しょ・てん菜・野菜・雑穀)は『農業センサス』，野菜・雑穀品目は『農林水産統計年報』による
2. 両者は必ずしも整合しないことに注意を要する。
3. アスパラは収穫面積である

出所)『農業センサス』，および『北海道農林水産統計年報(市町村別編)』より作成。

が作付を行うほどである。(2)すなわち、芽室町では小麦のような省力的作物の作付面積を拡大させつつ、一方で労働集約的かつ相対的に高収益である作物を拡大させてきた点に特徴がみられるのである。(3)

次に、八〇年代後半以降、急速に作付を伸ばしてきた野菜の作付動向を検討する。八〇年代前半までをみると、芽室町における野菜作は加工用スイートコーン、加工用かぼちゃ、ホワイトアスパラガス、加工用にんじんといった缶詰等の加工食品仕向用を中心として、加工資本の主導によって展開していた。一方、八〇年代後半以降の野菜作の拡大はながいも、ごぼうに始まり、やや遅れてだいこん、九〇年代に入ってキャベツが増加しており、それまでの加工資本主導によるものとは異なる展開をみせている。

作付が急速に増加した野菜品目のうち、ながいも、ごぼうは機械体系が確立することによって比較的大規模の経営でも作付が可能となった品目であり、にんじんは集荷業者が収穫作業を受託する

ことによって農家の労働負担が軽い品目である。また、だいこん、キャベツは普通畑作物の農閑期である夏期に収穫作業が行われる品目である。すなわち、既存畑作物との作業競合の低い作物が選択されており、既存畑作部門への影響が小さいまま野菜部門の導入・拡大がなされていると考えられる。

それでは野菜作の導入はどの階層で行われているのであろうか。芽室町における八五年から二〇〇〇年の間の耕地規模拡大面積と野菜作付比率の推移を検討すると、次の二点を指摘できる。

第一は、規模拡大面積が少ない層ほど野菜作付比率を高めていることである。八五年時点ですでに、耕地規模が小さい層ほど野菜作付比率は高い傾向が認められたが、この傾向はより強まっている。

第二は、八五年時点の経営耕地規模が大きい経営ほど規模拡大が進んでおり、規模拡大が進んだ場合でも、野菜作付比率はあまり変わっていないことである。特に町内の高単収地域では明瞭である。規模が大きい経営ほど農地集積が進んだことは、経済的に優位な大規模層が激しい農地取得競争に打ち勝ち、さらに規模拡大を進めたことを示す。一方、規模拡大機会に恵まれなかった大半の中小規模経営は野菜部門の導入・拡大による経営展開を行ったものと判断される。すなわち、これまで農地供給の制約から規模拡大による経営展開が制約されたなかで集約化による経営展開を指向せざるを得ず、これが野菜作を展開させたといえよう。さらに、野菜の導入に際しては産地としての組織的な取り組みを必要とするが、農家群の等質性はこれに寄与したものと思われる。ただし、このなかでも資金力格差による規模拡大もみられ、一方での集約化進展、他方での規模拡大といった経営間の異質化が生じつつあることは注目される。

以上のように、芽室町に代表される中央部においては、野菜への依存度の高まりといった集約方向への経営展開が中心であった。そこで、農家実態調査に基づき、集約畑作における土地利用の特徴を検討する。

十勝中央部町村においては一般的に豆類の作付率が低く、芽室町も同様である。実態調査によると豆類の作付率が低いほど、輪作年限が短期化しており、それに伴い地力問題が認識されていた。また、特にそれは堆肥の投入が少ない後継者不在農家で顕著であり、病害虫の発生や単収の低下が指摘された(4)。調査農家の大半では何らかの野菜が導入されていたものの、普通畑作物の作付順序に組み込まれ、ある程度確定した輪作体系に位置づいている野菜は、ながいも、にんじんなどのわずかな品目に限定されていた。すなわち、農家経済面では野菜への依存度を高めつつも、野菜は土地利用に位置づいておらず、普通畑作における地力問題のあおりをより一層大きく受ける危険性をもつと考えられる。また、野菜の作付が特定圃場に偏った結果、普通畑作物の輪作体系が混乱し、作付間隔が一層短縮する事例も認められ、地力問題が顕在化しつつある。

さらに、八〇年代後半から作付が急増した野菜品目のうちながいもを除くと、作付開始時の初期投資は少ない品目であった。また、にんじん、キャベツ、だいこん等は特に作況および価格変動の大きい品目であり、出荷先の変更や市場価格の低下による作付中止も多数みられ、導入後の継続性の面で問題がみられた。すなわち、野菜作が導入され一定の収入部門として確立されたとはいえ、大多数の農家においては基幹部門となっていないと判断されるのである。

今後、農地の流動化が加速するものと思われるが、農地供給面においては地力の低下した農地の顕在化という問題が生じるものと考えられる。同時に、継続農家において規模拡大がなされた際も野菜作が継続できるかという問題が、特に産地としての供給能力の確保という側面において生じるものと考えられる。

二　畑作経営における野菜導入の特質

十勝地域において一九八〇年代後半以降、野菜作が急速に拡大している。当初、野菜作は相対的に規模の小さい農家が中心となっており、十勝地域の畑作農家の主体である二〇ヘクタールを超える大規模な農家での野菜導入農家率は低かった。野菜作拡大の過程では大規模な農家に野菜作が導入され、経営規模間での野菜導入農家率の格差は縮小している。また、この間農家一戸当たり野菜作付面積も拡大している。十勝中央部で野菜作の比率が高い芽室町でみると、八七年には農家一戸当たり野菜作付面積は七四アールであったが、九七年には二一四アールとなり、一〇年間で三倍になっている。九七年には野菜作付面積五〇〇アールを超える農家も野菜作農家の七・五％あり、その野菜作付面積は全体の二五・四％に達している。さらに野菜作付面積二〇〇アール以上の農家が野菜作付面積の七三・九％を占めており、九〇年代後半にはこれらの層が野菜作の中心を担っていた。

野菜作が拡大してもほとんどの大規模畑作農家の経営の中心は既存の普通畑作物である。野菜作は普通畑作物の価格が低迷するなかで追加的な所得確保の手段として導入されたものであり、普通畑作物と副次的に結びついた複合部門として存在している。都府県の野菜産地は、普通畑作農業が解体した後に形成されたものか、水田転作により形成されたものであり、その担い手はせいぜい数ヘクタール規模の農家で野菜専作経営あるいは水稲作との複合経営がほとんどである。それと比較すると十勝地域の野菜作の経営的な性格は大きな違いがあるといえる。ここでは芽室町のなかで野菜作の導入が最も進展している地区の農家実態調査を中心として大規模畑作経営における野菜作の特質を分析する。(5)

本節で取り上げる農家実態調査は芽室町のなかで最も野菜作が進展している地区で隣接しているH、Sの二集落の全畑作農家を対象として実施したものである。H集落の作物作付面積中の野菜の割合は二〇・三％で、芽室町のなかでも最も高い集落である。S集落の野菜の割合は七・一％でH集落と比べると低いが、芽室町のなかでは比較的高い集落の一つである。

この地区で野菜作が展開した要因として、第一に土壌条件があげられる。調査地区ではほとんど乾性火山灰土でレキも少ない畑地が大部分を占めている。十勝地域の野菜の主体となっているながいも、ごぼう等の根菜類はレキが多く、排水性の悪い畑では栽培できない。そのため、レキが少ない乾性火山灰土の畑を保有しているかどうかが野菜作を導入するうえで決定的な条件となる。

第二の要因として畑地が自宅周辺に集約化されていることである。普通畑作物と比べて労働集約性の高い野菜は通作距離の近い畑に作付けられる傾向にあり、自宅周辺に畑地がまとまっていることは野菜作を導入するうえで有利な条件となる。調査農家三〇戸中一二戸が自宅に隣接した一団地に畑地を集約化しており、全体の平均団地数も二・〇であった。この傾向は野菜作付率の高いH集落で特に顕著であった。

第三の要因は、野菜作が拡大する以前から食用馬鈴しょの生産が盛んであったことである。レキの少ない乾性火山灰土は食用馬鈴しょの生産にも適した土壌であり、この地区の馬鈴しょの多くの部分を食用が占めてきた。食用馬鈴しょは普通畑作物のなかで唯一市場出荷される作物である。しかも調査地区では品質の高い馬鈴しょが生産されるため、有利販売を狙って農協共販で出荷せず、独自の出荷組織を形成してきた。このような市場出荷の経験は野菜の販売面での貴重な経験となったと考えられる。

第四に、H集落では規模拡大が遅れ、経営面積が相対的に小さいことがあげられる。調査時(九七年)の平均経営面積は、H集落が二二・三ヘクタール、S集落が二六・一ヘクタールである。芽室町全体の平均は二五・二ヘクタールであるので、H集落は町平均より小さく、S集落はやや大きい。ところが一九七五年についてみると、町平均が一七・一ヘクタール、H集落が一八・七ヘクタール、S集落が一七・六ヘクタールであり、H集落の方が大きい。この間、農家数の減少率は町全体では二一%であるのに対して、H集落は二〇戸から一七戸で一五%、S集落は二一戸から一五戸で二九%であった。すなわち、H集落では離農数が少なく、その分残存農家の経営面積の拡大が進まず、S集落では離農が多かったがゆえに、残存農家の経営面積拡大が進んだのである。そのため、S集落では経営面積拡大の方向で経営規模の拡大が図られ、H集落では経営面積拡大が遅れた分、野菜を導入して経営集約化の方向での経営規模の拡大が追求されたと考えられる。

次に調査農家の野菜作の実態についてみていく。調査農家中野菜作のない農家はわずか三戸である。この三戸は経営面積が比較的小さく、家族労働力も少ない。二七戸の野菜作付農家の一戸当たり野菜作付面積は三七七アールである。九七年の芽室町における野菜作付農家の平均作付面積は二一四アールであるので、調査農家の野菜作付面積は町平均の一・八倍である。最も野菜作付面積の大きい農家では九一五アール作付けられ、五〇〇アール以上野菜を作付けている農家が九戸にのぼる。野菜作付面積率では最も高い農家は五〇％に達しており、三〇％を超える農家が三戸ある。

作付品目ではごぼうが作付農家一七戸で、調査農家の野菜作付面積全体の二八・九％で最も大きい。次いでキャベツが一三戸で二八・五％、ながいもが一四戸で二七・四％、だいこんが七戸で八・三％の順であり、以下にんじん、かぶ、かぼちゃ、アスパラガス、はくさいが作付けられ、合計九品目の野菜が作付けられている。野菜作付農家の平均野菜作付品目数は二・四であり、最も多い農家では七品目作付けられており、逆に一品目のみの農家は九戸で、全体の三分の一にすぎない。芽室町全体でも野菜作付農家の平均作付品目数は二・〇であり、一品目のみの農家は四七・九％であるので、複数品目の野菜を作付けている農家が多数派となっている。一般に都市近郊野菜産地では「多品目少量生産」、遠隔野菜産地では「単品目大量生産」というように野菜産地の性格が整理されるが、十勝地域は遠隔産地でありながら「多品目生産」である点に大きな特徴がある。その背景を考えると、調査農家の品目ごとの作付面積は比較的均一化している。すなわちごぼうは一〇〇アール台、キャベツは三〇〇アール台、ながいもは二〇〇アール前後に作付が集中している。この程度の面積が各品目の適正作付規模あるいは作付限界とみられる。作物栽培可能期間が限定されるなかで普通畑作物と複合した野菜作では一品目の栽培可能面積は機械化の進展した品目であってもそれほど大きくはなり得ないのであろう。そのため、五〇〇アールを超えて野菜を作付けようとすると複数品目の導入が必然化してくると考えられる。

また、食品産業が工場の通年操業を実現するために、多品目の契約栽培を農家と実施していることも要因である。

次に土地利用についてみていく。輪作体系の前提となる作目構成では、野菜が導入されても既存の普通畑作四作目の作付は維持されている農家が多い。調査した野菜作付農家中豆類を欠いている農家が三戸、てん菜、馬鈴しょを欠いている農家がそれぞれ一戸であり、ほかの二二戸の農家は四品目すべてを作付けている。

野菜の土地利用をめぐっては、野菜は土壌条件の制約が厳しく、自宅周辺に作付けられる傾向があるため、普通畑作物の輪作体系のなかに組み込まれず、独自の土地利用を形成している場合が多かった。(6) その点、調査農家ではほとんどの畑で野菜作付が可能であり、経営畑地が自宅周辺に集約化されているので、野菜をめぐる土地利用上の制約は小さい。このような条件のもとでほとんどの農家は野菜を普通畑作物の輪作体系のなかに組み込み、普通畑作物、野菜が一体化した土地利用を実現している。輪作体系のなかでの主な野菜の位置をみると、まず「てん菜→馬鈴しょ→小麦」という作付順序が基本形となっている。このなかに大部分が八月までに収穫が可能なキャベツは、小麦の前作として組み込まれている。一方、ごぼう、ながいもという根菜類はてん菜と馬鈴しょの間に組み込まれている。また、ながいもとごぼうをともに作付けている農家では、ごぼうがながいもの後作となっている。これは深耕作業を容易にすることと肥料養分の有効利用を狙いとしている。さらに野菜作が入ることで作付間隔の長期化も図られている。調査農家の土地利用からは、土地条件さえ整っていれば普通畑作物、野菜をあわせた輪作体系が形成されることを示している。

一般的に大規模畑作農家の野菜導入で最も問題となるのは労働時間の点にある。既存の普通畑作物は、機械化一貫体系の確立により大幅な省力化を実現しており、小麦では一〇アール当たり労働時間は三時間を切っている。それに対して野菜では、最も機械化の進んでいるにんじんでも六三・三時間(『野菜・果樹品目別統計』の九五～九七年の平均値)である。野菜作導入の最も大きな要因は普通畑作物価格の低迷による農業所得の低下であり、そのなかでの労働強化による追加的所得確保の対応といえる。とはいえ、野菜作の拡大により大規模畑作農家は過重労働を強いられていると単純にいうことはできない。近年、技術発展等により普通畑作はいっそうの省力化が進んでいる。(7) 調査地区ではないが、芽室町の一農家の事例でみると、八〇～八二年平均の一〇アール当たり労

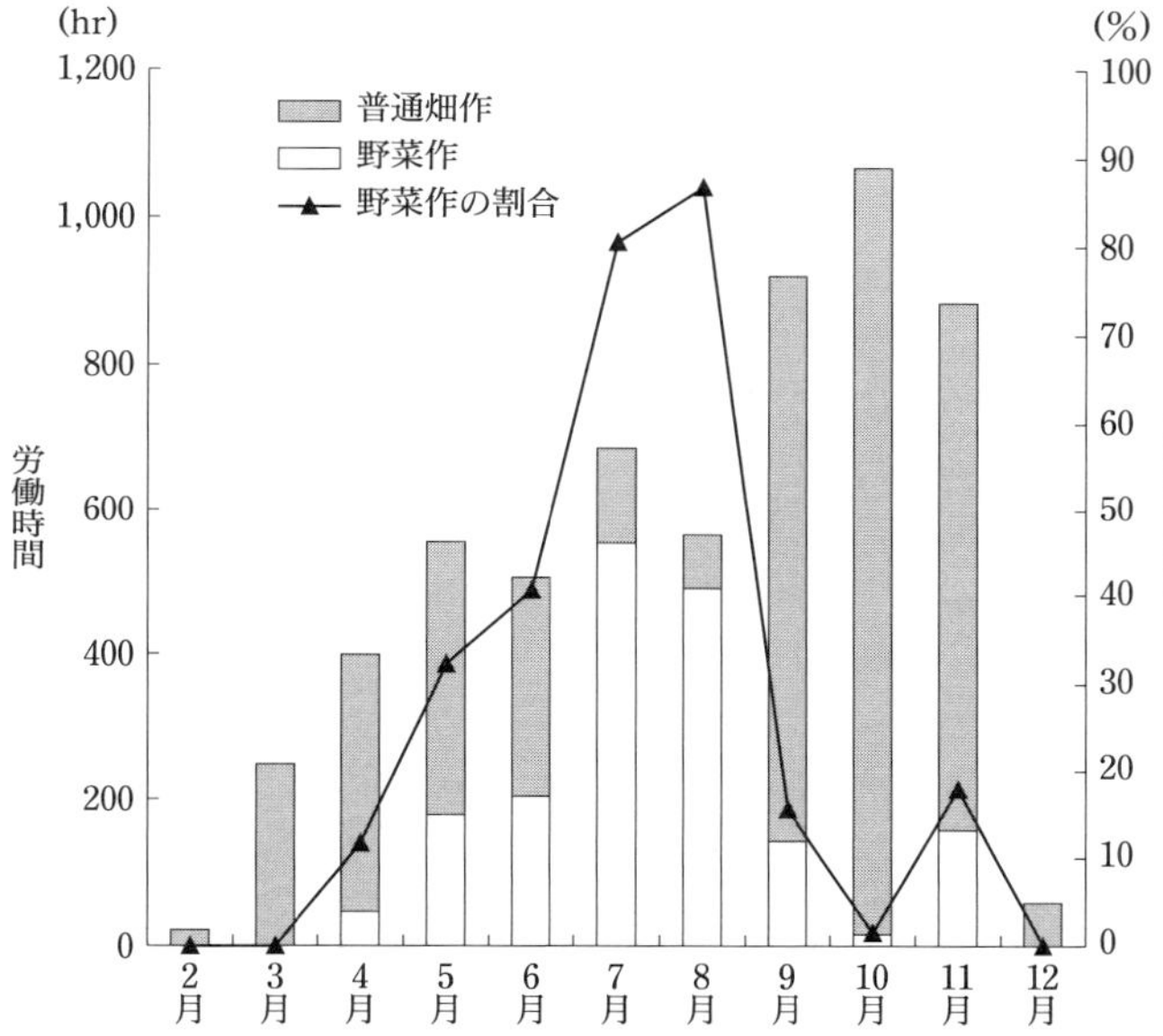

図 4-3　野菜作農家の月別労働時間

注）事例農家の作付野菜は，キャベツが中心でほうれんそう，はくさい，白かぶ，レタスを作付けている。
出所）1996 年の農作業日誌より作成。

働時間は九・二時間であったのが、八九〜九一年平均では七・六時間となり、ほぼ一〇年間で一・六時間減少している。その後、野菜を一ヘクタール程度導入し、労働時間は増加しているものの、九五〜九七年平均の労働時間は八・六時間であり、八〇〜八二年に比べると少ない。調査地区では野菜作付面積が大きいので労働時間の増加はより大きいであろうが、やはり普通畑作の省力化により野菜導入による労働時間の増加のある程度の部分は吸収されたであろう。さらに野菜作においても機械化の進展等により省力化が進んだことも労働面で野菜導入を促進した要因となっている。

図4-3は調査地区の野菜作農家の一戸について総労働時間と野菜作の労働時間を月別に示したものである。事例農家は野菜作を導入しているとともに食用馬鈴しょの自家選別・箱詰めを行っている。そのために、十勝地域の畑作農家のなかでは労働時

間は長く、年間五九〇〇時間に達している。普通畑作では秋作業に最も大きな労働ピークを形成している。春作業にも労働ピークがあるが、夏場の労働時間は少ない。一方、野菜作は夏場が大きな労働ピークとなっている。年間の野菜労働時間の五八・三％が七、八月に集中しており、七、八月には総労働時間の八〇％以上を野菜作が占めている。このように普通畑作と野菜作の月別労働時間は競合関係にはなく、全体の労働時間は九〜一一月に労働ピークが形成されているが、四〜八月の労働時間は比較的安定している。すなわち野菜作の導入は年間の労働時間を増加させるが、野菜作の作業は普通畑作が農閑期となる夏場に集中するために、労働ピークのいっそうの先鋭化にはあまりつながらず、むしろ労働の年間平準化につながっている。

以上のように野菜作の導入は労働強化による追加的な所得確保という性格をもっているが、全体として省力化が進んでいること、普通畑作の農閑期に野菜作の作業が集中することにより、過酷な過重労働につながるものとはなっていない。

野菜作の導入は追加的所得の確保にあるが、大幅な面積拡大が困難な十勝中央部では単位面積当たり所得を高める有力な手段である。この点を調査からみると、所得でなく販売金額であるが、一〇アール当たり販売金額は普通畑作では八・六万円であるのに対して野菜作は二三・二万円である。単位面積当たりでは野菜作は普通畑作の二・七倍の販売金額を実現しており、同じ面積であれば野菜作は圧倒的な優位性を示している。そのため、農産物販売金額中に占める野菜の割合は調査農家平均で三〇・二％であり、作付面積からみた割合に比べて二倍以上の高さである。農産物販売金額中に占める野菜の割合が最も高い農家は七〇・二％であり、五〇％を超えている農家は四戸あり、野菜を主体とした経営が形成されていることが確認できる。

図4‑4は野菜作付率と一〇アール当たり農産物販売金額との関係を示している。いうまでもないことであるが、野菜作付率が高まるほど一〇アール当たり農産物販売金額は増加している。野菜作付がない場合には一〇アール当たり農産物販売金額は八・三万円であり、野菜作付率が一〇％高まると約一・七万円増加している。こ

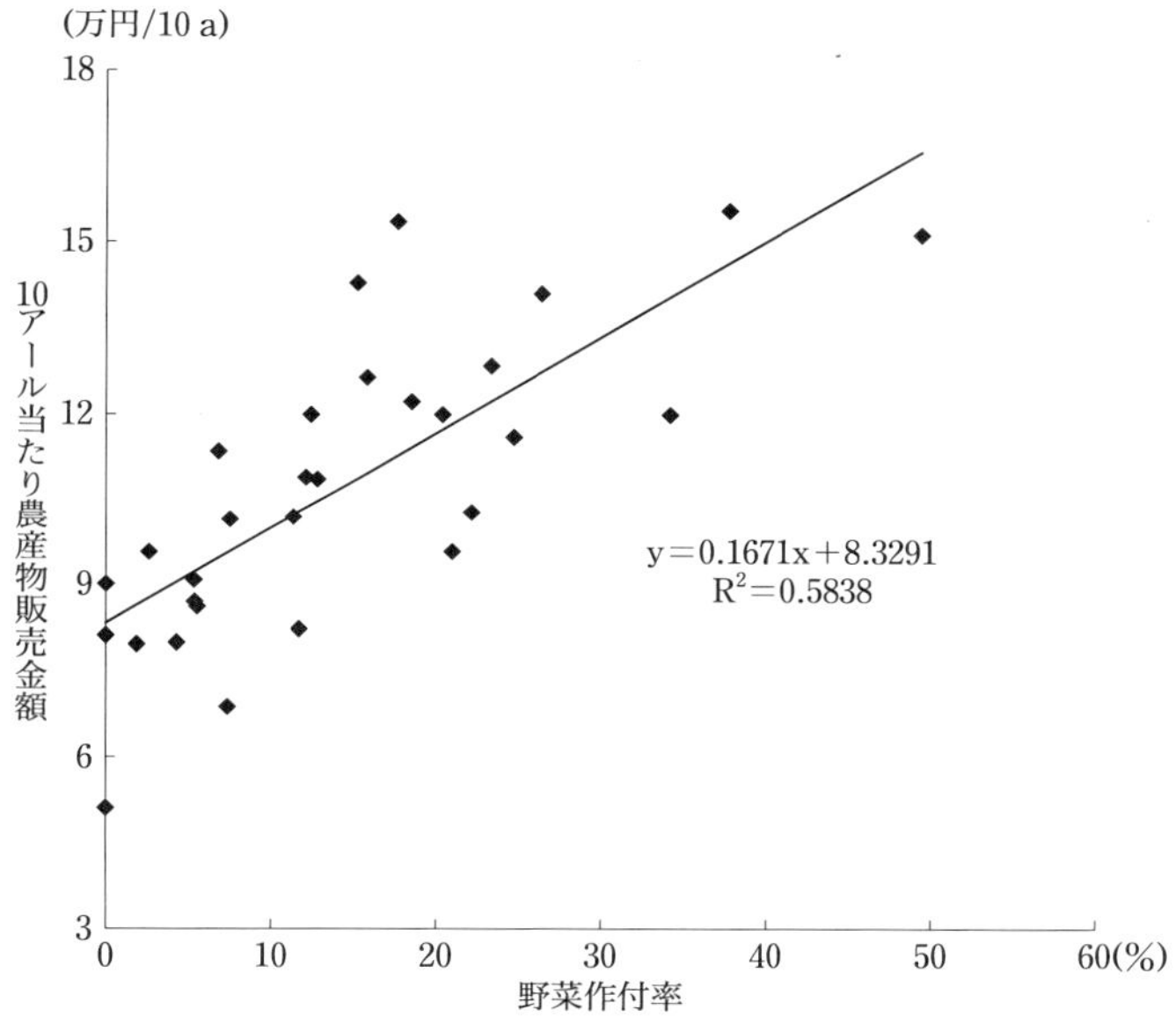

図 4-4　調査農家の野菜作付率と単位面積当たり農産物販売金額

出所）農家実態調査(1997 年)より作成。

のような関係から類推すると、一〇％の野菜作付率の増加は、拡大した畑地にすべて普通畑作物を作付けるとして二〇％の経営面積拡大と同等の農産物販売金額増加の効果がある。この試算はあくまで販売金額に関するものであり、農業所得についてそのまま当てはまるものではないが、経営面積拡大では新たな地代負担が伴うので、ここでの試算が野菜導入の経済的効果としてあながち過大なものとはいえないであろう。

九〇年代中期以降、十勝地域の野菜の伸びは鈍化している。芽室町では野菜作付面積は依然増加傾向にあるが、野菜作農家数は減少に転じている。野菜作農家は八七年には四四六戸であったのが、九二年には五五一戸に増加しているが、九七年には四九二戸と減少している。畑作農家中の野菜作農家の割合でもほぼ三分の二にとどまっている。野菜作農家がいっそう増加しない大きな要因に、調査農家のような有利な土地条件をもった農家は限られていることがある。土地条件が劣っていると野菜の作付面積そのものが制限されるとともに普通畑作物も含めた輪作体系の形成を困難にする。

また、八〇年代までの野菜作拡大の背景には大幅な経営面積拡大が困難であったことがあげられる。九〇年代になると離農率が再び高まっており、経営面積拡大の可能性が広がっている。野菜作の単位面積当たり収益性は高いが、労働時間当たり収益性は普通畑作物より低い。そのため、労働生産性では野菜作導入よりも経営面積拡大の方が優位となっている。今後の農地価格、地代の水準にもよるが、経営面積拡大の可能性が広がるなかで野菜作導入よりも経営面積拡大を選択する農家の増加が推測される。

調査地区にみられたように十勝地域で野菜作が拡大するなかで普通畑作物と野菜の大規模複合経営が形成されてきた。しかし、十勝地域の置かれた状況からするとそのような経営は限定されたものであり、広範に形成されうるものではないであろう。そのために今後野菜作の拡大を単純に展望することはできない。

三　野菜産地形成の特徴と市場対応の方向

一九八〇年代の後半に入り、十勝地域の中央部では野菜作が著しく進展した。この野菜作の進展は、畑作農業をめぐる環境が厳しくなりつつある状況のなかで、畑作経営の新規作物導入意欲と農協による野菜産地形成の取り組みとが結合したこと等によってもたらされた。ただし、中央部の農協をみると、産地形成を図る時期には大きな違いがある。五〇年代に共販組織体制を確立した木野農協、七〇年代中頃から、ながいもの産地形成を図った帯広川西農協など先発農協が存在する一方、八〇年代後半以降に産地形成を図った後発農協も少なくない。ここでは、後発農協による産地形成の取り組みに焦点を当て、(8) 芽室町農協の事例から、その特徴を把握するとともに、産地の展開方向について市場対応の点から明らかにする。

野菜は栽培適地や輸送性など性質の異なる多品目からなるため、農協が産地形成を図る際には、まず生産振興品目の選定が必要になる。いうまでもなく、この品目選定の良否が産地形成の行方に影響する。芽室町農協では二つの方法が採られた。一つは、先駆的生産者によって導入され、かつ作付が地域的広がりをみせている品目を選定する方法である。農協が追随的に生産振興を図ったケースであり、その代表がながいもである。もう一つは、卸売業者からの出荷要請を契機に、試験栽培を経て振興品目として選定する方法である。ごぼうは八二年頃に大阪市中央卸売市場の、だいこんは八五年頃に名古屋市中央卸売市場の卸売業者から出荷要請を受けている。両業者はともに生食用馬鈴しょの出荷先であり、また、そうした卸売業者による産地開拓の背景には府県産地の衰退があった。農協からみると、この方法は、既存作物の出荷を通して信頼関係を築いてきた大手卸売業者からの働きかけであり、確実な出荷先を確保できるという利点があった。このように農協は、市場調査を起点に立地条件や経営条件などを踏まえ、振興品目を能動的に選定したわけではない。むしろ、振興品目を受動的に選定したものであり、そのことには、選定の労力を省くとともに、後述する施設投資を伴う生産振興のリスクを低減させる側面があった。

選定された振興品目は、農協や町、普及センターなどの関連機関が一丸になり、二つの方策によって産地形成が図られた。すなわち、生産活動を担う生産者に対する支援および農協を中心にする販売システムの構築である。第一の生産者支援の内容は、栽培技術の開発と指導、作業機の導入補助、先進産地への視察、町独自の価格安定事業など多岐にわたる。とりわけ、ながいもやごぼうの生産者を対象にした作業機(トレンチャーや収穫用プラウ)の導入助成事業と農協所有機のリース事業は、機械導入の負担を軽減させたうえに、三戸を一単位にしたため、事業を利用したい生産者が他の生産者に対象品目の栽培を働きかける効果もあった。さらに町では、価格変動が大きい野菜の作付を定着させるため、農業振興基金からの補助金二億円と生産者拠出金を財源に、価格安定事業を単独で実施している。九〇年に始まった同事業は、生産者が被る価格下落の影響を緩和してきた(9)。

第二の方策である販売システムは、集出荷施設の整備と共販組織体制の確立とを両輪に構築された。このうち、多額の資金を要する大型の集出荷施設は、国の各種事業を活用しながら整備され、そのことによって市場対応の物的基盤が形成されてきた。予冷庫や定温庫の整備により、遠隔の大消費地への出荷が可能になっただけではなく、貯蔵性のある品目では、出荷期間が延びて市場動向に応じた時期別出荷が可能になった。機械選別により、産地としては個選よりも規格の統一された生産物を出荷できるようになり、また生産者は選別・調製作業を外部化できるようになった。とりわけ、多くの投下労働を要する選別・調製作業の外部化は、生産者の労力負担を軽減し、共選品目の作付拡大に寄与した。こうした集出荷施設の整備を契機に、農協は、当該品目の共販組織を発足させ、産地形成の推進と施設管理のために野菜の担当部署を拡充した。

集出荷施設と共販組織体制の整備により、農協は生産者の販売活動を代行できるようになった一方、生産者は農協に販売活動を委託することで生産活動に専念できるようになった。要するに、農協を中心にする販売システムの成立である。これにより、スケールメリット追求のため、生産物の同質化と集出荷施設の効率的利用とが本格的に図られることになる。すなわち、販売活動を担う農協が、部会を通して生産者の担う生産活動を統制するようになるのである。品種統一をはじめ栽培技術の指導などにより、生産物の同質化、それも品質の上位平準化が図られる。さらに、だいこんのような品質が劣化しやすい品目では、市場対応と施設の利用管理(生産者からの搬入量が施設の処理能力を超えないようにする)との観点から、播種日の指定などによって計画的に集出荷されるようになる。

以上のように芽室町農協は、関係機関の協力を得ながら、産地形成が容易と判断した少数の振興品目に対し、生産者を積極的に支援して作付面積の拡大を図るとともに、大型の集出荷施設を整備している。こうした取り組みは、限られた資源、特に施設投資の側面から、少数品目について大規模産地の形成を目指したものである。いわばスケールメリットの実現を狙った少品目・大量生産型の産地形成手法であり、そうした基幹品目を少数育成する手法は、市場遠隔地の後発産地が急速に発展するには有効であった。

このほかに、先行する他農協の協力を得ながら産地形成が図られる場合もある。特定品目について、先行農協に販売活動を委託する代わりに、先発農協の有する集出荷施設と販売チャネルなどを利用するのである[10]。この方法は、産地形成が図られる以前の段階ないし、振興品目以外での施設投資を回避するような場合に採られ、その多くが八〇年代後半以降にみられた。芽室町農協の場合、ながいもでは川西農協に販売活動を委託しているが、他方でごぼうは川西農協などから販売活動を受託している。振興品目以外の施設投資を回避するという点では、少品目・大量生産の方向に沿った対応である。

しかし芽室町農協は、産地形成に大きな役割を果たしてきたものの、必ずしも共販率が高いとはいえない。主要野菜のなかで共販率が一〇〇％に達するのは、芽条変異(突然変異)を防ぐため、産地組織のなかで地域にあった優良系統が維持されている、ながいもだけである。対照的に、にんじんのように作付面積が大きいにもかかわらず、共販では取り扱われていない品目もある。共販以外にも農協管内では、商系業者への販売、帯広地方卸売市場への個人出荷、任意出荷組合による販売、直売所での販売など、実にさまざまな販売方式がみられる。

生産者の販売方式が多様化した要因の一つに、農協の野菜作に対する姿勢があげられる。八〇年代半ばまでの農協は、野菜への関心が低かったことから、先駆的生産者の動きに比べて野菜作振興の取り組みが遅れた。別言すれば、野菜生産の進展と農協の振興策、特に販売システム構築との間に、タイムラグが生じたのである。しかも、施設整備の側面から、振興品目が少数に限られた。このため、農協への販売委託ができない生産者は、ほかの方法によって販売せざるを得なかったのである。こうした状況のなかで商系業者のなかには、除草作業や収穫作業での雇用労働力の提供、播種機や収穫機のリースなどにより、生産者を支援する者が現れた。このほかにも、地元の卸売業者は、市場情報の提供と価格下落時に冷蔵庫の利用料金引き下げを行うなどにより、任意出荷組合や個人の出荷者を支援してきた。商系業者や卸売業者による集荷活動の一環としての生産者支援は、農協が産地形成を図る以前の段階ないし、にんじんなど振興品目以外で野菜作の進展に貢献したといえる。

もう一つの要因は、生産者の独自性を重視した販売行動である。農協を中心にする販売システムが成立していても、生産者は価格条件やサービスの点から、生産物のすべてを農協に販売委託するとは限らない。この典型として主要畑作物の一つである生食用馬鈴しょがあげられる。農協共販に集まる生食用馬鈴しょは、市場評価の高い、いわゆる白いもが約三分の二、いも肌が黒く市場評価の低い黒いもが残りの約三分の一とされる。このため、白いも生産地帯のなかには、黒いもを取り扱う農協共販に参加していない生産者が存在する。この根底には農協管内での地域間や生産者間の品質格差があり、高品質生産物の生産者の一部が厳選主義をとりにくい農協共販から離脱したのである。

農協共販からの生産者離脱という動きは、振興品目のごぼうやだいこんでもみられる。こうした点は、農協に期待される役割が、生産者の支援と販売システムの構築による産地形成の推進から、次の段階へ移行したことを示唆している。すなわち、適切な市場対応および生産者のさまざまな性格に応じた産地管理である。[11]以下では、市場対応を取り上げ、市場競争力の強い品目と弱い品目とに大別して検討する。

まず市場競争力の強い品目、十勝地域でいえば産地規模の大きさを活かすことができる品目については、チャネル戦略が重要になる。というのも、近年、青果物流通チャネルの多岐化に伴い、市場競争力の強い大規模産地や製品差別化を追求できるような産地では、チャネルの選定や管理の良否が販売成果に大きな影響を与えつつあるからである。[12]そこで、芽室町農協が参加する川西長いも運営協議会(以下、川西ながいもと略)を例に、販売成果の側面から、大手量販店への直販と卸売市場への出荷(以下、市場出荷と略)とを比較する。

川西ながいもは販売活動を一手に担う川西農協と他の四農協から構成されており、九五年の作付面積三〇四ヘクタール(採種圃を除く)は国内有数の規模を誇る。大手量販店J社への出荷量をみると、全体の四・一%(三七六トン)を占めるにすぎないものの、A品L規格では全体の実に二四・五%(三五七トン)を占めており、同社に対して特定規格が大量に出荷されている。

表 4-4　価格の比較(川西ながいも，1995年産A品L規格)

(単位：円/kg，％)

	販売価格	精算価格	販売経費率	変動係数	
				販売価格	出荷量
直　販(J社)	362	336	7.2	0.095	0.396
卸売市場出荷	356	308	13.5	0.107	0.246

注) 1．加工向けと道内出荷分を除く。
2．精算価格＝(販売額－流通手数料(推定値)－運賃(運賃表から推定))/出荷量
3．販売経費率＝(1－精算価格/販売価格)×100
4．変動係数は，月別の値から求めた。
出所) 農協資料より作成。

表4-4は、A品L規格一キログラム当たりの販売価格と精算価格(農協段階)について、J社への直販と市場出荷を比較したものである。これによれば、J社への直販が市場出荷を上回っており、両者の格差は販売価格よりも精算価格で拡大する。この格差拡大は、中間業者の手数料率の差から生じている。手数料率をみると、直販が一・五％(納品業者)、市場出荷が基本的に八・五％であり、その七ポイントもの差が精算価格の格差に反映されているのである。直販では、取引価格が市場出荷の平均販売価格に準じて設定され、かつ市場出荷に比べて手数料率が低いことから、卸売業者排除による手数料の節約分がそのまま産地側の利益になっている。このことは、産地側からみれば、量販店の仕入れに適応した出荷、すなわち特定規格の大量出荷および需要の季節性(ながいもの需要は二～三月を底に八～十月に高まる)に応じた出荷を行う場合の重要な条件である。逆に、量販店側からみれば、仕入れの効率化を図るための代償に、手数料の節約分すべてを産地側に与えているのである。こうした点は、量販店の仕入れに適応した出荷により、産地が有利販売を実現できることに加え、それを実現するには大きな産地規模が必要になることを示唆している。

ただし、川西ながいもでは、量販店向けの出荷量割合を基本的に二割までにしている。この出荷量割合に上限を設ける理由の一つは、量販店との取引依存度を必要以上に高めないで交渉力を確保するため、言い換えれば取引の主体性を維持するためである。もう一つの理由は、産地からの出荷と量販店の仕入れとの間に、規格や時期などでギャップが生じるためである。規格の面では、特

定規格を求める量販店への出荷が増加するほど、市場出荷では特定規格の出荷量が減少し、ひいては規格構成の崩れから競争力が低下しかねない。時期の面では、需要の季節性に応じた仕入れを求める量販店向けの出荷量が増加するほど、集出荷施設の平準的な利用が妨げられる。こうした点から、量販店との直販を行う場合には、市場出荷とのバランスに十分配慮するとともに、産地の出荷規模に応じて相手を選択する必要があろう。

次に、市場競争力の低い品目については、市場対応を考える際に、産地としてどのように位置づけるのかが重要になる。要するに、基幹品目として育成するのか、副次的品目として位置づけるのかという判断である。基幹品目としての育成を図る場合には、既述した少品目・大量生産型の手法および先行農協に販売活動を委託する手法がある。ただし後者の場合、先行農協の存在という前提条件に加え、先行農協からみて、栽培条件と技術水準が異なる他農協の生産者を受け入れることは、出荷量の増加が見込まれる反面、品質格差が生じかねない。したがって、この手法には品質格差を縮小するための取り組みも要求される[13]。また、基幹品目としての育成が困難な場合には、産地として出荷規模に応じたチャネル開発も必要になろう。これまでの遠隔の大消費地をターゲットにした少品目・大量型とは異なる、いわば多品目・少量型の市場対応である。

以上、八〇年代後半以降の後発農協による野菜産地形成の特徴と、産地の展開方向について市場対応の点から考察した。農協による産地化の取り組みをみると、産地形成が容易と判断された少数の振興品目に対し、生産者を積極的に支援して作付面積の拡大を図りながら、大消費地への出荷に不可欠な集出荷施設を大規模に整備していた。これは、少品目・大量生産型の産地形成手法であり、市場遠隔地の後発産地が急速に発展するには有効であった。しかし、農協の生産振興策は、先駆的生産者の動きと比べて立ち遅れたうえに、施設整備の側面から振興品目が少数に限られたことは、生産者の共販参加機会を狭めた。こうした点は、商系業者への販売や任意出荷組合による販売など、生産者の販売方式が多様化した主因になった。

さらに、販売方式の多様化については、厳選主義を採りにくい農協共販から、高品質生産者が離脱する動きのあることにも注目する必要があろう。また産地管理では、だいこんにおいて農協がコントラクタを設立して収穫作業の支援を行っている。ブランドが確立し価格条件も良いながいもに比較してだいこんは価格が低迷しており、作付面積も減少傾向にある。市場競争力の維持や、集出荷施設の稼働率の確保という意味からも作付面積の維持が必要である。そのために農協は、機械導入や技術指導という生産者支援や施設整備といった販売システムの整備から、一歩進んだ支援を行っているのである。

（1）農家実態調査は北海道農業研究会が芽室町内の四集落を対象として一九九四年に行った。
（2）二〇〇〇年の芽室町における畑作経営六二八戸を対象とした組み替え集計に基づく。ここでは「畑作経営」を「農業粗収益に占める耕種部門の収入が八〇％以上の経営」とした。
（3）鈴木愛徳「小麦作の地域特化と集約性からみた経営的地位」（『北海道農試農経研究資料』四七号、北海道農業試験場、一九七八年）を参照。
（4）芽室町、芽室町農業協同組合が一九九四年六月に行った組合員意識調査によれば、後継者の有無が「わからない」、「いない」と回答した農家の七一・五％で堆肥が投入されていない。そのため、地力が低下しており、今後の賃貸借で問題となることが指摘されている。
（5）農家実態調査の詳細な分析は、徳田博美・森江昌史・杉戸克裕「大規模畑作地帯における野菜導入と経営構造」（『北海道農試農業経営研究』七八号、北海道農業試験場、一九九八年）を参照。
（6）徳田博美「土地利用と土壌管理」（「大規模畑作地帯における農業経営の構造再編」、『北海道農試農業経営研究』六七号、北海道農業試験場、一九九五年）、五六頁参照。
（7）徳田博美「WTO体制下の大規模畑作経営の展開方向――十勝畑作地帯の事例――」（『農業問題研究』四五号、農業問題研究学会、一九九七年）、一九頁を参照。
（8）先発農協の取り組みについては、河野迪夫「北海道十勝地域におけるナガイモ作の展開と産地主体の行動」（『北海道立農業試験場集報』五三号、北海道立中央農業試験場、一九八四年）、六七―七九頁、および徳田博美「大規模畑作地帯における野菜産地の発展過程」（『北海道農試農業経営研究』七五号、北海道農業試験場、一九九八年）、一―一五頁を参照。
（9）だいこんの場合は、農協共販の始まった一九九一年以降の五年間に、一〇アール当たり三万円前後の価格補てんが三回

（九二年、九四年、九五年）実施された。

（10）　十勝地域の実態については、坂本洋一「単一品目による広域野菜産地の形成と経済基盤」（『北農』第六一巻第二号、北農会、一九九四年）、三八—四二頁を参照。

（11）　生産者の異質化に応じた産地管理については、佐々木隆「産地における担い手構造の変化と今後の課題」（『農林業問題研究』三一巻四号、地域農林経済学会、一九九五年）、二八—三五頁が詳しい。

（12）　佐藤和憲『青果物流通チャネルの多様化と産地のマーケティング戦略』〈総合農業研究叢書三四号〉（農林水産省農業研究センター、一九九八年）、一〇八—一一二頁。

（13）　この内容については、注（10）、坂本前掲論文、四二頁を参照。

［一-松村一善、二-徳田博美、三-森江昌史］

第三節　周辺部・大規模畑作経営の特質

一　大規模畑作地帯における階層変動

十勝の周辺部は中央部に比較して生産性が低く、そのため畑作経営の規模が大きいという特徴がある。規模が大きいため労働集約的な野菜の作付は少なく、小麦、てん菜、馬鈴しょ、豆類の畑作四品主体の作付構成である。以下では更別村を対象に一九八〇年代後半以降の大規模畑作経営の特質について明らかにする。畑地型地帯は八五年を境に、原料農産物価格の低下、農地価格の低下、てん菜の糖分取引の導入や澱原馬鈴しょのライマン価基準強化などの品質評価が導入されるなど、大きな環境変化にさらされてきた。

ここでは、畑作経営の階層変動を明らかにするために飼料作の作付がない畑作専業経営を対象に分析する。

更別村では、八〇年代後半および九〇年代後半に離農が進み、その結果規模拡大が進んでいる。八五年から九〇年の五年間で二三戸、九〇年から九五年では一四戸、九五年から二〇〇〇年にかけて二二戸の離農があった。農家戸数の減少に対応して、畑作専業経営の平均規模は八〇年の二三・三ヘクタールから二〇〇〇年には四〇・九ヘクタールまで拡大している。二〇〇〇年の畑作専業農家戸数一五四戸のうち四〇～五〇ヘクタールが五四戸、五〇ヘクタール以上も三一戸存在している。このように更別村は家族労働力では限界とみられていた四〇ヘクタールを超える経営が、基本的に家族労働力の枠内で広範に出現しているのである。

こうして出現した大規模家族経営の性格について農地および作付構成の面からみてみよう。まず、農地についてである。すでに指摘したように八〇年代後半になると離農が増加した。その結果、「後継者不在」離農による賃貸借移動と「負債離農」による売買移動という農地移動の二分化がみられるようになった(1)。八六年から九〇年の五ヶ年には売買六九件、五三六ヘクタール、賃貸借二一件、一六〇ヘクタールの移動があった。これらの移動に際し、八〇年代中頃から集落斡旋機能が形骸化し、受け手のない農地に対しては集落を超えた売買が行われるようになった。規模拡大意欲の強い農家がそれら農地を取得し、その結果圃場の分散が進み、作業効率の低下が問題となった。農地移動は九〇年代に入ってからも活発であるが、その中心は売買から賃貸借へと移行している。九一年から九五年の五年間では売買八三件、三七七ヘクタールに対して、賃貸借一四三件、八八〇ヘクタールとなり、さらに九六年から二〇〇〇年までの五年間では売買六一件、四三二ヘクタールに対して、賃貸借一六六件、九四九ヘクタールとなっている。

農地価格は八〇年代後半のピーク時には一〇アール当たり三〇万円程度であったが、九〇年代後半には二〇万円程度にまで落ち込んでいる。さらに売買移動に占める農地保有合理化事業の割合が高くなっており、その際の地価は一四～一五万円程度である。こうした地価下落にもかかわらず、今後の農業情勢への不安から購入を控え、長期間の安定的な借地への意向が強くなっている。

一方、小作料も低下傾向にある。農業委員会で把握している畑地の実勢小作料は一〇アール当たりで九一年の七七三〇円から九九年には四七八九円まで低下している。在村離農する農家にとって、負債整理のために農地を売却処分するケースは少なく、また低金利のもとでは、農地売却による貯金金利より借地料収入の方が有利であると認識されている。そのため、小作料が低下傾向にあっても賃貸する意向が強く、賃貸借の受け手市場化の要因となっている。

また、農地需給が緩和している現在、大規模経営が作業効率追求のために集落外の農地を放出し、集落内の農地を代替取得し団地化する動きもみられる。借地が増大するなかで、借地と自作地の区別なく借地も輪作体系のなかに組み込まれ、堆肥投入などの土づくりも同様に行われるようになっている。借地の契約期間は一〇～一五年と比較的長期となり、借地に対する地力収奪的な土地利用はみられない。賃貸借を購入までの一時的なものではなく、継続的なものと位置づける経営が増えてきているのである。

八〇年代後半の時期に、それまで優位性をもってきた中央部の中規模高生産力地帯に対して、周辺部の大規模低生産力地帯が一戸当たり粗生産額において逆転するという現象がみられた。質よりも量を重視した畑作物の価格支持制度などを背景として、大規模経営の優位性が発揮されたからである。

八〇年代半ば、更別村の平均経営規模はおよそ三〇ヘクタールであったが、土地利用においては澱原馬鈴しょの連作が行われ、てん菜も糖分量は低いがそれを単収で補うというかたちで、根菜類中心の作付がみられた。また規模が大きくなり労働力が不足する経営では労働粗放的な小麦作の作付を増加させた。澱原馬鈴しょ、てん菜、小麦という価格支持作物主体の大規模経営がその最盛期を迎えていたのである。

しかし、八〇年代後半に入ると、そうした条件は一変した。八六年には原料農産物価格が引き下げられ、またでん粉市場の悪化に伴って、澱原馬鈴しょから加工用、生食用への転換が必要とされた。大規模畑作地帯も再編を迫られたのである。更別村全体でみると、そうした変化は次のように現れた。一つには、馬鈴しょでは澱原用の割合が減少して、生食用、加工用の割合が高まったことである。澱原用馬鈴しょは八六年の約一二〇〇ヘクタールをピークとして八〇〇～一〇〇〇ヘクタールとなった。他方、生食用、加工用馬鈴しょは農協の販路開拓の取り組みが早期になされたために、周辺部の他地域よりも作付転換が早く進んだ(2)。加工用馬鈴しょは、八〇年代前半にかけて増加し、八二年には約六〇〇ヘクタールに拡大し現在に至っている。生食用馬鈴しょは八〇年代に入ってから徐々に増加し、九〇年頃に四〇〇ヘクタール台となっている。こうして八〇年代初頭までの澱原用馬鈴しょ主体の構造から転換してきたのである。

もう一つの大きな特徴として畑作物の品質を向上させるためにも輪作体系の確立が重視されて、作付構成のバランスがとられるようになったことである。澱原用馬鈴しょの連作に特徴づけられてきた周辺部の畑作経営が、畑作四品のバランスのとれた作付構成へと変化してきたのである。

この点を表4-5の規模階層別作付構成からみてみよう。八〇年、八五年、九〇年頃までは、四〇ヘクタールを超える大規模経営においては豆類が少なく、麦類の作付が多く、てん菜の作付は減少傾向にあった。つまり、この規模層から畑作四品目の作付比率を均衡させることができなくなっていたことが分かる。しかし近年になるとそれが徐々に均衡するようになっている。大規模層ほど小麦作付割合が高いという傾向は九〇年には減少し、九五年にはみられない。また、豆類の作付割合が大規模層で減少するという傾向についても同様である。てん菜も二〇〇〇年には規模間の格差はみられなくなっている。こうして二〇〇〇年においては三〇～四〇ヘクタール層と五〇～六〇ヘクタール層の作付構成にはほとんど違いがみられなくなる。また、中小規模層において導入された野菜作はピークの九二年には八六ヘクタールまで増加したが、その後規模拡大に伴って面積は減少し七〇ヘクタール前後となっている。

十勝の中央部では大規模経営において省力化対応として小麦の作付割合が増加する傾向がみられるが、更別村

表 4-5　更別村における規模階層別作付構成の推移

（単位：戸，a，%）

面積規模	年次	農家戸数	平均面積	作付割合 豆類	秋小麦	てん菜	馬鈴しょ 小計	種子	食用	加工	澱原	SC	野菜
50～60 ha	1980	1	5,085	0.4	34.2	15.2	46.7	－	－	－	－	0.0	3.5
	85	1	5,588	4.6	21.7	12.0	57.0	0.0	5.7	11.0	40.2	0.0	3.4
	90	7	5,485	11.4	32.2	17.6	29.9	0.0	8.3	9.0	9.3	2.7	2.5
	95	11	5,269	20.0	26.3	18.7	28.4	1.4	5.9	8.9	12.2	4.2	8.8
	2000	21	5,333	22.6	26.9	20.4	24.1	1.3	5.7	8.7	8.3	2.7	2.9
40～50 ha	1980	5	4,237	27.5	22.7	17.9	20.0	－	－	－	－	0.0	1.9
	85	15	4,530	18.4	23.4	19.4	31.4	0.0	7.6	7.5	16.3	1.4	0.4
	90	25	4,419	17.9	26.0	19.1	27.7	0.5	7.8	9.1	10.4	6.2	1.2
	95	42	4,439	20.7	24.8	19.6	28.1	1.1	5.0	9.1	12.9	4.3	5.7
	2000	54	4,442	22.2	26.8	21.0	25.4	1.1	6.9	8.7	8.7	1.9	3.4
30～40 ha	1980	19	3,411	24.2	12.7	20.7	33.1	－	－	－	－	1.9	0.1
	85	56	3,442	25.0	18.8	19.2	31.1	1.1	4.5	10.0	15.6	2.9	0.4
	90	68	3,522	23.0	25.5	18.6	26.4	1.7	5.9	8.7	10.2	4.2	0.8
	95	50	3,544	23.8	25.5	20.4	26.0	2.5	5.3	6.6	11.5	2.6	3.6
	2000	40	3,555	22.6	27.7	21.6	23.0	4.0	6.0	4.8	8.2	1.9	3.9
20～30 ha	1980	90	2,474	30.0	13.6	20.5	29.4	－	－	－	－	1.2	0.2
	85	82	2,593	27.7	15.7	21.1	29.6	3.3	4.9	8.2	13.1	3.3	0.3
	90	51	2,604	25.3	22.6	21.1	25.2	4.4	6.2	4.7	9.8	3.5	0.3
	95	40	2,597	24.9	22.2	19.6	26.9	2.6	5.7	3.6	15.0	3.1	5.0
	2000	24	2,562	19.9	29.3	20.3	24.8	3.6	4.6	3.1	13.4	2.6	5.6

注）1．飼料作付面積のない農家のみ集計。
2．複数戸法人を含まない。
3．20 ha 未満および 60 ha 以上は省略した。
4．豆類にはその他の大豆，えんどうが含まれている。
5．SC はスイートコーンの略である。
6．その他があるため作付割合の合計は 100 とならない。

出所）更別村農協資料より作成。

の四〇ヘクタールを超える経営は、豆類のピックアップスレッシャーやてん菜の全自動移植機などの導入により、作付構成を変化させることなく各作物を拡大可能な機械体系を構築してきた。

今日においても、一戸当たり農業粗生産額でみた中央部に対する周辺部の優位性は変化していない。しかし、両地域ともに地域農業には大きな動きがみられた。中央部においては八〇年代から加工資本や農協主導によって野菜の産地化が図られ、野菜を導入した中規模畑作経営が一定の定着をみた。そうした集約化の方向に対して、周辺部ではさらなる規模拡大の推進とともに、流通政策および市場の変動への対応が進められた。大規模経営においても持続的な土地利用体系を採りうる作付構成の変化がみられ、個別経営による機械投資が積極的に行われた。また、農協や加工資本、関係機関によって、生食、加工用馬鈴しょの販路開拓や畑作物の品質向上のための取り組みが積極的になされ、澱原馬鈴しょ主体の構造から加工、生食用馬鈴しょへの作付転換が進んだ。また、畑作物の高品質生産に向けて土づくりを行うため、更別村農協では九〇年から畑作農家向けに堆肥供給を行うなどの対策が採られている(3)。中央部に対する周辺部の優位性が維持されてきたその背景には、こうした地域農業の再編がみられたのである。

二　大規模畑作経営の性格

一九八〇年代後半以降、畑作地帯における規模拡大のテンポは加速し、十勝周辺部においてはすでに平均経営耕地面積が四〇ヘクタールを超える町村すら現れている。いまや、「大規模経営」として特質が問われる耕地規模は五〇ヘクタールあるいはそれ以上となっている。ここでは、更別村を対象として大規模畑作経営の性格を技術的基盤および経済性という二側面から検討する。

はじめに更別村における土地利用の変化について確認する。前項でも述べたが、八〇年代後半の土地利用は耕地規模が大きいほど豆類（金時）の作付比率が低く、代わりに小麦の作付比率が高かった。また、規模が大きいほどてん菜の作付比率はやや低かった。現在では、大規模層にかつてみられた小麦偏重の作付や豆類・てん菜の過小作付傾向は薄れ、畑作四品の作付比率は均衡している。特に中核層以上となる三〇～六〇ヘクタール層において土地利用は平準化したのである。

なお、図示はしないが、八〇年代以降の更別村における各作物の収益性を試算すると、てん菜の収益性は期間を通して最上位であり、また金時と小麦を比べると金時は収益性と安定性で小麦に勝る。(4) すなわち、かつてみられた豆類・てん菜の過小作付と小麦の偏重作付は、収益性が上位の作物の大規模作付が労働制約によって困難だったことを示唆している。現在では土地利用は平準化しており、労働制約は緩和されたと判断される。これは、高度機械化段階のいっそうの深化によるものである。特に、豆類収穫作業工程におけるピックアップ収穫機、てん菜移植作業工程における全自動移植機が開発された効果はきわめて大きい。

ここで事例を用いて、規模拡大過程の技術選択と土地利用の推移を検討する。対象経営は九〇年代に一〇ヘクタール以上の農地集積を行うことで、五〇ヘクタール以上への大規模化を実現している。

保有労働力をみると、A・B経営は夫婦二人を基幹労働力とし雇用労働力をほとんど使用していない。C経営は家族労働力が充実しつつも、臨時雇用労働力をほぼ通年で確保している。五〇ヘクタール以上層（A経営、五五ヘクタール・B経営、五六ヘクタール）は雇用労働力への依存が弱いのに対し、七〇ヘクタール以上層（C経営、七六ヘクタール）は家族労働力が豊富であっても雇用労働力に依存せざるを得ないのである。

土地利用では、三事例で小麦の作付比率が低下し、豆類の作付比率が上昇した。五〇ヘクタール以上層と七〇ヘクタール以上層とを比較すると、前者は馬鈴しょの用途転換（澱原→生食・加工）と並行して生食・加工用馬鈴しょの作付比率を上昇あるいは維持し、さらにてん菜の作付比率も維持した。一方、後者は七〇ヘクタールを超えて以降、上記と逆に馬鈴しょ用途転換（生食・加工→澱原）と並行して生食・加工用馬鈴しょとてん菜の作付比率を低下させた。すなわち、大規模化に際して、A・B経営は「小麦→小豆・金時」と収益形成力を向上させたのに対し、C経営は、「生食・加工用馬鈴しょ→澱原馬鈴しょ」と低下させつつ、さらに「てん菜→小豆・金時」と不安定性を高めた。(5)七〇ヘクタール以上層の作付行動は作目の偏重傾向を解消させ土地利用を適正化させるものであったが、同時に、収益形成力を低下させる方向でもあった。

次に、土地利用の変化に伴った機械装備に注目する。すべての事例で豆類の作付比率は上昇したが、すべてがピックアップスレッシャー(以下では、PTと略)を採用した。三事例ともにお積み体系では現状程度の作付は困難としており、PT体系によってにお積み体系の作業限界を打破したといえる。C経営は、さらに豆類の作付面積を拡大し、かつ適期作業を容易にするために、PTを追加導入して二台同時作業を行うほどである。

てん菜の作付比率はA・B経営で上昇する一方で、C経営では低下した。A・B経営は全自動移植機を採用したのに対し、C経営は移植・施肥作業を一体化させただけである。これは圃場条件(傾斜)の制約によるものだが、A・B経営ではてん菜の作付面積拡大が容易となり余力も生じたのに対し、C経営では移植作業が適期に遅れることを前提として作付を拡大せざるを得なかった。すなわち、C経営ではすでに慣行体系で作業限界に達しており、これがてん菜の作付比率も低下させた要因である。

また、C経営は馬鈴しょの用途転換(生食・加工→澱原)を行ったが、これは生食・加工用馬鈴しょ収穫作業の限界によるものであった。生食・加工用馬鈴しょ収穫は最も裸手労働を要し作業能率の低い作業工程であるため、これが大規模化に際して生食・加工用馬鈴しょの作付面積を拡大することを阻害している。A・B経営も大規模化に際して生食・加工用馬鈴しょの作付面積を拡大したものの、現状以上の作付拡大は困難としている。一方、播種作業はカッティングプランタの採用によって作付を拡大する余力をもつとしていた。すなわち五〇ヘクタール以上層においてもすでに生食・加工用馬鈴しょは収穫作業が限界であり、馬鈴しょの作付拡大には澱原馬鈴しょの導入・拡大しかなく低収益化が避けられない。さらに、汎用的な作業では耕起および砕土整地工程の能率向上が重要となるため、作業機の拡幅や複数台所有あるいは耕起用トラクタの高馬力化が行われていた。

以上のように大規模化の過程は、同時に固定資本装備増強の過程でもあった。固定資本取得額の増加傾向は明瞭であり、面積当たり固定資本も横ばいから増加傾向にある。これを経営費でみても、面積当たり農機具費は同様の傾向をとっている。すなわち、技術進歩によって雇用労働力に強く依存せずとも五〇～六〇ヘクタール程度まで土地利用を変更せずに耕作できるようになったものの、固定資本装備は不可避的に増加することから、面積当たりの農機具費は減少せず、経営費の低下も期待できない。また、それ以上の耕地規模においては、同様に面積当たり経営費の低下は期待できないだけでなく、さらに作付体系が低収益作物に特化せざるを得なくなる。したがって、畑作経営における大規模化は経営効率を低下ないしは維持させつつ農業所得の総額を目指す方向であると判断される。

さらに実態調査[6]に基づき、大規模化が農業所得形成に与える効果を検討する。面積当たり付加価値額および付加価値率をみると、八九年には四〇～五〇ヘクタール層から低下傾向がみられたものの、九八年には六〇ヘクタール以上層まで低下傾向はうかがえない。前述の通り、九〇年代に五〇～六〇ヘクタール程度まで土地利用の平準化は進展したが、これを経済的な視点からみても収益形成力に同様の平準化が確認され、より大きな規模まで所得増加効果の発揮される条件が形成されたと判断される。

ここで、九八年におけるモード層と最大規模層の支払利子、小作料、雇用費を比較すると、面積当たり支払利子および雇用費はほぼ同水準であるものの、小作料は増加傾向にある。すなわち、より大きな規模まで経営効率を低下させずとも済むようになったものの、面積当たり経営費（特に低下が期待される農機具費）は低下していないことから、農地集積に伴って追加的に生じる費用（小作料・支払利子等）は吸収できず、これが大規模化による所得増加を阻害しているのである。

以上の結果、九八年における六〇ヘクタール以上層の付加価値額は五〇～六〇ヘクタール層を若干下回りながらもモード層より高いのに対し、農業所得ではモード層をも下回る。また、所得率も六〇ヘクタール以上層で大きく低下する。以上の分析は経営間の比較であることに注意は必要だが、所得増加効果は技術的基盤に規定されており、それを超えた規模への大規模化は所得増加効果を急減させるだけでなく、経営の不安定性を増大させることが危惧される。

最後に、財務面から大規模畑作経営の特徴を検討する。耕地規模別に九〇年から二〇〇一年にかけての大規模化の程度と負債および経営成果との関係をみると、大規模化の程度が大きいほど負債残高は多く、また九〇年時点の耕地規模が小さいほど負債残高は多いことがうかがえる。すなわち、大規模化の程度が大きいほど経営外部の資本への依存度を高めざるを得ず、もとの規模が小さく蓄積力の低かった農家ほどこの傾向は強い。次に、農業収支(減価償却費控除前農業所得に相当)には、大規模化の程度が大きいほど高い傾向があるものの、九〇年時点の規模が大きいほど拡大程度による格差は小さく、すでに所得増加効果の逓減する局面が生じ始めていることが危惧される。

負債の多寡は元利返済額の多寡へと結びつくことから、大規模化の程度が大きいほど元利返済額は高く、元利返済後余剰でみると大規模化による経済的な優位性は縮小し[7]、三五ヘクタール以上層では逆転することも散見される。所得増加効果が生じていると判断される三五ヘクタール未満層では元利返済後余剰も増加しているものの、所得増加効果が低下するほどの大規模化を行った四五ヘクタール以上層では元利返済後余剰の低下傾向すらみてとれる。資金返済後、資金循環を円滑に行うため新たに資金を借入する動きがみられる。元利償還額と資金借入額を比べると、元利償還額が上回ることから負債の累積する構造とはなっていないものの、大規模化の程度が大きいほど元利償還後余剰で資金借入後のキャッシュフローをまかなう比率は低下しており、大規模化に伴って資金循環は外部資本への依存を強めている。

以上のことは自己資本の蓄積が不足していることを示す。注目すべきは三五ヘクタール未満といった従来の耕地規模が小さい経営群、現在の耕地規模が六〇ヘクタール以上といった大規模経営群において外部資本への依存度が高いことである。三〇ヘクタール程度といった他の地域からみれば自立可能と思われる経営といえども、元利返済後余剰で六〇〇万円に満たないことから蓄積力は弱い。とはいえ、経営の存続のためには大規模化が不可避であり、近年の急速な大規模化に際して外部の資本への依存を高めざるを得ないからである。一方、先行して大規模化を果たした経営では、今や技術的基盤の未確立な規模の近傍となっていることから低収益化と経営効率の低下が生じつつある。一〇アール当たり元利償還後余剰の水準に明瞭な通り、投資の回収期間が長期化するので、結果として外部への依存度は高まることとなる。すなわち、自己資本の蓄積に基づいた適正な大規模化を行うにも、可処分所得の確保と投資の回収が両立しておらず、蓄積を十分に行える状況となっていないと判断される。

したがって、九〇年代に農地需給が緩和し大規模化は急展開したものの、資本蓄積はそれに追いつけず、収益低下に際して負債が固定化しやすい構造となっている。今後、畑作物価格の低下が想定されるが、その局面において、大規模畑作の収益構造を負債を累積化するものへと転化させる危険性がきわめて高い。さらに、先行して大規模化した経営における経営効率の低下は経営構造の脆弱化を加速している。

以上のことは、現状の大規模化をもって、コスト低減方向ないしは生産力の発展と捉えるのには問題があり、また畑作物価格低下に対する経営構造の強化と捉えるのにも問題があることを意味する。確かに大規模化の進展によって農業所得は伸びているものの、それと並進して経営構造は脆弱化する可能性がある。

（1）　井上裕之「離農形態の変化と農地市場」（『北海道農業　特集「転換期大規模畑作の構造問題――十勝更別村の実態――」』北海道農業研究会、一九八九年）および「農地市場の展開と地価問題」（牛山敬二・七戸長生編著『経済構造調整下の北海道農業』北海道大学図書刊行会、一九九九年）、三二二―三三三頁を参照。

（2）馬鈴しょに関しては、小林国之『農協と加工資本』（日本経済評論社、二〇〇五年）を参照。
（3）更別村農協における堆肥製造事業については、小林国之「大規模畑作地帯における農協堆肥製造事業の背景と意義――北海道更別村農協を対象に――」（『農経論叢』五八集、北海道大学農学研究科、二〇〇二年）、七一―八四頁を参照のこと。
（4）土地利用および作物ごとの収益性の関係および事例分析の詳細については、平石学「十勝における大規模畑作経営の展開過程と経営成果」（『北海道農業経済研究』一〇巻二号、北海道農業経済学会、二〇〇二年）を参照。
（5）各事例の作物別の収益性を試算すると、A経営…生食・加工用馬鈴しょ＞小豆・てん菜・澱原馬鈴しょ＞金時・小麦、B経営…生食・加工用馬鈴しょ＞てん菜＞小豆・金時・澱原馬鈴しょ＞小麦、C経営…生食・加工用馬鈴しょ＞てん菜＞小豆＞金時＞澱原馬鈴しょ＞小麦であった。
（6）平石学『大規模畑作経営の展開と存立構造』（農林統計協会、二〇〇六年）、第五章も参照。
（7）本来、元利返済額の多寡をもって負債圧の高低は判断できないが、第一に、借入金額も同時に高水準となる、第二に、表示していないが資金借入後キャッシュから資産購入額を差し引いた残額が各階層で一〇〇〇〜一二〇〇万円に収斂することの二点から、大規模経営は有利性を生かし繰上償還を行っているのではなく、多額の元利返済を行いつつ、資金を借り入れることで経営継続に要するキャッシュを確保していると判断することが妥当と思われる。

［一-小林国之、二-平石　学］

第四節　畑地型酪農の特質

北海道酪農は十勝・網走などの畑地型酪農と根釧・天北などの草地型酪農に区分される。両者は異なる経営環境のなかでそれぞれ特色ある経営展開を遂げているが、農業地帯としての特性からみた最も大きな違いは、草地型では酪農専作地帯が形成されているのに対し、畑地型では酪農経営と畑作経営が混在していることである。

北海道では一九六〇年まで有畜農家の創設が進められ、乳用牛飼養農家数が大きく増加した。北海道で最大の畑地型酪農地帯である十勝地域の乳用牛飼養農家数はピークの六〇年には二万三〇〇〇戸になり、飼養農家数がやや減少した七〇年には乳用牛飼養農家率がピーク（五五％）に達した。この時期の乳用牛飼養農家は「混同経営」と呼ばれる畑酪複合経営が多かったが、七〇年代以降バルククーラの導入を契機に、乳用牛飼養をやめて畑酪経営から畑作経営への転換が進んだ。その結果、十勝地域の酪農家数は七〇年から九五年にかけて半減するほど大きく減少したが、九五年の乳用牛飼養農家率は二九％にとどまっている。また、この間、酪農経営の規模拡大が進むなかで、畑酪経営から畑作経営へ転換する農家が十勝平野の中心部ほど多かったことから、酪農生産は十勝平野の外縁部に集中することになった。こうして十勝地域のなかでも、外縁に位置する広尾町や大樹町などには専業的な酪農地帯が形成されたのに対し、十勝中心部の帯広周辺では畑作経営のなかに酪農経営が混在することとなった。

本節では、畑地型酪農を代表する十勝酪農を対象に、十勝内部における地域性を検討したうえで、そのなかから酪農展開に対照性のみられる中央部に位置する芽室町と沿海部に位置する更別村を取り上げ[1]、その経営実態を分析することにより、十勝地域における一九九〇年代の畑地型酪農の経営展開とその特質を明らかにする。さらに、一九九〇年代以降急速に経営規模を拡大している山麓部における酪農経営展開の特質をコントラクタへの作業委託の視点から明らかにする。

一　十勝酪農の地帯構成

ここでは十勝地域の市町村を各市町村の酪農経営に占める酪畑経営の割合に基づき、いくつかの地域に区分したうえで、それぞれの地域における酪農生産方式などを分析し、十勝酪農の地域性を検討する。地域区分の方法は、農業粗収入に占める作物の割合が一〇％以上の酪農家を酪畑経営、一〇％未満の酪農家を酪専経営とすると、十勝全体では酪畑経営三七％、酪専経営六三％となり、帯広周辺で酪畑率の高い中央部、北部山寄りで酪専率の高い山麓部、南部海寄りで酪専率の高い沿海部、東部山寄りの山間部に区分できる。(2)

はじめに地域別の経営概況についてみると、経営面積は沿海(四三・八ヘクタール)、山麓(四三・一ヘクタール)、山間(三六・七ヘクタール)、中央(三四・二ヘクタール)の順に大きいのに対し、経産牛頭数は山麓が六六・七頭と突出して多く、以下沿海(五一・二頭)、中央(四九・三頭)、山間(四四・九頭)の順になり、全般に十勝の中心部から外縁部になるほど経営規模が大きくなる。また、経産牛一頭当たり経営面積では沿海(九三アール)、山間(九二アール)、中央(八五アール)の順であり、山麓は七三アールと小さいことから、山麓における経営規模拡大が頭数規模に偏った展開であることが分かる。その結果、農業粗収入では山麓が四四五七万円で最も多く、以下中央(三八四〇万円)、沿海(三七一九万円)、山間(三一八五万円)の順になるが、負債残高でも山麓が最も多い。

次に、牛乳生産についてみると、個体乳量は中央・山麓・沿海が約八〇〇〇キログラムと高く、山間が約七五〇〇キログラムと低いことから、出荷乳量は経産牛頭数に比例して山麓(四九三トン)、沿海(三八二トン)、中央(三四八トン)、山間(三一六トン)の順に多い。他方、平均産次数や飼料効果では山間が高く、山麓で低くなっている。また、調査農家で支配的な土地利用方式は、中央では牧草やとうもろこしのほかに普通畑作物との輪作、山麓・沿海では牧草ととうもろこし、山間では牧草が多い。放牧の実施割合は山間で五割、沿海で四割と高いが、山麓・中央では三割程度と低い。このように土地利用方式については、地域間の違いが中心部から外縁部にかけての序列として明確に現れている。

十勝農業の地域性は、主に気象的条件に規定され、帯広を中心とするチューネン圏的特性がみられ、外縁部ほど経営規模が大きく酪農家率も高い。ここでは、中央―山麓―沿海の序列がこれに該当し、この順に酪農家率が高まる。池田町周辺の山間はこの圏域にはあてはまらず、やや異なる性格をもつ。酪農生産の動向とこの地域性を重ねてみると、現在でもこの圏域的傾向が継続しているものとして経営面積、飼料効果、土地利用方式がある。一方、経産牛頭数、一頭当たり面積、農業粗収入、負債残高、出荷乳量では序列の逆転がみられる。それは山麓における飼養頭数に偏った急速な規模拡大を要因とし、地域性にとらわれない経営展開とみなしうる。したがって、中央部と沿海部は、十勝酪農の地域性を踏まえた畑地型酪農の対照的な経営展開が現れている地域と位置づけることができる。

二　畑地型酪農の経営展開

ここでは中央部の芽室町と沿海部の更別村を取り上げ、一九九六年と九七年に行った酪農家調査結果に基づき経営展開を分析する。なお、それぞれの調査農家は、芽室町では南の山寄りに位置し酪農家の多い上美生地区を含む全町から抽出され、同様に、更別村では南西の沿海寄りに位置する更南地区を中心に抽出されている。なお、更南地区は戦後開拓地の占める割合の高い集落であり、また集落内の酪農家一二戸のうち四戸が七〇・七一年に苫小牧から移転してきた農家である。以下では、芽室町を上美生地区とその他地区(町中央部)に、更別村を更南地区とその他地区(村中央部)に区分して分析を進める。

はじめに、調査農家の労働力に関して芽室町と更別村(以下、町・村を略す)を比較すると、労働力数や経営主年齢で差がみられないが、後継者の確保率では芽室の五〇%足らずに対し、更別では七〇%以上と高い。農地面積は芽室の三三ヘクタールに対し、更別は四八ヘクタールと大きく、芽室のなかではその他地区で小さく、更別のなかでは更南地区で大きく、約二倍の格差がみられる(表4-6)。さらに、飼料作用地の団地数は、芽室の七・六に対し、農地面積が大きいにもかかわらず更別は三・五と少なく、農地に関わる経営条件の違いがいっそう明確である。一方、乳用牛頭数や育成牛率では大きな差はみられない。ただし、この点について芽室の上美生

表 4-6　調査農家の経営概況

区　分	集計戸数	経営方式 酪専	酪畑	家族労働力	農地面積	飼料作団地数	乳用牛頭数 経産牛	育成牛	経産牛当たり面積 畑	飼料作	出荷乳量	個体乳量
	(戸)	(%)	(%)	(人)	(ha)		(頭)	(頭)	(ha/頭)	(ha/頭)	(t)	(kg)
芽　室　町	17	70.6	29.4	2.6	32.7	7.6	69.1	59.1	0.47	0.43	579	9,156
上美生地区	7	85.7	14.3	2.3	40.6	7.0	95.9	85.0	0.39	0.32	796	8,668
その他地区	10	60.0	40.0	2.9	27.2	8.1	50.3	41.0	0.39	0.37	427	9,448
更　別　村	14	64.3	35.7	2.9	47.5	3.5	62.0	50.1	0.85	0.80	514	8,399
更南地区	9	77.8	22.2	2.9	51.2	3.3	62.6	50.0	0.86	0.83	507	8,211
その他地区	5	40.0	60.0	2.8	41.0	3.8	61.0	50.2	0.84	0.74	526	8,738

注）個体乳量は経産牛１頭当たり乳量。
出所）芽室町は 1996 年，更別村は 1995 年の農家聞き取り調査より作成。

地区に経産牛一〇〇頭以上の農家が三戸含まれていることから、ここでの頭数はかなり多めに現れている。出荷乳量についても同様の理由で、ともに五〇〇トン台ながら、芽室の方がやや多い。他方、個体乳量に関しては、芽室は九〇〇〇キログラム台と更別の八〇〇〇キログラム台より高く、芽室のなかではその他地区で高く、更別のなかでは更南地区が低く、その格差は一二〇〇キログラムにも達する。経産牛一頭当たり飼料作面積は、芽室の四三アールに対し更別は八〇アールと約二倍の格差がある。経営方式に関しては、ともに酪専率が六〇～七〇％台と高いが、芽室のなかではその他地区で六〇％、更別のなかでもその他地区で四〇％であり、町村内における格差が大きい。

芽室の調査農家に大規模経営が含まれていることから判然としないところもあるが、経営構造の違いから、芽室のその他地区と更別の更南地区をそれぞれ中央部（十勝旧開地型酪農）、沿海部（十勝新開地型酪農）の典型とみなすことができる。つまり、更別では農地面積規模が大きく、乳用牛飼養頭数もやや多いのに対し、芽室は農地面積が小さく、とりわけ一頭当たり飼料面積は小さいが、個体乳量は高いことから、出荷乳量では両者に大きな差はみられないのである。

自給飼料の作付構成をみると、芽室ではアルファルファを含む牧草が七〇％、とうもろこしが三〇％であるのに対し、更別では牧草が八七％と高く、とうもろこしは一三％と低い。さらに、更別のなかでも更南地区ではとうもろこしは八％にすぎない。この地区では九戸の酪農家のうち四戸でとうもろこしが作付けられているが、そのうち一戸は一九九六年に作付を中止し、もう一戸は二〜三年後に作付を中止する予定である。したがって、更別では土地利用方式の牧草単一化が多くみられるのに対し、芽室では牧草ととうもろこしや普通畑作との輪作が広くみられる。また、飼料生産の調製作業体系をみると、両町村の酪農中核地帯に位置する上美生地区と更南地区では、とうもろこし、牧草ともに共同作業体系が支配的であるのに対し、酪農家と畑作農家が混在するその他地区では、更別のとうもろこしを除いて、個別作業体系が多くなっている。

次に、搾乳牛の飼料給与方式についてみると、ＴＭＲの実施率は芽室の三三％に対し、更別では五七％と高いことが特徴的である。芽室のなかでは上美生地区で高く、更別のなかではその他地区で高い。給与飼料の種類をみると、自給飼料については、芽室では牧草サイレージととうもろこしサイレージを基盤に、乾草の給与も七戸(四一％)でみられ、牧草サイレージのロールでの給与もみられる。他方、更別では、細切の牧草サイレージを基盤に、とうもろこしサイレージの給与は一時期あるいは補完的な位置づけにとどまり、乾草は三戸(一一％)で給与されているにすぎない。なお、更別では五戸の農家で放牧地をもっているが、搾乳牛を放牧しているのは一戸だけで、残りの四戸は育成牛や乾乳牛の放牧に利用している。また、購入飼料については、ＴＭＲ実施率の高い更別で多種類の飼料が使われていることが特徴であり、濃厚飼料の最大給与量も更別は芽室より多く、なかでも更南地区では一三・九キログラム／日と多く、芽室のその他地域では九・三キログラム／日と少ない。また、芽室では畑作物の加工副産物であるスイートコーン粕(一戸)や生ビートパルプ(三戸)の利用がみられるとともに、輸入ルーサンや道産乾草の購入もみられる。

このように、更別ではＴＭＲを基軸に、粗飼料の自給を前提に自給飼料の牧草単一化と濃厚飼料の多種類・多給を特徴とする飼料給与が行われ、自給飼料生産の省力化に偏向した通年舎飼型の草地酪農化がみられる。一方、芽室では一部粗飼料を購入し、安価な畑作物加工粕類を利用しながらも、牧草ととうもろこしを組み合わせた自

表 4-7　飼養管理と収益構造

区　分	成牛舎型式 フリーストール	成牛舎型式 スタンチョン	堆肥搬出率	個体乳量	農業収入	経営費用	農業所得	同左資金返済後	負債残高	売上高負債率
	(%)	(%)	(%)	(kg)	(千円)	(千円)	(千円)		(万円)	(%)
芽　室　町	29.4	70.6	62.5	9156	54,023	35,253	18,770	14,519	2,190	40.5
上美生地区	42.9	57.1	20.0	8668	69,681	47,393	22,288	17,943	2,946	42.3
その他地区	20.0	80.0	90.0	9448	41,844	25,810	16,034	11,855	1,907	45.6
更　別　村	28.6	71.4	28.6	8399	45,401	33,299	12,102	2,005	3,300	72.7
更南地区	11.1	88.9	33.3	8211	44,558	33,424	11,135	−1,060	3,795	85.2
その他地区	60.0	40.0	20.0	8738	46,917	33,075	13,842	7,523	2,407	51.3

注）1．農業所得に減価償却費を含む。
　　2．芽室町の収益性の数値は 1995・1996 年平均，同じく更別村は 1994・1995 年平均。ただし，負債残高は各々1996 年末，1995 年末。
出所）表 4-6 に同じ。

給飼料生産の高度化を基軸に、畑作中核地帯独自の飼料給与がみられる。

ふん尿処理と密接に関係する牛舎型式について、FS（フリーストール牛舎）の導入率をみると、芽室、更別ともに約三〇％であり、十勝平均の二倍程度の高さになっている（表4-7）。芽室におけるふん尿処理方式は、上美生地区の大規模農家三戸に肥培灌漑が導入されていることから、上美生地区の堆肥化率は六〇％未満と低いものの、町平均では七七％と高い。また、堆肥の経営外への搬出割合は、上美生地区で二〇％と低いものの、町全体では六〇％を超えている。敷料についてはFS導入農家を含むすべての農家で麦わらを使用し、その麦わらは堆肥との交換や購入により調達されている。他方、更別においても、七九％の農家でふん尿は堆肥化処理されているが、堆肥の経営外への搬出は三〇％未満と低く、敷料に麦わらを使用する農家は五〇％にとどまり、その調達は購入が多い。このような傾向は、FS導入農家の多い更南地区においても全く同様にみられる。

このように、芽室では堆肥を畑作農家の麦わらと交換することにより、敷料を調達すると同時にふん尿処理量の削減を果たしているのに対し、更別では、同じ堆肥化処理をしながらもTMRの導入によるふん尿性状の悪化が堆肥の経営外への搬出を阻害するとともに、経営内におけるふん尿処理そのものを困難にしている。

既述のように個体乳量は、芽室で九二〇〇キログラム、更別で八四〇〇〇キログラムといずれも十勝平均を上回る。その要因として、更別ではTMRによる濃厚飼料の多給、芽室ではアルファルファなど高品質自給飼料の給与が考えられる。

そのうえで農業所得(減価償却費を含む、以下同じ)をみると、芽室は一九〇〇万円であり、更別の一二〇〇万円に比べて高い。芽室のなかでは、上美生地区が二〇〇〇万円を超え、その他地区でも一六〇〇万円であり、経営規模に比例した高さになっている。一方、所得率は上美生地区の三一%に対し、その他地区では三九%と高く、個体乳量との相関がみられる。したがって、経営規模は所得率や個体乳量に媒介されて農業所得を規定していることになる。他方、更別のなかでは、更南地区の農業所得は一一〇〇万円であり、その他地区の一四〇〇万円に比べ低い。両地区の経営規模は、乳用牛の飼養頭数では同程度であるが、農地面積では更南地区が一〇ヘクタール程度大きいことから、更別では経営規模と農業所得の相関はみられない。ただし、所得率については、芽室と同様に、個体乳量との相関がみられ、農業所得の高さと比例している。更南地区における所得率の低さは、濃厚飼料の多給(一四キログラム／日)が個体乳量の増加に結びつかず、もっぱら乳飼比の上昇をもたらしたことから生じており、それは濃厚飼料多給技術が十分習得されていないことが要因と考えられる。さらに、更南地区においては負債残高が三八〇〇万円と最も高く、償還後の農業所得はマイナスになってしまうほど、危機的な収益構造である。

このように、両町村において、個体乳量は収益性に大きく作用しているが、芽室では、その他地区にみられるように、経営規模の小ささを高品質自給飼料や安価な粕類の利用に基づく高い個体乳量と所得率の達成により補完し、一定程度の農業所得水準を実現している。他方、更別の更南地区では、経営資源に基づかないTMRなど濃厚飼料多給技術の習熟度が低いなかで、高い個体乳量の未達成が所得率の低さに結びつき、農地面積の大きさと圃場条件の悪さ(土地改良費)が負債残高の高さとなり、低い収益性を決定づけている。また、今後の経営意向をみると、地区ごとの違いが大きく、芽室のその他地区は現状維持が七〇%と多いのに対し、上美生地区では拡大意向が七二％ある。更別では、どちらの地区も拡大意向が過半を超えるが、そのなかでも更南地区では頭数のみの拡大、その他地区では頭数および面積の拡大が志向されている。これらは、各地区の経営条件の違いを踏まえた経営意向の現れとみることができる。そのなかで、現状の技術・収益構造を前提にするとき、更南地区における頭数規模の拡大がどのような経営成果に結びつくのかは容易に予想できる。

三　十勝山麓部における経営外部化による酪農経営展開

ここでは、一九九〇年代に急速に飼養頭数規模を拡大させた十勝山麓部鹿追町を対象に、コントラクタ利用の経営的効果の視点から外部化による経営展開の特質を検討する。(3) 分析対象は、鹿追町でコントラクタ事業が開始される前(九二年)と後(九九年)の委託農家(収穫作業を全面的に委託している農家八戸、収穫作業以外の作業も含む)と一般農家(全くあるいはほとんど委託していない農家五戸)である。

はじめに、経産牛飼養頭数の推移をみると、委託農家では九二年の五六頭から九九年には八六頭と五四％増加しているが、一般農家では四七頭から六二頭へと三二％増加にとどまっている。委託農家の家族労働力二・四人(九二年)は一般農家の二・九人(同)よりやや少ないという条件のもとで、飼料生産を外部化し、飼養管理に集中することでこのような拡大を達成している。未経産牛は、委託農家では九二年の五一頭から九九年の六〇頭へと三七％増加しているのに対し、一般農家ではこの間に四四頭から四三頭と変化していない。一般農家では、経産牛頭数の増加による労働負担の増加に対して、未経産牛頭数を抑制することで労働負担を調整している可能性がある。

次に、出荷乳量をみると、九二年では委託農家で四五九トン、一般農家では三四〇トンであったが、九九年にはそれぞれ七五九トン、五一三トンとなり、委託農家の増加率(六八％)が一般農家(四八％)より大きい。また、飼料作面積は、九二年の委託農家で三五ヘクタール、一般農家で二八ヘクタールであったが、九九年にはそれぞれ四七ヘクタール、三六ヘクタールとなり、この間の伸びは委託農家の方が大きい。委託農家の飼料作面積の拡大は借入に依存するところが大きく、借地割合は九二年の四％から九九年の二〇％へと高まっている。委託農家では、この間の規模拡大は急速であったが、一頭当たり面積はほぼ変わっていない。他方、一般農家の一頭当たり面積が若干増加しているのは、主に未経産牛が相対的に減少したことによる。

このように委託農家では大幅な規模拡大が進んだが、牛舎作業に関わる変化も小さくない。委託農家八戸のうち、フリーストール牛舎を新増築した経営が三戸、アブレストパーラーへ転換した経営が四戸、パイプラインミルカーの増設が三戸である。さらにフリーストール牛舎に移行することにより、ふん尿の性状が変わり、新たな散布機械を利用し始めた経営が五戸ある。

飼料作作業の委託によって、圃場用機械の多くは不要となって処分できたり、更新する必要がなくなる。どの機械が不要となるかは、委託する作業の範囲や、ふん尿処理体系の違い、育成牛の飼養方法などが影響する。このため、委託に伴って圃場用作業機械が一気に削減されるとは限らず、したがって機械費用の削減はある程度時間をかけながら進行すると考えられる。

一九九二年時点での圃場用機械台数は、委託農家で一八台、一般農家で二一台である。九九年には、委託農家で一〇台、一般農家で一九台となっている。このうち、償却中の機械台数は、九二年では委託農家で四台、一般農家で六台であったが、九九年にはそれぞれ一台強、四台へと減少している。このように圃場用機械台数は大幅に削減されるが、他方では多頭化に伴って牛舎様式が代わり、さらには牛舎用機械が増加することにも注意が必要である。機械償却費は、九二年には委託農家で八九万円、一般農家で八三万円でありほとんど差がないが、九九年には順に二四万円、九八万円となり、大きな差がみられる。

このように委託に伴う機械の削減によって機械償却費負担は軽減されているが、他方で委託料負担が発生する。

そこで委託に関連して変化する費用負担はどうなるかをみる。取り上げる費目は機械償却費、賃料料金(機械利用組合の利用料金)、委託料、自家労賃である(このうち、自家労賃は経営費を構成しないので、その多少は所得には影響しない)。この間の規模拡大の影響を除去し、かつ農業所得との関連をみやすくするため、経産牛頭当たり費用で検討する。

九二年の一頭当たり委託関連費用合計をみると、委託農家で七万円、一般農家で八万円であったが、九九年には順に五万円、六万円強となり、いずれも一五〜二〇％低下している。費目の内訳をみると、委託農家では償却費、賃料料金(機械利用組合への支払い)、自家労賃が大幅に減少した反面、多額の委託料が計上されており、九二年から九九年の間に大きく変化している。他方一般農家では償却費と自家労賃はほぼ不変、賃料料金はほぼ半分となり、委託農家のように大きくは変わっていない。

委託関連費用合計から自家労賃を除外した額すなわち経営費に計上される額を九二年と九九年でみると、委託農家では四万円弱から五万円へと増加しているのに対し、一般農家では五万円強から四万円弱に減少している。つまり、コスト面では委託と自家作業(あるいは共同作業)は、同等であるが、所得面では委託の有利性が発揮されていないことが示唆されている。

経営収支が、一九九二年から九九年にかけてどう変わったかをみると、委託農家、一般農家とも、頭数の増加を反映して、収入はそれぞれ五三％、四五％増加し、費用はそれぞれ四二％、三三％増加している。所得をみると、委託農家では九二年の八三〇万円から九九年の一七三〇万円へと約二倍となり、一般農家でも六一〇万円から一二七〇万円へと同様の伸びを示している。所得率の推移をみると、九二年の委託農家は一五・七％、一般農家は一七・五％であり、九九年にはそれぞれ二二・二％、二四・一％と、この間に全体として所得率は向上している。しかし委託農家と一般農家の間で明瞭な差はみられず、委託農家の方が経営全体としての効率が高まったとはいえない。

従来の酪農家のイメージは、三六五日牛に拘束され、特に夏期は過酷な労働に追われ、休みを取ることも容易ではない、というものであろう。加えて酪農家の基幹的労働力は、ほぼ年間を通して乳牛の管理にあたり、特に夏期には男子労働力は牛舎作業のうち搾乳等中核的な部分のみを行い、女子労働力が繁殖・治療対応等それ以外の牛舎作業を半日から一日にわたって担うという構造になっていた。この構造は、個人作業でも共同作業でも変わらず、個人作業の場合はより厳しい状況にあると思われる。

コントラクタは、他の労働力支援システムと連携することで、こうしたイメージを転換する可能性をもっている。まず、夏期の圃場作業を委託することにより、男子労働力が一貫して牛舎作業を担うことができるようになり、女性は牛舎作業の中核的な部分のみを担い、「家庭の主婦」に戻ることができる。今回調査した委託農家はいずれも、現在は朝夕の搾乳作業は総出で行うが、獣医師・授精師への対応や育成牛管理などは男性が行っている。これによって女性は家事を犠牲にすることがなくなるとともに、自分の趣味や研修等にも時間を割くことができるようになっている。

他方、男性は天気相手の飼料作作業から解放され、牛舎周りの仕事だけでなく趣味・研修・付き合いなどの予定が立てられるようになった。また時には獣医師への対応などを女性と交代することも可能である。時期にかかわらず、乳牛飼養や圃場作業から解放され、趣味や研修に出ることも可能になった。ただこうした状況のなかでも、外泊を伴う外出は自由にはならない。委託農家では、酪農ヘルパーを活用することによって、そうした制約を打破しようとしており、家族旅行や子供の学校行事に取り組みつつある。なかにはさらに確実な労働支援システムを考案しようとしている農家もある。

すでに鹿追町の酪農ヘルパーは年間予約制を導入するほど利用が活発になっているが、こうした支援システムが充実することにより、酪農家は相当程度休暇を取得することができるようになるであろう。コントラクタと酪農ヘルパーの両方が整備されて初めてみえてくる新たな酪農家像である。コントラクタが経済的に成り立つことと、委託が酪農家にとって経済的な効果をもつこととが前提ではあるが、このようなイメージの転換は、今後の新規参入や酪農家子弟の継承といった長期的な観点からは、きわめて重要な意義をもつといえよう。

四　畑地型酪農の特質

かつて混同経営として広範に展開していた十勝酪農は、バルククーラの導入を直接的な契機に、一九七〇年代後半以降畑作専業経営や酪農専業経営に分化するなかで、十勝内部における地域性を鮮明にしてきた。それは、それぞれの地域の酪農家に与えられた経営環境を反映した展開であったといえる。

つまり、相対的に普通畑作物に適した気候条件を有する中央部では、近年においても酪農経営と畑作経営が混在しつつ、農地取得競争のあった地域である。そこでの酪農経営は、経営規模の拡大では十勝平均に後れをとっているが、アルファルファ導入やコーンの委託生産、牧草の三回刈り利用などにみられる自給飼料生産の高度化を基軸に、地域資源である普通畑作物の加工粕類や購入粗飼料(搾乳牛用のルーサンヘイ、育成牛用の道産乾草)なども利用しながら、個体乳量の高さと高収益を特徴とする集約的な生産方式を展開させている。しかも、近隣の畑作農家の麦わらと堆肥の交換によりふん尿処理の負担を軽減し、経営規模拡大に伴う負債の増大からも免れていることから、その酪農経営としての安定性は高いと考えられる。

他方、普通畑作物に不適な気象条件をもつ沿海部では、多数の離農跡地に酪専経営のみが残存するような地域である。そこでは、酪農経営は経営規模を拡大し、なかでも農地面積規模が大きく、粗飼料自給を前提に自給飼料生産における牧草単一化とＴＭＲに代表される飼養管理の高度化による個体乳量の増加が同時に進められた。このような高泌乳化は、「所得額の絶対額の拡大」や「負債圧の低減」をもたらし、「短期的な戦略は成功」と捉えられている。(4) しかし、九〇年代になり乳価が低下し濃厚飼料価格が上昇し始めると、これまでの展開は経営収支のうえでは個体乳量の増加を上回る飼料費の増加となり、収益性の低下をもたらしたと考えられる。このような飼料生産の粗放化と飼養管理の集約化に基づく生産方式は、経営環境の変動により大きな影響を受けやすく、TMRがもたらすふん尿処理の困難化と経営規模拡大に伴う負債の増加がその安定性を一層損なっている。

また、中央部と沿海部の中間的な条件をもつ山麓部では、集落範囲でみれば、酪農経営と畑作経営が混在するなかで、農協主導による酪農生産方式の再編が進められた。酪農経営は、飼料生産をコントラクタに委託することにより、経営資源を飼養管理に集中し、飼養頭数規模の急速な拡大が実現した。酪農経営における委託の効果を検討した結果、一般農家より規模拡大の程度は大きく、機械の所有や償却費負担は軽減されているが、委託料負担が大きく、規模拡大と所得増大を実現しているものの委託による経営効率の向上には至っていない。他方、コントラクタへの全面的な委託やヘルパー等の利用により、従来のほぼ年間を通じての牛への拘束から解放される。このようなイメージの転換は、今後の新規参入や酪農家子弟の参入といった長期的な観点からは、きわめて重要な意義をもつ。

（1）　十勝地域のなかで更別村は周辺部に属するが、事例とした更南地区の酪農の性格は山麓・沿海部の性格を有している。

（2）　十勝の全酪農家（一四五八戸）を対象に実施した郵送調査の集計結果（一九九六年）に基づき区分した。各地域に該当する市町村は次の通り。中央部…帯広・音更・清水・芽室・中札内・幕別、山麓部…士幌・上士幌・鹿追・新得、沿海部…更別・忠類・大樹・広尾・豊頃、山間部…池田・本別・足寄・陸別・浦幌。

（3）　経営の活動領域を調達・購入―加工・製造―販売と考えると、酪農経営で行われている外部化として、公共牧場の利用、マーケティングや財務管理の農協への依存なども含まれるであろう。ここでは、近年特に重要な役割を期待されているコントラクタに焦点を絞ることにした。事例検討の詳細については、浦谷孝義「酪農における農作業受託組織の存立構造」（樋口昭則・淡路和則編著『農業の与件変化と対応策』農林統計協会、二〇〇二年）を参照。

（4）　坂下明彦「大規模畑地型酪農の到達点と課題」（『十勝大規模経営の到達点と課題』〈地域農業研究叢書三〇号〉（北海道地域農業研究所、一九九七年）、三一―四五頁を参照。

［鵜川洋樹・浦谷孝義］

第五節　十勝農業の変動と地域農業の対応

一　大規模化・集約化の推進要因

十勝農業の大きな特徴は、農協における施設投資による地域農業の再編にあるといわれてきた。農協が事業主体となり、補助事業を導入することによって大規模な流通加工施設を整備してきたからである。その過程は、一面では農協主導による地域農業再編といえるが、他面では農協インテグレーションとしての性格を有する。すなわち、農協は農業の装置化、システム化の推進主体として大資本主導による市場再編の一翼を担い、作付規制を行うなど農家の組織化を図ってきたのである。特に一九八〇年代後半の野菜作の導入など地域農業再編期にその問題性がクローズアップされた。そこで、八〇年代後半以降における地域農業の変動に対する農協の対応を施設整備の側面から明らかにし、施設運営、産地形成、個別経営への影響という視点からこれら事業の評価を行ってみる。

八〇年代半ば以降、十勝では全域的に農協を事業主体として乾燥調製、集出荷施設の導入が進められた。九〇年代以降は、これら事業は一層の増加傾向を示した。九〇年代前半は景気対策措置に加えて、冷害対策としての事情が加味され、九五年以降はUR対策としての補正予算が加味されたのである。八〇年代後半以降の十勝における施設投資を整理したのが表4－8である。これによると、全地域的に事業費は年々増加していることが分か

表4-8　農協を事業主体とした構造改善事業および生産総合事業実績(施設，1983～2000年)

(単位：億円)

		期間別(年平均)				目的別(総計)						
		1983～85	1986～90	1991～95	1996～2000	小麦	馬鈴しょ	(専用)	豆類	野菜	堆肥	その他
総　計		19.6	29.6	46.1	89.9	248.4	462.2	431.8	30.1	116.8	2.8	26.4
農協主体　計		19.6	29.6	42.4	77.8	238.7	394.2	363.8	28.9	116.8	2.8	26.4
中央部	平均/合計	1.9	3.1	5.2	6.9	148.3	117.1	142.0	9.5	77.2		18.6
	帯広市	3.0	4.8	8.8	14.2	***59.5***	***42.9***	***32.0***	1.7	***25.8***		18.6
	芽室町	3.3	3.8	7.7	12.2	***41.0***	***74.2***	***74.2***	2.1	**11.4**		
	幕別町	1.4	1.7	5.4	4.1	**17.4**	***22.3***	***22.3***	1.0	**18.1**		
	音更町	1.0	1.4	2.7	1.9	**11.0**	1.4	1.4	0.9	**19.3**		
	池田町	0.7	3.7	1.5	2.0	**19.3**	**12.3**	**12.3**	3.8	2.7		
周辺部	平均/合計	1.4	1.9	2.4	6.8	75.9	230.0	211.7	13.2	26.9	2.8	7.8
	(士幌除く)	0.8	1.6	0.9	2.8	69.2	42.5	42.5	13.2	9.8	0.7	6.6
	士幌町	4.9	3.3	9.9	26.7	6.8	***187.5***	***169.2***		**17.1**	2.1	1.2
	本別町		2.7	1.2	5.8	***24.3***	**15.2**	**15.2**	7.4	1.7		
	中札内村	1.3	1.1	0.4		5.1	3.8	3.8	1.8		0.3	
	清水町	0.5	2.4	0.2	3.0	**14.3**	7.3	7.3	3.2			5.4
	更別村	1.9	1.1	1.5	2.1	**10.9**	**15.8**	**15.8**	0.9		0.4	1.2
	鹿追町		0.8	1.0	2.8	**14.6**	0.3	0.3		8.1		
山麓・沿海部	平均/合計	0.2	0.3	0.2	0.3	14.5	10.0	10.0	6.1	12.7		
	上士幌町	0.3	0.2		0.1	1.0	1.0	1.0		0.7		
	新得町			0.1						0.3		
	足寄町	0.7		0.9	0.1	2.1				4.6		
	陸別町		0.0				0.2	0.2				
	浦幌町		0.6	0.2	1.5	**10.9**	0.9	0.9	0.2			
	豊頃町	0.5	0.3	0.9	0.3	0.5			2.3	6.4		
	忠類村											
	大樹町		1.5	0.1	0.6		7.0	7.0	3.7	0.6		
	広尾町				0.2		0.9	0.9				
広域連主体　計			0.1	3.7	12.0	9.7	***68.0***	***68.0***	1.3			

注) 1. 農協あるいは広域連を事業主体とした施設関連事業のみを対象とした。
2. 1983～2000年の目的別事業費累計額が10億円以上を太字下線，20億円以上を太字下線斜体とした(その他を除く)。

出所) 十勝支庁資料より作成。

る。地域別に事業実績をみると、事業費および目的別事業数において、中央部が最も多く、次いで周辺部、山麓・沿海部という序列を指摘できる。実施時期をみると、中央部から周辺部への移行にはタイムラグがみられる。特に野菜・小麦関連施設では、その傾向が明瞭であり、野菜に関するものは中央部では二循目に入っている。施設の内容は、小麦は乾燥施設、馬鈴しょは集出荷貯蔵施設・加工施設、野菜は集出荷貯蔵施設が中心である。

そこで、農協による施設投資が最も積極的に行われた中央部に位置する芽室町農協を対象として、八〇年代後半以降の施設投資の特徴をみていく（表4－9）。

八〇年代半ばから後半にかけて畑作物は支持価格の低下に直面したが、その結果、労働生産性の高い小麦作付面積の急拡大、澱原用馬鈴しょからの転換による生食用・加工用馬鈴しょの作付増加という変化がもたらされた。農協は、それに対応するために生食・加工用馬鈴しょ集出荷貯蔵施設、小麦乾燥施設の建設を進め、豆類調製施設の更新も行った。施設投資の目的は、当初は、作付拡大による集荷量の増加に伴う処理能力の拡大にあった。しかし、小麦については九〇年代末、馬鈴しょでは八〇年代半ばから、豆類でも九〇年代半ば以降は畑作物の高品質化が施設投資の目的となっていった。

以下、各作物ごとに施設整備状況についてみていく。

小麦は、九〇年当初に作付面積が二〇〇〇ヘクタールから四〇〇〇ヘクタールへ急増したが、九〇年代後半になって再び五〇〇〇ヘクタールから六〇〇〇ヘクタールへと増加した。それに伴って行われた施設投資は、民間流通への移行を意識し、高品質化を図るため、受入水分率を三二％から三五％へと上げることで、高水分収穫により穂発芽の発生率を低下させることを狙ったものであった。同時に、今後の農家戸数の減少を見込んで、出役人数を削減するため、サブ乾燥・本乾燥体系において、本乾能力を向上させ機能を移行すること、サブ乾から本乾までの小麦搬送をすべて業者委託とするという処置がとられた。現在の主力小麦品種であるホクシンは穂発芽耐性が高いと判断されたことから、さらなる高品質を図り、穂発芽軽減ではなく、麦色の向上を狙い低水分収穫

表 4-9　芽室町農協における施設関連事業の推移

（単位：万円）

	小麦	馬鈴しょ	豆類	野菜	加工
1984 年		集出荷貯蔵施設(種子用) 21,987			
1985 年	乾燥施設 11,026	集出荷貯蔵施設(生食加工用) 86,481			
1986 年	乾燥調製貯留施設 27,297	集出荷貯蔵施設(生食加工用) 49,956		選別・集出荷貯蔵施設(ごぼう) 29,992	
1987 年			調製施設 5,950		
1988 年	乾燥調製施設 12,748				
1989 年	乾燥調製施設 11,330	集出荷貯蔵施設(生食加工用)，冷却施設 45,342			
1990 年		付帯施設一式 14,163		選別施設(ごぼう) 5,528	
1991 年	選別調製施設改修 14,935		調製選別施設 5,880	洗浄選別施設(だいこん) 35,117	
1992 年				集出荷選別貯蔵施設(ながいも) 73,773	加工施設(だいこん) 9,568
1993 年		選別施設改修 45,045		選別施設増強(ごぼう)，予冷庫 18,305	加工施設(馬鈴しょ) 139,861
1994 年		集出荷貯蔵施設(種子用，生食加工用) 102,413	調製選別施設改修 4,680		
1995 年					加工施設(えだまめ) 3,030
1996 年					
1997 年	乾燥調製施設増強 16,800		選別調製施設改修 3,938		
1998 年		集出荷貯蔵施設(加工用)，予冷施設増強 82,879			加工施設増強(馬鈴しょ) 82,950
1999 年	乾燥施設新設 309,209				
2000 年	乾燥施設増強 6,615	集出荷貯蔵施設(加工用) 90,985	選別調製施設 16,800		

注）施設関連事業で主要なものを示した。

出所）十勝支庁資料，および小林国之『農協と加工資本』(日本経済評論社，2005 年)より作成。

へと再び戻している。個別経営に対する効果としては、穂発芽リスクの低下による小麦作の不安定性低下、収穫作業における出役労働の減少があげられる。

馬鈴しょをみると、八〇年代半ばから九〇年代後半にかけて食用・加工用馬鈴しょの作付は横ばいであり、馬鈴しょ総面積は減少している。貯蔵方式は、高品質化を図り、市場評価を高めるためにバラからコンテナへと切り替えを始め、九四年からコンテナ集出荷貯蔵体制に完全移行している。また、コンテナ体系に移行後、生産者によるコンテナ持ち込みから圃場でのコンテナ受渡・業者搬送に移行した。これは、集荷施設における混雑解消、出荷口の集約による人員削減(七ヶ所×五人貼り付けが一ヶ所へ)、商系出荷への対抗を目指したものである(加工用も二~三年遅れで移行)。また、九〇年代前半から、早生前進栽培の馬鈴しょは粗選別出荷を可能とした。これは、収穫作業が小麦収穫作業と競合すること、少しでも早期に出荷することで有利な価格形成を行うためであり、貯蔵能力の拡大により可能となった。

九〇年代末から現在にかけては、食用加工用馬鈴しょの作付停滞、微減のもとで、大規模経営を中心とした食用・加工用馬鈴しょ作付面積の微減傾向に対応するため、二〇〇一年から収穫受託作業を始めている。加工用馬鈴しょについてはカルビーポテト㈱が、食用馬鈴しょについては農協が仲介している。加工用馬鈴しょの最大のユーザーであるカルビーポテト㈱が一工場一産地体制へ転換したことに応じて貯蔵施設の大型化を行ったからである。個別経営に対する効果としては、収穫作業時の出荷作業が解消され、収穫委託を可能とする、粗選別出荷が見通されることがあげられる。

豆類については、九〇年代半ば以降から現在にかけて菜豆類の価格暴落、低位安定化と菜豆作付面積のさらなる減少を迎えている。そのもとで、ピックアップスレッシャー(PT)収穫体系が確立したことから、補助事業によりPT導入を促進し、九三~九六年にかけて三〇台以上が導入されている。また、PT収穫の一般化により、出荷される豆類に調製出荷上の問題が生じた。高水分収穫による、調製困難あるいは品質低下である。そのため農協では小麦の調製施設を用いて通風乾燥を行うようになった。同時に受入水分の上限値を設定した。しかし、それに伴う施設利用料は徴収していない。さらに、二〇〇〇年からは小豆のコンバイン収穫受託事業を開始している。個別経営に対する効果としては、収穫機械化の資金的バックアップ、機械収穫による品質低下の解消があげられる。

最後に野菜についてであるが、十勝の野菜は輸入の影響などによって大きな転換点に直面している。ここでは、その影響が大きいだいこんを対象として、施設投資、運営の面からその影響をみてみよう。芽室町におけるだいこん生産は九〇年までは少数の農家による個選個販のみであり、出荷先も帯広市場中心であった。しかし、九〇年代前半になると作付面積は二〇ヘクタールから一〇〇ヘクタールへと拡大し作付戸数も増加した。九〇年前後から、農協は食用馬鈴しょの取引先である府県の市場関係者からの要請を契機に、だいこんの産地形成に取り組み、遠隔大市場ルートの開拓、選果場の建設、資材助成、技術指導等、産地システムを形成した。

その後作付面積が増加するのに伴って、出荷先市場も増加したが、九〇年代後半になると作付面積の停滞、微減が現れ、作付戸数も停滞期を迎えた。作付面積が伸び悩んだため、多数の卸売市場に対して継続定量出荷が難しくなったが、新規にだいこん作に取り組む経営も望めず、一戸当たり面積の増加を推進する必要があった。そのため、九八年からは作付維持、増加を狙って収穫作業受託を開始した。その目的は、九〇年代の後半に作付面積の減少を経験したことから、既存の施設装備の稼働率低下問題への対応よりも、継続定量出荷により産地評価の維持を行うためであった。

十勝の野菜は施設投資後に作付が増加するという傾向がみられる。図4-5は、だいこん作付面積と施設投資の関係をみたものであるが、施設建設後に作付面積が増加しており、施設による遠隔大量出荷体制を前提とした野菜作の振興であった[1]。芽室町においても、だいこんでは施設導入が増加の契機となり、現状では施設が作付の下支えとして機能を果たしている。そして野菜作の収益低下のなかで、施設導入がない作物では大きく作付が減

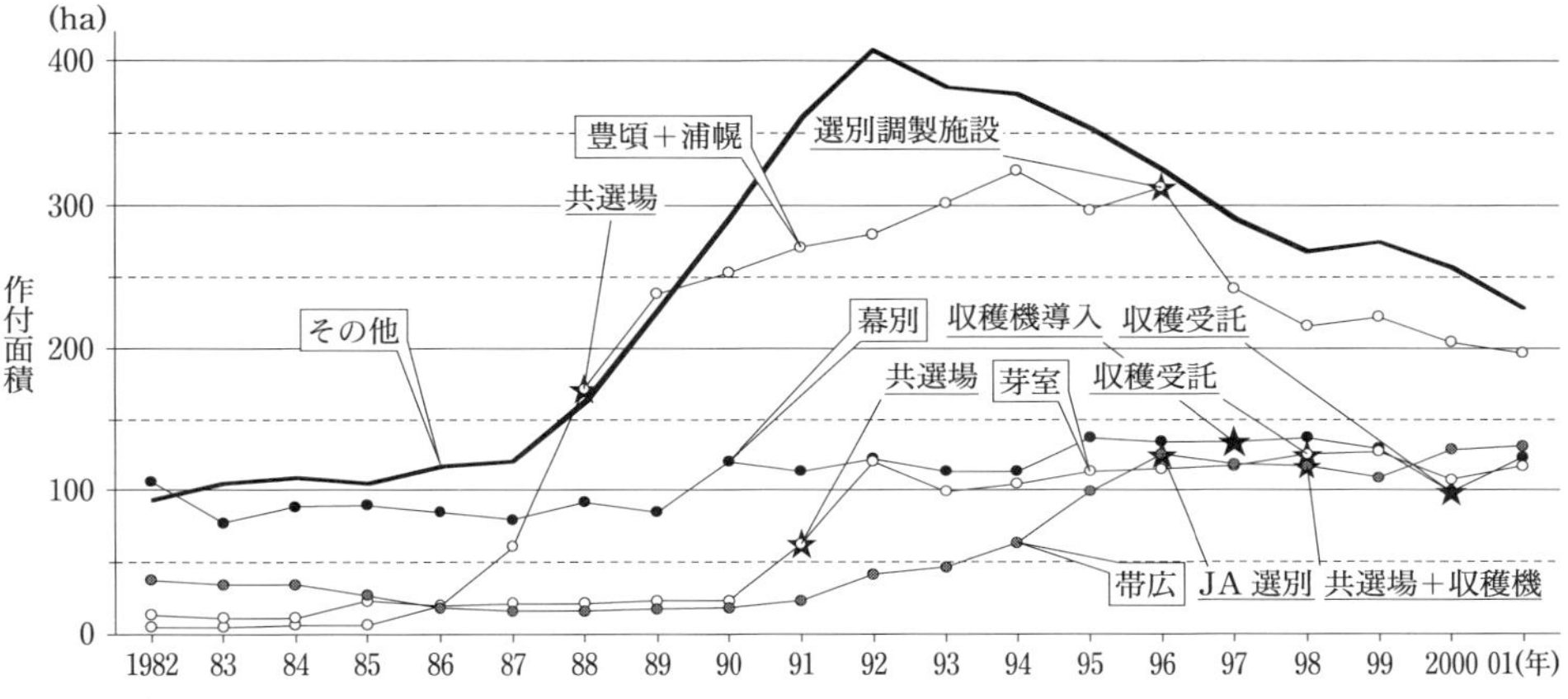

図 4-5　主要産地と施設投資の動向(だいこん)

注) 1．1985〜2000 年の間に，該当作物に対して事業費 1 億円以上の施設投資を行った町村のみ抜粋している。
2．★は該当年次に事業費 1 億円以上の施設関連事業(共選場，貯蔵施設等)を行った，あるいは，収穫受託・収穫機導入等の作業工程に関わる取り組みを行った年次を指す。

出所) 事業費および事業年度は道庁資料，作付面積は『農林水産統計年報』，事業内容は聞き取り調査等より作成。

少する。投資先行、システム先行ゆえに作付急減に対応せざるを得ないことが示唆される。個別経営に対する効果としては、収穫機械化の資金的バックアップ、機械収穫による品質低下の解消があげられる。

以上の分析から農協を主体とした施設投資および関連事業の展開の特質として、次の三点を指摘できる。

第一に農協によるリスク負担である。施設投資において事前・事後に利用面で農家行動を制約する動きは弱く、計画未達時における対応も農協負担による計画修正であった。施設運営に必要な稼働率が確保できなくなったとしても、利用面積の割付などは行わず、料金水準の見直しで対応するというのが基本的な考えである。逆に計画を超過する場合においてもそれを理由とした農家への制約は生じていない。すなわち、農協のリスク負担による事業展開がなされている。

第二に投資目的の変化と関連事業の展開である。投資目的は、以前は作付増への対応が主であったが、高品質化による差別化推進(小麦・馬鈴しょ)、実需・市場との結びつきの強化(馬鈴しょ・だいこん)、大規模化や担い手層の減少への対応(大豆・小豆・小麦)等を目指したものへと転換している。目的の変化に応じて、具体的な作業工程にまで踏み込んだ事業展開(馬鈴しょ・だいこん・小豆)や、次の条件変化を見越した取り組み(小麦・食用馬鈴しょ・大豆)もみられた。すなわち、農協を中核とした地域農業の編成を目指した事業展開がなされており、その傾向は強まりつつある。

第三は事業展開と個別経営の大規模化との関係である。上述の項目に関係するが、投資目的は変化しつつも、もっぱら有利販売の条件形成が中心であり、大規模経営における作付増・安定化(馬鈴しょ・小豆・だいこん)への寄与は副次的な効果であったものと思われる。作業工程などへの進出の拡大が注目されるものの、現状においては有利販売の条件形成にとって作付増が必要な場面に限定されていると判断され、個別経営における作業上の問題発生等に対応したものではない。

このように、九〇年代以降、特に九〇年代後半のＵＲ対策として事業予算が増大し、積極的な事業を行う好条件が形成された。これを背景として、単なる作付増に際した施設の増大ではなく、農協がリスクを負担しつつ有利販売の条件を形成し、積極的に地域農業を編成する事業が展開したという特質があった。市場からの要請に農協として対応していく手段としての施設化という性格をもったものである。そしてこれが作付誘導的に機能するとともに、結果として大規模層の作付安定化へ寄与し、存立・誘導へも結びついたと判断される。

こうした事業展開において課題として注目されるのは、次の二点である。第一は、事業展開における地域間差の存在である。条件有利地と不利地では事業展開の濃淡に差があり、蓄積に劣る周辺部においては事業展開が阻害されていることがうかがえる。地域間差を生産力の高低差以上にさらに拡大させる結果へと結びついた可能性がある。第二として事業額と想定利用規模との関係である。事業範囲が拡大するとともに事業額は増加し、重装備化が進行していったが、そこでは作付面積・耕地面積の維持・増大が前提とされているように思われる。農家戸数の減少に伴って残存農家の大規模化が進展しない場合には地域総体における稼働率確保や固定費圧が新たな問題として生じる危険性がある。その結果、地域農業の展開方向はより限定・固定化されると考えられる。

二　農協の事業運営と収益構造

農家の経営規模拡大過程に対応した事業展開を行っていた一九八〇年代前半までの十勝の農協は、「開発型」農協的な色彩を示しており、制度資金を中心とした多額の融資、生産資材供給事業の拡大がその中心であり、信用事業と購買事業を主柱としていた。こうした事業展開は八〇年代中頃から急速な変化を示す。政府管掌畑作物価格の据え置きから引き下げ、事実上の生産調整である作付指標の強化のなかで、農家の投資意欲が減退したためであり、購買供給高や貸付金は減少をみせる。農協の貯貸率は、貯金の急速な増加があるとはいえ、八〇事業年度(以下、単に「年」と略)の八七・〇%から九〇年には四五・七%へと低下する。(2)こうしたなかで農協は、八〇年代後半からの十勝農業の構造変動に対応した新たな事業展開を行うが、ここでは営農面活動を中心に振り返り、その事業が農協の経営面においてどのような位置づけを有するかを、農協収益構造の分析を通して明らかにする。

表4-10は農協の事業量の変化を主な指標について、地域別に集計したものである。全体的な特徴として注目すべき点は、一つ目は、農家の生産投資意欲の減退から八〇年代後半に減少傾向を示していた貸付金が九〇年代には上昇しており、あわせて生産資材供給高も増加していることである。二つ目は減価償却資産の急増がみられることであり、それは農協自らが多大な施設投資を行っているためと考えられる。三つ目は販売取扱品目構成の変化であり、特に畑作物の割合が減少し、野菜作の取扱が増加している。以上の三つの特徴について、地域別の動向を検討してみよう。

表 4-10　農協事業の推移(十勝)

(単位：億円，%)

		貸付金	受託資金	貯金	減価償却資産	生産資材供給高合計	農機	販売取扱高とその構成比 農産計	畑作	野菜	畜産計	生乳
合　計	1985年	1,531	1,083	1,997	643	824	10.4	1,196	86.2	10.9	793	56.9
	1990年	1,288	1,048	2,815	927	847	11.9	1,197	75.2	21.1	854	56.0
	1995年	1,530	1,070	3,714	1,186	869	13.9	1,139	71.5	25.6	910	62.2
	2000年	1,600	—	4,464	1,377	864	10.4	1,109	65.7	28.9	976	58.4
中央部	1985年	623	377	841	232	279	13.2	599	84.5	13.2	142	60.8
	1990年	527	411	1,185	333	308	12.6	619	73.3	24.2	153	59.4
	1995年	641	429	1,532	424	317	15.6	609	68.3	30.1	157	64.4
	2000年	655	—	1,890	510	319	12.2	615	60.4	36.6	164	61.5
周辺部	1985年	420	286	664	274	241	8.9	332	84.9	11.0	248	44.6
	1990年	366	297	921	431	239	12.7	319	76.6	18.4	275	43.6
	1995年	405	291	1,253	577	250	15.1	302	73.6	22.3	280	50.3
	2000年	413	—	1,487	661	240	11.0	281	75.4	18.2	295	50.9
外縁部	1985年	432	382	441	110	270	8.2	218	92.5	5.7	364	64.4
	1990年	350	301	623	133	272	10.6	206	81.9	13.5	387	63.6
	1995年	430	314	820	146	274	11.3	179	83.4	12.0	435	68.9
	2000年	483	—	966	165	275	8.2	176	72.3	18.2	479	66.5

注）1. 地域区分は，農業粗生産額(1995年，96年，97年の平均)において，野菜の割合が平均以上の市町村を「中央部」，畜産物の割合が平均以上の市町村を「外縁部」とし，どちらも平均以下の市町村を「周辺部」として，市町村に該当する農協を割り当て，1市町村内複数農協の場合は機械的に同じ地域に割り当てている。具体的には，以下の通りである。

中央部：帯広市，音更町，芽室町，幕別町

周辺部：士幌町，中札内村，更別村，池田町，本別町，浦幌町

外縁部：上士幌町，鹿追町，新得町，清水町，忠類村，大樹町，広尾町，足寄町，陸別町

なお，豊頃町は野菜と畜産物がともに平均以上であり，分類上例外的存在なので地域別には割り当てていないが，合計には含まれる。

2. 1995年と2000年の合計数値には，十勝酪農協と足寄町開拓農協を含まない。

3. 農機は生産資材供給高合計に占める割合，畑作および野菜は農産計に占める割合，生乳は畜産計に占める割合であり，畑作とは麦，雑穀・豆類，加工用馬鈴しょ，工芸作物の合計である。

4. 「－」はデータなし。

出所）北海道『農業協同組合要覧』各年より作成。

八〇年代後半の貸付金の減少傾向、および受託資金と生産資材供給高の停滞傾向は、すべての地域でみられ、作目構成の相違に関係なく農家の生産投資意欲が減退したことを示している。その後、九〇年代における貸付金の増加傾向もすべての地域でみられるが、中央部は九〇年五二七億円から二〇〇〇年六五五億円へと二四・三％の増加があり、伸長が著しくみられる。しかし、正組合員向け貸出をみると、データの制約から九〇年から九七年であるが、その間に四六五億円から四三六億円へと減少しており、これは准組合員および員外への貸出増に伴うものであり、「都市型」農協の性格を示している。周辺部は、九五年における農業機械供給高が八五年の七七・一％増であり[3]、畑地帯の規模拡大に対応した施設投資が再びみられたことを示している。とはいえ、ここでも正組合員向けの貸出金は九〇年三五七億円から九七年三六八億円へと大きな変化はみられない。農家が自己資金で対応しているためと考えられ、旧来型の「開発型」農協的特徴を示してはいないのである。他方、外縁部の貸出金は、正組合員向け貸出金が九〇年三四三億円から九七年四六三億円へと増加している。外縁部は最も離農率が高い地域であり、農家の急速な規模拡大が酪農に特化したかたちで進んでおり、こうした構造変化が農協事業面では再び「開発型」農協的性格を表しているとみられる。しかし、ここでも貯金の増加は著しく、借入金も減少しており、旧来型の借入金依存による「開発型」農協的性格とは異なるのである。

二つ目は農協による施設や機械などへの投資の増加であり、減価償却資産の増加がそのことを示しており、八〇年代中頃より顕著にみられる。これは、農家の施設投資意欲の減退を肩代わりした側面もあるが、農協は、施設投資を行うことにより作付が増加する作目に対するイニシアティブを発揮している。これは、生産から出荷に関わる総合的な機能を果たすことを目的とし、さらには作付を誘導するまでの役割を発揮したケースもある。施設投資が顕著にみられるのは中央部および周辺部であり、畑作物や野菜作に関する施設投資とみられる。畑作物に関しては、澱原用馬鈴しょから加工・種子・食用への転換に対応した加工施設、貯蔵・選別施設への投資、小麦作の拡大に対応した乾燥調製施設、収穫作業用のコンバインへの投資が主であり、畑作農家の経営規模拡大が著しい周辺部で減価償却資産の増加が最も著しいことがそのことを示している。また、野菜作の増加に対応した集出荷選別施設への投資も近年増加しつつある。こうした施設投資の資金は、かつては補助金や経済事業借入金によるものが多くみられたが、減価償却引当金の積立および自己資本の充実により、経済事業借入金には大きな変化はなく、その依存割合は減少傾向にある。(4) ここからもかつての借入金依存の十勝農協の性格が変化してきていることが分かる。

三つ目の特徴は販売事業面であり、全体的に停滞傾向にあるなかで、その取扱品目の構成を変化させている。中央部は農産物の販売割合が最も高く、八〇%水準を維持している。畑作物の低下部分を野菜作が補っているためであり、帯広川西農協では八五年一二三億円が二〇〇〇年には一二五億円とほぼ横ばいであるが、野菜作が一八億円から四三億円に著しく増加しており、畑作物の低下を補完している。周辺部は農産物の販売割合が五%ほど低下しており、特に畑作物の低下が著しい。また野菜作も増加しているものの、中央部のように畑作物の低下を補う水準までには増加してはいない。周辺部における畑作農家の急速な規模拡大は、労力的な制約から土地利用面では畑作物や飼料作に特化せざるを得ず、農協の販売取扱額でみると停滞する要因になっていると考えられる。販売金額では畜産物が増加しており、八五年一六四億円から二〇〇〇年一九二億円へと販売取扱額を増加させた士幌町農協では、その間に七七億円から一二二億円へと増加した畜産物の寄与がほとんどである。外縁部は販売取扱額が増加傾向にあるが、畜産物の割合が七〇%以上にまで高まってきている。畜産物への特化が進んできているためであり、その経営形態の中心は販売取扱額の増加が示すように酪農である。

このように、本章のこれまでの分析でみられたような、地域農業の作目構成の変化に対応した販売事業を展開しており、畑作物を中心として価格が低迷するなかで、販売金額は頭打ちになってきている。また、野菜作と畜産の双方の比重が高い地域として豊頃町があるが、従来の酪農に加え、だいこんを中心とした野菜作振興により、野菜販売取扱額を八〇年のわずか八一二万円(販売取扱額合計の〇・一%)から九一年には二一億九四七六万円

（同二一・五％）にまで急増させており、十勝における野菜作導入の象徴的な農協として注目される[5]。しかし、九〇年代になると野菜販売取扱額が停滞傾向を示すなかで全体の販売取扱額が低下傾向を示しており、野菜作振興のみでは地域農業を維持・発展できないことを意味していると考えられる。

以上のような地域農業構造の変化に対応した事業展開は、農協経営の面ではどのような意味を有するものであるかを次にみていこう。図4‐6は事業損益の推移を示したものである。事業総利益は、十勝合計で八五年二五八億円から増加を続け、九二年三二一億円をピークに停滞している。施設投資による減価償却費および人件費の増大により八〇年代に増加した事業管理費は、九〇年代では二八〇億円水準に抑えられており、事業利益は九〇年代前半には減少傾向を示したものが、近年は三〇億円水準に回復している。しかし、経常利益は低下傾向が続いており、連合会などからの戻しの部分が減少しているためと推測される。当期剰余金でみると九七年には近年では最も低い二二億円にまで減少している。近年は畑作物の豊作が続いており、一時的に農協経営収支は回復傾向にあるが、九〇年代に入って農協経営は厳しさを増しているのである。

この間における部門別の損益構造をみると、全体の総利益に対する信用と共済事業を合わせた寄与率は一貫して二〇～二五％程度であり、全国および全道と比較してもその割合が低いことが注目される。また、純損益でみても九八年のデータでは信用事業がマイナス一一・八％[6]、共済事業が四四・四％であり、合計で三二・六％の寄与率であるが、信用事業が純収益でマイナスになっている点は、金融自由化後の農協経営のきわめて深刻な状態を示しているといえよう。こうした事業損益構造は、信用と共済事業以外の営農関連事業で農協経営を成立させていることを示しており、地域農業の再編に即した営農関連事業の展開が収益においても貢献してきたことを示している。その収益構造の動向を生産資材供給、販売、利用・加工事業に注目してみてみよう。

生産資材供給事業は、先の九八年の純損益でみると二三・八％の寄与率であり、共済事業に次ぐ収益事業である。その収益は主に手数料からなる粗利益とバックマージンなどからなる雑収益があり、生産資材に関しては雑

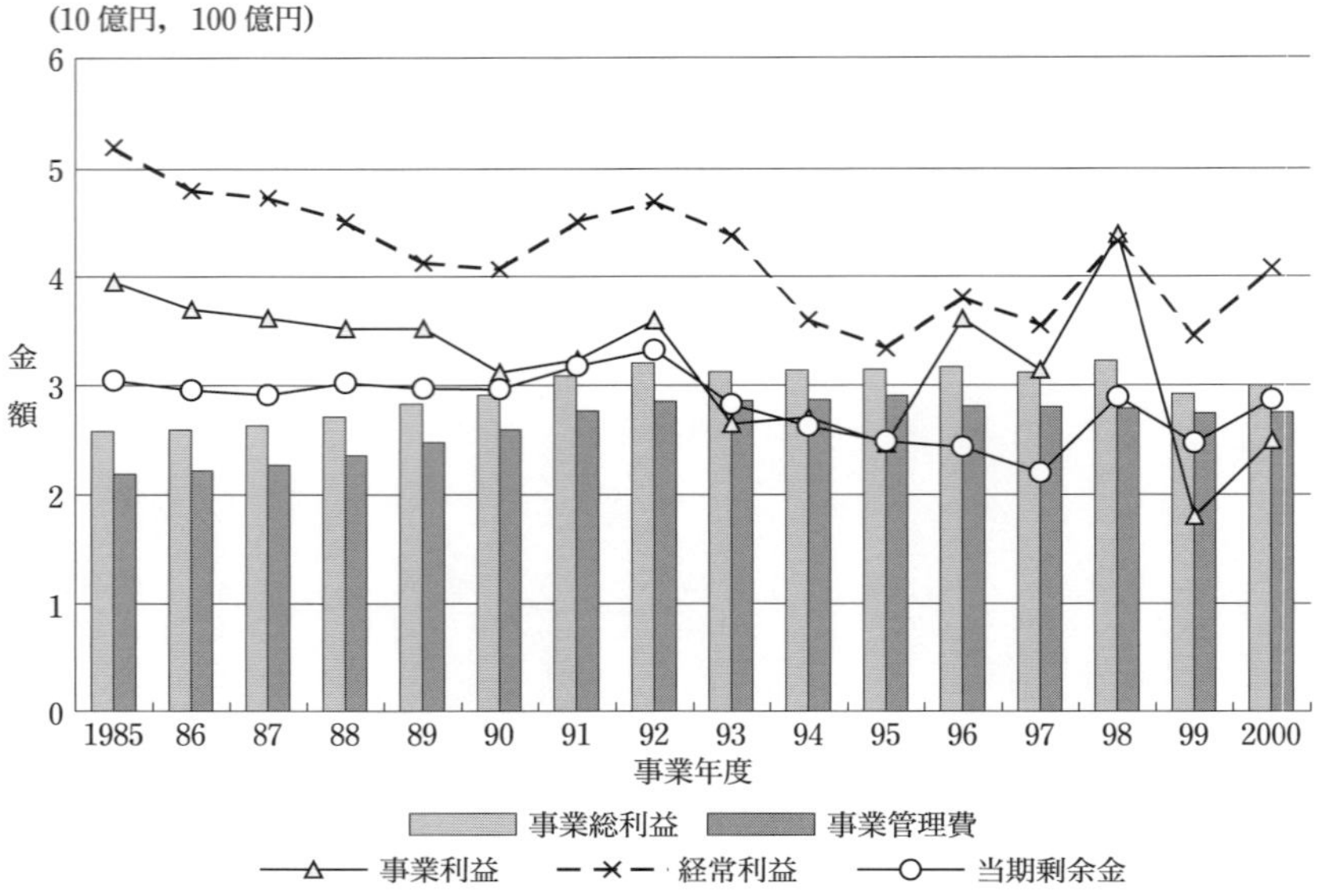

図 4-6　農協事業損益の推移(十勝)

注) 1. 事業総利益と事業管理費の単位は 100 億円であり，事業利益・経常利益・当期剰余金の単位は 10 億円である。
2. 1995，96，97 事業年度は，十勝酪農協と足寄町開拓農協を含み，98 事業年度以降は足寄町開拓農協を含む。
出所) 北海道『農業協同組合要覧』各年より作成。

収益の割合が大きいが、ここではデータの関係から粗利益収入で分析を行う。九七年における十勝農協平均の生産資材の粗利益率は、飼料二・五%、肥料四・七%、農薬二・七%、農業機械三・二%、石油一六・九%であり、品目にもよるが全道平均と比較して二%前後低い値である。しかも、八〇年代から粗利益率は一貫して低下しており、剰余金の特別配当として行われる利用高割り戻し分も考慮するとさらに粗利益率は低下する。これは、各種業者との競争関係の結果とみられる[7]が、対組合員への営農支援の側面も有している。農協の経営としてみると、生産資材粗利益額合計および購買事業総利益は九〇年代は停滞しているのである。

販売事業も九八年の純損益でみると平均では黒字であるが、九農協がマイナスであり、販売取扱品目構成の差により相違がみられ、畜産物取扱が多い農協は赤字を示す割合が高い。畜産物の販売手数料は平均で一・一％、最も取扱金額の高い生乳・牛乳では〇・八％であり、手数料収入だけで採算を見込める水準とは考えられない。農産物は品目により相違があるが、買い取り販売を行っている豆類以外では平均二・〇％である。その水準は八〇年代からほとんど変化をみせず、てん菜などは工場直送であるため手数料を徴収していない農協も多くみられる。豆類は買い取り販売であるために、年により「手数料」が変動するが、八五年以降では、最低でも八・八％であり、九〇年代においては常に一〇％以上を維持している。農協によっては、二〇％以上の「手数料」率を得る年もあり、販売取扱高では農産物部門の一五％前後ではあるが、手数料収入では五〇％を超え、六〇％以上になる年もみられる。しかし、マイナスになるケースもみられ、その年は販売事業全体が大きく赤字に陥ってしまうのである。このように、販売事業では豆類の買い取り販売の実績が全体の収益を大きく左右する存在になっており、他の品目は低率の手数料であり、安定しているとはいえ、その収益は少ないのである。

その他の営農関連事業である倉庫・加工・利用事業に関しては、農協ごとに分類項目が異なるため、統一した分析を行うことが困難であるが、加工事業に関しては、純利益で一一億円を上げている士幌町農協が注目される。また、営農分野に関連した利用事業は、集出荷、選果、乾燥調製および機械作業などからなり、その利用料金が収益になる。ここでは、利用料金の水準が損益を左右する大きなポイントになるが、農協ごとにシステムが異なると考えられる。更別村農協の事業分析からみると、小麦の乾燥調製の利用料収入が収益の主柱をなしており、機械作業などは損益的にはマイナスである(8)。このように、営農サービスとして赤字を覚悟してでも事業に取り組む分野と、収益を確保する分野が併存しており、一般的には農家の営農支援事業として営まれているケースが多いと考えられる。そのため、施設や機械の更新に伴って減価償却費用が増加する部分を利用料に反映させることの難しい農協が多くみられる。

以上のように、営農関連事業の損益構造は、事業の内容や品目ごとにより異なるが、農協経営全体の収益性の高さをベースとして、総合的なバランスのなかで、生産資材や販売手数料の低率化や農家支援事業を実施しても採算ラインを割らない体制をつくり上げてきたのである。しかし、経営環境の悪化から、これまでの事業のあり方の見直しが求められており、最後にその点を検討してみよう。

剰余金が減少傾向にあることはすでに述べたが、その剰余金の処分方法において内部留保率を高めているのが近年の第一の特徴である。八五年には剰余金処分の内部留保率は三五・七%であったが、九〇年代に入ると四〇%以上となり、九五年からは五〇%以上を内部留保に回している。八五年段階では、一〇〇%内部留保をする農協は士幌町農協のみであったが、今日ではめずらしくないのである。こうした内部留保率を高めた直接的な要因は、金融自由化により金融事業強化積立金を開始したことによるが、施設投資などの関連で必要とされる自己資本の拡充を、組合員からの出資金にのみ頼るのではなく、農協自らの自己資本基盤を強化することも狙いとしたのである。つまり、農協経営体質強化の関連から、これまでの組合員への配当を優先させた剰余金処分方式から大きく変化してきているのである。

第二は、引き下げを続けてきた各種手数料や利用料金の見直しであり、施設の更新に伴う再投資を契機として取り組まれている。しかし、このことは農家負担につながり、農家経済も厳しい状況にあるため、組合員の理解を得ることは難しい状況にある。とはいえ、更別村農協では小麦乾燥調製施設更新時に組合員との話し合いのなかで料金改定を実現し、九七年は麦作が豊作であったことも作用して、利用事業収益が増加することで農協経営損益全体も大きくプラスに転換している。

このように、営農関連事業を積極的に展開して生産・販売を拡大させ、そのことと連動させて購買・信用・共済事業などを総合的に拡大させるという従来の「営農・販売型」事業方式[(9)]から、営農関連事業のみで採算をとり、さらに農協経営全体までの主柱となるという新たな「営農・販売型」事業方式の確立が求められているのが、十勝の農協の今日的課題といえよう。

（1）　畑作地帯における野菜導入に際しては、生産技術の改良・指導・普及、共同機械の利用・土地利用の調整等の促進、集荷・販売体制の構築、生産流通のための基盤整備等を支えるシステム、すなわち「産地システム」の形成が重要であるとされる（詳細については、徳田博美「大規模畑作地帯における野菜導入と産地システムの形成」（『農業技術と経営の発展』〈総合農業研究叢書四二号〉、独立行政法人農業技術研究機構中央農業総合研究センター、二〇〇二年）、一八五—二〇二頁を参照。十勝地域における施設整備と作付面積との関係を概観しても、販売体制の構築、流通のための基盤整備等を支えるハードとして集出荷施設あるいは共選場を整備することは作付増の前提条件となっていると考えられる。

（2）　（貸出金＋受託資金）／貯金で計算すると、八〇年が一三七・一％、九〇年が八三・〇％である。

（3）　九七年の農業機械供給高が二五億円と少ないが、消費税が三％から五％に引き上げられたために、九六年に駆け込みで購入した反動であると考えられる。

（4）　経済事業借入金は、八五年一七四億円から九七年一七六億円へと微増しているが、そのうち士幌町農協が八五年三四億円から九七年七九億円であり、ほとんどの農協では絶対額でも減少傾向を示している。

（5）　渡辺克司『大規模畑作地帯における野菜導入と農協の役割——十勝管内豊頃町のダイコンの産地形成を対象に——』（農政調査委員会、一九九五年）を参照。

（6）　九八年の信用事業の純損益はマイナス三億二八四九万円であるが、士幌町農協がマイナス六億三一二二万円であり、全体の動向を大きく左右している。とはいえ、信用事業純損益マイナスの農協が、士幌町農協を含めて八農協も存在しており、かつての稼ぎ頭としての位置づけは大きく後退している点は間違いないことである。

（7）　坂下明彦「農協の生産資材供給事業の拡充方向」（『ニューカントリー』協同組合通信社、一九九九年一月号）を参照。

（8）　板橋衛「農協事業利益低迷下における営農・販売事業運営と組合員負担の再検討」（『協同組合研究』一八巻一号、日本協同組合学会、一九九八年）を参照。

（9）　太田原高昭「地域農業の転換と農協の事業方式」（牛山敬二・七戸長生編著『経済構造調整下の北海道農業』北海道大学図書刊行会、一九九一年）を参照。

〔一-平石　学・志賀永一・泉谷眞実、二-板橋　衛〕

第六節　網走畑作の構造変動

一　中規模網走畑作の経営対応

網走の畑作農業は、十勝と比較して相対的に小規模経営であり、大型機械化の進展のもとで、豆類の作付面積を減少させ、麦類、てん菜、馬鈴しょの畑作三品の作付体系へ移行してきた。また、野菜作も北見地域のたまねぎに代表されるように、十勝よりも早くから導入されてきた。つまり、網走の畑作農業は十勝と比較して、規模の大小の相違だけではなく、早期の豆類の排除や野菜作の導入といった土地利用の展開に大きな相違点をもっている。そこで、以下では、豆類の減少が顕著にみられ始めた一九七〇年以降から、農地規模と作付構成の変化をトレースすることで、網走の畑作農業がどのように形成されてきたのかを示す。また、その展開要因を明らかにするために、作物別の土地生産性(一〇アール当たり農業粗生産額)を分析する。さらに、この展開によってもたらされた問題点について考察を行う。

表4-11は、北見・斜網地域の一戸当たり経営耕地面積と収穫面積に占める各作物の割合を示したものである。この農地規模と土地利用の推移を視点に網走畑作の形成過程を分析する。その際、網走地域の地域性を斜網Ⅰ、斜網Ⅱ、北見の三地域に分け、各地域別に検討する[1]。

『二〇〇〇年農業センサス』によると、一戸当たり経営耕地面積は、斜網Ⅰが二五・八ヘクタール、斜網Ⅱが一八・一ヘクタール、北見が一三・八ヘクタールであり、この農地規模の序列は、七〇年から一貫して変わらな

表 4-11　北見・斜網地域の経営面積と作付割合の推移　（単位：ha，％）

地域	年次	平均経営耕地面積	作物別収穫面積の割合					
			麦類	馬鈴しょ	てん菜	豆類	野菜類	うちたまねぎ
斜網I	1970	9.4	8.5	35.4	29.1	17.7	2.9	0.0
	1975	12.5	9.6	48.9	23.2	10.0	6.1	0.4
	1980	14.7	19.6	40.0	32.8	2.9	3.6	0.4
	1985	17.4	17.9	40.4	37.1	1.6	2.6	0.2
	1990	20.1	34.6	28.5	31.0	1.8	3.3	0.7
	1995	23.2	29.4	29.5	30.7	1.3	3.8	1.1
	2000	25.8	28.3	28.0	34.1	2.9	4.9	1.4
斜網II	1970	7.5	8.7	10.7	19.6	36.3	2.1	0.1
	1975	8.8	11.9	15.0	21.2	34.0	4.5	2.2
	1980	10.0	26.6	17.6	26.9	13.3	5.5	3.1
	1985	11.7	18.9	22.7	30.6	14.8	6.5	3.6
	1990	14.1	35.3	18.2	26.0	7.6	7.0	4.1
	1995	15.9	28.4	18.7	26.6	8.4	7.7	4.8
	2000	18.1	22.5	18.9	31.6	11.4	10.2	5.8
北見	1970	5.4	6.6	11.5	14.7	21.8	8.0	5.3
	1975	6.4	7.6	14.3	10.2	19.2	21.4	15.4
	1980	7.5	24.7	12.0	16.2	8.7	18.7	15.2
	1985	8.7	21.3	14.8	21.0	9.9	18.3	13.9
	1990	10.1	27.9	14.0	19.7	6.4	18.7	13.9
	1995	11.8	24.5	14.0	20.5	5.3	20.7	15.5
	2000	13.8	21.3	13.4	23.7	4.3	23.9	19.2

注）1．地域区分は以下の通りである。
　　斜網 I：網走市，東藻琴村，斜里町，清里町，小清水町，常呂町
　　斜網 II：女満別町，美幌町，津別町
　　北　見：北見市，端野町，訓子府町，置戸町，留辺蘂町
　2．収穫面積には飼料作物が含まれていない。
出所）『農業センサス』各年度より作成。

い。また、斜網Ⅰが七〇～八〇年代にかけて規模拡大が進行したのに対し、斜網Ⅱと北見は規模拡大はそれほど進展をみせず、地域間の規模格差が広がっている。農家戸数の七〇年に対する二〇〇〇年の変化率をみると、斜網Ⅰで五六％減、斜網Ⅱで五一％減、北見で五八％減であり、斜網Ⅱでは斜網Ⅰよりも減少率が低いが、北見ではむしろ高い。しかし、同期間の経営耕地面積の変化率をみると、斜網Ⅰで二二％増、斜網Ⅱで一七％増、北見で八％増であり、斜網Ⅰが最も増加率が高く、北見は他の二地域よりも極端に低い。このように地域間の規模格差の拡大は、農家戸数の減少率の相違よりも経営耕地面積の増加率の相違に大きく影響されている。なお、網走畑作の農地規模は、斜網Ⅱや北見でみれば、十勝畑作と比較して小規模であるが、斜網Ⅰではすでに十勝中央部と同水準の規模に達している。(2)

次に、網走畑作の特徴の一つである畑作三品の作付体系の形成を、土地利用の動向から分析する。(3)網走において、共通してみられる土地利用の動向は、次の二点である。第一は、八〇年代以降の麦類の急増である。麦類、特に小麦の急増は、コンバインや大型乾燥調製施設等の機械・施設の高度化によって他の作物以上の省力化がもたらされたこと、品種改良によってより高い単収が得られるようになったことが要因である。第二は、七〇年代以降の豆類の減少である。小麦の増加および豆類の減少は網走畑作独自の動向ではなく、同様の動向は十勝でもみられた。しかし、網走と十勝の大きな相違は、十勝では豆類が減少したといっても、現在でも一五％前後の作付割合を維持し、基幹作物の一つを構成しているのに対し、網走では一〇％弱にまで減少し、特に斜網Ⅰでは一％水準にまで減少したことである。

このような共通した動向以外に、各地域で独自の展開もみられる。斜網Ⅰは、七〇年時点で豆類の作付割合が一七・七％にとどまり、また、七〇年代に急激に豆類を減少させていった。その一方で、馬鈴しょとてん菜という根菜類の作付偏重がみられた。麦類の増加は七〇年代後半と八〇年代後半の二段階に分かれており、特に八〇年代後半では、麦類の急増に伴い馬鈴しょを急減させている。その結果、九〇年において、畑作三品による輪作体系のかたちが完成されたといえる。

斜網IIは、七〇年時点で豆類の作付割合が三六・三%と他の二地域と比較して高く、七〇年代ではそれを維持していた。八〇年代以降は麦類とてん菜が増加する一方で、豆類が減少をみせているものの、網走のなかでは比較的豆類が維持されてきた地域である。

北見は、七〇年代に急速に野菜類を導入し、それを近年まで二〇%前後の割合で維持してきた。特に、野菜類のなかでたまねぎの存在が大きく、「畑作三品＋たまねぎ」という土地利用を展開してきた。

以上のように、斜網Iは、十勝中央部と同水準までに規模拡大を進めながら、土地利用では網走畑作の特徴の一つである畑作三品へ移行してきた典型的な地域である。他方、北見は、小規模ななかで、早期からたまねぎを導入し、「畑作物＋野菜」という土地利用を行ってきた典型的な地域と位置づけられる。また、斜網IIは、規模は斜網Iと北見の中間に位置しながら、土地利用では豆類の維持と野菜類の微増といった傾向をもって展開してきた。この土地利用は、むしろ十勝中央部に近いものである。

斜網Iでは、豆類よりも畑作三品の作付が選好されてきたといえるが、以上のような要因は、十勝でも少なからず起こっていた。ではなぜ、十勝では豆類が維持され、網走では極端に減少するまでに至ったのであろうか。「豆の十勝」と称されたように根本的に二地域において豆類への依存度が違っていたともいえるが、ここでは農業所得の視点から分析を行う。

表4-12は、網走および十勝の主要畑作地域における一戸当たりおよび一〇アール当たり生産農業所得の推移を示したものである。この結果より、次の三点が指摘できる。

第一は、一〇アール当たり生産農業所得は、全期間を通じて、網走と十勝で相違がない。むしろ、小規模な北見や斜網IIの方が、高い生産農業所得を得ている。これは、北見や斜網IIで早期から集約的な野菜作に取り組んできたことを反映したものといえる。

表 4-12　北見・斜網地域の生産農業所得の動向

(単位：万円)

	期間	斜網Ⅰ	斜網Ⅱ	北見	十勝中央	十勝周辺
1戸当たり	1976〜80年	497	392	344	588	559
	1981〜85年	490	399	385	538	573
	1986〜90年	682	541	487	608	676
	1991〜95年	841	672	623	772	837
	1996〜00年	1,026	763	682	1,024	1,066
10a当たり	1976〜80年	3.3	3.5	4.3	3.4	2.9
	1981〜85年	2.7	3.2	4.2	2.8	2.6
	1986〜90年	3.2	3.8	4.6	2.9	2.9
	1991〜95年	3.5	4.2	5.3	3.4	3.2
	1996〜00年	3.8	4.3	5.0	4.1	3.5

注）1．期間における平均値を示している。
2．地域区分は，斜網Ⅰ，斜網Ⅱ，北見は表 4-11 に同じ。それ以外は次の通りである。
十勝中央：帯広市，音更町，芽室町，幕別町
十勝周辺：士幌町，鹿追町，清水町，更別村，池田町，本別町
なお，本来，十勝中央周辺に中札内村も属するが，データの制約上，除外している。
出所）『北海道農林水産統計年報(市町村別)』各年度より作成。

第二は、北見と斜網Ⅱは高い一〇アール当たり生産農業所得を得ていたが、一戸当たりでみると、斜網Ⅰや十勝よりも低い。つまり、北見と斜網Ⅱは、他の地域と比較して小規模であるために、たとえ一〇アール当たり生産農業所得が高くても、一戸当たりでみれば他の地域よりも低位にある。

第三は、斜網Ⅰの八〇年代後半以降の増加である。七〇年代後半から八〇年代前半では、斜網Ⅰと十勝中央部および周辺部との間では、一戸当たり生産農業所得に五〇〜一〇〇万円程度の格差が存在していた。しかし、八〇年代後半以降では両地域はほぼ同水準の一戸当たり生産農業所得となっている。この要因の一つは、斜網Ⅰにおける規模拡大の進展である。前述したように斜網Ⅰでは、八〇年代後半以降、十勝に近い水準にまで規模拡大が進展してきた。二つに規模拡大過程において、一〇アール当たり生産農業所得を維持してきた。これは相対的に土地生産性の低い豆類を排除し、相対的に高い麦類・馬鈴しょ・てん菜の畑作三品に特化してきた結果であるといえる。

以上のように、十勝と比較して網走は、経営面積が小規模であり、一戸当たり生産農業所得も低かった。そのため、

十勝以上に効率的な農業所得の獲得が急務であり、土地生産性の低い豆類よりも、所得の向上が期待できる馬鈴しょ・てん菜への作付が選択された。また、規模拡大とともに、より省力的な作物の選択が必要になり、小麦が増加してきた。以上の要因によって、網走畑作における畑作三品の作付体系が形成されてきたのである。その一方で、規模拡大が容易に進展しなかった北見では、野菜作への取り組みによって、一〇アール当たり高い生産農業所得を獲得するという対応で所得の向上を果たしてきたのである。

九〇年代以降、網走の畑作経営での土地利用上での問題は次の三点が指摘できる。

第一は、畑作三品の生産体系によって生じる問題である。この体系は、三年という短期で作物を輪作させることにより連作を発生させやすく、地力低下の問題を惹き起こしている。そのため、特に小麦の前作となる新規作物の導入に対する意向が強い。

第二は、現実には新規作物を加えた長期輪作化への対応は鈍いという点である。これは経営規模との関連性をもっている。つまり、網走畑作では、規模が拡大してきたといっても、四品目以上の基幹作物をもつほど規模が大きくない。そのため相対的に収益の高い作物の面積維持が必要となり、それを中心とした作付体系を形成しようとするからである。網走市の事例では、畑作三品の相対的な収益関係は「てん菜＞馬鈴しょ＝麦類」と、てん菜が突出して高い。そのため、大豆を導入しても、てん菜の面積をまず維持するため、大豆の増加面積分は、馬鈴しょか麦類の減少によって調整されており、その結果輪作の長期化につながっていない(4)。

第三は、野菜作が輪作体系に組み込まれていないという点である。斜網Ｉのように九〇年代以降、導入が進展してきた地域では、野菜の作付面積はいまだに小さく、輪作体系を構成する作物となり得ていない。また、北見に代表されるたまねぎは、面積をカバーできる作物であるが、その栽培特性上、連作が好まれる。そのため、たまねぎで独自の圃場をもち、それ以外の圃場で普通畑作物が生産されている。

以上のように網走畑作は、経済的に優位な作物へと特化させることで、単位当たりの収益性を向上させた。しかし、作物数の減少は輪作年限を短期化させ、地力面での不安を抱えるに至っている。また、野菜作の導入も輪作体系に組み込まれたかたちで導入されていない。今後、畑作物価格の動向によっては、ますます野菜作への意向が強まると予想され、増加する野菜作を含めた新たな輪作体系をどう構築するのかが問題となってくる。

二　野菜産地形成と農協の対応

網走畑作の特徴は、前述した通り、畑作三品の作付体系のほかに、北見に代表される早期の野菜導入にある。北見におけるたまねぎ生産は、北見市を中心に一九五〇年代後半より、徐々に広がりをみせた。五四年には北見市で「北見市玉葱生産組合」が設立され、六〇年の「北見市玉葱振興会」への改称を経て広がりをみせ、六六年の「野菜生産出荷安定法」のもとでたまねぎの産地指定を受けるに至った。また、前年の六五年には、広域的な北見地区共販が実現し、北見玉葱の銘柄を確立させた。七二年には、北見の五市町八農協が参加した「北見広域事業農業協同組合連合会」が設立し、たまねぎ、馬鈴しょを中心とした青果物の共同集出荷体制の基礎を確立する。さらに八八年には、北見市と市内三農協の出資による第三セクター企業として「グリーンズ北見」が設立され、オニオンパウダーやオニオンソテーなど、たまねぎの加工品の製造販売や加工研究を行ってきた。このように、北見におけるたまねぎの産地形成は、個別経営の努力だけでなく、農協の先導的な取り組みによって達成されてきた。

網走畑作では、北見のような早期の野菜作への対応があった一方で、後発的な野菜振興の取り組みも存在する。それは、斜網Ⅰのように畑作三品の作付体系へ特化してきた地域で九〇年代以降取り組まれている。その背景には、畑作三品の価格の引き下げによって、畑作経営の経済状況が悪化したことがある。以下では、畑作三品への特化から野菜作の導入を図ってきた網走市を事例にして、畑作三品地帯における野菜作導入の特徴と農協の対応を分析する。

網走市における野菜作は、九〇年代前半までは作付面積の二％ほどであったが、二〇〇〇年についてもやや増加するものの、三・六％にすぎない。しかし、農業粗生産額に占める野菜類の割合は、畑作三品の価格低迷の影響もあり、八〇年代後半以降増加傾向にあり、農家経済における位置づけも大きくなっている。オホーツク網走農協を事例に九九年の野菜の作付品目をみると、作付面積の上位にあるのがだいこん、ごぼう、かぼちゃ、ながいもの四品目である。これら四品目の野菜作に占める割合は、それぞれ二四・七％、二二・四％、一四・八％、一二・九％であり、これら四品目で七四・八％と、野菜作の四分の三を占める。

しかし、これら四品目は網走市内一円で作付されているわけではなく、地域性をもっている。その理由は、網走市の農業が多様性を有するためである。これは、旧農協管内の配置に対応している。すなわち、第一に網走湖以西の旧西網走農協管内、第二に市街地を中心とした旧網走市農協管内、第三に網走市の東南に位置する旧網走中央農協管内、第四に網走市の最も東南寄りにあり、涛沸湖の南に位置する旧南網走農協管内である。これらの地域は、気象や土壌条件、経営規模、農家の組織活動の活性度などによって、異なる農業構造を形成してきた。そのため導入している野菜も一様ではなく、地域性をもっている(5)。

旧農協管内別にみると、旧南網走農協管内が野菜作の面積および経営面積に占める割合が最も高く、また、網走市の主要品目であるだいこん、ごぼう、ながいもを中心に導入されている。そこで、ここでは網走市内において、最も野菜作導入の傾向が著しい旧南網走農協管内における取り組み事例を分析する。

旧南網走農協管内における九九年の野菜作付は、だいこん七九・五ヘクタール、ごぼう七三・八ヘクタール、ながいも四二・五ヘクタールであり、この三品目で、野菜作全体の八三％を占める。これら三品目に共通する特徴は根菜類であり、しかも機械収穫が可能な品目であるという点である。旧南網走農協管内で、機械収穫の可否が野菜作の導入に大きな影響をもたらした理由として、次の三点がある。第一は、比較的大面積の作付ができることであり、第二は、野菜といっても省力的な作業が行えることである。つまり、導入農家は、畑作三品との土地利用も考慮して、できるだけ面積をカバーできる品目を求めており、そのためにも省力的な作業が行える必要があったのである。第三は、旧南網走農協管内では、機械利用組織を中心とした生産体系が確立していたことである。そのため野菜作の導入においても、営農集団単位を維持する必要があり、農家の保有労働力に依存する手作業収穫の品目よりも、組織的に対応しやすい機械収穫が可能な品目を選択したのである。

この第三点目に関連して、A営農集団を事例として、さらに分析を行っておく。九九年時点でA営農集団は、構成農家八戸、経営面積合計二三一・七ヘクタール(うち構成農家の個人有が二一七・一ヘクタール、組織による共有が一四・五ヘクタール)である。機械の個別所有は行っておらず、すべての機械を共有しており、ほとんどの作業を共同で行っている(6)。

九九年におけるA営農集団の野菜作の特徴として、次の二点が指摘できる。第一は、構成農家の全戸によって同じ品目が作付されている。第二は、野菜の作付面積がほぼ等しい。このことは、野菜作に対して営農集団が規制を行っていることがうかがわれるが、共同作業を前提とすれば構成農家間の公平性の維持が重要になるからである。そのため、畑作物以上に作付面積の格差が公平性に支障をきたす恐れのある野菜作に対し、品目および面積の同一性を求めているのである。

次に、A営農集団における野菜作の導入経過をみておく。ごぼうは、選果施設を所有し先行して取り組んでいた近隣の組織から作付の勧誘を受け、八九年頃より共同耕作地を利用して作付を開始した。しかし、ごぼう一品目だけでは、価格変動に対する危険度が高いという懸念があり、その価格リスクによる所得変動を回避する必要があった。それを野菜の複数生産によって解決する目的で二品目が考慮され、選果施設や価格状況、生産状況を、先行した組織の取り組みなどにより検討し、九一年頃に、だいこんの導入を決定した。A営農集団では野菜の導入当初はすべて共同耕作地に作付し、徐々に構成農家の圃場に移行させている。共同耕作地が野菜作の実験圃場としての役割を担っており、そこで栽培技術習得に努めることで導入初期のリスクの軽減を図っているのである。構成農家の圃場から得られる所得を減少させることなく、野菜作導入の準備が行われているのである。

以上のように、旧南網走農協管内では、A営農集団に代表されるように組織的に野菜作の導入を行っており、その組織的対応によって急速に野菜作の導入が進展してきたのである。また、この営農集団を中心とした生産体系は、機械・施設の共同利用や共同作業によって、低コストで画一的な生産物を大量に生産することが可能である。その反面、その手法に乗りにくい品目への対応が困難となり、市場環境の変化に対する柔軟性が弱いという問題を抱えている。

次に、以上のような野菜作への取り組みに対し、農協の取り組みを分析する。旧南網走農協管内では、農協が中心となり営農集団による畑作三品の作付体系を確立させてきた。そのため、農家が野菜作を導入し始めた当初、農協の対応は消極的であった。農家の野菜導入の動きは、八〇年代後半から営農集団を中心にして開始された。導入当初は、数品目を試験的に栽培し、作業や価格状況を検討し、導入品目の絞り込みを行った。また、生産量が少ないために農協の流通・販売対応がなく、そのため営農集団は簡易的な選果施設や予冷集出荷施設を建設し、独自に対応してきた。九〇年代に入ると、畑作三品の価格低迷により野菜作への作付意向がさらに強まり、生産量を増加させるためにも、農協に対して野菜作への対応を強く求めることになった。

農協では、価格支持作物の価格引き下げや農家の野菜作に対する意向を受けて、取り組みを開始する。生産面に関しては、各作物別の生産部会を組織化し、部会によって出荷計画を含めた栽培協定を実施させている。また、それらの部会を総括する「オホーツク網走青果部会連絡協議会」を組織し、農協がその事務局をつとめながら、野菜生産の振興を図ってきた。

また、集出荷の面では、農家の集出荷、選果労働を軽減させる目的で、九五年に農産物集出荷選別予冷施設(処理能力二〇トン／日)を完成させた。また、この選果施設の利用料金への助成をすることで、野菜の振興を

表 4-13　オホーツク網走農協の販売事業の実績　（単位：万円，%）

	実績			割合		
	1993年	1996年	1999年	1993年	1996年	1999年
青果物販売取扱高	52,990	55,525	147,572	4.8	6.0	10.2
受託品	46,742	…	29,336	4.3	…	2.0
共計品	6,248	…	118,235	0.6	…	8.2
販売事業直接収益	23,306	22,071	26,932	5.7	6.5	8.2
（うち販売手数料）	(15,766)	(14,100)	(17,399)			
販売事業総利益	19,303	17,499	22,156	10.9	10.8	12.9

注）1．割合は，農協全体の取扱高および収益に占める青果物および販売事業の割合である。
2．「…」は詳細不明。
出所）農協資料より作成。

図った。この施設の完成によって、作付面積はさらに拡大する。網走市の野菜の作付面積は、八五年の一四一ヘクタールから徐々に増加し、九〇年に三一五ヘクタールに達するが、その後の五年間は頭打ちになり、三〇〇ヘクタールを下回る水準で推移する。しかし、施設完成後の九六年に三五三ヘクタール、九七年に四〇一ヘクタールと増加に転じている。品目別には特にだいこんの増加が目覚しく、九九年には野菜指定産地となるまでに成長している。

以上のような野菜の産地形成は、農協の販売事業を大きく変化させている。表4-13は、九〇年代におけるオホーツク網走農協の販売事業の実績である。これより、次の二点が指摘できる。第一は、青果物の販売取扱高が急速に増加している。これを受託品と共計品に分けてみると、共計品の増加が著しい。農畜産物の販売取扱高に占める共計品の青果物の割合は、九三年の〇・六%から九九年に八・二%までに高まっている。これは、農協が選果施設を建設することで、野菜の共選・共販の体制づくりを行った結果を反映している。事実、網走市の主要品目となっただいこん、ごぼうは共選・共販の品目である。

しかし、取扱高の増加に比較して、事業直接収益や事業総利益といった農協の収益は増加していない。事業直接収益の主要な収入源である販売手数料は、一〇%（対九三年）しか増加していない。これは、農畜産物全体の取扱高の増加率が三一%であるのに対し、手数料率が低く抑えられた結果である。

畑作三品価格の低迷や地力維持の対策のために、第四の作物である野菜や大豆の手数料率を低く設定したのである。(7)

以上のように、網走市における野菜は、生産面に関して農家の主体的な意思が強く反映されており、流通・販売面に関しては農協が対応を行っている。基本的な販売戦略は、道外の卸売市場をターゲットにした共選による安定的な大量ロット販売にある。しかし、網走市の農業は、八〇年代までは政府管掌作物に特化しており、農協はマーケティングにほとんど関与してこなかった。そのため、必然的に競争市場に向けた流通・販売対応の機能が脆弱であった。今後、輸入品との競争や、安全で良品質の農産物の要求などの新たな市場環境の変化に対応するための機能強化が必要である。農協は、少量品目の販売対応を含め、二〇〇一年から地場消費向けに野菜直売所の営業を開始しており、新たな販売対応への動きがみられ始めている。今後とも、このような新たな販売対応を生鮮用野菜だけでなく、北見市での展開にみられたような加工用野菜の可能性も含めて模索していく必要がある。

(1)　網走支庁管内は、気象条件、土地条件、経済条件によって斜網、北見、東紋、西紋の四地域に区分される。ここでは、比較的、畑作農業が盛んな斜網と北見地域のみを取り扱う。また、地域区分は、松木靖「網走市農業の構造と地帯構成――統計分析による一次的接近――」(『新斜網型畑作の萌芽と営農集団――JAオホーツク網走農業振興計画基礎調査――』〈地域農業研究叢書三五号〉、北海道地域農業研究所、二〇〇〇年)の区分方法を援用した。

(2)　二〇〇〇年の十勝中央部の一戸当たり経営耕地面積は、二四・一ヘクタールである。なお、十勝地域の区分は、長尾正克「畑作農業の確立に関する経営学的研究」(『北海道立農業試験場報告』四七号、北海道立十勝農業試験場、一九八三年)の区分方法を援用した。

(3)　普通畑作物の機械化と豆類の作付減少に関しては、長尾正克「畑作の機械化段階と作付体系」(牛山敬二・七戸長生編著『経済構造調整下の北海道農業』北海道大学図書刊行会、一九九一年)、二四七―二六一頁および、松村一善「普通畑作物作付における農作業調整の特徴――豆作付比率に注目して――」(『土地利用再編と農作業の調整』農林統計協会、一九九八年)、四五―六五頁を参照。また、機械化による小麦の労働生産性の増加に関しては、西村正一「後期畑作農業の過剰基調と生産調整」（土井時久・伊藤繁・澤田学編著『農産物価格政策と北海道畑作』北海道大学図書刊行会、一九九五年）、三〇―五〇頁を参照。小麦の品種改良に関しては、七〇年代後半のホロシリ、八〇年代のチホクの登場に連動して単収水準も増加している。

（4）『新斜網型畑作の萌芽と営農集団――JAオホーツク網走農業振興計画基礎調査――』〈地域農業研究叢書三五号〉（北海道地域農業研究所、二〇〇〇年）を参照。

（5）網走市の農業構造ならびに野菜作の地域性については、松本浩一「地域農業の展開における機械利用組織の存立状況」（『農業経営研究』二六号、北海道大学農業経営学教室、二〇〇〇年）、一一九―一三七頁、および松本浩一『畑作経営展開と農業生産組織の管理運営』（農林統計協会、二〇〇二年）、一二一―一五〇頁を参照。

（6）旧南網走農協管内の機械利用組織に関する取り組みは、新沼勝利『畑作営農集団の展開過程――北海道南網走営農集団の実証的研究――』（東京農大出版会、一九九一年）、および松本浩一『畑作経営展開と農業生産組織の管理運営』（農林統計協会、二〇〇二年）、三七―七一頁を参照。

（7）九九年時点でのオホーツク網走農協の手数料率は、受託品の青果物一・九％、共計品の青果物一・四％である。

［松本浩一］

第七節　北海道における畑地型農業の課題

一　畑地型農業の到達点

十勝畑作は一九八〇年代半ば以降の経済構造調整下で大きな政策変化を被ってきた。農産物価格の低迷、輸入農産物の急増、農産物品質規格の強化などが進行するなかで、一方では原料農産物作付からの脱却として、生食・加工用途の馬鈴しょ生産、野菜作の導入などの集約的取り組みを進め、他方では引き続く離農を背景に原料農産物生産を主体とした規模拡大を推し進めた。畑作物作付に乳用牛飼養を抱える「混同経営」は姿を消し、畑作・酪農専業経営に分化した。このような動向は地域性をもっており、十勝中央部は集約的な動向を、周辺部は規模拡大の動向を、山麓・沿海部は酪農専作地帯への動向を基本方向とし、この動向を一層顕著にしてきた。ここではこれまでの検討を整理しながら、WTO体制へ移行し、さらなる市場開放が日程にのぼっている現況の北海道畑作の課題を検討する。

中央部は周辺部と比較して経営耕地面積は小規模で、しかも拡大が制約されていたため労働集約的でしかも単位面積当たり販売金額の大きな野菜作の導入が先行した。この畑作＋野菜作経営のなかには野菜を輪作体系に組み込んだ作付を行う中規模畑作地域のモデル的な経営が現れてきている。しかし、野菜作を導入した経営展開は良好な土地条件を有している農家に限定され、しかも輸入増による野菜価格低迷によって野菜の作付は低迷している。多くの農家にとって野菜作の導入は過小な部門であり、土地利用に組み込まれず、価格条件によって変動するものにとどまっている。

野菜作導入は業者主導、農協主導などさまざまな契機がみられたが、八〇年代後半の野菜作の増加は農協による大規模集出荷施設建設による農家組織化が特徴であった。しかし、農協の野菜振興は少品目・大規模産地形成であり、多品目の野菜作への対応や高品質による野菜産地形成には課題を残している。

畑作物の作付構成をみると、豆類の作付が低く輪作年限が短期化する実態もみられ、小麦の連作を許容した土地利用も広範にみられる。後継者不在農家を中心に堆厩肥投入が少なく、地力問題を指摘する農家もみられた。中央部においても高齢化を背景に離農率が高まっており、なかには周辺部同様に畑作物に特化する事例もみられ、畑作＋野菜作経営が広範に成立するとみることはできない実態にある。

周辺部は中央部よりも単収が低く変動も大きく離農も激しかったが、それが規模拡大を可能にし、排水改良を中心とした土地改良事業や機械化の進展、馬鈴しょ、てん菜といった寒冷地作物の定着、単収増に優位な価格体系のもとで七〇年代後半には中央部を凌駕する一戸当たり生産農業所得を獲得する。八〇年代後半以降の価格低迷、品質重視の価格体系への移行は周辺部の畑作経営に大きな変化をもたらした。澱原用馬鈴しょ価格の低迷による生食・加工用途への対応など、品質向上のために四作物の作付を均衡させる土地利用が急速に進むのである。八〇年代にみられた大規模経営の馬鈴しょや小麦への偏作は姿を消し、現在は六〇ヘクタールの経営でも作付の均衡が図られている。こうした土地利用の前進は農業機械の大型化・高性能化を背景にしており、雇用労働力が減少しているなかにあって二世代家族労働力を中心に、つまり個別経営で完結した農作業体系の実現といった点に特徴がある。この「個別完結型」高度機械化体系は大面積による農業所得の拡大には貢献しているが、規模の経済性を示してはおらず、耕地の拡大と機械投資を外部資金に依存している状況下で農家の資金繰り問題を呈する事例もみられている。

周辺部においても中小規模を中心に八〇年代末から野菜作の導入が進展するが、価格の低迷と引き続く離農による拡大条件の存在は畑作専作経営の方向に誘導する結果となっている。周辺部は一段と大規模な畑作専作の方向に向かっているといえよう。

この間の馬鈴しょの多用途化や品質向上、さらに野菜作の取り組みなどは農協、加工資本など農業関係機関が販路開拓や営農指導、農協間の事業協同を進めてきた結果でもある。野菜作の定着が実現したとはいえない状況であるが、土づくり対策として農協などが堆肥製造事業や緑肥導入助成に取り組んでおり、畑作専作化に伴う地力問題への対処が図られている。

七〇年代半ば以降、混同経営から酪農専作となった十勝の酪農経営は、草地型地帯には及ばないものの飼養頭数を増加させ、なかには草地型地帯に匹敵する規模の酪農経営も存在している。畑地型地帯の酪農経営の特色は、飼料基盤である農地取得を酪農経営だけでなく畑作経営との競争のなかで取得しなければならないことである。

そのため畑地価格がピークを形成した八〇年代後半には円高基調という経済環境も手伝って濃厚飼料の利用が急速に進み、購入飼料に依存した高産乳化を推し進めたのである。

中央部では畑作経営に混在するかたちで酪農経営が立地するため、畑作副産物利用や堆厩肥の交換などが行われ地域条件を生かした展開がみられる。フリーストール方式による飼料購入に依存した多頭数飼養化も進展しているが、地域と連動したふん尿処理が困難になっている。

中央部よりも気象条件の厳しい山麓・沿海部では、畑作経営の本格的成立を許さず酪農専作地域に向かっている。山麓・沿海部では草地型地帯と同様、農地を活用した飼養方式の模索と専作地域ならではのふん尿処理が課題となっている。

酪農経営の飼養頭数の拡大は労働時間の増加を招き、それを解消しながらさらなる拡大を図るためコントラクタなど労働力支援システムの設立が、主に農協を主導に取り組まれている。こうしたシステムが労働軽減など機能発揮するためには組織間の連携が課題となっている。また、作業委託は飼養頭数増によって農業所得の増加をもたらしているが、経営効率、コスト低減に結果しておらず、引き続き低コスト生産の課題を残している。

農協および系統組織が農産物集出荷施設ならびに加工施設を建設し、その利益を農家に還元することによって畑作経営の再生産条件を整備してきたことも十勝の一つの特徴である。そこでは多くの農業補助事業を活用したことはいうまでもない。この傾向は八〇年代後半以降も同様で、農協直営ともいえる小麦の収穫・乾燥調製体制はその典型例である。UR対策が行われた九〇年代後半以降も集出荷施設整備は行われ、とりわけ十勝地域、その中央部において施設の充実が進展した。施設投資は農協がリスク負担を担い、施設建設を軸に農業生産の方向を誘導しようとするもので、旧来から行われた手法が継続されている。これら投資が結果として畑作農家の規模拡大を下支えしているのである。

七〇年代までの施設投資との相違は、これまでは商系資本を排除し系統出荷比率を向上させるものであったが、八〇年代後半からは流通業者や加工資本との連携がみられる点である。府県への移出野菜の集出荷施設やカルビーポテトへの加工用馬鈴しょ供給などがその典型である。

一方、農協の事業運営は投資を反映し、積極的な営農指導事業により生産・販売を拡大し、購買、信用、共済の各事業を拡大させる「営農・販売型」事業方式であり、信用・共済事業の収益により資材購買や生産物販売手数料の低率化を図っていた。現況においても「営農・販売型」事業方式を機軸にすることに変わりはないが、信用・共済事業の収益低下は手数料率や利用料金の見直しを課題とさせている。このような状況下、農協は出資金の増強だけではなく、内部留保によって自己資本を充実する対応を行っているのである。

十勝と並び北海道畑作の基幹地域である網走の畑作は、十勝同様に大規模畑作が展開する斜網Ⅰと中小規模で集約的な畑作が展開する斜網Ⅱおよび北見地域に区分できる。七〇年代以降、斜網Ⅰは豆類を激減させ、馬鈴しょ・てん菜の偏作から小麦を含む三作作付を、斜網Ⅱは三作作付ではあるが豆類が比較的残る作付を、北見地域はたまねぎを中心とした野菜作を行っている。十勝と比較して経営耕地拡大が遅れた網走地域は収量が不安定で単位面積当たり生産額の劣る豆類を意図的に排除し、馬鈴しょ、てん菜、麦類の作付へと傾斜していったが、作物数の少なさは連作へとつながり、病害虫の発生や地力問題を発生させたのである。このことは、十勝が生食・加工といった馬鈴しょの多用途化へ向かったのに対して、網走は澱原用馬鈴しょにとどまらざるを得なかった一要因である。北見地域の畑作は小規模でたまねぎを中心とした野菜導入が進んでいるが、たまねぎが連作に強く熟畑化のためにも輪作につながらない課題を抱えている。

こうしたなか、九〇年代に入り網走地域でも野菜作の導入が急増した。この背景には畑作物価格の低迷をあげることができるが、農家の要請に応じて農協が野菜品目別の生産部会を組織し、集出荷施設建設を通じて計画出荷につなげたことが急増の要因となっていた。販売力の強化が課題であるとはいえ、農協が地域農業振興に果たす役割の大きさを示す取り組み事例として評価される。

二　畑地型農業の課題

わが国を代表する北海道十勝の畑作地帯は、九〇年代後半以降、経営耕地面積や一般畑作物作付面積が縮減する傾向をみせていた。農産物価格が低迷し品質重視の価格、流通政策の採用といった農業保護の後退局面ではいたし方のない状況ともいえよう。しかし、事例分析でみたように馬鈴しょの用途多様化や野菜作の取り組み、さらに品質向上を目指した土地利用の模索、これらの対応は農家段階では規模拡大を通じながら行われているのであり、この農業者のエネルギーには注目せざるを得ない。この背景には野菜作導入や耕地拡大が農業所得の拡大につながっていることをあげることができる。しかし、すでにみたように野菜は価格低迷問題があり、規模拡大も効率性低下といった問題を抱えている。

このような農家の意欲を支えている取り組みがあったことも事実であり、農協は各種手数料等を低率のままにとどめ施設投資を行っていたし、営農指導も強化していた。こうした農協の活動は加工資本との競争・協調でもあり、双方の取り組みが生産刺激的に作用し、農家の意欲向上につながったと考えられる。

繰り返しになるが、これまで述べてきたことをまとめると、十勝畑作は畑作と酪農に分化しながら、中央部では集約的な取り組みが、周辺部では大規模な畑作が、そして山麓・沿海部では畜産への傾斜が進展していた。八〇年代半ば以降は、それぞれの地帯がさらにその性格を一層明確にしてきたのである。こうして活況を呈しているかにみえる北海道畑作ではあるが、中央部の畑作＋野菜作経営も広範な成立には至らず、周辺部の大規模畑作経営も課題を抱えている。特に、畑作、酪農が混在し地域循環農業の可能性をもちながら、畑作、酪農がそれぞれの論理で拡大を続けており、地域循環という地力維持機能の発揮には課題を抱えている。農協の堆肥製造事業等に期待が集まるが、外部委託の増加はコスト問題へとつながっており、今後の展開を見守る必要があろう。

以上のような課題を抱える畑作農業の今後を展望するうえで、注目せざるを得ないことはWTOでの農業交渉の動向である。北海道畑作の生産物は原料農産物生産であり、輸入農産物との直接・間接の競争にさらされている。現在進められているWTO交渉では関税上限設定が取り上げられている。現況の関税は豆類(小豆、いんげん)四六〇%、でん粉二九〇%、砂糖二七〇%、小麦二一〇%、大麦一九〇%(ちなみにバター三三〇%、脱脂粉乳二〇〇%、コメ四九〇%)であり、この関税によって比較的安定的な価格が形成されているのである。また、基幹品目の一つである加工用馬鈴しょも、生食用馬鈴しょの輸入解禁に向けた動きのなかで、大きな転換期にある。

平成十五年度『食料・農業・農村白書』は、初めて北海道畑作の現況に頁を割き、力強い構造改革の動きがみられるとともに、農業所得を上回る財政負担等の支出があることを示した。農水省が力強さと脆弱さのどちらを強調したかったのかその真意は分からないが、WTOの交渉結果次第では価格下落による畑作四作作付の減少、農家の拡大意欲の減退、そして大量の不耕作地の発生が想定される。こうした農地の供給予測に対して、いかなる形態でその農地を利用していくのかが今後の課題である。

最後に、二〇〇五年三月に閣議決定された食料・農業・農村基本計画の見直し案について触れざるを得ない。そこでは担い手を限定しての施策の集中と品目別対策から品目横断的対策への転換が示された。いまだ担い手の対象用件は明示されていないが、大規模畑作経営が林立する十勝・網走地域といえども、担い手対象から外れる畑作経営が考えられる。また、品目横断的施策への転換は、条件不利対策と所得補償の二本立て構想が示されているが、この具体的あり方は畑作農業ならびに畑作地域にきわめて大きな影響を与えると考えられる。

平成一五年度『食料・農業・農村白書』で示された財政負担等率をもとに、一九九九年から二〇〇一年の生産費調査から財政負担等がない場合を試算すると、対象作物である小麦、大豆、原料用馬鈴しょ、てん菜はいずれも農業所得はマイナスとなり、しかも財政等支援がある場合と比較して作物間の収益差(四作物ともマイナスの赤字）が拡大する。農業所得がマイナスということは作付が増加するほど畑作経営にとっては赤字が拡大する、あるいは労賃が確保できないことを意味する。また、作物間の収益格差が拡大することは、現況以上により特定の、赤字幅の少ない作物に作付が集中し、過作状況に陥る可能性が高まることを意味する。これは畑作土地利用を大きく混乱させる危険性が高まることを示すのであって、品目横断的政策における条件不利対策部分を農業所得をマイナスにせず、しかも作物間の収益差を拡大させないように構想されることが必要になる。品目別対策の観点が必要なゆえんである。また、基本計画は調製品を含めた輸入農畜産物を前提に需要重視の生産努力目標を示している。例えば、てん菜糖は精糖量換算で二〇〇三年度七四万トンから二〇一五年度の六四万トンへと一三％の減産を示している。

本書でも検討してきたように、てん菜は冷害への対応といった寒冷地農業確立の柱であり、現在も輪作土地利用の基幹作物となっているのである。畑作土地利用は輪作が不可欠であり、その意味では一見品目横断的対策は輪作の円滑化に効果をもつことが期待されるのであるが、土地利用視点の欠如した需要重視の品目横断対策では土地利用の混乱をもたらす以外にないのである。しかも、今後畑地型地帯でも高率の離農が推定されている。円滑な農地流動化のためにも畑作経営の拡大意欲の継続は必要なのである。

北海道畑作は農家の意欲、それを支える農業関係者の取り組みによって、高率な離農の発生にもかかわらず円滑な農地流動化により農用地資源は積極的に活用されてきたと考えられる。この「個別前進型」展開と農業関係者によるインセンティブ提供は今後とも北海道畑作を動かす基本動向と考えられる。しかし、「個別前進型」高度機械体系の導入などは規模の経済性を示さず、四作作付を行っている十勝においても引き続き地力維持という課題は残されており、「個別前進型」展開も課題をもっている。コントラクタなどの外部委託もコスト低下にはつながってはいないが、施設建設を含む組織な体制整備による野菜作導入、農協を中心とした堆肥製造事業の取り組みなど、いかに協同対応によって補完できるか、その体制づくりが課題となっている。

八〇年代半ば以降の転換期を乗り越えられたのは、八〇年当初から量から質への価格体系の変化に対応して、高品質な原料生産体制の構築、農協・食品産業と一体となった澱原用馬鈴しょからの用途転換などにみられる早期の取り組みが奏効したともいえる。その経験を踏まえると比較的体力のある現時点で、協同的な体制つくりを消費者、食品産業との理解のうえで進めていく必要がある。

［志賀永一・佐々木悟］

第五章　草地型地帯の構造変動――根室農業を中心に

第一節　一九九〇年代以降における構造変動と規定要因

北海道における典型的な草地型地帯としては根室地域と宗谷地域とがあげられる。第二章第三節で示したように、草地型酪農の展開に大きな影響を与えた要因には、草地開発などの補助事業の導入がある。「新酪農村建設」事業はその代表とみなすことができ、補助事業が積極的に導入された根室地域はより典型的な分析対象となる。

本節では、根室地域を対象に一九九〇年代における農業構造の変動とその要因を示す。はじめに構造変動を規定する要因をいくつかの視点から概観する。次に、開発事業を取り上げ、事業の導入が構造変動とそれぞれの地域に与えた影響を明らかにする。

一　構造変動の規定要因

(1)　酪農政策

はじめに、酪農生産のあり方を国家レベルで規定する酪農政策のなかから乳価、生産調整、ガット合意による酪農政策の変化、開発事業に関する一九九〇年代の動向について検討する。

北海道を中心に形成された専業酪農体制の基盤となってきた「不足払い法」の保証乳価は、九〇年代に入り低下し始め、一キログラム当たり乳価は九〇年の七七・七五円から九八年には七三・八六円に低下した。ただし「特別対策費」が上乗せされ、九〇年代前半までは実質的に農家の受け取る乳価は維持ないしは上昇した。しかし、九〇年代後半以降はその実質乳価も低下し始め、九四年の七八・七五円から九八年の七五・八六円へと、約三円(三・七%)低下した。さらに、八〇年代後半以降には基準取引乳脂肪率の引き上げ(八七年)や体細胞など衛生的乳質ペナルティの導入(九四年)、乳成分の乳脂肪から乳蛋白への重点移行(九三年)がなされた。これら乳価の算定方式の変更は、酪農経営に頭数規模の拡大や濃厚飼料給与量の増加といった飼養管理の変更を促した。

牛乳の生産調整は、計画生産として一九七八年に開始されて以来、これまでに三回(八六、九三、九四年)の減産型の計画生産が実施された。なかでも酪農生産が拡大基調にあった八六年は酪農経営に与えた生産抑制的な影響が最も大きく、超過生産に対するペナルティが農協単位で発動される厳しいものであった。その後の九三年は地区(支庁)単位、九四年は全道単位に緩和され、九四年については夏季の猛暑により年度後半には逆に生産増加が要請された。減産型計画以外の年次においても、牛乳の計画生産枠は存在し、規模拡大を図ろうとする経営の障害になった地域もある。九六年以降は超過生産量に対する酪農家の「とも補償」を導入し、同年から可能になった牛乳生産個人枠の売買により、個別経営レベルでは計画生産枠は実質的に消滅した。
ガット農業合意(九三年一二月)では、輸入の自由化された乳製品には「国家貿易」が適用され、マークアップ(輸入差益)の徴収などにより輸入量の増大に歯止めがかけられていたが、酪農経営に先行きの不透明感を与え、乳用牛価格の低下を招いた。また、乳製品に先立つ牛肉の輸入自由化(九一年)により、肉用牛価格(乳雄初生子牛、乳廃牛)が暴落し、酪農経営に直接的な影響を与えた。

酪農経営の展開を大きく左右した開発事業は、一九八〇年代までは草地造成を中心に土地基盤整備に関わる事業が圧倒的に多かったが、九〇年代になるとほとんどが草地整備になり、その事業費は大きく減少した。他方、施設機械導入を伴う事業は牛舎施設やふん尿処理施設を中心に九〇年代以降に著しく増加した。九六年からは草地整備やふん尿処理施設などに関して、北海道単独の「二一世紀高生産基盤整備促進特別対策事業」が上乗せされ、農家負担率が五％に低減したため、予算が不足するほどの事業実施希望が寄せられた。特にふん尿処理施設に関しては、九九年に施行された「家畜排せつ物法」への対応もあり、この「五％事業」を前提に整備を計画している酪農家も少なくない。

(2)　経営環境

酪農政策のあり方は経営環境の変動を通して酪農経営の展開に影響を与える。酪農経営にとって与件である経営環境を、この三〇年間の価格変動(交易条件)の視点から検討する。

まず、酪農経営の主たる生産物である生乳の価格の動向は上述の通りである。また、酪農経営の粗収入の二〇〜三〇％を占める乳子牛や、乳用牛の償却費を大きく左右する乳廃牛の価格は、いずれも一九七〇年代後半と八〇年代後半に二つのピークをもって推移した。概ね七〇年代前半は上昇、九〇年代は急激な低下局面にあった。この推移は肉用牛価格に連動しており、特に八八年に合意された牛肉の輸入自由化の影響が九〇年代の価格暴落を招いた。九〇年代末になって、乳子牛の価格は上昇に転じたが、乳廃牛の価格は依然として低下し続けている。

さらに、酪農経営における生産資材として、経営費の約三〇％を占める購入飼料を代表する配合飼料の価格をみると、概ね一九七〇年代後半から八〇年代前半をピークとする推移を示した。わが国の配合飼料価格は、配合飼料価格安定基金制度により若干緩和されるとはいえ、実質的に無関税で輸入される穀物を原料にしてきたことから、シカゴの穀物相場を起点に、さまざまな変動にさらされる。つまり、シカゴ相場、フレート(海上運賃)、円為替相場などによって配合飼料価格が規定される。実際にも世界の穀物需給が逼迫基調にあった八一年までの配合飼料価格はシカゴ相場の変動にほぼ一致していた。しかし、八〇年代後半から九〇年代前半にかけての価格低下は穀物相場の変動ではなく、為替相場における円高ドル安の一方的趨勢の影響を受けた推移である。ピークとなる九五年には一ドル＝七九・七五円にまで円高が進行した。九六年に配合飼料価格が上昇に転じたのも為替の影響が大きく、九七年四月には一ドル＝一二七円まで円安が進んだ。その後五月には一ドル＝一一一円に戻るなど激しく乱高下している。

酪農の経営環境を交易条件の視点からまとめると、まず八〇年代前半までは販売・購入の両面において右肩上がりの価格推移を示し、生産調整の制約があったとはいえ、規模拡大などの経営展望の描きやすい時期であったといえる。また、八〇年代後半には乳価は徐々に低下したが、乳子牛などの乳牛価格が高く、配合飼料価格も大きく低下し、購入飼料に依存した経営展開を助長する環境であった。さらに九〇年代には、配合飼料価格の低下は続いたが、乳牛価格の暴落や九三年に合意されたガット交渉で乳製品の輸入自由化が決まったことにより、経営展望を描き難い環境になった。特に配合飼料価格が上昇に転じた九六年以降は混迷の度合いを一層強めている。

(3)　技術革新

農業構造の変動要因の一つとして、酪農生産に直接的に影響する革新的な技術装備の導入がある。

第一に、飼料生産に関わって、一九九〇年代に入り、根室地域に普及・定着し始めた技術装備やその利用では、コントラクタと放牧の利用があげられる。

まずコントラクタに関連して、根室地域の貯蔵飼料生産は、牧草サイレージにほぼ単一化され、そのなかではロールベール体系(個別作業体系)と細切(フォーレージハーベスタ)体系に大きく分けられる。細切体系では個別(主に牽引型、ワンマン型)、共同(主に牽引型、自走式)、委託(＝コントラクタ、主に自走式)に区分できる。九〇年代には、個別(ワンマン型)と委託(自走式)が広がり、ともに高い作業能率(＝高品質な飼料調製)を特徴としている。現段階で大規模な飼料生産を計画するならば、このいずれかの選択が迫られる。ちなみにワンマンハーベスタ(作業機)の価格は五五〇〇万円、これを動かすのに必要な一〇〇馬力級のトラクタは八五〇万円である。これに対して、委託作業料金(四～五万円／ヘクタール)との比較で選択の経済性を決定しうる。これらの技術装備の自己所有は草地面積の拡大を促すことになる。

また放牧については「マイペース酪農交流会」の例にみられる大牧区によるものから、電気牧柵を多用した集約的なものまでさまざまな方法が模索されている。搾乳牛を放牧するに際して、通路や牧柵の整備、草地の管理、乳牛の移動などの技術的な制約から、経営規模の拡大には結びつかないが、購入飼料に依存せず、「土―草―牛」の循環を高める牛乳生産として見直されつつある。

第二に、飼養管理に関わって、フリーストール牛舎とミルキング・パーラー(以下、MPと略)が普及した。

この技術装備にはTMR(混合飼料給与方式)が伴うことが多いため、飼料生産においても細切した牧草サイレージの機械装備が求められる。農家はこれらを一連の技術体系として導入する場合が多い。この技術の導入にはきわめて多額の費用を要し、例えば一〇〇頭用牛舎と八頭複列のMPという牛舎施設だけで五〇〇〇万円以上の投資額(自己負担分)になる。この技術体系の採用には、一般に経営規模の拡大を不可欠とする。

同時にTMRは個体乳量の増加を可能にするため、粗飼料の利用率を向上させるだけでなく、購入する濃厚飼料を多給することから、草地面積の増加を上回る飼養頭数の増加を進めうる。しかし、この体系ではふん尿処理に要する巨額な投資が隘路になっており、現在は前述の「五％事業」がその唯一の出口となっている。

これまでみてきたように、一九九〇年代になって根室地域に普及した技術には、経営規模の拡大を促進する傾向が強かった。なかでも飼料生産規模と遊離した飼養管理の展開を可能にする技術の導入は、今後の農業構造の変動に大きな影響を与えることが考えられる。これに対して「マイペース酪農交流会」に象徴されるような頭数規模を抑制した放牧を基軸とする生産方式は、経営規模拡大による収益増大を目指す方向ではなく、経営費用削減による収益確保と省力化を目指す方向として、一定の認知が得られつつある。これらの技術導入はいずれについても現段階では農業生産の多数を占めるまでには至ってはいないが、注目される動きである。

二　構造変動の地域性と開発投資

(1)　農業構造の変動

ここでは、一で検討した構造変動要因のうち開発投資が構造変動に与えた影響を明らかにするため、開発事業の導入と密接に関わる入植時期の違いと一九八〇年以降の農業構造変動の実態を集落(類型)レベルで分析する。農家の入植時期は個々に異なるが、一つの集落内では同時期に入植した農家が多数を占める場合が多い。そこで、農業構造に関するデータが入手可能な集落を単位に、それぞれの入植時期を特定したうえで酪農展開との関係を分析する。具体的には、開発事業が集中的に投入された別海町を対象に、そこでの集落を事業の導入実績を指標に戦前入植集落とＰＦ・新酪集落(戦前入植集落を含む)、その他の戦後開拓集落に区分し、それぞれの農業構造変動の特徴を検討する。

表 5-1　集落類型別にみた経営規模の推移（別海町）

集落類型		戦前入植	戦後開拓	PF・新酪	計
集落数		52	25	27	104
1戸当たり	1980年	35.9	37.1	44.3	38.7
経営耕地面積	1985年	42.2	43.0	52.3	45.6
(ha/戸)	1990年	47.9	46.8	54.8	49.9
	1995年	53.5	50.0	60.3	55.0
1戸当たり	1980年	29.5	29.0	34.1	30.8
飼料作面積	1985年	43.4	44.3	55.0	47.2
(ha/戸)	1990年	47.7	44.8	56.2	49.9
	1995年	55.4	52.7	62.7	57.3
1戸当たり	1980年	59.4	51.4	71.9	61.9
乳用牛	1985年	67.9	63.9	88.1	73.6
飼養頭数	1990年	79.4	74.0	99.1	84.8
(頭/戸)	1995年	93.6	84.4	109.5	97.0
乳用牛	1980年	49.7	56.4	47.3	49.9
1頭当たり	1985年	63.9	69.3	62.4	64.2
飼料作面積	1990年	60.1	60.5	56.7	58.9
(a/頭)	1995年	59.2	62.5	57.3	59.0

出所）『農業センサス集落カード』より作成。

別海町にある一〇四集落（農業センサス）は、戦前入植の五二集落と戦後開拓の二五集落、ＰＦ・新酪の二七集落に区分できる（表５-１）。九五年の総農家数は戦前入植集落五五四戸、戦後開拓集落二一一戸、ＰＦ・新酪集落三六二戸、専業農家数ではそれぞれ四九五戸、一九四戸、三二七戸であり、八〇年から九五年までの一五年間の減少率は総農家戸数で二六％、二一％、一九％、専業農家戸数で一八％、一一％、一四％になり、戦前入植集落において農家戸数の減少率が高いことが特徴であり、それは後継者不在農家の急速な離農によってもたらされた。基幹的農業従事者数もこの間大きく減少し、戦前入植集落で二九％、戦後開拓集落で二八％、ＰＦ・新酪集落で二〇％の減少率に達し、農家戸数の減少率を上回った。なかでも、それは戦後開拓集落において著しく、減少に転じた一戸当たり基幹的農業従事者数は戦前入植集落とＰＦ・新酪集落の二・五人に対し、戦後開拓集落は二・四人である。経営耕地面積はやや増加し、戦前入植集落二・九万ヘクタール、戦後開拓集落一・一万ヘクタール、ＰＦ・新酪集落二・二万ヘクタールになったが、その増加率はそれぞれ一一％、六％、一一％にとどまり、八〇年までの一〇年間の増加率の五分の一から八分の一にすぎない。一戸当たり経営耕地面積は増加し、戦前入植集落五四ヘクタール、戦後開拓集落五〇ヘクタール、PF・新酪集落六〇ヘクタールとなり、その増加率はそれぞれ四九％、三五％、三六％になる。

ところで、耕地面積の増加に伴い飼料作面積も増え、戦前入植集落二・九万ヘクタール、戦後開拓集落一・一万ヘクタール、PF・新酪集落二・二万ヘクタールになり、その増加率は四七％、四九％、五四％と高く、耕地面積の増加率を大きく上回っている[1]。同様に、一戸当たり飼料作面積も大きく増加し、戦前入植集落五五ヘクタール、戦後開拓集落五三ヘクタール、PF・新酪集落六三ヘクタールになり、その増加率は八八％、八二％、八四％と高い。乳用牛飼養農家数は、戦前入植集落五三一戸、戦後開拓集落二〇〇戸、PF・新酪集落三四八戸に減少し、その間の減少率はそれぞれ二一％、一八％、一六％になるのに対し、乳用牛の飼養頭数は五万頭、一・七万頭、三・八万頭に増加したことから、一戸当たり乳用牛飼養頭数は九四頭、八四頭、一一〇頭に増加し、その増加率は戦前入植集落五八％、戦後開拓集落六四％、PF・新酪集落五二％になる。その結果、一戸当たりでは乳用牛頭数の増加を上回る飼料作面積の増加があり、乳用牛一頭当たり飼料作面積は増加に転じ、戦前入植集落五九アール、戦後開拓集落六三アール、PF・新酪集落五七アールになり、その増加率はそれぞれ一九％、一一％、二一％になっている[2]。

八〇年の経営規模では、PF・新酪集落が一戸当たりの経営耕地面積四四ヘクタール、乳用牛飼養頭数七二頭と際だって大きく、戦前入植集落と戦後開拓集落は同じく三六〜三七ヘクタール、五二〜六〇頭と同程度の規模になっていた。その後九五年にかけて、これまでみたように戦前入植集落において農家戸数の大幅減少に基づく一戸当たり経営耕地面積の増加や戦後開拓集落における乳用牛頭数の増加があった。したがって、九五年の一戸当たり経営耕地面積は、PF・新酪集落六〇ヘクタール、戦前入植集落五四ヘクタール、戦後開拓集落五〇ヘクタールの順になり、この間に戦後開拓集落と戦前入植集落の順位の逆転がみられる。また、一戸当たり乳用牛飼

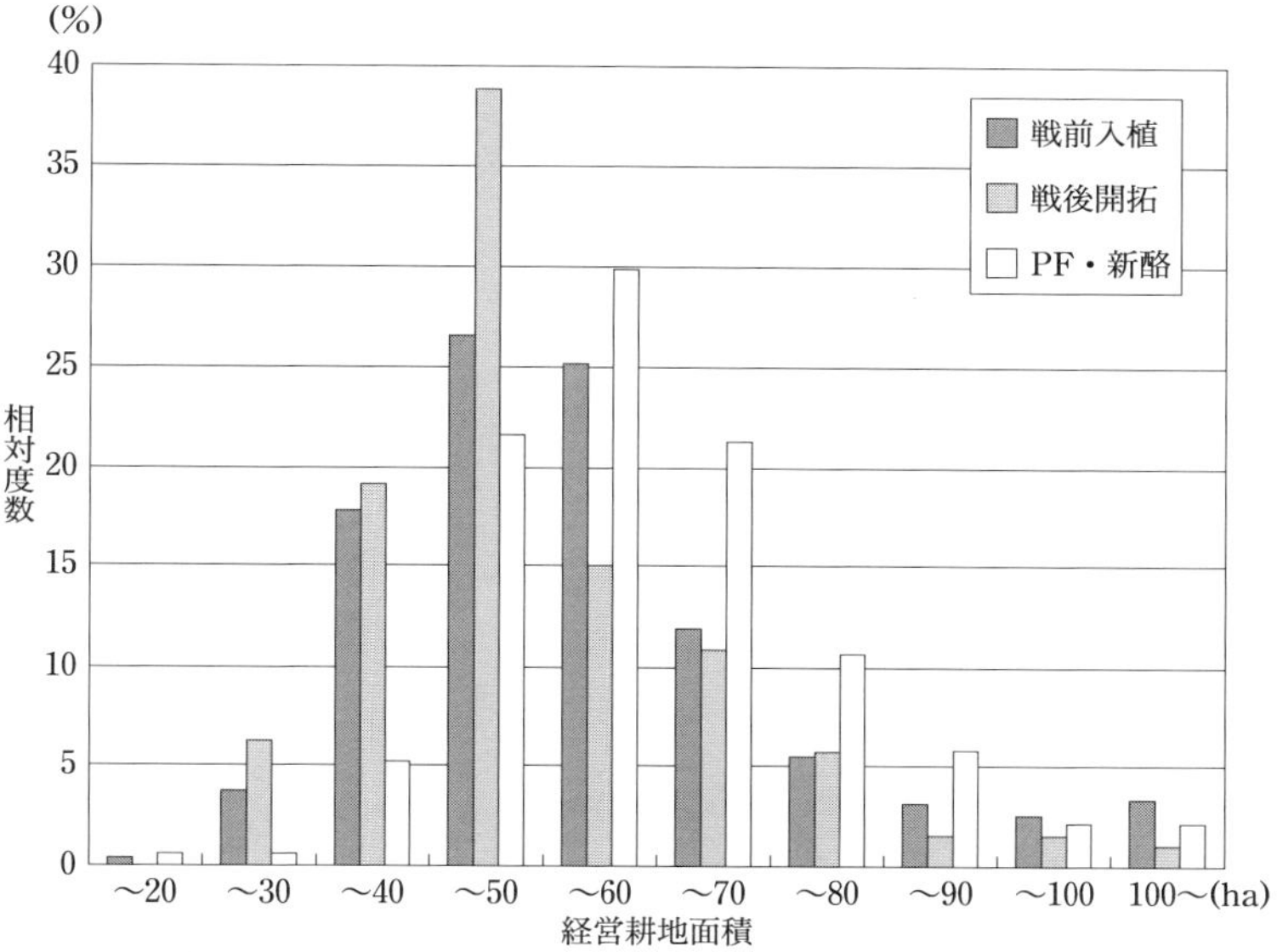

図 5-1　経営耕地面積規模別相対度数分布(1995 年)

出所）9 農研セ第 871 号に基づく『農林業センサス(指定統計第 26 号)調査票の使用について』に依拠した農業研究センター農業計画部による一次集計による。

養頭数もＰＦ・新酪集落一一〇頭、戦前入植集落九四頭、戦後開拓集落八四頭の順になり、戦前入植集落の優位性は変わらないが、経営規模におけるＰＦ・新酪集落の優位性は変わらないが、戦前入植集落が急速に拡大・肉迫し、かつてのような際だった差異はみられなくなった。他方、戦後開拓集落は戦前入植集落に追い越され、ＰＦ・新酪集落との格差は拡大しつつある。

　このような構造変動には、個別農家間格差の拡大が伴う。一戸当たり経営農地面積の変動係数は、九〇年から九五年にかけて、戦前入植集落で三一％から三七％、戦後開拓集落で三四％から三七％、ＰＦ・新酪集落で二四％から二六％に増加している。また、九五年の経営耕地面積規模別農家数の度数分布をみると(図5-1)、戦前入植集落と戦後開拓集落はともに四〇～五〇ヘクタール規模にピークを示すが、前者の相対度数は二七％と低く小規模から大規模まで広く分布しているのに対し、後者の相対度数は三九％と高く分散度は小さい。ＰＦ・新酪

表5-2　戦後実施された農業基盤整備事業（別海町）

集落類型			戦前入植	戦後開拓	PF・新酪
合計	事業費（百万円）	1979年まで	2,646	1,861	83,120
		うちPF・新酪			79,041
		1980年以降	15,700	3,207	8,276
	草地造成面積（ha）	1979年まで	11,180	18,685	33,669
		うちPF・新酪			19,767
		1980年以降	1,351	838	363
	草地整備面積（ha）	1979年まで	10,277	108	984
		1980年以降	12,261	1,510	8,345
1戸当たり	事業費（千円）	1979年まで	4,776	8,822	229,613
		うちPF・新酪			218,344
		1980年以降	28,340	15,198	22,861
	草地造成面積（ha）	1979年まで	20.2	88.6	93.0
		うちPF・新酪			54.6
		1980年以降	2.4	4.0	1.0
	草地整備面積（ha）	1979年まで	18.6	0.5	2.7
		1980年以降	22.1	7.2	23.1

注）1．1997年までに完了した事業を対象に，事業別に実施年度・対象集落に事業費・事業量を均等に按分して算出。
2．1戸当たり数値は，1995年度農家戸数に基づき算出。
3．新酪事業は，1979年までに区分。

集落のピークは五〇～六〇ヘクタール規模にあり、分散の度合いは前二者の中間程度であり、集落類型によって個別農家の分散の形状は異なっている。規模拡大傾向の表れとして八〇ヘクタール以上の大規模階層の増加が目立ち、その相対度数は九〇年の一一％から九五年には二三％に増加している。そのなかでは、戦前入植集落とＰＦ・新酪集落の相対度数が高く、一〇〇ヘクタール以上層では戦前入植集落の相対度数が最も高く、経営展開の地域性を確認できる。

(2)　開発投資の地域性

次に、別海町における開発事業の導入実績を集落（類型）レベルで明らかにするため、戦後導入された開発事業を実施集落別に区分し、それらを戦前入植、戦後開拓、ＰＦ・新酪の集落類型別に集計した。事業を七九年までに完了した事業（ただし、新酪事業を含む）と八〇年以降に完了した事業に分けてみると、七九年まではＰＦ・新酪集落での事業が多く、総事業費の九五％を占める（表5-2）。そのうち新略事業の割合は九五％である。同様に、七九年までの草地造成面積は約六・四万ヘクタールに達し、その五三％をＰＦ・新酪集落が占め、二九％が戦後開拓集落、一八％が戦前入植集落である。他方、同じ期間の草地整備面積は約一・一万ヘクタールにすぎず、その九〇％が戦前入植集落で実施されている。これらのことは九五年時点の農家一戸当たりでみても同様な傾向が確認でき、戦前入植集落では事業費四八〇万円、草地造成面積二〇ヘクタール、草地整備面積一九ヘクタール、同じく戦後開拓集落では八八〇万円、八九ヘクタール、〇・五ヘクタール、ＰＦ・新酪集落では二三〇〇万円、九三ヘクタール、三ヘクタールとなり、事業費ではＰＦ・新酪集落が突出して大きいが、草地造成面積でみれば戦後開拓集落とほとんど変わらない。

八〇年以降に実施された事業をみると、七九年以前に比べ総事業費は大きく減少し、そのなかで事業費が最も多いのは戦前入植集落になり、総事業費の五八％を占める。戦後開拓集落は一二％、ＰＦ・新酪集落は三〇％である。草地造成面積は二五〇〇ヘクタールに減少し、ここでも戦前入植集落が五三％を占める。他方、草地整備面積は二・三万ヘクタールに増加し、ここでも戦前入植集落が五五％と過半を占めている。同様に九五年時点の農家一戸当たりでみると、戦前入植集落では事業費二八〇〇万円、草地造成面積二ヘクタール、草地整備面積二二ヘクタール、同じく戦後開拓集落では一五〇〇万円、四ヘクタール、七ヘクタール、ＰＦ・新酪集落では二三〇〇万円、一ヘクタール、二三ヘクタールとなり、戦前入植集落とＰＦ・新酪集落では同程度の投資が行われたのに対し、戦後開拓集落における投資水準は明らかに低く、草地整備面積では半分以下の水準にとどまっている。

さらに、八〇年以降に実施された事業のなかから九〇年以降の事業に限ってみると、戦前入植集落とＰＦ・新酪集落の事業費に占める割合は四六％、四四％でほぼ等しく、戦後開拓集落は一〇％ときわめて低い。九〇年以降の草地造成面積は五四七ヘクタール、草地整備面積は約一・四万ヘクタールになり、それぞれ戦前入植集落が二二八ヘクタールと五八六九ヘクタール、ＰＦ・新酪集落が二三〇ヘクタールと六四二七ヘクタールと多く、戦後開拓集落は八九ヘクタール、一二五八ヘクタールと少ない。同様に九五年時点の農家一戸当たりでみると、戦

表 5-3　公社営畜産基地建設事業など(別海町)

集落類型	戦前入植	戦後開拓	PF・新酪
合計			
事業費(百万円)	8,349	74	2,005
草地造成面積(ha)	697	49	60
草地整備面積(ha)	5,435	52	1,984
1戸当たり			
事業費(千円)	15,071	350	5,539
草地造成面積(ha)	1.3	0.2	0.2
草地整備面積(ha)	9.8	0.2	5.5

注）表 5-2 に同じ。

前入植集落では事業費一四〇〇万円、草地造成面積〇・四ヘクタール、草地整備面積一一ヘクタール、同じく戦後開拓集落では八〇〇万円、〇・四ヘクタール、六ヘクタール、ＰＦ・新酪集落では二〇〇〇万円、〇・六ヘクタール、一八ヘクタールとなり、九〇年以降ではＰＦ・新酪集落、戦前入植集落、戦後開拓集落の順で投資額が大きく、それは草地整備面積の大きさを直接的に規定している。

ところで、これまでみてきた開発事業は、草地開発などの土地基盤整備事業と畜産基地建設事業などの土地基盤整備と施設機械の導入がセットになった施設導入型事業とに区分することができる。根室支庁で実施された事業をこの二つに区分し、実施時期で八九年以前と九〇年以降に分けて整理すると、八九年以前は土地基盤整備が総事業費の八二％に達し、きわめて大きな比重を占めていた。しかし、九〇年以降になると、既述のように土地基盤整備は大きく減少したのに対し、施設機械導入はほぼ倍増し、事業費で土地基盤整備を上回るほどになった。このように、九〇年代における開発事業の大きな特徴は、その事業内容を土地基盤整備から施設機械導入に比重を移していったことであり、その代表的な事業が「公社営畜産基地建設事業」である。

土地基盤整備と牛舎等の施設整備がセットになった公社営事業は、七二年の「農業公社牧場設置事業」に始まるが、根室地域で一定の広がりを示し始めたのは「公社営畜産基地建設事業」が導入された八〇年以降である。別海町における、このような施設導入型事業の実施状況をみると、戦前入植集落に集中的に投資されてきたことが分かる（表５-３）。事業費に占める戦前入植集落の割合は八〇％に及び、ＰＦ・新酪集落は一九％、戦後開拓集落はわずか一％にすぎない。この点は、九五年時点の農家一戸当たりでみても同様であり、戦前入植集落は一五〇〇万円と多く、次いでＰＦ・新酪集落の五五〇万円、戦後開拓集落は三五万円にすぎない。九〇年代に入り戦前入植集落でＦＳ牛舎・ＭＰの建設が数多く目につくようになった背景をここに見出すことができる。

三　本章の構成

一九八〇年以降の構造変動の実態を集落類型別にみると、八〇年の経営規模ではＰＦ・新酪集落が際だって大きく、戦前入植集落と戦後開拓集落は同程度の規模であった。その後八五年になると経営規模におけるＰＦ・新酪集落の優位性は変わらないが、戦前入植集落が急速に拡大・肉迫し、かつてのような際だった差異はみられなくなった。他方、戦後開拓集落は戦前入植集落に追い越され、ＰＦ・新酪集落との格差は拡大しつつある。これに対して、八〇年以降の開発投資は総投資額では戦前入植集落に集中的に、一戸当たり投資額ではＰＦ・新酪集落を中心になされ、戦後開拓集落への投資がきわめて手薄であった。こうした開発投資のあり方が各地域における農業構造の変動を大きく規定してきたと考えられる。したがって、根室農業の展開においては、経営規模の拡大を促すような経営環境のもとで、開発投資の影響が大きく作用してきたことが集落レベルで明らかになった。また、九〇年代に入り経営環境が悪化するなかにあっても、開発投資が構造変動に与える影響力は依然として大きいことが確認された。

これまでみてきたように草地型酪農地帯では草地面積の拡大や多頭化のための施設整備が国家的な政策主導で進められ、そのことがこの地帯における地域性形成の第一義的な要因となった。こうしたインフラ整備は酪農経営にとっては「不可逆的」な拡大であり、それが「悪循環の拡大」(3)へとつながってしまう場合も少なくなかった。しかし、他方で成功経営もみられるなど同一地域の個別経営間に大きな格差が形成したことも見逃すことはできない。所与の地域性のなかで「不可逆性」を超克するような経営主体の成長がどのような条件で可能なのか、この点を明らかにすることが本章のもう一つの課題である。

以下では、次の手順で分析を進める。第二節から第四節までは根室酪農における地域性の発現とその要因について分析する。まず、第二節では、根室地域の全道における現在の位置とその変化を示すことにより根室地域の代表性を確認したうえで根室内部の地域性とその変化を示すことにより、地域性が生じる理由とその意味を検討する。次いで、第三節と第四節では草地型酪農技術の両輪である飼料生産と飼養管理のそれぞれの地域性を検討する。第五節と第六節では地域性から離れて、規模や収益の階層性、経営展開の多様性を踏まえて、経営主体の成長条件を分析する。第五節では多頭化による経営改善の条件、そして第六節では多頭化せずに低コスト化を進めるための条件を検討する。

第七節では、以上の分析結果に基づき、草地型酪農が発展するための課題を提示する。開発事業に大きく依存してきた体質がどう変化したのか。開発事業が縮小していく過程で、どう変化しようとしているのかが論点となる。この点を急速な酪農現場の変化に対応して、本章では十分に分析しつくせなかった新しい展開状況を踏まえながら検討する。

（1）『農業センサス』によれば、別海町における牧草専用地面積（耕地内草地）は、一九七五年四万九一八五ヘクタール、八〇年五万三八九六ヘクタール、八五年五万八八〇九ヘクタールであるのに対し、飼料作面積（飼料用作物の収穫面積）は、七五年四万九二六五ヘクタール、八〇年四万一二六二ヘクタール、八五年六万〇〇二四ヘクタールであり、八〇年は牧草専用地面積に比べ飼料作面積が際だって小さい。その要因は不明であるが、このことが八五年以降の飼料作面積の増加率の高さに結びついたと考えられる。なお、集落カードには牧草専用地面積の数値が記載されていないことから、本節では飼料作面積の数値を使っているが、その八〇年数値についてはこの点に留意を要する。

（2）一九八〇年の飼料作面積の数値には留意を要することから、八〇年から九五年にかけて乳用牛一頭当たり飼料作面積が増加したとすることには疑問が残るが、ここでは『農業センサス』の数値に基づき記述した。

（3）　田畑保「北海道酪農の経済構造と農民層分解」（美土路達雄・山田定市編著『地域農業の発展条件』御茶の水書房、一九八五年）では、「連鎖的・増幅的な性格が総体としての投資額を大規模なものにさせる」（二四四頁）とし、「多頭化が不可逆的な動きとして作用している」（二一九頁）ことを「増産メカニズム」（二五四頁）と表現している。

［鵜川洋樹］

第二節　生産技術の到達点と地域性

一　根室酪農の位置と性格

ここでは、根室地域を対象に、一九九〇年代の草地型地帯の構造変動を分析する。第一に、九五年以降の統計と中央酪農会議『酪農全国基礎調査』（以下、中酪調査と略）をもとに、構造的な変動の手がかりを得るために、まず今日の特徴を示し、さらに近代化が急速に進んだ六〇年代から二〇〇〇年までの変化を分析する。第二に、根室内部の地域性を示す。かつて典型とされた「新酪事業」による移転入植地区とそれ以外の地区での展開差を示し、「悪循環」や「不可逆」と表現された消極的な拡大論理を地域ごとに分析する。消極的な拡大論理は、すでに変化したのか否か、あるいは特定地域のみに限定されるべきものだったかが焦点になる。

(1)　根室地域の優位性

北海道酪農を地域別に比較すると（以下では空知・上川・石狩は道央、渡島・後志・桧山は道南とし、他は支庁別に地域区分をしている)、根室酪農は次の優位性を示している。

第一に、最大の規模を誇っている。まず、『農業センサス』よると根室では一戸当たり成牛飼養頭数は七〇頭に達し、第二位の釧路を一〇頭近く引き離している。また、『農業協同組合要覧』(以下、農協要覧と略)によると一戸当たりの販売金額は三七三三万円に達し、第二位の十勝を一〇〇〇万円以上引き離している(二〇〇〇年)。

第二に、広大な自給飼料生産を基盤にしている。根室では経営耕地は五六ヘクタール、放牧地の比率は二二％といずれも最大であり、借地率は八％と最小になっている(九五年中酪調査)。畑一団地当たりの面積は一七ヘクタールに及び、第二位の釧路一二ヘクタールを大きく上回っている(九五年センサス)。

第三に、省力化が進んでいる。根室では経営主の年間労働時間は三一二七時間と最も短い。第二位の釧路は三二〇一時間で七四時間も少ない。これは農繁期を除く通常期の一日当たりの労働時間が七・八時間と最も短いことによる(九五年中酪調査)。

第四に、若く意欲のある担い手が多数確保されている。経営主の年齢が五〇歳以上で、かつ後継者が未定あるいはいない比率は、一四・三％と最も小さい(二〇〇〇年中酪調査)。酪農経営者であることに満足しているという回答は七五％に達し、第二位の宗谷と道央を六％引き離している(九八年中酪調査)。

このように根室地域では、充実した草地基盤をもとに、家族経営を基本として、大規模で高い生産性の酪農を築いてきたのである。

(2)　根室地域における課題

他方で、草地を基盤にした最大規模で専業的な酪農経営群を、大きな開発投資によって築いたことが、以下の問題を生じさせたことが確認できる。

第一に、早期に施設投資を進めたため、その後に普及した新式の施設導入が遅れた。ミルキングパーラー(以下、MPと略)とフリーストール(以下、FSと略)を同時に導入している比率は一六・二%で、平均の頭数規模が一二頭も小さい十勝の一六・二%と同じ水準にとどまっている。根室ではスタンチョンストール(以下、STと略)によって多頭化が進んだことになる。例えば、従来式のSTによって経産牛六〇頭以上に多頭化している比率は、根室で四一・七%と全道最高であり、第二位の釧路を一一%も上回っている(二〇〇〇年中酪調査)。

第二に、ふん尿の処理問題が独特のかたちで顕在化した。今後効率的・適正なふん尿処理技術を導入したいと考える比率は、三三%と最大になっていた。経産牛一頭当たりの経営耕地面積は、酪農専業地帯のなかで、釧路は八三アール、宗谷は九九アールに対して、根室は八〇アールと最小になっていた(九五年中酪調査)。酪農専業地帯において、ふん尿は経営内部で利用しなければならない。面積に対する頭数の増加は、ふん尿問題を深刻化させたのである。

第三に、大規模化は家族労働力によって進めている。まず、雇用労働力は、道央、道南、十勝に比べて少ない。一戸当たりの常勤や季節雇の人数を合わせると、道央では一・一人に達するが根室では〇・四人にすぎない。臨時・パートも、道央では九・一人に達するのに対して、根室では五・六人にすぎない。また、複数農家による共同の法人化は、ほとんどみられない。このため、経営主がとった年間の休日は根室では五・五日であった。十勝の九・一日、道央の七・一日と比べ大きな差になっている(九五年中酪調査)。市街地のパート労働などを利用できない酪農専業地帯で、いかに雇用労働力を確保するかが課題となっている。

第四に、農家一戸当たりの負債残高が最大となっている。酪農以外を含めた総農家の数字になるが、一戸当たりの農協からの貸出金残高は、根室で二三二五万円と最大になる。貯金に対する貸出金の比率では、釧路が六二%と最大で、根室は五九%と第二位となっている(二〇〇〇年度農協要覧)。コンピュータを使って経営記帳をしている比率は、根室が三七%と最大になっている。しかし、二位の網走は三二%で五%の差にすぎない(二〇〇〇年中酪調査)。規模に見合った管理がなされていないことが課題となる。

表5-4　地域別にみた酪農経営の動向

(単位：頭，指数，%)

	1戸当たり成牛飼養頭数*				成牛飼養戸数変化指数*			貸出金/貯金**			
年	1970	1980	1990	2000	70〜80	80〜90	90〜00	1969	1980	1990	2000
全　道	9.1	26.4	37.8	56.0	54	73	69	92	76	40	37
釧　路	12.0	28.2	41.9	60.8	66	79	74	135	124	68	62
根　室	16.2	43.9	52.0	70.2	76	88	83	214	212	83	59
宗　谷	11.9	28.9	40.6	55.9	65	81	73	194	236	94	50
十　勝	8.3	25.9	38.5	58.2	52	69	67	89	87	46	37
道　央	6.9	20.1	30.8	48.4	44	67	62	84	61	31	34
道　南	5.9	15.8	24.8	37.8	42	61	57	94	82	42	41
網　走	9.0	24.3	33.4	49.6	52	72	67	102	73	42	32
留　萌	11.5	33.2	41.5	55.1	60	80	76	84	69	32	32

出所）＊は『農業センサス』による。
＊＊は『農業協同組合要覧』による。

根室では大規模な酪農を、旧式の牛舎で、家族労働力によって、休日なしに、作業を省力的に進めるために、大きな借入金を必要としてきたと考えることができる。機械の重装備化が進んできたと同時に、種々の工夫がなされたことを予測させる。

(3)　根室酪農の変化

根室酪農は、この三〇年間に他地域との格差を縮小させた(表5-4)。

第一に、かつて最悪だった根室の酪農家の負債圧は著しく軽減した。負債残高は一九七〇年代に急増したが、八〇年代以降には貯金が増加して、安定性が高まった。

まず『農協要覧』によると、農協への貯金に対する農協からの貸出金の比率(貯貸率)は、六九年には一位が根室で二一四%、第二位が宗谷で一九四%に達し、第三位の釧路一三五%を大きく引き離し、突出していた。八〇年には宗谷が二三六%へと悪化し、根室は二一二%を維持していた。その後、根室では九〇年にかけて貯金が増加して、貯貸率は著しく改善した。二〇〇〇年には、根室で五九%までに減少した。

また北海道農務部の『酪農経営実態調査の概要』では、八〇年度にA階層(約定営農償還元利金が支払い可能な農家階層)の比率は、石狩の七一％、空知の五六％、十勝の四七％には及ばないが、根室では四六％でこれ以外の地域に勝り第四位に位置していた。根室地域においても、すでに多数の安定的な農家群が存在したことになる。

第二に、かつて根室で突出していた頭数規模も、他の地域との格差は縮小した。一戸当たりの成牛飼養頭数は、七〇年以降一貫して根室が一位にあり、七〇年には根室が一六頭で、全道平均九頭の一・八倍であった。この倍率は八〇年代には減少し、二〇〇〇年には一・二倍になった。多頭化は根室だけではなく、他地域の酪農家によってより急速に進んだ。『中酪調査』によると、九一年に多頭化を希望している比率は、全道の酪農家の六〇・七％に達し、根室の五八・六％よりも高かった。

第三に、かつて大量だった離農は減少し、酪農家の存続率は高まった。一〇年ごとの存続率をみると根室は七〇年代には七六％と、最大の道南の七八％に次いで高かった。八〇年代にも最高の十勝の八五％に次いで八四％であった。九〇年代になると一位が根室で八三％、第二位の留萌の七六％を抜いて、最高になった。成牛飼養農家数の存続率でみても、各年代ともに最も高かった。九〇年代では根室は八三％で、最も急速に減少した道南での五七％を大きく引き離している。

種々の問題を他の地域では酪農部門を切り捨てるかたちで解消してきたのに対し、根室では、より農家を存続させつつ乗り越えてきた。このことは一面では、根室での努力の成果といえるが、半面では、他の地域でより酪農部門は激しい選抜競争に応えてきたともいえよう。九〇年代は全道的に多頭化が進み、かつて根室に「典型的」とみられた諸問題が一般化する時期と考えてよい。

二　根室内部における地域性

(1)　現時点での地域差

根室地域での以上の特徴は、地域内部での差を含んでいる。根室地域は、別海・中春別農協(ＰＦ・新酪入植地区)、中標津・計根別農協(戦前入植地区)、西春・根室・標津農協(戦後開拓地区)に分けられる。もちろん、それぞれの農協内部(以下では農協を省略する)でもさらに多様な定着時期の農家が入り組んでいるのであり、地域間の差がすべてにわたって明瞭に示せるわけではない。しかし、それぞれの地区の現時点での特徴と経過を際だたせるかたちで示すと、次のように整理することができる。

第一に、多頭化はＰＦ・新酪入植地区ではＳＴ牛舎によって、戦前入植地区ではＦＳによって進んだ(表5-5)。まずＦＳの導入をみると、導入率の上位は戦前入植地区で、中標津三〇%、上春別二八%となっている。これに対してＰＦ・新酪入植地区では、別海一三%、中春別七%ときわめて少ない。さらに八〇頭以上の多頭化層で、ＦＳとＭＰを利用している比率は、戦前入植地区では、中標津七六%、計根別五六%、上春別六一%と高く、ＰＦ・新酪入植地区では、中春別二〇%、別海四七%と低い。

第二に、ふん尿が「必要量を超えている」比率は、戦前入植地区では計根別で皆無、中標津で一・七%、上春別で一三・四%ときわめて少ないのに対して、ＰＦ・新酪入植地区では別海で五三・九%、中春別で四三・八%と際だって高い。「新酪事業」で整備した施設のほとんどは液肥で扱うスラリーストアであった。整備当初、成牛五〇頭に設計された施設に、現在では倍近くの頭数を収容し、ふん尿問題が顕在化しているのである。

とはいえ、ふん尿問題は、戦前入植地区のＦＳ利用グループでも、次第に顕在化しつつある。上春別で、経営

表 5-5　根室地域内部での差違

		合計*	施設装備（2000 年）* フリーストール利用率	施設装備（2000 年）* 経産牛 80 頭以上でのフリーストール率	ふん尿処理に問題の比率（2000 年）* 経営耕地に還元し必要量を超えている	ふん尿処理に問題の比率（2000 年）* スタンチョン＋ミルカー	ふん尿処理に問題の比率（2000 年）* フリーストール＋ミルキングパーラー	農協からの貸付金／農協への貯金**	50 歳以上のうち後継者未定・いない比率（2000 年）*	牧草・飼料作物作付け地の分散箇所数が 5 ヶ所以上の比率（98 年）*
		（戸）	（％）	（％）	（％）	（％）	（％）	（％）	（％）	（％）
合計		1,521	16.2	42.9	19.7	19.3	24.9	85.5	14.3	38.4
戦前入植地区	計根別農協	159	13.2	55.6		0.0	0.0	72.1	17.0	38.9
	上春別農協	112	27.7	60.5	13.4	3.7	37.9	72.4	15.2	34.2
	中標津農協	230	30.0	75.5	1.7	0.0	7.1	76.5	21.3	40.8
PF・新酪入植地区	別海農協	293	12.6	46.9	53.9	53.0	67.6	85.9	11.9	23.1
	中春別農協	194	7.2	19.5	43.8	42.8	45.5	111.3	12.4	22.8
戦後入植地区	根室市農協	121	8.3	54.5		0.0	0.0	81.9	10.0	64.1
	西春別農協	225	8.0	12.5	6.7	6.7	12.5	76.9	12.4	25.9
	標津農協	172	27.3	57.9	12.8	11.3	16.7	106.2	14.6	61.2
	羅臼農協	15		0.0		0.0	—	—	6.7	33.3

出所）＊は中央酪農会議『酪農全国基礎調査』各年の組み替え集計による。
＊＊は北海道農政部『農業協同組合要覧』2000 年度による。

内で処理できない比率は、STでは三％にすぎないがFSでは三八％に達していることに現れている。新しいFSを導入したあと、多頭化が進み、面積が不足したことに加えて、ふん尿処理施設が未整備なことなど、技術の体系化がは行的に進んでいる問題が顕在化している。

第三に、経営的な安定性についても差異がみられる。貯貸率について、PF・新酪入植地区では、中春別で一一％、別海で八六％と高いのに対して、戦前入植地区では、中標津で七七％、計根別と上春別はともに七二％と低い。

しかし、PF・新酪入植地区がすべてにわたり「劣っている」というわけではなく、次のような優位性を指摘できる。

第一に、若い担い手が確保されている。経営主五〇歳以上で後継者が「未定」か「いない」農家の比率は、PF・新酪入植地区では、中春別・別海ともに一二％にすぎないが、戦前入植地区では、上春別一五％、計根別一七％、中標津二一％と上位三位を占めている。

第二に、農地が団地化している。「新酪事業」で交換分合事業が行われた地区では農地は団地化している。しかしながら、それ以外の地区では分散が激しく、圃場が五ヶ所以上に分散している農家の比率は、PF・新酪入植地区では、中春別・別海ともに二三％にすぎないが、戦前入植地区では、計根別で三九％、中標津で四一％に達している。

(2)　地域差の形成

これまでみてきた根室地域における地域差は、固定的ではなく、次のような過程をたどった(表5-6)。

第一に、一戸平均の成牛頭数を農協ごとの農家平均値でみると、最大の農協が交代している。七〇年には、戦前入植地区の計根別、上春別がともに一九頭で首位にあった。八〇年にはPF・新酪入植地区の中春別、別海がともに五〇頭台に達して首位となり、九〇年にも六〇頭前後で首位を維持していた。二〇〇〇年には戦前入植地区の中標津・上春、戦後開拓地区の標津などで急速に多頭化し、ＰＦ・新酪入植地区の中春別、別海に迫り、これらの農協は七〇頭台前半に肩を並べている。七〇年代には中規模にすぎなかった中春別、別海はともに、「新酪事業」により八〇年前後に一気に多頭化したが、その後他の農協が再び追い抜きつつある。

第二に、農地に対する頭数や機械台数などの集約度は、戦前入植地区でより一貫して高かった。七〇年から二〇〇〇年まで草地面積当たりトラクタ台数が一貫して根室平均より高い農協は、戦前入植地区の中標津、計根別、上春別のみである。

表 5-6　根室地域の地区別にみた経営展開

		乳牛飼養農家１戸当たり経産牛頭数(頭)				草地面積当たりトラクタ台数(台/10000 ha)				財務変化(貸付金/貯金)(単位：%)				
	年	1970	1980	1990	2000	1970	1980	1990	2000	1960	1970	1980	1990	2000
合計		17	44	52	69	89	371	522	606	314	365	361	155	85
戦前入植地区	計根別農協	19	42	48	63	98	405	668	729	503	375	293	96	72
	上春別農協	19	43	49	73	109	471	587	730	217	380	277	104	72
	中標津農協	15	41	46	70	132	427	633	716	294	246	227	115	77
PF・新酪入植地区	別海農協	16	51	58	73	51	361	486	552	311	377	364	183	86
	中春別農協	18	53	60	72	99	384	399	521	209	495	614	280	111
戦後入植地区	根室市農協	13	35	47	67	47	275	436	423	250	325	397	153	82
	西春別農協	17	39	48	63	101	345	537	682	456	355	447	125	77
	標津農協	18	39	50	74	75	325	522	555	350	497	324	172	106
	羅臼農協	11	23	31	39	108	248	460	566	…	…	…	…	…

出所）農林水産省『集落カード』各年，および北農中央会中標津支所『JA 要覧』各年をもとに集計。

第三に、貯金に対する貸付金の比率(貯貸率)を『農協要覧』で検討すると、全体として改善されたが、ＰＦ・新酪入植地区の二農協は七〇年以降一貫して上位三位以上に位置していた。戦前入植地区では、六〇年代に計根別が五〇三％と最悪であったが、その後安定し九〇年には九六％と最良になり、中標津・上春別は一貫して貯貸率が小さく、ほぼ一貫して下位三位以内に位置してきた。

以上のように、戦前入植地区は、高い集約度、安定した財務であったのに対して、ＰＦ・新酪入植地区は、低い集約度、不安定な財務となっている。「新酪事業」によって受けた影響は、今日でも地域性に現れている。この地域性は、特に補助事業によって施設投資が進んだ時期に規定されている。補助事業では、その時点で「最先端」の施設を装備した。しかし、その後さらに新しい施設や機械が開発されて、かつての「最先端」装備は陳腐化した。加えて多頭化と面積拡大が進み、かつての施設の処理能力は不足した。開発投資の性格が今日の地域差となって現れているのである。

ＰＦ・新酪地区での八〇年代までの急速な多頭化は、明らかに開発事業を契機に始まり、多額の負債にドライブをかけられた消極的な拡大だった。その後九〇年代での拡大は、負債問題が一定解決したなかで進んでいる。特に、戦前入植地区での拡大は、大規模な開発が少なく、負債問題が顕在化していなかった農家の多頭化によっている。全体が新開地帯である根室地域での地域性に注目する場合には、戦前入植地区での拡大の性格に注目することが重要といえる。以下ではこの地域差について技術的側面から検討する。

［吉野宣彦］

第三節　飼養管理技術の地域性と格差構造

本節では、主に乳検データの組み替え集計をもとに、根室酪農の飼養管理技術の地域性を検討する。すでに本章第二節では、一九九〇年代にフリーストール(以下、ＦＳと略)牛舎が特に戦前入植地域で普及したことを示した。ＦＳの導入は、個々の農家の飼養管理面に大きな技術的な変更を伴うことが多いが、その変更は地区間の技術水準の差となって現れる。ここでは分析の単位を、これまでの農協単位より小さな農協内部の地区にすることで、戦前入植地域にＦＳが普及した背景と地域に与える影響を考察する。分析対象は、根室地域内の中春別農協管内である。同農協はＰＦ・新酪入植地区に含まれるが、農協管内に戦前入植、戦後開拓、パイロットファーム(以下、ＰＦと略)、新酪とさまざまな開発経過をもつ集落を抱えている。

以下では、第一に根室地域の乳牛飼養の動向に触れ、第二に中春別農協内部の入植による地域性を示し、第三に一九八〇年代から九〇年代後半までの飼養管理の技術水準について、地域間の差違を分析する。最後に地域間の差違が形成した背景に触れ、その意味を考察する。

一　根室地域の乳牛飼養の動向

根室地域の農家戸数は、一九九〇年から二〇〇〇年にかけて約二〇％減少した。離農の多発とともに規模拡大は進み、一戸当たりの経営耕地面積は六二ヘクタール、一戸当たり二歳以上の乳牛飼養頭数は六二頭に拡大した。二歳以上の乳牛を一〇〇頭以上飼養する戸数は、九〇年には四一戸にすぎなかったが、二〇〇〇年には二二九戸に達し、根室地域の酪農家全体の約一四%を占めるに至った。九〇年代に入ると多頭化に際してFS牛舎を導入することが多くなり、九八年には二一二戸、酪農家全体の一二%に達した。

八二年から九八年までの一七年間の乳牛検定成績表により、根室管内の乳牛飼養動向をみると、以下の点が指摘できる。

まず、平均の搾乳実頭数は平均が三六頭から六三頭へと七三%増加し、個体乳量は五七九一キログラムから七七三五キログラムへと三四%増加した。多頭化と個体乳量の増加により生産規模は著しく拡大したのである。

次に、頭数規模と個体乳量の関係では、八二年の最高乳量は飼養頭数六〇頭台であり、七〇頭以上では低下していたが、九八年には一〇〇頭以上の階層で個体乳量が最高になった。これまで大規模層で乳量水準が停滞することが指摘されてきたが[(1)]、今日では大規模階層での技術水準は大きく変わりつつある。そこで、FS方式の特徴をみてみよう。

FS方式の利用については、次のような特徴が指摘されている。①頭数規模は、およそ搾乳牛六〇頭前後を境にして、スタンチョン牛舎(以下、STと略)からFS牛舎へ移行する事例が多いこと、②八〇床以上のFS牛舎は八五年から八九年には二五%にすぎなかったが、九〇年以降は四二%を占めており、導入年次が最近年になるにしたがって大型化していること、③近年の大規模な牛舎の建設により牛床数に飼養頭数が満たない多数の事例が確認できるため、さらに多頭化が予想されること、④FS牛舎を利用する酪農家では、搾乳牛一頭当たりの耕地面積は狭くなる傾向にあること、などである[(2)]。

FS牛舎は、その導入に伴い混合飼料給与(TMR)を併用し、このために飼料収穫や貯蔵方法が変化する場合が多い。また多頭化のために初産牛を積極的に購入し、不適合牛を淘汰するため、一時的に生乳生産量が停滞することがある。しかし、濃厚飼料を多給するため、乳牛の更新が落ち着くと次第に乳量水準が高まる。その半面で、消化器、運動器等、従来のST牛舎とは異なる疾病が多発している[(3)]。

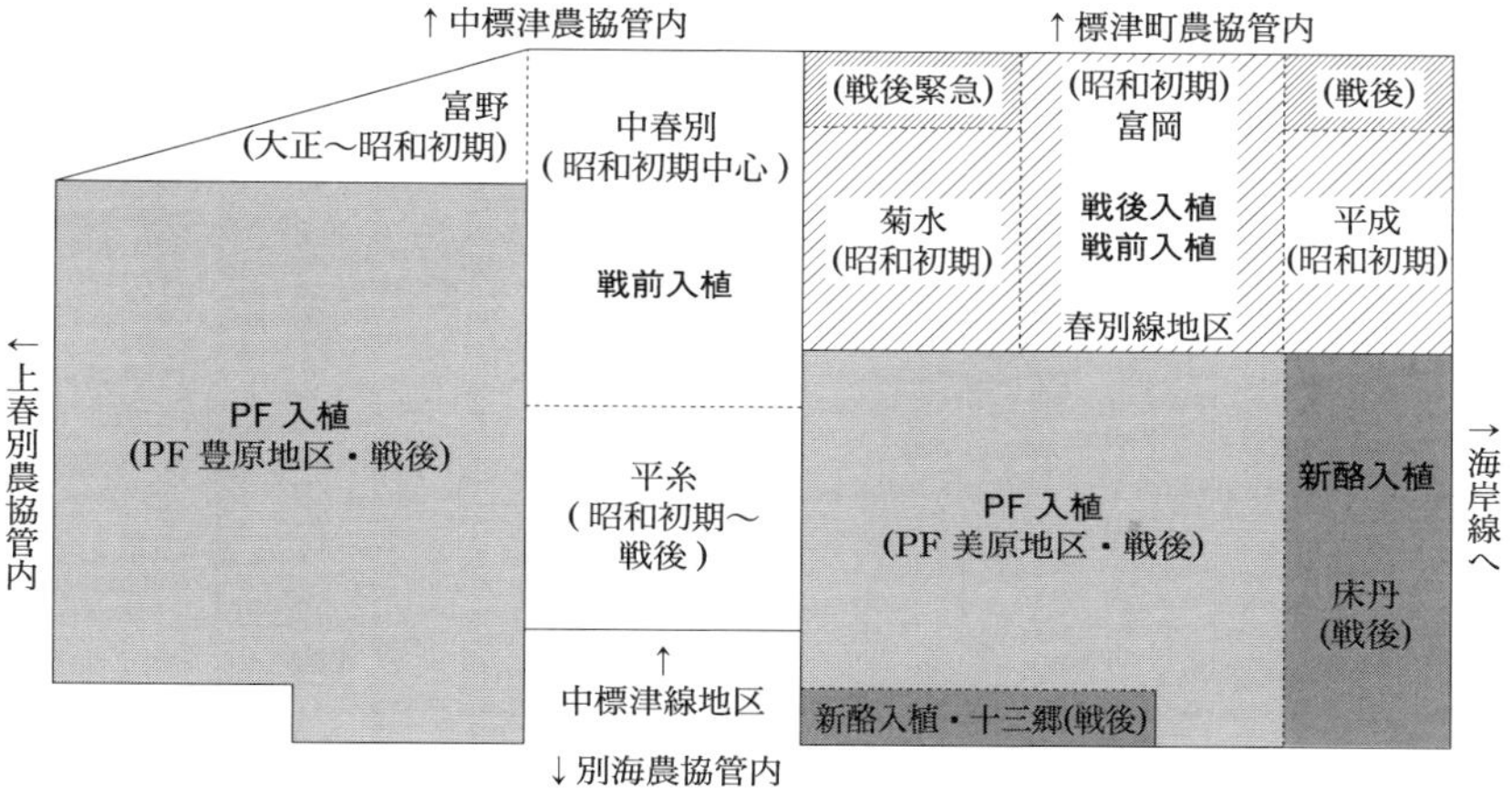

図5-2　中春別農協管内概略図

注）1．カッコ内は開拓時期を，実線が旧開・新開の集落区分を示す。
　　2．中央部の道道中標津線沿線の地区(中標津線地区)，東北部の道道春別線沿線の地区(春別線地区)，PF美原地区，豊原地区に四分され，美原地区の外側は新酪事業により開発された(新酪美原地区)。

ＦＳ牛舎では一五〇頭程度までは一般的に個体乳量は増加している。このため、ＦＳ牛舎の導入に伴い多頭化と生乳生産量が同時に増加し、少数の大規模酪農によって集落の生乳生産を大きく変動させることになる。

二　中春別農協管内における地域性と技術構造

(1)　地域別の規模動向と乳量水準

中春別農協の集落は大きく戦前入植、戦後開拓、ＰＦ、新酪農村建設事業による入植の四つに区分できる(図5-2)。T字型に殖民区画を有する戦前入植集落が立地し、それを挟むかたちで二つのＰＦ入植地(豊原、美原)が設置された。ＰＦ入植地では、計画変更による増反の影響で圃場が激しく分散し、「牧草運搬業」と揶揄される状態であった。新酪事業は、この分散の解決策として増反地への移転入植と交換分合、増反に伴う施設整備を実施し、現在の地区区分をつくり上げた。以下では、この地域性を意識して酪農技術構造の差を明らかにしてみよう。

まず、乳検成績によって、乳牛頭数の動向と乳量水準をみていこう。一九八二年の平均の実搾乳頭数は、新酪集落で四七頭と最大で、次いでPF集落、戦後入植集落と続き、戦前入植集落では三四頭と最小だった。しかし九〇年代には戦前入植集落で多頭化が進み、九八年には七〇頭に達し、新酪集落の八一頭には及ばないものの、PF集落の六二頭を上回った。頭数階層は、PF集落と比べると戦前入植集落でより分散的で小規模農家が多数みられるが、一〇〇頭を超える四戸の大規模農家が集落平均を押し上げている。

個体乳量も戦前入植集落では急速に増大した。八二年には、最高がPF集落の美原で六〇六一キログラム、第二位が戦前入植集落で六〇五〇キログラム、最も低い戦後開拓集落で五九〇〇キログラムであった。しかし、九八年には最高が入れ替わり、新酪集落が八三九四キログラムを示し、戦前入植集落は第二位を維持ししつつ八〇四六キログラムに増大した。最も低いのは戦後入植集落の七五六一キログラムであり、地区間の乳量格差は拡大している。戦前入植集落では、他集落を引き離すかたちで高い乳量を維持してきた。また集落平均の頭数規模と個体乳量について、八二年には正の相関関係が全くみられなかったが、九八年にはある程度確認できるようになっている(図5-3)。

戦前入植集落で高い乳量を維持し、急速に多頭化した理由は、FS牛舎が普及したことによる。農協管内のFS牛舎導入農家は、九〇年には一戸にすぎなかったが九八年には一三戸に増加した。九九年の導入農家は戦前入植集落で五戸、PF集落で五戸、戦後入植集落で二戸、新酪集落で一戸となっている。この一三戸の平均搾乳牛頭数は、戦後開拓集落が八九頭、PF集落が七三頭、新酪集落が一一〇頭であるのに対して、戦前入植集落は一一七頭で最大となっている。

戦前入植集落では、九〇年にはFS牛舎導入はみられなかったが、九八年には五戸で導入されている。この五戸の平均頭数は牛舎導入前には五六頭にすぎず、急速に多頭化して倍増したのである。SF牛舎導入農家の搾乳

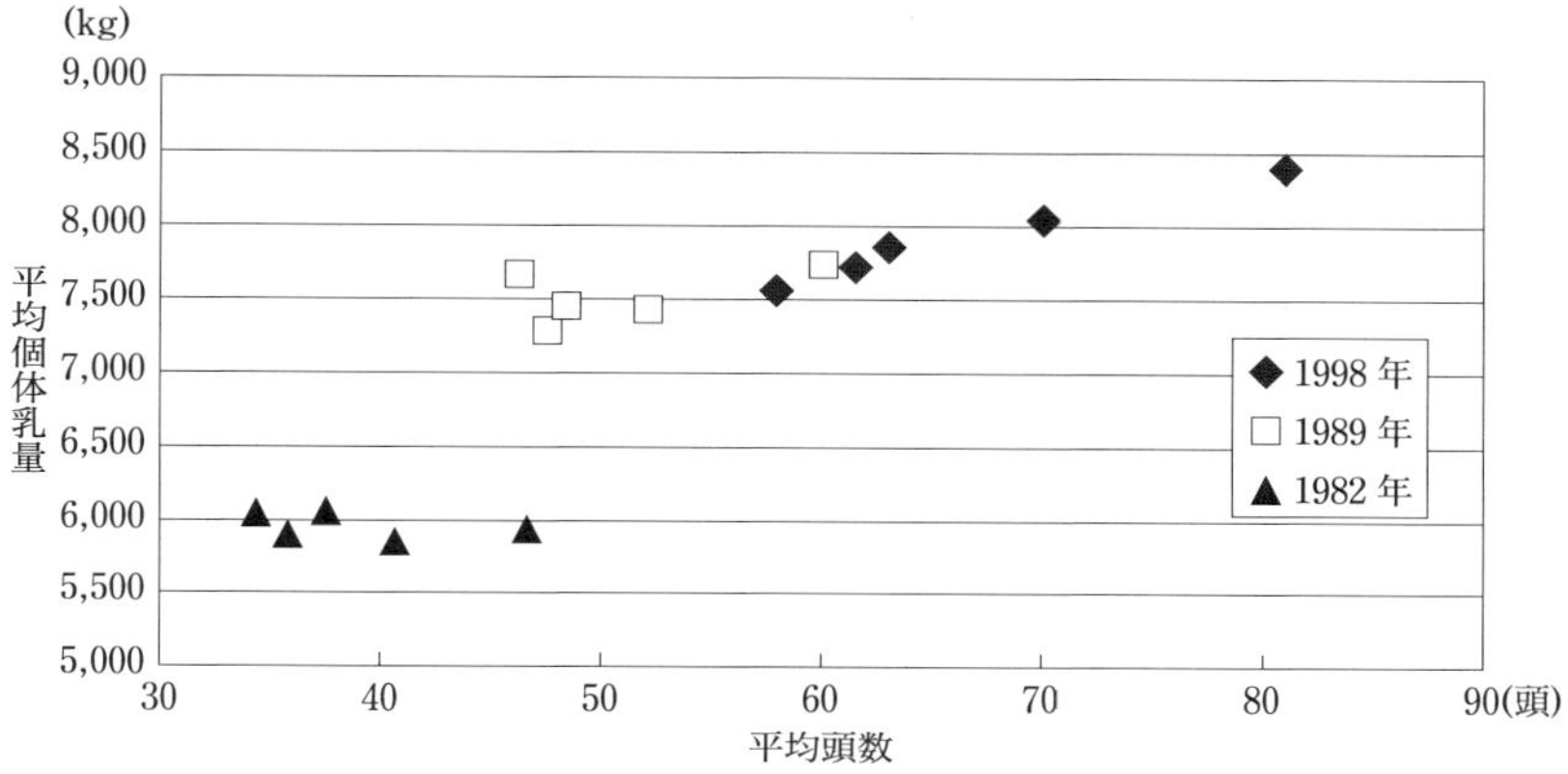

図5-3　個体乳量と頭数規模の変化(中春別農協管内)

出所）根室乳検データより再集計。

牛頭数は、戦前入植集落二二戸の総頭数の三八％を占め、少数のＦＳ牛舎の利用者が集落の生産動向を左右する状況に至っている。

戦前入植集落にＦＳ牛舎が導入した背景を経営耕地面積の動向から明らかにしておこう。まず一戸当たりの経営耕地面積は、七〇年にはＰＦ集落が二三ヘクタールと戦前入植集落の一八ヘクタールを超えていた。八〇年には両者ともに四〇ヘクタールへ拡大し、八五年以降には戦前入植集落がＰＦ集落を上回った。二〇〇〇年にはＰＦ集落の五七ヘクタールに対して、戦前入植集落は六五ヘクタールとなり格差が拡大した(表5-7)。戦前入植集落では頭数だけでなく面積規模も拡大したのである。

さらに集落の総経営耕地面積について、九〇年に対する二〇〇〇年の比率は、ＰＦ集落では九〇％に減少したが、戦前入植集落では一〇四％に増加した。九〇年に対する二〇〇〇年の農家戸数はいずれも八五％に減少である。ＰＦ集落では戸数、耕地ともに減少したが、戦前入植集落では未開発地の造成や地区外への出作により農地を集積し、経営規模を拡大したと推察できる。ＦＳ牛舎の導入に伴う多頭化にも、草地基盤の確保が条件であったと考えられる。

表 5-7　中春別農協管内における 1 戸当たり経営耕地面積の推移

(単位：a)

	1970 年	1975 年	1980 年	1985 年	1990 年	1995 年	2000 年
戦後入植	1,890	3,259	3,828	4,711	5,252	5,910	6,353
戦前入植	1,834	3,157	4,280	5,819	5,733	6,111	6,711
PF 豊原	2,217	3,241	4,410	4,823	4,980	5,208	5,634
PF 美原	2,363	2,657	3,370	4,612	4,667	4,999	5,787
PF 入植	2,272	3,022	4,020	4,744	4,863	5,130	5,691

出所）『世界農林業センサス集落カード』より再集計。

表 5-8　乳検への乳牛の加入と除籍の比率（FS 牛舎導入農家）

(1)加入率

(単位：%)

	導入前					導入後							
	5 年前	4 年前	3 年前	2 年前	前年	当年	翌年	2 年目	3 年目	4 年目	5 年目	6 年目	7 年目
1991 年導入						34.0	41.8	29.0	30.3	27.0	38.5	27.8	31.0
1993 年導入				61.5	30.5	38.5	46.5	44.0	30.0	36.0	44.0		
1995 年導入		33.3	35.3	27.7	28.7	16.3	116.7	33.3	29.7				
1996 年導入	35.0	31.5	21.0	24.0	24.5	67.5	47.5	35.0					
平　均	35.0	32.6	29.6	36.3	33.5	36.1	64.5	34.0	31.3	28.9	37.4	31.2	31.0

注）繋ぎ飼い飼養の加入率平均は 25～29%。

(2)除籍率

(単位：%)

	導入前					導入後							
	5 年前	4 年前	3 年前	2 年前	前年	当年	翌年	2 年目	3 年目	4 年目	5 年目	6 年目	7 年目
1991 年導入						18.8	25.5	26.8	27.5	26.0	28.8	26.5	20.0
1993 年導入				35.0	22.5	40.0	22.0	21.0	28.0	33.0	38.5		
1995 年導入		25.7	20.3	39.7	27.0	27.0	33.3	14.0	16.7				
1996 年導入	26.5	33.0	20.5	32.0	17.5	26.5	24.0	19.0					
平　均	21.0	26.5	21.8	37.5	27.3	25.7	25.8	21.0	22.8	24.3	28.8	26.3	17.6

注）繋ぎ飼い飼養の除籍率平均は 21～28%。

(2)　フリーストール牛舎における乳牛飼養管理技術

農協管内全体について、従来のＳＴ利用農家とＦＳ利用農家とを比較すると次の点を指摘できる。まず、ＦＳ牛舎を利用している農家では、導入前からすでに頭数規模が大きかったが、ＦＳ導入前後に多頭化し、周辺農家との格差がさらに広がった。ＦＳを導入する二年ほど前から導入後の翌年にかけて、乳検への乳牛の新規加入率が高い状態が続き、積極的に多頭化したことが確認できる(表5-8)。

また、同時に搾乳牛の淘汰が進み、牛群の平均産次数は、ＦＳ牛舎を導入した前年には二・九一産であったのに対して、牛舎導入二年目には二・六四産まで低下している。除籍産次数も、導入前年には三・七五産であったのに対して、三年目には三・五六産まで低下している(4)。

九六年時点での平均産次数は、ＳＴ牛舎で二・九〇産であるのに対して、ＦＳ牛舎では二・五六産と低かった。平均の除籍産次数もＳＴ牛舎で三・八四産であるのに対して、ＦＳ牛舎では三・一九産と、乳牛が短命であることがみてとれる。牛舎を導入した前後には、初産牛を追加しＦＳ牛舎に適合しない高齢牛を淘汰し、牛群構成が若齢化したのである。

さらに、個体乳量についても、八九年ではＳＴ牛舎の七四五九キログラムに対して、ＦＳ牛舎では六八一四キログラムと低かった。しかし、その後はＦＳ牛舎での乳量が増大し、九八年にはＳＴ牛舎の七八〇三キログラムに対し、ＦＳ牛舎では八九八六キログラムに達している。九八年の搾乳牛一頭当たり濃厚飼料の給与量は、ＳＴ牛舎では二・三トンであるのに対してＦＳ牛舎では三・七トンであり、乳量の増加は濃厚飼料の多給によると考えられる。ＦＳ牛舎では乳飼比が牛舎導入に伴って著しく増加し、飼料効果を低下させていた。このように九〇年以降、戦前入植集落は、ＦＳ牛舎の普及により、多頭化と一頭当たり乳量の増大をみせたのである。

(3) 小括

以上のように、中春別農協を対象として、主に戦前入植集落とPF・新酪集落との乳牛飼養管理技術の変化を明らかにしてきた。戦前入植集落では近年導入が進んだFS牛舎の利用によって飼養頭数が大きく増加した。FS牛舎を導入した一部の酪農家の急激な頭数拡大と濃厚飼料の多給による個体乳量の増加は、集落内での規模格差を拡大しながらも、その平均値を押し上げてきた。この戦前入植集落でFS牛舎が導入された条件には、一定の蓄積を前提にした多頭化と施設整備に加え、豊富な草地基盤を前提に面積拡大が可能だったことがあげられる。

以上の、農協内部での戦前入植、戦後開拓、PF、新酪という関係は、根室全体の戦前入植地区、戦後開拓地区、PF・新酪地区の関係に敷衍することが可能であろう。九〇年以降には、根室地域でも戦前入植地区は、内部での階層の分化を進めつつ、FSという新たな牛舎とこれに関連した飼養技術を核として規模拡大が進みつつある。このため平均値でみたかつてのPF・新酪地区の技術的な先進性は、戦前入植地区にとって代わられつつあるといえる。

〔金子　剛〕

（1）吉野宣彦「酪農の規模拡大と生産力の構造」（牛山敬二・七戸長生編著『経済構造調整下の北海道農業』北海道大学図書刊行会、一九九一年）を参照。
（2）北海道立根釧農業試験場『大規模酪農経営におけるFS導入後の経営不安定期の実態』（一九九七年）、五―一一頁による。
（3）北海道立根釧農業試験場成績『乳牛の供用年数延長による低コスト』（一九九九年）による。
（4）北海道立根釧農業試験場『大規模酪農経営におけるFS導入後の経営不安定期の実態』（一九九七年）、一三頁による。

第四節　多頭化と土地利用の地域性

本書では草地型地帯は全体として新開地域とみなしている。しかし、草地型地帯内部を地区ごとにみると、異なる時期によって草地開発や施設装備の事業が進んでいる。それぞれの開発事業はその時期の「先端技術」を導入し、とりわけ施設装備はその時期の先端技術に強く規定されるため、今日においても地域差となって現れている(本章第二節)。

ここで取り上げる飼料生産の側面においても、時代によって草地開発による個別農家への面積配分は異なり、ひいては離農時の売買単位に影響することで、地域差を形成することは十分考えられる。それは、粗飼料の収穫形態やふん尿の処理・利用などの土地利用の相違として現れるのである。

従来の大規模施設装備は、一九八〇年代までは新酪事業での建売牧場のスチールサイロ、スラリーストアに代表されるが、九〇年代以降においては戦前入植地区を中心としたフリーストール(以下、FSと略)とミルキングパーラー(以下、MPと略)へと変化している。これらの施設およびその背景にある技術体系が戦前入植地区を中心に普及した条件と影響を知ることは、八〇年代に示された「悪循環」や「連鎖的」と表現された消極的な拡大と、今日の拡大との違いを知る手がかりとなる。

そこで、ここでは、根室支庁管内全域において実施された入植時期と飼料生産技術に関する設問を備えたアンケート調査(1)を素材として、以下の手順で分析を進める。

まず、入植時期ごとに農業者をグループ分けして、技術装備と経営条件などの差違を検討する。具体的には、農業者を入植時期別に比較することで入植時の技術水準が今日に影響していることをより直接的に示す。同じ時期の入植者は集落単位で同一である場合が多いため、開発時期による地域性をも示しうる。

第二に、戦前入植のうちFSで近年急速に多頭化を進めた農業者の特徴を示す。まず戦前入植の大規模なFS利用者を一般の戦前入植グループと比較すると同時に、入植時期の異なる大規模なFS利用者と比較する。さらに、戦前入植グループで、FS化や多頭化が可能になった条件を示す。

第三に、家族労働力と圃場の分散に焦点を当てる。戦前入植の大規模なFSでも条件によって技術や経営の成果に、さらに意識にいかなる差違が生じているかを示すことで、これまで多頭化を進め得た条件や、その条件が変動する可能性、その条件変動への対応を検討する。

最後に、近年FSによって進めている多頭化と、かつて「連鎖的」あるいは「悪循環」と評価された消極的な多頭化との違いを考察する。なおこの節で大規模という場合には経産牛七〇頭以上の飼養をいう。この頭数は、アンケートの実施時期では、根室地域全体でSTよりもFSの方が主流の規模に当たるからである。

一　入植グループ別の特徴

入植時期をアンケートの選択肢に合わせて、戦前、戦後、PF、新酪、新酪以降の五つのグループに区分して比較すると、根室内部の地域性は、一九八〇年代までに実施された大規模な開発事業に強く規定されていることを示しうる。

第一に、草地の分散状況が入植時期によって異なっている。圃場が三団地以下にまとまっている比率はPFグループで三九％、新酪グループで三〇％であるが、戦前グループでは二六％、戦後グループは二七％とやや分散している。新酪事業によって交換分合事業が大規模に実施された差違が現れている。

第二に、施設装備が入植時期の「先端」技術に規定されている。まず、主に牧草の収穫を細断サイレージで行う比率をみると、ＰＦグループ六一％、新酪グループ六九％以上であるのに対して、戦前グループ四五％、戦後グループ八％にとどまっている。後者のグループはロールベールによる長草のサイレージが主流になっている。

また主なサイレージの貯蔵施設では、いずれもバンガーサイロが三〇％台となっているが、ロールラップはＰＦグループでは三九％、新酪グループでは二六％にすぎないのに対して、戦前グループで四九％、戦後グループで五三％に達している。タワーサイロは、ＰＦグループで一三％、新酪グループで二六％に達しているが、他グループでは一〇％未満にすぎない。入植時に整備された影響が明瞭に示される。

さらに主なふん尿処理施設についても、固液を分離しないスラリーストアが、ＰＦグループでは二八％、新酪グループで八七％に達しているのに対して、他は四％に満たない。逆に固液を分離した堆肥盤と尿溜をセットにしている比率は、ＰＦグループで四三％、新酪グループで九％であるが、戦前グループでは五四％、戦後グループで五三％に達している。

第三に、担い手の確保状況も異なる。経営主の年齢が四〇歳未満の比率は、ＰＦグループで三六％、新酪グループで三九％と高いが、戦前グループでは一五％、戦後グループでは二六％であり、高齢化傾向を確認できる。経営主の年齢が四〇歳以上で後継者が「決まっている」比率も、ＰＦと新酪グループで五〇％を超えているのに対して、戦前や戦後グループでは四〇％台にとどまっている。

このように、今日の地域性は八〇年代までの大規模な開発事業に規定され、特に戦前入植と新酪入植との違いは大きい。しかし、本章第一節で示したように戦前入植集落の内部でも多様化が進んでいる。改めて確認すると、新酪グループでは、ＳＴで五五頭未満の小規模な階層は九％のみで、ＦＳの利用は一三％であり、モード層はＳＴで五五〜七〇頭になる。これに対して戦前グループでは、ＳＴで五五頭未満の小規模な階層は四〇％であると同時に、ＦＳの利用は一五％を占めており、施設は旧来の小規模と新しい大規模とに大きく分かれている。

表5-9　飼養管理のグループ別特徴

（単位：％）

		総計	戦前入植		新酪移転	
				大規模FS		大規模FS
給餌	合計	100.0	100.0	100.0	100.0	100.0
	分離給与	78.2	75.8	23.4	91.3	66.7
	混合給与	18.7	21.6	76.6	4.3	33.3
	不明	3.1	2.6	－	4.3	－
搾乳牛の放牧	合計	100.0	100.0	100.0	100.0	100.0
	実施した	73.8	70.9	23.4	82.6	100.0
	実施していない	24.6	28.4	76.6	13.0	－
	無回答	1.6	0.7	－	4.3	－

出所）北海道地域農業研究所が1998年11月に実施したアンケート調査より作成。

二　フリーストールによる大規模酪農の特徴

戦前入植グループを主とした近年のＦＳによる多頭化の条件と、戦前入植と新酪入植のそれぞれの大規模なＦＳ利用者（以下、大規模ＦＳグループとする）に区分して比較すると、戦前入植のうち大規模ＦＳグループについて、以下の特徴を確認できる。

第一に、飼養管理は、搾乳牛をほとんど放牧せず、ミキサーを最も多く利用して混合給餌を行っている（表5-9）。混合給餌の利用率は同じ大規模ＦＳグループでも、新酪では三三％にすぎないのに対し、戦前入植では七七％に達している。放牧をした比率は新酪では一〇〇％に達しているが、戦前入植では二三％にすぎない。戦前入植の大規模ＦＳグループでは、より濃厚飼料を多給して高産乳を追求している。

第二に、飼料生産では技術装備をは行的に整備しつつある（表5-10）。フォレージハーベスタとバンガーサイロの使用率は、戦前入植グループの中では大規模ＦＳグループの方が高いが、新酪の大規模ＦＳグループと比べると低い。戦前入植の大規模ＦＳグループでは、簡易なスタックサイロやロールラップの比率が高い。さらに主なふん尿処理施設は、戦前入植グループでは堆肥盤と尿溜をセットにし、新酪入植グループではスラリーストアを整備している。これに対して、戦前入植の大規模ＦＳグループでは

表 5-10　主な機械施設の装備状況

(単位：%)

		総計	戦前入植		新酪移転	
				大規模FS		大規模FS
牧草の収穫方法(最大面積)	合計	100.0	100.0	100.0	100.0	100.0
	フォレージハーベスタ	28.4	27.1	46.8	47.8	66.7
	ワンマンハーベスタ	15.7	17.6	29.8	21.7	33.3
	ロードワゴン	2.3	2.0	―	―	―
	ロールベーラ(ラップ)	46.7	49.7	17.0	26.1	―
	ロールベーラ(乾草)	4.9	2.3	―	4.3	―
	無記入	1.9	1.3	6.4	0.0	―
牧草の貯蔵方法(最大面積)	合計	100.0	100.0	100.0	100.0	100.0
	タワーサイロ(ボトム)	3.2	2.0	―	26.1	―
	タワーサイロ(トップ)	4.8	3.9	4.3	―	―
	バンガーサイロ	29.7	31.7	51.1	30.4	100.0
	スタックサイロ	12.0	12.1	23.4	17.4	―
	ロールラップ	48.7	49.0	17.0	26.1	―
	無記入	1.6	1.3	4.3	―	―
ふん尿処理の施設(最大量のもの)	合計	100.0	100.0	100.0	100.0	100.0
	スラリーストア	8.8	3.9	12.8	87.0	100.0
	堆肥盤と尿溜	50.1	53.6	19.1	8.7	―
	堆肥盤のみ	19.7	25.2	34.0	―	―
	ラグーン	4.2	5.2	27.7	―	―
	野積み	13.8	9.5	2.1	4.3	―
	促成堆肥施設	0.9	1.0	4.3	0.0	―
	無回答	2.6	1.6	0.0	0.0	―
ふん尿処理施設の容量	合計	100.0	100.0	100.0	100.0	100.0
	十分である	21.3	17.3	14.9	8.7	33.3
	不足している	58.6	60.5	70.2	73.9	66.7
	どちらとも言えない	18.3	21.2	14.9	17.4	―
	無回答	1.9	1.0	―	―	―

出所）表 5-9 に同じ。

表 5-11　グループ別の労働力と圃場条件

(単位：%)

		総計	戦前入植		新酪移転	
				大規模FS		大規模FS
経営主40歳以上で後継者が	合計	100.0	100.0	100.0	100.0	100.0
	決まっている	48.6	48.5	75.0	50.0	―
	未定	27.5	26.9	25.0	33.3	100.0
	いない	23.9	24.6	―	16.7	―
家族労働力人数	合計	100.0	100.0	100.0	100.0	100.0
	1人	2.1	2.3	―	―	―
	2人	46.7	50.0	44.7	47.8	33.3
	3人	28.1	25.5	21.3	30.4	66.7
	4人以上	20.6	20.6	34.0	21.7	―
	不明	2.5	1.6	―	―	―
家族以外の労働力の利用	合計	100.0	100.0	100.0	100.0	100.0
	実習生	19.2	19.6	36.2	30.4	66.7
	常雇	3.1	3.9	6.4	4.3	―
	臨時雇	12.9	13.7	12.8	4.3	―
	ヘルパー	46.6	51.6	55.3	78.3	33.3
	コントラクタ	17.1	20.9	38.3	39.1	66.7
圃場の団地数	合計	100.0	100.0	100.0	100.0	100.0
	3団地以下	28.4	26.1	19.1	30.4	66.7
	4団地	12.1	10.1	4.3	26.1	―
	5団地以上	36.6	41.8	48.9	34.8	33.3

出所）表 5-9 に同じ。

堆肥盤のみまたはラグーンが主体で、簡易で、固液を分離しない仕組みになっている。その結果、現在の施設が「不足している」とする農家の比率は高く、今後の処理方法にバッキ処理、微生物の利用や促成堆肥化施設をあげるものが多い。

第三に、労働力と土地などの経営条件に注目すると、次の点が指摘できる(表5-11)。まず、家族労働力をより確保している。戦前入植の大規模FSグループでは家族労働力が四人以上の比率は三四%、経営主四〇歳以上で後継者が「決まっている」比率は七五%に達して、いずれも各グループと対比して最大となっている。また、圃場が五団地以上に分散している比率は四九%に達し、これも最大となっている。

本章第三節で示したように、戦前入植グループでのFSによる多頭化は九〇年代に急速に進み、同時に飼養管理面での混合給餌が普及した。しかし、飼料生産面で細断サイレージの装備が十分に導入されていない。

三　大規模フリーストールにおける経営条件への対応

(1)　家族労働力の確保条件による対応

表5-12では、戦前入植の大規模FSグループを家族労働力の人数ごとに分けていくつかの指標を示したが、以下の特徴を確認できる。

第一に、経産牛頭数が少ないにもかかわらず、経営主の牛舎内労働時間が多い。経営主の牛舎内の一日の労働時間は、家族労働力が四人以上では七・一時間だが、二人以下では八・三時間に達している。

第二に、飼料生産や土地利用を柔軟に変えるのではなく、必要な飼料に合わせて労働力を確保している。家族労働力が少ないほど次の特徴が指摘できる。まず省力的な放牧は少ない。また収穫方法ではロールラップは多く

表 5-12　家族労働力の保有と経営概要(戦前入植 70 頭以上，FS のみ)

	合計	2人以下	3人	4人以上
集計戸数 (戸)	47	21	10	16
経営主の牛舎内労働時間 (時)	7.7	8.3	7.4	7.1
飼料作面積 (ha)	71.1	66.6	74.4	74.5
乳牛飼養頭数 (頭)	163.3	153.7	163.3	176.9
経産牛頭数 (頭)	92.4	86.9	91.9	100.0
収入合計 (万円)	6,505	6,266	6,271	6,899
経費合計 (万円)	5,063	5,115	4,350	5,389
所得率 (%)	20.8	19.0	22.1	22.0
放牧地率 (%)	10	6	19	10
経産牛1頭当たり経営費(万円)	55	59	47	54

出所）表 5-9 に同じ。

はなく、組作業が必要なフォレージハーベスタが主流となっている。家族以外の実習生、臨時雇、コントラクタの利用率がそれぞれ最大で、家族に替わる労働力を確保している。結果的に経営費は高く、農業所得率は最低になっている。

第三に、家族労働力が四人以上のグループでは、経営主が五〇歳以上の比率が半数を超えている。そのため、今後は省力化を強く意識している(表5-13)。コントラクタは従来利用していなかったが、今後は逆に利用する意向が最も多い。逆に二人以下では五〇歳以上は二四%程度で、これから後継者との二世代が形成されていくとみられる。ファミリーサイクルにより家族労働力は増減するが、これに対応して土地利用や作業方法を柔軟に変えるのではなく、外部の労働力を確保して対応しており、この対応が経営収支にも影響していると考えられる。

(2)　圃場分散条件への対応

戦前入植のうち大規模FSグループのみを圃場の団地数で分けて検討すると、以下の特徴が確認できる。

第一に、経産牛頭数には大きな差はないが、土地利用では、放牧地率が三団地以下では一四%だが、七団地以上では一二%と少ない。経営主の牛舎内労働時間も、三団地以下では六・四時間だが、七団地以

表 5-13　家族労働力保有とコントラクタ利用(戦前入植 70 頭以上，FS のみ)

(単位：%)

		合計	2 人以下	3 人	4 人以上
コントラクタの利用経験	合計	100.0	100.0	100.0	100.0
	不明	2.1	─	─	6.3
	ある	55.3	57.1	60.0	50.0
	ない	42.6	42.9	40.0	43.8
今後のコントラクタ利用意向	合計	100.0	100.0	100.0	100.0
	不明	6.4	─	10.0	12.5
	利用する	46.8	38.1	40.0	62.5
	利用しない	23.4	28.6	10.0	25.0
	わからない	23.4	33.3	40.0	0.0
今後コントラクタで希望する作業	合計	100.0	100.0	100.0	100.0
	モアテッタレーキ	6.4	4.8	─	12.5
	ハーベスタ	25.5	19.0	40.0	25.0
	ロールベーラー	6.4	9.5	─	6.3
	牧草運搬	23.4	23.8	20.0	25.0
	サイレージ積み込み	29.8	23.8	20.0	43.8
	肥料散布	10.6	14.3	─	12.5
	堆肥運搬・切り返し	34.0	23.8	20.0	56.3
	堆肥散布	29.8	23.8	10.0	50.0
	その他	21.3	28.6	10.0	18.8
経営主の年齢	合計	100.0	100.0	100.0	100.0
	30 代	10.6	4.8	20.0	12.5
	40 代	55.3	71.4	50.0	37.5
	50 代	27.7	23.8	20.0	37.5
	60 代	6.4	─	10.0	12.5

出所）表 5-9 に同じ。

上では八・八時間に達する。農業所得率も三団地以下では三二％だが七団地以上では一三％と低い。

第二に、七団地以上では家族外の労働力を多数利用している。臨時雇は三三％で、コントラクタは四二％で利用しており、いずれも最大の比率になる。その結果、経営費がかさみ、農業所得率が低くなっている。今後のコントラクタ利用意向も六七％と著しく高く、具体的な希望は牧草運搬五〇％、サイレージ積み込み五〇％、堆肥運搬五八％など運搬作業で多い。

第三に、このグループは今後の機械装備の意向が強い。彼らの最大の経営改善目標は、「作業効率の向上」と「労働時間の削減」である。またふん尿処理の施設は、現在は固液を分離しないラグーンが主流であるが、今後はふん尿を分離する意向が強い。ラグーンを利用している比率は、三団地以下では一一％、四～六団地で一五％、七団地以上で五〇％を占めている。固液を分離する意向は、三団地以下では二二％、四～六団地で三九％、七団地以上で四二％を占めている。

戦前入植者による多頭化は、より不安定な草地基盤のもとで進んでおり、雇用労働力などを確保し、あるいは機械化を進めることによって対応しつつある。

四　土地利用の地域性

戦前入植地区でのFSによる多頭化は、八〇年代までの大規模な開発事業による多頭化と比べると、大きな借入金に依存せずに進められている。負債の償還のためにさらに負債を増加させて拡大する「悪循環」の拡大とは異なる。しかし以前と同様の要因で「悪循環」の拡大に進む可能性をはらんでいる。

第一に、連鎖的な施設装備の追加投資がすでに進行している。大規模でFSを利用している農家では、飼料給与が混合給餌に転換し、これに伴って細断サイレージへと飼料調製方法を変え、フォレージハーベスタの導入が連鎖的に進んだ。

第二に、この施設装備はは行的に進んでいる。細断サイレージを貯蔵するサイロはバンガーサイロではなく、費用の少ないスタックサイロが多く、ふん尿も固液分離せずに安価なラグーンに貯める例が多い。今後これらの施設整備が連鎖的に進む可能性が高まっている。

第三に、圃場条件が技術のスムーズな適用を制約している。戦前入植者が多い地区には、かつての新酪事業での交換分合事業が実施されていない。その後も個別事業により交換分合は進んだが、圃場分散は依然激しい。圃場の分散は、細断サイレージやスラリー状のふん尿のスムーズな運搬を制約し、圃場分散が激しい農家での経営費を増大させている。

第四に、家族労働力の変化によって連鎖的に施設装備が進む契機が内包されている。二世代の充実した労働力が、父母世代の高齢化に伴ってリタイヤし、次世代の後継者が確保されるまでは家族労働力の減少期になる。この時期に雇用労働力の確保や施設装備の追加投資が進む可能性は高まる。

以上のように、技術の体系を軸に検討する限り、技術・施設装備はは行的に進んでおり、今後も「連鎖的」に進む可能性をはらんでいる。加えてふん尿処理を中心にした環境政策によって、経済的メリットの有無を度外視した技術・施設装備を「消極的」に進めざるを得ない状況にある。ただし、かつてのように過剰負債を返済するための「悪循環」の拡大に陥っているか否かは判断できない。経営管理論的な視点で分析する必要がさらに求められている。

（1）　一九九八年に、北海道地域農業研究所によって行われたアンケートである。アンケートの有効回答数は八〇九戸で、『二〇〇〇年農業センサス』による乳用牛の成牛飼養農家戸数一六五〇戸の四九％に当たる。農協合併に焦点を当てたアンケートであるため、土地利用についての調査項目には限界があり、限られた範囲での分析となる。なお、『根室酪農の展開過程と今

後の展望』〈地域農業研究叢書三四号〉（北海道地域農業研究所、二〇〇一年）を参照。

〔菅沼弘生〕

第五節　フリーストール牛舎による多頭化の効果と課題

一　規模拡大の動向

酪農は農業のなかでも最も技術革新が進んだ。新しい施設や機械が次々に、そして急速に導入された。全道においてもミルキングパーラー（以下、MPと略）は九〇年には二二九戸にすぎなかったのが、二〇〇二年には一〇六二戸へと約四倍に増加した。フリーストール（以下、FSと略）牛舎も同様に、九〇年には二二二戸であったが二〇〇二年には一一八九戸に達した。これら施設・機械はすでに全道の酪農家の一〇％以上に普及している。また、搾乳ロボットは九九年には一九台であったが、二〇〇二年には四〇台へと増加した。[1]

ＦＳ牛舎を導入した動機は、「頭数を増加させる」が三三・八％と最も多く、次いで「労働時間削減」が二九・五％、「コスト低減」が二六・一％となっている。[2] しかし、ＦＳ牛舎でも、必ずしも労働時間は短縮しない問題、特に婦人の作業時間の長い点が指摘され、コスト低減にも大きな期待ができない点が指摘されている。また、ふん尿がスラリー化するために、その利用にも対応が必要という問題もある。[3]

本節では、ＦＳとＭＰの導入が省力化やコスト低減に与えた影響を考察する。そのため第一に、根室地域におけるＦＳとスタンチョンストール（以下、ＳＴと略）それぞれの施設について頭数階層別に分析する。ＦＳによる大規模化がどのような意味で有利であり、同時にどのような問題を生じさせているかを示す。第二に、同じ大規模なFS導入農家の収益性と搾乳時間の格差について、その要因を検討する。第三に、FSで多頭化を進める場合に、農家や関係機関にとって重要な課題を考察する。これらによって酪農専業地帯での問題点と課題を示す。

二　フリーストール牛舎導入農家の特徴

ここでは、根室地域を対象としたいくつかのアンケート調査などによって、FS牛舎を利用している農家の特徴を分析する。アンケート調査では、経産牛頭数を六〇頭未満、六〇～八〇頭、八〇頭以上に区分し、さらに搾乳牛舎の種別で分けたグループを比較している。このことによって、八〇頭以上の多頭数規模でFS牛舎を利用している農家の特徴をみることができる。その特徴は以下の通りである。

まず、FS牛舎の利用によるメリットとして、第一に、家族労働力を基本としながら多頭化を可能にしたことがあげられる。中央酪農会議の調査によると、二〇〇〇年の経産牛八〇頭以上の比率は、STでは一一%にすぎないが、FSは七三%に達している。第二に、高い産乳量を維持している。同じ調査で、経産牛当たりの出荷乳量は、八〇頭以上のFSのグループで最大となっている。第三に、搾乳と飼料給与などの作業場を分けることで、作業を専門化させ、雇用労働力の利用を可能にしている。九六年の調査では、常勤あるいは臨時の雇用を利用している比率は、八〇頭以上のFSで五二%と最も高い。

しかし、FS牛舎の利用は、次のようなデメリットを生じさせている。

第一に、ふん尿の処理問題が深刻化している。ふん尿が「必要量を超えている」比率は八〇頭以上ではSTで二五%であるのに対して、FSでは二九%である。

第二に、作業時間が必ずしも短縮していない。九九年のアンケートでは、今後優先する事項として「労働時間の削減」をあげた比率は八〇頭以上で最も大きく、このうちＳＴでは二八％であるのに対してＦＳでは四八％に達している。経営主の一日当たり作業時間を調査すると、八〇頭以上で最大であり、このうちＳＴでは八・二時間であるのに対して、ＦＳでは八・五時間になっている。八〇頭以上では、一日の労働時間が通常期でも繁忙期でも最長で、しかも繁忙期日数が最長となっている。加えて経営主以外の家族の作業時間も長い。家族以外の雇用労働力については、八〇頭以上についてのみ比較すると、一戸当たりの臨時・パート人数はＳＴで四・八人に対して、ＦＳでは二〇・一人と際だって多いが、安定的な常雇人数はいずれも〇・一～二人ときわめて少ない。都市化が進展していないこの地域では、安定した労働力の確保は難しく、生活環境を含めた雇用の安定化の仕組みが必要になろう。

九七年に実施した調査で一例をあげれば、ＦＳで一三〇〇トンを出荷していたある農業者は、九七年四月から二人の常雇を確保した。この農家の場合は、妻の入院により七六歳と六五歳の父母が搾乳を担当していた。常雇を確保する以前は、近隣の運送会社で働く運転手を通勤の前後や休日に臨時的に雇っていた。雇用労働力の確保には苦労したようである。同じ調査で一一四七トンを出荷していた別の農業者も、二名を雇用していた。二人はいずれも一五キロメートル遠方から通勤していた。これらの農業者が休日を確保し日々の労働時間を短縮するには、常雇の確保が欠かせないのである。

第三に、コストが十分に低下していない(表5-14)。現金レベルでの農業所得率は、八〇頭未満のＦＳでは三六％となっているが、八〇頭以上のＦＳでは三五％に低下している。一頭当たりに費す飼料費も最小の六〇頭未満のＳＴは一〇・四万円であるにもかかわらず、八〇頭以上のＦＳでは一四・五万円と著しく高いことが最も大きな理由になる。八〇頭以上の階層についてみると、ＳＴに比較してＦＳは、一頭当たり出荷乳量は一・一倍であるが飼料費は一・三倍に達している。

第四に、十分な経営管理のもとに計画しているとはいえない。今後の経営の基本方向についてみると(中央酪

表5-14　経産牛頭数と施設ごとにみた経営概況（1997年）

		合計	60頭未満		60～80頭		80頭以上	
			スタンチョン	フリーストール	スタンチョン	フリーストール	スタンチョン	フリーストール
集計戸数	（戸）	1,567	909	17	366	61	107	107
出荷乳量	（t）	406	302	381	461	536	629	804
経営耕地面積	（ha）	59	51	58	66	66	80	80
換算頭数当たり経営耕地面積	（a）	77	84	79	72	68	65	56
乳牛飼養頭数	（頭）	104	81	97	118	126	157	184
経産牛	（頭）	58	45	51	67	69	93	108
育成牛比率	（%）	42	42	47	42	44	39	41
換算頭数当たり　農業収入	（千円/頭）	442	431	478	448	483	448	480
農業経営費	（〃）	276	263	303	281	310	304	310
農業所得	（〃）	166	168	175	166	173	144	170
うち飼料費	（〃）	113	104	128	116	143	131	145
養畜費	（〃）	18	17	19	18	20	19	21
農業共済	（〃）	18	18	18	18	19	17	18
諸税公課負担	（〃）	17	16	21	17	22	17	22

出所）管内農協資料（1997年）より作成。

農会議、九五年）、八〇頭以上の階層で「増頭せずコスト削減」をあげた比率は、STでは四二％に達しているのに対してFSでは三〇％にとどまっている。かわりに「新規投資による規模拡大」をあげた比率は、STで二〇％にとどまっているのに対してFSでは三六％と高い。経営管理については、例えば貸借対照表の作成可能な経営管理をしている比率は、八〇頭以上のFSでさえ四％にすぎず、「特になにもしていない」比率は二六％に達している。多頭数規模階層ほど不十分な経営管理のもとで多頭化を進めている実態が示されている。

三　農家間格差の要因

次に、同一の飼養規模・施設整備の酪農家を比較することで、収益性や作業能率の格差がどのように生じているのかを明らかにする。

まず、図5-4は、経産牛頭数規模と現金レベルでの農業所得との相関を図示した。同じ頭数規模であっても、農業所得には大きな格差がある。五〇頭程度の規模では、四〇〇万円ほどから二〇〇〇万円までに分散している。また図中では、FSとSTとを記号で区別しているが、同じFS牛舎の利用者でも大きな格差がみられる。

また、表5-15は、FSの利用者についてのみ頭数階層ごとに分けたうえで、さらに現金レベルでの農業所得率の階層ごとに収支を示した。一〇〇頭以上の階層の内部でも格差が生じているが、高収益の理由は、農業収入が大きいのではなく、農業経営費が小さいことにある。また経営費のうち特に飼料費と養畜費が小さいことにある。収益性には、飼料給与のあり方や繁殖・疾病の状態が強く影響していることが示される。

次に、表5-16は、施設装備の異なる農家について、搾乳作業の実測時間を示しているが、作業の効率に大きな差が確認できる。搾乳作業は生乳生産全体で最大の比率を占めており、パーラー室での作業内容は類似しており農家間を比較しやすい。調査は九一年と二〇〇一年の二回に分けて実施し、比較のためにパイプラインによる作業時間も示している。

表には、まず牛舎施設の建築方法や搾乳頭数、パーラーや牛舎の装備についての概要を示した。パーラー利用者のなかには、ユニット数が八から二四まであり、一頭当たりに必要な作業線の長さが異なるヘリンボーン式とパラレル式を含んでいる。ミルカーの離脱やパーラーと牛舎との出入り口の自動化の状況も異なっており、概ね表の右側で装備が充実している。さらに、表には作業時間の計測結果とそれから推計される二時間の作業時間での搾乳可能頭数を示した。これに注目すると、次の三点が指摘できる。

第一に、MPは必ずしもパイプラインより作業が速くはない。搾乳可能頭数が二番目に多い農業者は、パイプラインの10番農家で、この農家は自動離脱装置を付けた八ユニットを二人で使用して搾乳をしていた。経営主がかつてカナダで実習したときに五頭単列のMPで、六〇頭を二時間で搾乳する苦労をし、「パーラーだから速いとは限らない」という結論に達したことによる。かつては一〇ユニットを二人で使用したこともあったという。同じパイプラインの11番農家は、ティートカップを一本ずつ外すというように、じっくりと搾乳し、一頭当たり

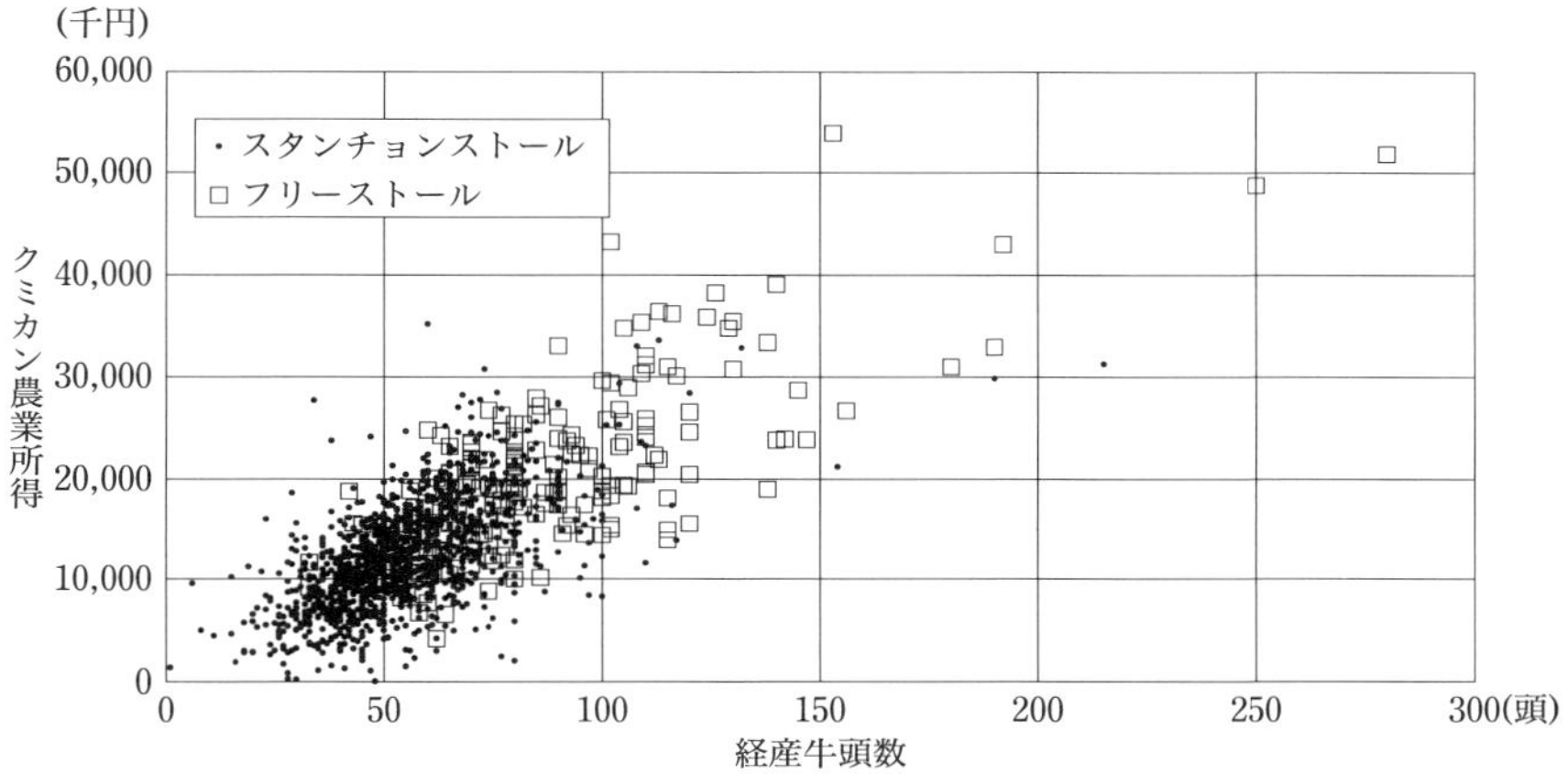

図 5-4　頭数と農業所得の相関

出所）表 5-14 に同じ。

表 5-15　規模階層別にみた高収益率階層の特徴（根室支庁，FS のみ）

			60 頭未満			60〜100 頭			100 頭以上		
			35% 未満	35〜 40%	40% 以上	35% 未満	35〜 40%	40% 以上	35% 未満	35〜 40%	40% 以上
集計戸数		(戸)	6	4	7	42	28	38	32	13	15
農業所得率		(%)	28	36	43	29	37	44	28	37	44
乳牛飼養頭数		(頭)	105	103	87	142	137	132	203	223	213
経産牛頭数		(頭)	55	46	49	78	75	76	119	138	126
育成比率		(%)	47	56	42	43	45	41	40	39	41
換算頭数当たり経営耕地面積		(a)	87	77	75	67	59	69	49	58	50
経産牛当たり産乳量		(kg)	6,833	9,461	7,468	7,578	7,894	7,627	7,765	6,960	7,551
換算頭数当たり	農業収入	(千円/頭)	429	532	486	460	490	487	499	458	484
	農業経営費	(〃)	310	339	274	325	310	275	357	287	270
	農業所得	(〃)	120	192	212	135	180	212	142	171	213
	うち飼料費	(〃)	123	151	120	148	144	125	171	142	128
	養畜費	(〃)	21	18	17	19	21	18	27	18	17
	賃料料金	(〃)	34	37	28	37	33	27	37	27	29
	修理費	(〃)	22	22	19	20	19	20	24	16	13

出所）表 5-14 に同じ。

表 5-16　施設装備と搾乳時間の農家間の差違

農家番号		①	②	③	④	⑤	⑥	⑦	⑧	⑨	⑩	⑪
施設建築年次		1978	1989	1985	1976	1989	1991	1996	1996	1997	－	－
建築方法		新酪整備	請負	請負	新酪入植	請負	請負＋自力	請負	請負	請負＋自力	－	－
		新築	新築	新築	新築	新築＋改築	改築	新築	新築	新築		
建築資金		補助金	補助なし	補助なし	補助金	公社牧場	補助なし	補助なし	…	補助なし	－	－
搾乳総頭数	(頭)	69	51	52	57	100	67	134	130	134	72	40
群わけの有無		なし	なし	なし	なし	…	2群	2群	2群	なし		
搾乳延べ人数	(人)	2	2	2	2	3	2	2	2	2	2	2
パーラー装備	パーラー様式	ヘリンボーン	ヘリンボーン	ヘリンボーン	ヘリンボーン	ヘリンボーン	パラレル	ヘリンボーン	ヘリンボーン	ヘリンボーン	パイプライン	パイプライン
	1列頭数	4	4	4	6	6	8	8	8	12	－	－
	列数	2	2	2	2	2	2	2	2	2	－	－
	ユニット数	8	8	8	12	12	16	16	16	24	8	4
	ドア開閉	手動	自動	自動	手動	自動	自動	自動	自動	自動	－	－
	給餌	手動	自動	自動	自動	なし	なし	なし	なし	なし	－	－
	ユニット離脱方法	手動	自動	自動	自動	自動	自動	自動	自動	自動	自動	手動
	ラピッドイクジット	なし	なし	なし	なし	なし	あり	…	あり	あり		
	待機場	なし	なし	…	なし	あり	あり	…	あり	あり	(対尻)	(対頭)
	クラウドゲイト	なし	なし	…	なし	あり	あり	…	あり	あり	－	－
出荷乳量	(t)					508	797					
個体乳量	(kg)	5,450	8,000	7,000	6,196	8,393	7,000	7,500	8,400	5,800	8,000	9,400
総搾乳作業時間	(分)	149	89.7	55.9	71.5	141.3	93.5	139	146	72	63.4	75.9
1頭当たり搾乳時間	(分)	2.2	1.8	1.1	1.3	1.4	1.4	1.0	1.1	0.5	0.9	1.9
2時間当たり搾乳可能頭数	(頭)	55	69	109	92	86	86	117	107	222	133	63
調査年		1991	1991	1991	1991	1991	1991	2001	2001	2001	1991	1991

出所）聞き取り調査より作成。搾乳時間は実測による。

年間一万キログラム近くを搾乳していたが、二時間内の搾乳可能頭数は最も少ないわけではない。

第二に、パーラーによる搾乳のなかでは、自動化などの装備水準が作業時間に大きく影響している。1番農家は二時間内の搾乳可能頭数は五五頭と最も少ないが、この農家の場合はドアの開閉、飼料給与、ミルカー離脱の自動装置はない。そのため一頭当たりの前作業時間、搾乳時間、装着時間が他の農家と比べて最も長い。このうち前作業時間が長い理由は入口の開閉とパーラー内での飼料給与、乳房の洗浄に時間がかかることが主な原因となっていた。

飼料給与はこの農家が「新酪事業」で牛舎を新設した当時は、紐を引くことによって滑車が回転して給餌する仕組みだった。九一年の春に故障して以来、作業者がストール内に上がって滑車を手で回すために多くの時間を要した。施設の整備後に再建整備農家となったこの農家では、改修資金が得られずメンテナンスができなかった。同じ「新酪事業」で入植した4番農家は、パーラー内のみで八〇〇万円の追加的な資金を投下し、MPでは五番目の速さになっている。

また、乳房洗浄に時間がかかる理由は、パドックが整備されていないことによる。牛が泥だらけになり、一頭一頭乳房全体を時間をかけて、洗っていた。パドックなどの周辺施設のあり方が、作業時間を強く規定することになる。

第三に、MPの搾乳でも、装備の充実した農家の方での搾乳時間は必ずしも速くない。例えば、6番農家は八頭複列で、搾乳者の作業線が最も短いパラレル式だが、二時間内の搾乳可能頭数は八六頭で、同じ八頭複列だが作業線が長いヘリンボーン式の他の二戸より遅い。5番農家はヘリンボーン六頭複列で、ユニット数が少なく作業線も長いが、二時間内の搾乳可能頭数には6番農家とほとんど差がない。さらに、ユニット数が最も少ない四頭複列の3番農家では、二時間内に一〇〇頭以上の搾乳が可能となっており、九戸中四位の効率となっている。

6番農家の搾乳時間が長い理由は、一頭ごとの搾乳の前作業と後作業の時間が、先の1番農家に次いで長いことによる。作業の内容は5番農家とほとんど変わらず、待機場もあり、パーラーへ搾乳牛を追い込むクラウドゲイトも同様に自動化されている。にもかかわらず作業が遅い理由は、乳牛の移動時間の長さが原因となっている。6番農家は、時間のかかる理由として、次の説明をした。①パーラーが築後五ヶ月を経過したばかりで、牛が慣れていないこと、②現在も多頭化を進めており、牛群が移動のスムーズな牛のみに淘汰されていないこと、③五年前まではマキ牛で本交を行っていたため、個体改良が十分なされていないこと、④乳牛の施設への馴致期間が一定程度必要となること、⑤この農家は、パーラー室の設計から配管、セメントぬりや外装工事までを自力で行い、見事な施設を建築したが、待機場が二つに分かれる仕組みになってしまったため、牛が一方に集中し、そのために搾乳担当者が牛を追い込みにパーラー室を出なければならないなど、設計ミスが重なったこと、などである。

このように搾乳作業時間のみの検討ではあるがＦＳやＭＰの導入が作業効率の向上に直結しない場合がある。[4] この理由にはまず、資金の調達が困難なことや設計などの専門能力が強く要請されるなど、農家の能力に強く制約される。また、家畜の淘汰や馴致のために、効果の発現に時間を必要とするなど、生物生産の技術的な性格からも生じている。さらに、1番農家のように、パドックなどの周辺施設の完備など、施設の全体的な体系性が要求されるＦＳ・ＭＰの施設の技術的な性格からも生じている。

ＦＳ・ＭＰを利用した多頭化では、パーラーや牛舎を装備するだけではなく、全体的な体系性が重要になる。この体系性をうまく仕組むことができるか否かが、作業性や収益性の効果を発揮できるか否かに、大きく関係している。

四　多頭化の課題

九〇年代に、酪農経営はいっそうの多頭化を進めた。新たな施設が普及し、作業の処理能力は高まった。乳牛当たりでも、単位労働当たりでも、生産乳量は上昇した。八〇年代に続いた「急速な拡大」という構造に変わりはない。ただし、農家が抱える問題は大きく変わりつつある。

第一に、多頭化は土地面積の拡大テンポより早く進み、生産されるふん尿は多くの場合に「必要量を超えて」いる。ふん尿の利用が処理に変わり、この部分への大きな追加的な資金投下が進みつつある。「必要」以上のふん尿を他の農家に流通することが困難な草地型地帯での独自の課題となっている。ふん尿の貯留施設を充実させるだけではなく、頭数と面積の適正な関係、交換分合を含めた農地の合理的な利用がいっそう強く求められる。

第二に、多頭化に伴う労働力の確保は深刻な課題となった。七〇年代までは、牧草収穫時に臨時的な労働力を必要とした。今日は搾乳や育成管理などの日常的な作業を恒常的に担う常用的な雇用労働者を必要としている。その確保に農家は呻吟している。コントラクタによる作業の外部化、ヘルパーによる休日の取得は進められている。しかし日常作業時間の短縮に貢献し、分業化した農場の管理をヘルパーに任せることは難しい。多くの農家ではすでに重装備にあり、新たに共同の農場を作ることは難しい。人口の希薄な酪農専業地域では、常用的な雇用労働者の生活環境を整備する必要がある。

第三に、個々の農家間の収益性格差は大きいが、経営管理は十分ではなく、管理や分析の必要性についての農家の認識も十分ではない。外見的には均質な酪農家のようにみえるが、技術の体系的な整備の水準は、個々の農家間できわめて異質になっている。専業地帯であるからこそ、経営内容に立ち入った農家同士の交流や情報交換は大きな意味をもつ。多頭化という意味での構造改善が世界的水準に達した今日、経営の管理・分析についても充実させ、十分な経営改善を進める必要がある。

（1）『日刊北海道協同通信』二〇〇二年六月二八日による。原資料は北海道農政部酪農畜産課調べ。
（2）道酪農畜産協会の七八五戸を対象にした調査による（『日本農業新聞』一九九九年三月二三日付）。
（3）FSの問題点については、農水省草地試験場での研究会で北海道畜産会の須藤部長の報告（『日本農業新聞』一九九六年一一月一九日付）、北根室地区農業改良普及センター調べ「時間取られるフリーストール」（『日本農業新聞』一九九七年三月二〇日付）、荻間昇「草地型酪農の動向と生産性向上・コスト低減の可能性」（『平成元年・二年農業経営研究成績書』北海道根釧農業試験場経営科、一九九一年）などを参照。
（4）搾乳能率に個別差がみられる点は、高橋圭二「フリーストール経営――飼養管理と経済性――」（『日本農業新聞』二〇〇〇年九月二一日付）でも示されている。

〔吉野宣彦〕

第六節　放牧による低コスト化への動き

一　放牧の動向

中央酪農会議が一九九五年に実施した酪農家へのアンケートによると、当面の展開方向は、多頭化を進める意向が四四％と最大であるが、「増頭せずにコスト削減」を進める方向も四一％と高い比率を占めていた(1)。具体的なコスト削減策には「飼料給与技術の改善・効率化」が五五％、「牛群改良による産乳量の増大」と「乳牛の供用年数の延長」がそれぞれ五三％で、「放牧を活用する」比率は二八％と少なかった。しかし、北海道内酪農家に占める「放牧利用」農家の比率は、全道で三四％であり、宗谷が七八％、根室が六五％と高く、両地域は双璧をなす(二〇〇一年度、北海道調べ)。四年前の九七年度と比べると、全道に占める放牧農家の比率は一〇％減少したが、宗谷では二％の減少であり、根室では一五％と大きく減少した。『一九九五年農業センサス』で、一団地の面積が道内最大の別海町を含み、豊富な草地基盤をもつ根室で、近年になって放牧は急減したことになる。

しかし、根室において、「増頭せずにコスト削減」を考えていた農家の具体策では、「飼料給与技術の改善」の五四％には及ばないが、「放牧を活用する」比率は四二％に達していたのである。根室では、「農家の意に反して」放牧が減少したことになる。

そこで本節では第一に、放牧の経済的なメリットを、個別経営データの大量集計をもとに示す。第二に、放牧を含めた経営転換を積極的に進めてきたグループの経営改善の経過をたどる。最後に、放牧を利用しながら、規模を拡大せずに経営を改善する条件を考察する。

二　放牧の効果

まず、放牧地の比率が高い農家の特徴を、根室管内全戸へのアンケートなどから検討しておこう。分析では、規模による影響を避けるため、経産牛頭数で階層別に区分したうえで、さらに放牧地率によりグループを区分した。放牧地率の高いグループには、次の特徴を指摘できる。

第一に、ふん尿処理施設の不足感が少ない(2)。放牧地率の高いグループでは、どの規模階層でも、現在の頭数に対する処理施設の容量が「不足している」比率が低く、「十分である」比率が高い。「十分である」という回答は、例えば経産牛八〇頭以上の階層で放牧専用地率二〇％未満では二〇％にすぎないが、放牧専用地率二〇〜四

表 5-17　規模と放牧地率による生産性と経営概況

			60 頭未満			60〜80 頭			80 頭以上		
放牧比率			20%未満	20〜40%	40%以上	20%未満	20〜40%	40%以上	20%未満	20〜40%	40%以上
集計戸数		(戸)	49	133	68	18	53	14	7	15	5
飼養頭数		(頭)	85	84	81	131	125	112	161	278	164
うち経産牛頭数		(〃)	45	45	42	67	67	66	89	128	85
換算頭数当たり経営耕地面積		(a)	79	80	83	64	69	74	63	58	62
農業収入		(千円)	26,271	25,023	23,731	41,154	38,037	35,346	47,211	78,772	50,079
農業経営費		(千円)	18,043	16,628	15,767	28,479	26,329	24,047	33,498	58,540	36,487
農業所得		(千円)	8,228	8,395	7,964	12,675	11,708	11,299	13,713	20,232	13,592
農業所得率		(%)	31.5	32.8	34.1	31.0	31.1	31.2	28.9	27.5	27.2
出荷乳量1kg当たり主な費用	農業経営費	(円)	57.5	57.6	56.0	59.6	57.9	58.1	56.6	61.2	61.5
	購入飼料費	(〃)	22.6	20.5	20.4	24.6	23.2	22.6	24.3	26.2	23.5
	うち成牛用	(〃)	19.6	17.8	17.4	21.2	19.4	18.1	21.8	22.3	22.5
	養畜費	(〃)	2.6	2.6	2.6	3.1	2.9	2.3	2.6	3.0	2.6
	うち診療費	(〃)	0.6	0.6	0.8	0.9	0.7	0.6	1.3	0.9	0.7
	農業共済	(〃)	3.4	3.6	2.9	3.2	3.3	3.8	2.6	3.4	3.3
	賃料料金	(〃)	4.8	4.9	4.9	6.4	5.4	5.6	4.5	5.8	7.2

出所）表 5-14 に同じ(1991 年)。

〇％では二四％と高まり、放牧専用地率四〇％では四二％に達している。

第二に、家族の労働時間が短い。特に経営主以外のその他の家族の一日の労働時間は、どの規模階層でも放牧地率四〇％以上のグループで最も短い。八〇頭以上の階層で繁忙期の労働時間を比べると、同二〇％未満のグループで九・四時間に対して、四〇％以上のグループの労働時間は六・三時間にすぎない(3)。

第三に、六〇頭未満の階層についてのみ変動的な費用が低下している(表5-17)。例えば出荷乳量一キログラム当たりの購入飼料費を六〇頭未満の階層でみると、放牧地率二〇未満では二二円、放牧地率二〇〜四〇％で二一円、四〇％以上で二〇円となっている。出荷乳量一キログラム当たりの農業支出の合計も、放牧地率四〇％以上のグループが最も費用が小さい。農業所得率でも六〇頭未満の階層のうち放牧地率二〇％では三二％であるのに対して、放牧地率二〇〜四〇％では三三％、放牧地率四〇％以上では三四％となっている。しかし、六〇頭以上の階層では必ずしも農業所得率は高くはない。

放牧によって、労働時間の短縮や費用の低下などのメリットは生じるが、多頭数規模ではメリットは明瞭ではない。また同じ頭数規模や放牧地率であっても個別の格差は激しいため、放牧地を増やすだけでメリットを生じるとはいえない。以下ではメリットが生じる経過を検討する。

三　経営改善の経過

放牧を利用して労働時間を短縮し費用を低下させた例として、根釧地域で一九九一年以降毎月の学習会活動を続けている「マイペース酪農交流会(4)」を分析の対象にする。このグループでは八六年から、「別海酪農の未来を考える学習会」を年に一度実施している。九一年の第六回の学習会では「持続的農業・環境保全型農業」をテーマに掲げ、三友農場の実践事例の報告がなされた。この講演をきっかけに、月例の「マイペース酪農交流会」を開始した。このグループでは購入飼料などを減らし、放牧を積極的に採り入れた。

まずその経営的成果を「交流会」メンバーのうち一二戸の経営収支と周辺農協の平均値とを比較し、次に改善前の所得率の差によってグループを分けて技術的な改善内容を示す。さらに改善の経過を、低い所得率から急速に改善した事例と、高い所得率から次第に転換した事例によってたどる。

(1)　経営収支の改善

クミカン[5]をもとに、経営転換開始三年目の九三年について、周辺の一農協の三四三戸平均と比較すると、交流会グループ一二戸の平均では、経産牛頭数は一九頭少なく、出荷乳量も一一六トン少ないが、農業所得率で一〇％高いため、農業所得金額では一〇〇万円程度低いだけにとどまっている。

ここに至るまでの変化を、経営転換の開始前年の九〇年と開始三年後の九三年をとって比較すると、次の特徴を示している。まず、費用が著しく低下した。転換開始の初年度を一〇〇とした三年目の指数では農業経営費は七二に減少した。その内訳は、飼料費が五九、生産資材費が六一、肥料費が六三、養畜費が六六へと、大きく減少した。しかし、この費用の低下に比べると、収入はあまり低下しなかった。乳牛飼養頭数や経産牛一頭当たり乳量、出荷乳量などが低下したが、販売収入の指数は八九への低下にとどまった。さらに、農業所得が増加して経営は改善された。農業所得率は三四％増加して四九％になり、農業所得金額は二〇％高まった。

(2)　技術的な変化

これらの一二戸それぞれの転換の経過には違いがある。もともとの転換前の農業所得率や一頭当たり産乳量に大きな差異があった。一二戸を当初の農業所得率で二分して比較すると、高所得率グループに比べて低所得率グループでは三年間で次のように大きく変化した(表5-18)。

表 5-18 「マイペース酪農交流会」メンバーにおける主な技術変化(1990～1993 年)

	低所得率グループ						高所得率グループ					
農家番号	①	②	③	④	⑤	⑥	⑦	⑧	⑨	⑩	⑪	⑫
所属農協	浜中	厚岸太田	標茶	西春別	西春別	西春別	別海	厚岸太田	中標津	別海	上春別	西春別
経営主年齢(93 年時点) (歳)	47	44	44	50	36	…	42	36	39	41	51	40
経営面積 (ha)	33	43	50	47	43	22	41	64	40	54	34	24
放牧について 放牧専用地 91 年 (ha)	0.0	5.1	…	7.0	5.5	…	12.0	16.0	…	20.0	12.0	12.0
放牧について 放牧専用地 93 年 (ha)	16.0	15.2	16.0	15.0	15.0*	6.5	12.0	29.0	10.0	20.0	12.0	12.0
放牧について 放牧専用地 変化	16.0	10.1	…	8.0	9.5	…	0.0	…	…	0.0	0.0	0.0
放牧について 採草放牧兼用地 91 年 (ha)	0.0	…	…	8.0	4.0	…	0.0	…	…	…	…	4.0
放牧について 採草放牧兼用地 93 年 (ha)	6.0	0.0	20.0	0.0	11.0	…	0.0	13.0	20.0	…	…	4.0
放牧について 採草放牧兼用地 変化	6.0	…	…	−8.0	7.0	…	0.0	…	…	…	…	0.0
放牧について 放牧時間 90 年	0											
放牧について 放牧時間 91 年 (時間)		2 時間	…	半日	3 時間	なし	昼夜	2 時間	…	昼のみ	昼のみ	昼夜
放牧について 放牧時間 92 年		5 時間										
放牧について 放牧時間 93 年 (時間)	昼夜		…	昼のみ	昼夜	昼夜	不変	昼夜	…	不変	不変	不変
濃厚飼料 1 頭当たり 1 日最大配合給与量 舎飼期 前 (kg)	12	12	…	…	12	…	…		7	8	7～8	4
濃厚飼料 1 頭当たり 1 日最大配合給与量 舎飼期 後 (kg)	2	4	…	…	6	…	…	…	7	7	7～8	4
濃厚飼料 1 頭当たり 1 日最大配合給与量 放牧期 前	−	…	…	12	…	…	15	…	7	8	3	2
濃厚飼料 1 頭当たり 1 日最大配合給与量 放牧期 後	2	…	…	4	…	7.5	8～9	…	7	7	3	2
濃厚飼料 1 頭当たり 1 日最大配合給与量 変化	減少	減少	…	減少	減少	減少	減少	減少	不変	減少	不変	不変
濃厚飼料 配合給与回数 前 (回/日)	4	3	…	4	3	…	4	…	…	2	2	2
濃厚飼料 配合給与回数 後 (回/日)	2	2	…	2	2	…	3	…	…	2	2	2
濃厚飼料 配合給与回数 変化	減少	減少	…	減少	減少	減少	減少	…	…	不変	不変	不変
搾乳牛管理 乳検 変化	中止	中止	…	継続	中止	中止	実施継続	中止	当初からなし	実施継続	実施継続	もともとなし
作業時間の変化 時期	8 月	2 月	…	8 月	5 月	…	…	…	…			
作業時間の変化 変化時間	▲ 50 分	▲ 1 時間 35 分	…	▲ 2 時間	▲ 45 分	…	…	…	…	不変	不変	不変
作業時間の変化 変化の主要因	…	…	…	昼の配合給与中止	…	…	…	…	…	…	…	総数増で増加か

出所）吉野宣彦「『マイペース酪農』交流会の成果と経過」〈地域農業研究叢書 No.38〉(北海道地域農業研究所，2002 年)，および聞き取り調査(1993 年 8 月)より作成。

第一に、土地利用は低所得率グループで激しく変化した。高所得率グループでは、ほとんどが以前から放牧地は一〇ヘクタール以上と大きく、昼夜放牧も多く、放牧開始時期も早く、この三年間に大きな変化はみられなかった。低所得率グループの六戸すべてが放牧専用地を拡大し、二戸が採草放牧兼用地を増加した。五戸で一日の放牧時間を昼のみあるいは昼夜放牧へ延長した。二戸が放牧を新たに開始し、二戸が放牧の開始時期を早めた。

第二に、飼養管理は低所得率グループで大きく変化した。高所得率グループでは、搾乳牛への濃厚飼料の給与量は七〜八キログラムで、給与回数は少なく、乳検は続けているか、もしくは利用しておらず、作業時間も大きく変化しなかった。これに対して低所得率グループは、三戸で一頭一日当たりの配合飼料の最大給与量が一二キログラムに及んでおり、一日の給与回数も三〜四回に分け、その他の濃厚飼料も給与していた。給与量を減らして、給与作業が減り、四戸で一日の作業時間が減少した。

第三に、所得率のグループとは無関係に特定の作業が増加した。例えばふん尿処理については、所得率に関係なく、敷きわらの増量や草地への移動や切り返しの回数が増加した。

このように、転換前の技術的な状態により変化の激しさは異なり、もともと低所得率であったグループでは、急速に資材や作業を削減し得た。また、作業によってふん尿処理のように増加した部分もあり、労働時間が単純に軽減するわけではない。

(3)　低所得率グループからの転換事例

低所得率グループのなかから2番農家を事例として、経営改善の要因を詳しく検討すると[(6)]、技術的な改善の効果は、次第に範囲を広げつつ時間をかけて生じたことが分かる(表5-19)。

第一に、過剰な作業が削減された。九一年五月に学習会に参加し、三友農場の経験を聞き、同月に濃厚飼料の内容や給与回数、放牧の面積や時間を変えている。講演直前の九一年一月には成牛舎を改造し、育成牛用のス

表5-19　経営転換の経過(2番農家)

年	月	変化
1979		牛舎54頭へ増築
1982		スチールサイロ・アンローダ導入
1989		乳検個体乳量が最高値8,001 kg
1990		育成舎を別棟新築
		疾病の増大，個体価格の低下で所得減少。
1991	1	成牛舎改造により搾乳頭数増加(成牛舎内育成牛エリアに真空パイプ延長)
		乳検データをもとに計算，2種の配合を最高12 kg/日頭給与。
	2	1日作業時間(経営主)　9時間15分
	5	学習会参加
	5	配合給与量(MAX)12 kg/日頭　→5 kg/日頭へ減少
		飼料計算の中止
		給与回数　3回　→2回へ減少
		放牧専用地　2.6 ha　→5.1 haへ倍増
		放牧時間　2時間/日　→4時間/日へ延長
	6	大麦圧片，バイパス油脂，ビタミン剤給与中止。　初産F1受精
		ハッチ利用の中止
	7	配合2種類から1種類へ，通年給与のカルシウム剤中止。
	11	放牧期間　1ヶ月延長。
1992		ふん尿移動開始(月1回)
	2	1日作業時間(経営主)　6時間40分(2時間35分の減少)
	5	乳検中止，配合飼料を低たんぱくに切り替え
		放牧専用地10.7 haへ倍増
	10	粗飼料給与回数　1日3回→1日2回
1993	5	放牧地15.7 haへ50%増加

出所）聞き取り調査より作成。

トールに真空パイプを延長して、バケットミルカーで搾乳していた。このため一日の作業時間は、冬期で九時間一五分に達していた。この非効率な作業を削除したことが主な理由となり、作業時間は二時間三五分減少した。

第二に、必要な作業が加えられ、集約化した。まず育成牛の飼養頭数を減らして、より多くの乾草を一日に何度か追加するようになった。さらに、これまで圃場に投棄していたふん尿を、堆肥場を決めて積み上げ、切り返すようにした。育成管理を集約化したことの経済的な成果は、育成牛が搾乳牛になってから遅れて現れる。

第三に、費目ごとに異なる速さで費用が低下した。意図的に減少させた成牛用の飼料費は転換初年から減少し、九三年には三〇%程度に減少した。しかし授精費用は、転換初年の九一年に若干増加し、一年遅れて減少した。初年の九一年には、受胎率が一時的に低下し、受精回数が増加した。飼料の変化などによって「発情の状態が見分けにくくなった」からであるが、転換二年目から発情を発見できるようになった。

この事例では、農家が意図的に削減した飼料は、実は平均的な水準からみて過剰な給与量であったため、給与量を減らしても生産乳量は減らなかった。しかし、乳牛の状態は十分に把握できなくなり、獣医師や授精師に依存したが、その後、新しい飼養環境での乳牛の観察方法に次第に適応した。その結果、経営はさらに改善された。経営改善の過程は二〜三年に及んだ。

(4)　高所得率グループからの転換事例

もともと高産乳で、高い所得率にあった10番農家の技術的な変化を次に検討する。高能力牛に対し、濃厚飼料の給与量を減少することは、危険とされることもあるが[(7)]、現実には技術的な障害はなかった。ただし、農業所得金額は低下した。しかし、きわめて高い効率で生産がなされている。

まず、経済的な変化を確認すると、転換前の九〇年では、経産牛一頭当たり出荷乳量は九五〇〇キログラム、換算頭数当たり農業所得は二五万円に達し、所属農協のトップに位置していた。二〇〇〇年には、経産牛一頭当たり産乳量は七〇〇〇キログラムと平均的な水準に低下した。九〇〇〇キログラムを産出していた九〇年前後の購入飼料費は換算頭数当たりで一四万円と農協平均より二〇%多かったが、二〇〇〇年には平均の五〇%になった。出荷乳量一キログラム当たり購入飼料費も平均の五〇%に低下した。農業所得金額は、かつては一五〇〇万円を超え、農協平均の二倍であったが、この農家の所得が低下したことに加え、周辺農家が多頭化したため、平均的な水準になった。

次に、表5-20により、技術的な変化を検討する。九一年に三友農場の経験を聞いた後、毎月の「マイペース

表 5-20　高所得率農家の経営転換の経過(10 番農家)

年	堆肥生産	飼養管理			放牧		草地管理				育成管理		出荷	できごと
		配合給与		個体乳量			掃除刈り	草地更新	施肥量	収穫調整	頭数		乳量	
1988	…	…	…	8,375	…	…	…	…	…	FH+RB ↓	36	…	335	
1989	…	…	…	8,000	…	…	…	…	…	↓	38	…	352	
1990	ダンプで飛び地移動，切り返しなし	4 回/日	…	8,739	昼のみ放牧	15 ha 15 牧区	掃除刈り 2～3 回	採草地 8 年 放牧地 5 年	採草地 60 kg 放牧地 50 kg	↓	44	哺乳 3ヶ月	401	
1991	**黒ボク堆肥場設置**	5 回/日	…	9,524	↓	↓	↓	↓	↓	↓	46	↓	400	**マイペース交流会開始**
1992	堆肥場 3 列，30 a	↓	92 t/44 頭	9,364	↓	↓	↓	↓	↓	FH+RB+RPM	44	↓	412	
1993	スカベンジャ購入	4 回/日	**80 t/44 頭**	**8,409**	↓	↓	↓	↓	↓	↓	36	↓	370	交流会を自宅で開始
1994	堆肥場 6 列，40 a	↓	63 t/44 頭 **乳検中止**	8,634	**昼夜放牧へ**	**15 ha 3 牧区へ**	**掃除刈り 1 回**	**放牧地更新中止**	**採草地 40 kg 放牧地 20 kg**	↓	37	**哺乳 2ヶ月**	354	
1995	ユンボ購入	**2 回/日**	…	7,442	↓	↓	↓	↓	↓	バンカーサイロ倒壊，カッティングロールベーラ	35	↓	322	
1996		↓	…	7,455	↓	↓	↓	↓	↓	RB+RPM	32	↓	328	
1997	コンクリート堆肥盤・尿溜設置	↓	…	7,500	↓	↓	↓	↓	↓	↓	30	↓	315	
1998		↓	40 t/43 頭	6,977	↓	↓	↓	↓	↓	↓	32	↓	300	
1999		↓	…	6,814	↓	↓	↓	↓	↓	↓	32	↓	293	
2000		↓	…	…	↓	↓	↓	↓	↓	↓	30	↓	…	

注）FH：フォレージハーベスタ，RB：ロールベーラー，RPM：ラッピングマシーンを示す。
出所）農文協『農業技術体系 追録』(1999 年)，別海酪農の未来を考える学習会の記録『根釧の風土に生きるマイペース酪農』(1993 年)，および聞き取り調査(1993 年，1995 年 2 月，1999 年 10 月，2000 年 12 月)より作成。

酪農交流会」に参加した。九三年からは、自宅で交流会を主催した。10番農家の変化は、2番農家と比べて急速ではないが、次の特徴を示すことができる。

まず、九一年から、堆肥場の整備と堆肥づくりを手がけた。それまでふん尿はダンプで圃場に移動し、切り返しを目的にした作業は行っていなかった。九一年には黒ボク土で堆肥場を整備し、年に三〜四回の切り返し作業を開始した。その後も堆肥の生産と利用については、散布機、ユンボ、堆肥盤、尿溜などを充実させた。

また、飼養管理は遅れて変えた。毎月の交流会を始めた翌年九二年には、個体乳量はまだ九〇〇〇キログラムを維持し、出荷乳量は四一二トンと過去最大に達した。その翌年九三年から、配合飼料の給与量を減少させた。かつての給与回数は五回に達していた。まず朝に残った牧草を飼槽に掃き寄せたとき、朝の搾乳中、夕方の搾乳前に牧草の残りを飼槽に掃き寄せたとき、夕方の搾乳中、そして牛舎からあがるときに牧草の上にトッピングするときである。九三年からは、一回の給与量は大きく変えなかったが、まず夕方のトッピングを中止し、次に朝晩の搾乳時の給与を中止した。これに伴い乳量が減少した。

さらに、放牧は九四年に方法を変更している。毎月の「交流会」を開始して四年目であった。放牧は、草地の管理方法をあわせて全般的に変化した。これまで放牧は朝の搾乳後から夕方の搾乳前までの、日中のみの放牧であった。九四年の春からは夕方の搾乳後も放牧に出した。以前は放牧専用地の一五ヘクタールを一五牧区に分け、一日ごとに牧区を変えていた。掃除刈りを年に二〜三回行い、草地更新を五年に一度行い、短い草を食わせていた。九四年からは同じ面積を三牧区に広げ、掃除刈りは「伸びすぎたところだけ」にし、草地更新をしていない。

昼夜放牧への転換が、草地の管理方法など技術体系全般の変化に関係することを、10番農家は、以下のように説明している。

まず、更新と放牧との関係について、昼夜放牧を始める前年の「学習会」で次のように報告した。「夏は朝七時から夕方四時まで放牧で、夜は舎飼しています。昼夜放牧をしない理由は細かく牧区を区切っているために、放牧地へ牛を連れていくのが大変なことと、草地が新しいために、天気の悪いときなどは特に畑が痛みやすいこと、草地へのふん尿の量が多すぎて食べ残しが増えてしまうことなどです(8)」。かつて草地更新をした柔らかい草地のまま、掃除刈りにトラクターを三度走らせて、小さな牧区に、高い家畜密度で放牧してきた。同じ状態で、昼夜にわたる長時間の放牧は難しいという判断があったのである。

また、昼夜放牧は堆肥生産に効果的であった。転換後は次のように述べている。「以前は昼放牧のみだったため、夏期間のふんの処理が非常に大変であった。青草を食べているためにふんは非常に柔らかく、泥状のため、積み上げることが困難であった。それを解消するために、古い乾草や掃除刈りの乾草をたくさん混ぜ込む必要があり、かなりの労力を必要としていた。しかし、昼夜放牧をすることで、それが一気に解決した。放牧時期のふんの柔らかさには、それなりの意味があって、放牧地に置いて薄く広がる方が分解が早く、有利にも働くと思われる」。自分の経営をじっくりと観察して、ゆっくりと転換は進んだが、技術は体系的に変化していたのである。

次に、農業所得を低下させてまで多投入から低投入へと、進めた理由は何かを検討する。10番農家によると、「様々な投入資材の減少は、そのまま労働の減少につながっているし、生活時間に大きなゆとりをもたらした。したがって、所得減少の五〇〇万円はゆとりのために投資をしたと考えている」。

また、外部からの投入エネルギーを減らすことについては、「余分な化石エネルギーを使うこともなく、低コストを実現するためには、乾草と放牧中心の牛飼いの方がよい」としている。産乳量が低下することは、「成分の低い草を高めることは出来ないから、私はそのまま受け入れようと思う。たとえば成分が低いとしてそれを補うために濃厚飼料を増やしたとする。すると牛は乳も増やしてしまうので、結果として栄養が足りないままになってしまう。同じ足りないのなら、乳が少ない方が牛にとってのダメージは少ない」と評価している。経産牛一頭当たり九五〇〇キログラムから七〇〇〇キログラムへと減らした実践に基づいている。

さらに、経営の収支ではなく「農業の収支」という評価軸を次のように指摘している。「経営の収支ではなく、農業の収支は確実にあがっている。投入エネルギーを小さくしたことが、私の農場内での農業生産をむしろ高めたと、認識している」。そして、「農業の収支」を、例えば、次のように説明している。「遺伝や、草の栄養であがったのならいざ知らず、穀物多給であがったものは実質的な生産ではなく、よそからの物質を付け加えたものだと理解している。牧草中心、すなわちできるだけ自分の農場からの生産物から、乳を生産していきたいと思っている」。つまり、経産牛一頭当たりからではなく、自給飼料からいかに大きな生産物を獲得するかが、この農家の目標になっているのである。

四　経営改善の条件

これまでみてきた低投入酪農の実践から、経営改善の条件を次のようにまとめることができる。

第一に、交流会メンバーの経営改善は数年をかけて、いくつかのステップを踏んで行われている。まず標準化のステップであり、例えば2番農家はもともと過剰な投入になっていた部分を削減し、平均的な投入水準に達している。無駄な費用を削減しても、生産に大きな影響はないことを示している。次が、波及的に効果が現れるステップになる。技術の標準化により、乳牛の健康や草地の状態が回復し、そのことが2番農家のように繁殖状態の回復となり、波及的に効果が現れるのである。そして、体系化のステップとなる。多投入で多産出な技術体系から、低投入だが低コストな技術体系に転換する場合、10番農家のように所得が減少することもある。これは低投入化という所得以外の目標に沿った行動といえる。農家のそれぞれの条件や目標に合わせて、改善が進められる必要性を示唆している。また、規模を拡大しない改善であっても、緻密な観察を伴った試行錯誤により可能になるのであり、決して単年度で完了する「短期的な改善」ではない。

第二に、経営改善には農家同士の情報交換が重要な役割を果たしている。まず、三友農場の経営成果を知ったことが、月例の交流会を開始し、低投入化に転換する契機となっている。また、毎年度末には経営収支データを集計し、年に一度の「別海酪農の未来を考える学習会」では、主要メンバーがデータを公開することによって、参加者は自分の位置を確認できる。さらに、しばしばメンバーなどの農場で毎月交流会を開催し、数値に示すことの難しい情報は対面式で交換している。月例の交流会の討論内容は、過去一二年間欠かさずニュースに記録され、メンバーに郵送されており、これらの情報なしには、経営転換は困難と考えられる。

第三に、経営改善の目標は企業としての経済的な収益ではなく、社会的な収益としている。農業所得よりも所得率やコストを優先し、農場外部からの資材の投入を減らすことを重視している。メンバーは、経営を改善し始めた理由を、しばしば「生き方の表現」としており、経済目標とは区別している。農家の目標は多元的であり、少なくとも所得の増大ではない。低投入化が目標に加わったことが経営改善の契機になったのである。

（1）中央酪農会議『平成七年度　酪農全国基礎調査（酪農家分析編）報告書』（一九九六年）、二七二―二八一頁。全道の酪農家五二二五戸からの回答による。
（2）北海道地域農業研究所による一九九八年一一月実施のアンケートによる。
（3）中央酪農会議『酪農全国基礎調査』（一九九五年）の根室支庁分の組み替え集計による。
（4）学習会活動の歴史は一九七一年にさかのぼるが、この内容については吉野宣彦「『マイペース酪農交流会』の成果と経過」（『農業者の自主的研究会活動をつうじた経営発展』〈地域農業研究叢書三八号〉、北海道地域農業研究所、二〇〇二年）、二七―七六頁に示した。
（5）農協との取引勘定で、農協を利用しない個体販売や償却費は含まれていない。
（6）この事例については吉野宣彦「酪農規模拡大構造の再検討」（『北海道農業経済研究』北海道農業経済学会、一九九五年）、二七―三七頁に詳細を紹介している。
（7）別海酪農の未来を考える学習会『根釧の風土に生きるマイペース酪農』（一九九三年一一月）、二〇頁より引用。
（8）以下の10番農家に関する引用は、森高哲夫「成牛四三頭・育成三二頭・放牧型」（『農業技術体系　追録』農文協、一九九九年）による。

［吉野宣彦］

第七節　草地型酪農の到達点と今後の課題

本節では第五章のまとめとして、北海道における草地型酪農の到達点を整理し、今後の課題を提起する。北海道とりわけ根室地域における草地型酪農は、一九九〇年代以降、目覚しい技術革新と多頭化を成し遂げ、個別経営も地域も大きな変貌を遂げた。その変貌の内実はいかなるものであったかを整理する。そのため本節では、第一に本章全体の分析結果を整理する。その際の視点は、これまでの酪農における「悪循環」「連鎖的」な拡大論理について、技術革新と多頭化の内実を検証し何がどう変わったかである。そして第二に、草地型地帯での農家や地域の関係機関に求められる課題を示す。

一　草地型酪農の到達点

本章全体での分析結果は、以下のようになる。

第一に、北海道農業全体の中では新開地域と規定したこの草地型地帯の内部にも、開発時期によって一定の地域性を確認できた。この地域性は、例えば規模階層の構成比（第一節）、旧式のスチールサイロ、新しいFSに象徴される技術装備の普及率、後継者確保率（第二～四節）、交換分合の実施時期、圃場条件（第二、四節）で示すことができた。技術装備の地域性が形成された要因は、それぞれの開発時期に最先端の技術装備が普及したことによる。この装備が陳腐化し新しい装備が普及し始めても、すぐに乗り換えることは難しかったのである(第二節)。しかし、草地型地帯全体はやはり新開地域である。少なくとも九〇年代までは、開発投資の地域的配分に強く左右されて規模拡大が進んだ(第一、二節)。今日の地域性は、大規模な開発事業によってつくられた。農家は絶えず事業に乗るか否かの選択を迫られ、事業に乗ることが、その時点の新しい技術装備や標準的な規模の選択となり、その影響が地域性に現れている。こうした状況は現在も続いている。

第二に、かつて「悪循環」と表現された負債償還を契機とする多頭化は一般的ではなくなったとみてよい。戦前入植地区では、相対的に安定した蓄積と高い集約度による酪農経営を持続してきた。そういった地区を中心に、今日の自己資金の蓄積に基づく施設化と多頭化が進んだ(第三、四節)。面的な開発事業はすでに一段落したことに加え、負債問題が沈静化している今日の多頭化では、個々の農家による選択の自由度はかつての「建売牧場」より格段に高い。

第三に、しかし同時に、「悪循環」な拡大に陥る危険性をはらんでいる。今日の技術装備もFS牛舎はTMRとセットで導入する例が多い。給餌時に飼料を混合するために、飼料生産で広い面積の細断サイレージを短時間で収穫しうるフォレージハーベスタ、バンガーサイロを導入している。収穫と同時進行で運搬する作業組織のために雇用を確保したり、コントラクタを利用するなどの一連の動きが進んでいる。多頭化に伴いこのような技術が「は行的」に装備され、「連鎖的」に体系化する危険性がある。さらに、固定費的な費用となる機械と雇用労働力の稼働率を向上させるために、さらなる多頭化と施設化を進める危険性をはらんでいる。加えてふん尿処理施設を設置する法的な強制が拡大を消極的に促進する外部要因になっている。経営内部においても十分な管理のもとに技術装備を利用しているわけではない(第五節)。

第四に、同じ地域条件と技術装備においても経営収支の格差が激しく、十分に経営管理がなされていないことを確認した(第五節)。このことは二つの側面を示す。第一の側面は、同じ技術装備を使いこなすことができない農家が多数にのぼり、政策的な支持の後退によって今後いっそう淘汰される危険性が高い。第二の側面は、同じ技術装備をうまく使いこなし、たとえ「陳腐化」した機械や施設でもしたたかに利用して、低いコストでゆとりをもって生き抜いてきた農家群も少なからず存在し、既存の技術装備をより体系的に駆使しうる可能性が高い。本章では、この実践の一つとして、一定の広がりをみせた「マイペース酪農交流会」の取り組みを示した(第六節)。

第五に、根室地域としての農業振興の方向を積極的に示す主体は、今日までのところつくられなかったといってよい。個々の農家の適切な取り組みを地帯全体の成果として生かす主体は、一九七〇年代に「新酪農村建設事業」で「畜産基地管理センター」構想が消滅して以降も確立しなかった(第二章第三節)。北海道の草地型酪農地帯に適切で低コストな酪農の技術体系を明示できないまま、施設化・多頭化が進み、経営内部の十分な経済情報に基づくのではなく(第五節)、情報量が圧倒的に多い穀物生産をベースにした外国酪農の飼養管理に強く影響を受けたのである。

二　一九九〇年代における多頭化の論理

以上の分析結果をもとに、かつて示された「悪循環」「連鎖的」「不可逆的」などの消極的な規模拡大の考え方に、今日の拡大が包括されると考えるべきか否かを検討する。かつて示された拡大論理は、主に国民経済論あるいは技術論的な視点から示された。しかしながら、本章での分析結果は農家の経営管理論的な視点での評価を付け加える必要性を示している。この視点を含めると今日の規模拡大のあり方について、かつて示された拡大論理との共通点と相違点を指摘することができる。

第一に、個別経営の経済面では貯金と負債の関係がきわめて改善された。今日では負債が理由で、返済のために多頭化するという悪循環は一般的にはない。この点は七〇年代とは明確に変わったといってよい。ただしこの財務的な改善の多くは、負債対策農家の再建によるものではなく、淘汰の結果であり農家の著しい成長の結果ではない。

第二に、個別経営の技術面では、以前と同様に技術体系のセットとして、施設や機械がは行的に導入されている。この技術装備を軸に、技術的な体系化のためにさらに連鎖的な投資・拡大が進む可能性が強い。今日でも機械・施設の経済的な効果は検証されずに装備されることが多い。例えばふん尿処理施設は、九五%を補助されることにより投資額一億円にのぼる多数の施設が装備されつつある。仮にスラリーストアを導入すると、豊富に収穫できる長い草を飼料や敷き料に使用することは困難になる。液体としてふん尿を扱うために細断サイレージの機具一式、あるいは固液分離のためのセパレータの導入へと進む危険性をはらんでいる。技術装備が技術体系の基礎にあり、これを軸に多頭化や機械化、面積拡大が進むという仕組みは大きく変わっていない。

第三に、個別経営の管理面では、次のように消極的な拡大を逆に進める危険性を高めている。まず経営分析の手法が高まっていないことが、記帳の普及の遅れ、比較分析などがされていないことに現れている。管理の水準が旧態依然でのまま規模拡大が行われ、生産は部分技術に分割して迂回化を進めた(1)。農家が管理すべき内容は複雑になっており、無意識のうちに非経済的な投資をする可能性は高まっている。加えて収支が悪い経営ほど、多頭化を希望する「多頭化志向」にある。経営収支の悪化を解決する方法は、多くの農家は「多頭化」で、次に「高産乳化」である。しかし、実際の収支悪化の理由は、生産規模が小さいことよりも費用が過剰に費やされていることにある。

第四に、地域農業の主体の一部を担う農協・行政・試験場など関係機関の農家への指導内容はかつての内容から大きく変化していることを確認できる。補助金がふんだんに利用できるうちは開発や拡大を重視した画一的な方法を優先したが、この環境は変わりつつある。関係機関の意識も、規模拡大だけではないと考えることが一般化している。まず、農協はすでに九〇年代半ばに負債限界を見直して貸付金利用のハードルを高めた。さらに一部の農協では農協のデータを利用して農家への経営分析の情報を提供し始めている。(2)また、道は九四年に発表した『北海道農業のめざす姿』で、放牧で平均的な頭数規模を下回るモデルも採り入れ、試験場では放牧に関する研究を深めつつある。根釧農試は一〇〇%自給飼料を利用する酪農の試験を、放牧を主体にした農家と協力して二〇〇四年度から開始した。さらに、九六年の『別海町農業振興計画』では平均規模以下の農家のモデルを「小規模経営」という名称で採り入れた。

第五に、地域農業の重要な主体となる農家の技術選択に対する意識が、以下のように変化しつつある。まず、かつての技術選択は、補助金を伴った開発事業に乗るか否かであり、ほぼ「政治選択」に等しかった。つまり技術選択は技術装備＝補助金＝地域政策＝政治家という関係にあったからである。この関係は今日も完全に払拭されてはいない。しかし開発事業や技術装備への補助金は、今後縮小すると考えて間違いない。逆にできるだけ補助金のいらない技術形態、加えて自然環境に悪影響を与えない技術形態、そして農家を含めて、都市住民や非農家が農村生活を楽しめる技術形態が、かつて以上に尊重されるようになった。その例として「マイペース酪農交流会」（第六節）、「放牧牛乳研究会」(3)、さらに農家婦人を中心に「農家チーズの会」などがある。(4)生活や環境の視点から技術を体系化していく動きは、かつて技術装備を主軸に体系化してきた動きとは異なる成果を生むと考えてよいだろう。またこれらの種々の活動は、農家の集団あるいはネットワークとして広がっており、かつて主導権を握っていた地域、つまり開発地区という範囲を超えて広がりつつある。今後、農家、地域、国家、世界レベルでの財政問題、食料問題、環境問題、景観問題がより顕在化することにより地域農業の主体確立が迫られてくると思われる。

最後に、各節で触れることができなかった新しい動きを補いながら地域農業の管理主体が担うべき課題を整理する。

三　草地型地帯における課題

(1)　草地型酪農の技術体系

北海道における草地型酪農のあり方は、土地利用の基本となる牧草をベースにした農業形態であることを明確にしなければならない。とりわけ、根室地域における技術的な営農形態は、他地域にはない大規模でかつ団地化した草地の有利性を最も発揮し得る技術の体系化を必要としよう。

第一に、技術的な側面では自給粗飼料をベースにし、ふん尿を個別経営内で利用する循環を基本とした規模や技術の体系化を必要としている。草地にふん尿の投入を不可能とするほどの多頭化を進めることは戒めるべきであろう。持続的循環的酪農形態を促進する方法が体系的に確立されなければならない。その意味では、地域が責任をもって循環の度合いを示す指標を明確にした技術の適正化を図る必要がある(5)。

第二に、経済的な側面として、費用や労力の無駄を削除しながら家族経営としての適正な頭数規模を目指す必要がある。この規模水準には、地域的に酪農ヘルパーやコントラクタなどによって家族労働力を補う仕組みを考慮すべきである。

第三に、牧草以外に経済的な作物を生産し得ない草地型酪農の存在意義を消費者が理解できる方法でアピールする必要がある。加工原料乳地帯という単一な生産物だけではなく多様な製品を生みだし、ブランドまでは及ばずとも草地型酪農の存在を示す必要がある。その萌芽的な取り組みが「放牧酪農研究会」に、すでに販売に至る取り組みが「農家チーズの会」に確認できるが、これらの可能性と到達点を的確に検証する必要がある。

(2)　営農主体の成長

草地型地帯では技術革新と多頭化が進み、最も「近代的な経営」を営みながら、経営管理の「近代化」は進んではいない(第二節)。大きな固定資本装備と資金運用を伴う大規模な酪農経営にふさわしい経営管理を実践する農家の成長が求められる。この経営管理を充実する条件[6]は、以下のように整いつつある。

第一に、経営外部の条件整備である。JA北海道情報センターは九九年までに「営農情報支援システム」を完成し、道内の組合員について系統利用分の各事業を連動したデータベースを作り、単協を通じて個別農家に還元することを可能にした。また同年には農業構造改善事業によって別海町内の全農家にパソコンなどが導入され、マルチメディア館が設置されて、農家のパソコンの研修機会が格段に増えた。また、二〇〇三年にはクミカンを含めたデータベースが作られた。二〇〇二年には、民間の会計事務所が農家の決算書をデータベースにして経営分析指標を作成して利用者に提供し、インターネットを通じてデータを送信し、決算書を作成する業務をビジネスとして開始した。

第二に、農家からの経営分析に対する強いニーズを確認できることである。ある農協ではクミカンの報告票をもとに経営分析指標を作成し、個別農家を平均値と比較した経営指標を二〇〇〇年から配布し始めた。この指標に対するアンケート(二〇〇四年二月回収)によると回答者二二七戸のうち「非常に役立つ」という評価は三八%、「やや役立つ」を含めた肯定的な評価は九四%に達した。「役立たない」という評価はわずかに一%にすぎなかった。経産牛一〇〇頭以上の多頭数規模においては「非常に役立つ」という評価が四四%と高く、経営分析を充実させるニーズは大規模層を含めて幅広く確認できる。

集団的に経営を分析する活動は、「新酪事業」が進められた時期の「入植者協議会」(第二章第三節)にその萌芽がみられ、今日も継続する中小規模の酪農家を中心にした「マイペース酪農交流会」があげられる。同質な地域に、大規模で専門的な農家群が集積し、種々の施設導入や事業への参加に判断が求められる過程で、集団的な経営分析を進めることへの高いニーズが育っていることを確認できる。このような地域の酪農経営の課題を的確に捉え、それを経営改善の取り組みに結びつけていく取り組みが、今まさに焦眉の課題になっているのである。

(3) 農村の運営主体

これまで、この地帯で大規模で専業的な酪農家群が成長するために、施設の導入、農地の開発、交換分合の実施に行政や農協は重要な機能を発揮した。今日も、例えば別海町では「二〇一〇年度を目標に一〇〇頭規模のバイオガスプラントを一二五戸で整備」[7]する計画を進めている。しかし国家財政の状況やすでに到達した技術装備の水準を考慮すると、今後は大規模な補助事業に多くを期待できない。都市とは遠隔地にあり、消費者に身近でない草地型地帯で農業が持続することに国民が理解を深めるために積極的な取り組みが求められる。個別の農家が経営的な努力を進めることに加えて、地域農業の運営主体として行政や農協には次の課題が求められる。

第一に、大規模で専業的な酪農家群の地域的な集積を背景に、情報を集積し、積極的な政策を提案することにある。地域のなかに形成している低コストで、食糧の自給率を高め、物質の循環がより進み、生活としてゆとりがあり、地域社会の維持とバランスの取れた農業のあり方を、実践をもとに提案しうる条件はこの地域でこそ最も整っている。こうした政策は大規模な農業経営のより豊かな発展について、他の地域に重要な発信となりうる。

第二に、情報を集積し利用する地域主体の機能を高めることにある。先に示した農家の経営分析のニーズに応えるためには一定水準の分析能力を必要とする。政策提言に至るにはより広い視野に立った判断能力が求められる。すでに情報管理の施設整備は整っており、ニーズもあるが実現しない最大の理由は、主体的な管理機能を高める仕組みがつくられていないことによる。

第三に、専業的、同質的な草地型酪農地帯といっても、内部の地域個性を尊重した地域政策が採られなければならない。この地域性は、主に開発の経過に応じ、今日の技術装備や担い手の状況に現れている。多様な営農形態があることによって、それぞれの得失が明確になり、より的確な政策の立案に結びつくことになる。地帯全体の画一的な展開方向を描くのではなく、得失を検証しながら個性を引き出すことが求められるのである。

（1）吉野宣彦「草地型酪農における技術の迂回化と経営管理」（『酪農学園大学紀要』三〇巻一号、二〇〇五年）参照。

（2）この主な内容については、吉野宣彦「北海道酪農における農協情報の経営改善への利用」（『農業経営研究』四〇巻一号、日本農業経営学会、二〇〇二年）、八三―八六頁に紹介している。

（3）相和宏「新酪農村の二五年を振り返って――入植者のこれから――」（『北海道農業』二七号、北海道農業研究会、二〇〇一年）、一三九頁を参照。

（4）吉野宣彦「北海道・酪農専業地帯における経営多角化と支援体制」（『平成一二年度新たな農業政策に関する行政手法導入支援事業報告書』農政調査委員会、二〇〇一年）、一二一―七五頁には、根室地域での販売に至らない趣味的な農家のチーズ生産の活動を紹介している。

（5）こうした指標についての研究はほとんどなされていないが、例えば河上博美ほか「経営的収益性及び投入化石エネルギー量による酪農場の複合的評価」（『酪農学園大学紀要』二二巻一号、一九九七年）、一五九―一六二頁にはエネルギーの投入量が示されている。また吉野宣彦「酪農規模拡大構造の再検討」（『北海道農業経済研究』四巻二号、北海道農業経済学会、一九九五年）、二七―三七頁には「自給飼料生産乳量」が示されている。

（6）以下の第一～二の点については、吉野宣彦「酪農における経営改善のための情報提供に関する研究」（『酪農学園大学紀要』二八巻一号、二〇〇三年）、八六―一一五頁を参照。

［吉野宣彦］

第六章　中山間地帯農業の構造変動——上川山間・下川町を中心に

第二編のこれまでの章と足並みを揃えると、本章の冒頭では一九九〇年代以降における中山間地帯の構造変動とその規定要因を論じなければならない。しかし、次の理由から、これまでの章と同様に論じるのは難しい。

一つは、中山間地帯は複合的な地目構成・作目構成を特徴としており、農産物市場や政策転換の影響を他の農業地帯と同様に分析することができない。

もう一つは、中山間地帯農業の構造変動の歴史的意味である。第一編第二章でも述べたが、中核農業地帯が一九七〇年代に地域農業の基盤を確立したのとは異なり、中山間地帯では、農業地帯としての性格を次第に鮮明にしながら、同じ時期に地域農業が変動過程をたどった。ではその後、中山間地帯の地域農業が遅れて安定期に入ったかといえば、そのような事実はみられず、耕境後退の前線にあって地域農業の存亡の危機に直面している地域もある。したがって、中核農業地帯の地域農業がいったん安定的基盤を確立した後に変動過程に入るのに対し、中山間地帯農業は一九七〇年代以降連続的な変動過程にあると理解される。

そこで本章では、中山間地帯における地域農業の変動過程を農用地利用再編として捉え、上川支庁下川町を事例として一九九〇年代以降の動向とその特徴を把握する。第一節では、主に統計分析によって北海道中山間地帯農業の全体的特徴を把握し、農用地利用再編をめぐる問題構図を整理する。次いで第二節では、下川町における農用地利用再編を取り上げ、一九九〇年代以降、その性格が大きく変化していることを述べる。最後の第三節では、これらの分析を踏まえて、北海道中山間地帯農業の課題を検討する。

第一節　中山間地帯における農用地利用再編の問題構図

一　中山間地帯農業に対する関心の低さ

第一編第二章でも述べたように、北海道農業の地帯構成をめぐっては、平地農村を念頭に置きながら水田型地帯、畑地型地帯、草地型地帯という水平方向での地帯分化が注目されてきた。農業地帯分化を垂直分化の視点からみる機会は少なく、中山間地帯農業に対する関心は低かった。一九九〇年代に入り、中山間地域政策の論議を後追いするかたちで問題意識にのぼるようになったものの、北海道では中山間地域政策に対してもある種の違和感がもたれていた。

違和感というのはこうである。ヨーロッパの条件不利地域政策が紹介され、わが国への導入が論じられるようになったが、それは当初から棚田保全に代表される中山間地域政策として構想された。言い換えると、さまざまなタイプの条件不利地域を網羅的にカバーするのではなく、対象を限定して新たな政策の導入が図られたのである。(1)

中山間地域を条件不利地域の典型とみることは、都府県の農業を念頭に置く限り妥当な認識といえるだろう。だが、北海道を含めるとどうか。北海道ではもっぱら寒冷地農業という点で北海道農業の条件不利を認識し、都府県＝優等地に対して北海道＝限界地と位置づけてきた。また、農業地帯の水平分化の視点からすると、道内においては水田型地帯＝優等地、草地型地帯＝限界地という序列が存在すると考えられてきた。そのため、中山間地域をもって条件不利地域とすることは、水平分化に垂直分化の視点が加わることに対する戸惑い(農業地帯の序列性に関する認識の混乱)を生じさせ、かつ北海道農業が抱える寒冷地的条件不利を無視することにつながると受け止められたのである。(2)

もう一つ、北海道の中山間地域の農地条件に関する問題が存在する。法制上(特定農山村法)および農林統計上の中山間地域は、人口とその密度・構成および土地利用が考慮されたうえで、農地条件(傾斜度)と林野率の条件によってそれと区分されている。しかし、実際には、農地条件よりも林野率によって中山間地域に区分される場合が多く、その傾向は北海道においてとりわけ顕著である。(3)北海道では農地条件を満たす中山間地域は例外的であるとすらいってよい。言い換えれば、中山間地域であっても傾斜農地という点での条件不利はあまり存在しないのである。

これらのことから、北海道中山間地帯は、せいぜい寒冷地農業の条件が一層厳しく、限界地的性格が強い地域として扱われてきた。つまり、限界地＝北海道農業という枠組みのなかでの相対的な位置づけにとどまっていた。しかし、以下に述べるように、北海道農業の地帯構成を論じるにあたって垂直分化の視点は有効であり、中山間地帯を北海道農業において独自の特徴をもつ農業地帯として位置づけるべきと考える。

二　北海道中山間地帯の条件不利性

(1)　条件不利地域の区分と直接支払制度

北海道の中山間地帯農業条件がもつ不利性を検討しながら、その特徴を浮かび上がらせたい。なお以下では、議論をクリアにするために『農業センサス』の山間農業地域を中心に検討を行う。

北海道を視野に入れた条件不利地域農業に関して生源寺眞一の次のような整理がある。(4) 生源寺は、農業の生産条件について工学的な条件不利(M生産条件不利)と生物化学的な条件不利(BC生産条件不利)に区分したうえで、農外兼業による定住条件を考慮し、条件不利地域をタイプ一(兼業アクセス良好、M生産条件不利)、タイプ二(兼業アクセス不利、BC生産条件不利)、タイプ三(兼業アクセス不利、M生産条件不利)に分類している。

タイプ一は規模拡大が困難な地域で、規模の制約から農業による自立が不能であり、兼業によって定住条件を確保している。この兼業アクセスの条件を失ったのがタイプ三とされる。それに対しタイプ二は、土地生産性の低位を土地面積の広さによってカバーしている地域である。兼業アクセスの不利が一方では規模拡大を促迫し、他方では離農による農地供給をもたらす。都府県の中山間地帯はタイプ一ないしタイプ三に属するものが多い。これに対し、タイプ二の典型は北海道の寒冷地農業、とりわけ草地型地帯である。牧草以外の作物が栽培できず、さりとて兼業の条件にも乏しい。

ところで、直接支払制度の論議が開始された当初、タイプ二の条件不利地域を対象とすることは明確ではなく、生源寺論文に照らすと政策の対象に著しい偏りを有していたことになる。制度の内容が固まる直前になって「草地比率の高い地域の草地」が加えられたのだが、これによって政策対象の偏りは是正された。それは次のような数値によって確認することができる。

直接支払制度の初年度(二〇〇〇年度)に制度の対象となったのは北海道全体で七一市町村、協定締結面積二八・七万ヘクタール、交付金額は五六億円であった。そのうち「草地比率の高い地域の草地」の面積は二七・二万ヘクタールで九五%を占めた。この面積は同年度の全国の実施面積五四・一万ヘクタールに対しても五〇%を占める。「草地比率の高い地域の草地」が北海道の協定締結面積に占める割合は二〇〇四年度でも八六%(全国の協定締結面積に占める割合は五四%)と依然高い割合を維持している。面積シェアをみる限り、北海道における「草地比率の高い地域の草地」は直接支払制度全体の性格を左右する重みをもっている。(5)

(2)　寒冷地的条件不利

ところで、草地比率は寒冷地的な条件不利を測るための指標の一つとして意味があるとしても、それで十分だとはいえない。道東の草地型酪農型地帯における条件不利の内容は積算気温の低さが主であり、これに海霧による日照時間の少なさや湿地・泥炭地といった土壌条件の要素が加わる。一方、中山間地帯では、標高の高さによる積算気温の低さ、積雪の多さと融雪時期の遅さ、かんがい水温の低さ、山影に遮られての日照時間の少なさといった条件不利を抱えているところが多い。これらはBC条件不利のなかに含められてしまい、草地型地帯と比べて条件不利性の強弱をいうことはできない。寒冷地的条件不利は、道南・道央から道東・道北に向かう水平方向とともに、垂直方向に向けても強まると考えなければならない。したがって、北海道の中山間地帯には、草地型地帯と同様にタイプ二の条件不利地域として位置づけるべき地域が多く含まれる。このことが棚田稲作や果樹作が立地する可能性を排除したり、稲作や畑作ではその土地生産性の低さが農業経営の自立下限規模を平地農業地域以上に大きくする。

このような中山間地帯の農地は草地として利用される部分が増えているものの、道東の草地型地帯のような

「草地比率の高い地域」には属さない地域も多い。同じ地域のなかに標高差や土壌条件の差がある場合、地域農業の構成はモザイク状になりやすく、大部分が草地によって占められるという状態にはなりにくいからである。(6)

そもそも中山間地帯はM生産条件不利とBC生産条件不利の双方を抱えるのだが、(7)BC生産条件不利は暖地よりも寒冷地において顕著に現れるであろう。緯度や標高が増すにつれて、積算気温が低下し降雪量も増えるなど、寒冷地的諸条件が強まると考えられるからである。したがって、草地比率だけではなく、より総合的な観点から条件不利地域の認定を行うように積算気温や日照時間等、条件不利を測る指標を増やす必要がある。

(3)　耕地規模拡大に対する制約

次にM生産条件不利について検討しよう。前述のように北海道には傾斜農地は部分的にしか存在しない。特定農山村等の五法指定地域における急傾斜農地は田畑合わせて約一・八万ヘクタールで、北海道の総耕地面積の一・五%にとどまる。(8)また、二〇〇四年度の中山間地域直接支払制度において交付金の交付対象となった道内の市町村数は一〇六だが、対象農用地は急傾斜農地で五八八三ヘクタール、緩傾斜農地を含めても四万四九二一ヘクタールにとどまる。この数字は同年の耕地面積一一七・二万ヘクタール(農林水産省『耕地面積調査』による)に対してそれぞれ〇・五%、三・八%にすぎない(都府県では同じ順で八・〇%、一二・三%)。たとえ『農業センサス』で中間農業地域や山間農業地域に区分されていても、そこに傾斜農地が多く分布しているわけではなく、このことが直接支払制度の対象となる田畑の面積の少なさにつながっている。(9)

北海道農業は傾斜農地という意味での条件不利性をもたないことになるが、もちろんこれは地形的に傾斜地が少ないからではない。北海道ではいくつかの山脈や山地が連なり、当然、傾斜地も存在するが、そのようなところでは農業が成立しないのである。傾斜地農業の代表的タイプである棚田稲作は北海道ではみられない。道内の一部地域で行われている果樹作も傾斜地を利用しているケースはむしろ少ない。傾斜地農業として実在している

表 6-1　農業地域別にみた農産物販売額(2000 年)

		農産物販売額		販売農家 1 戸当たり経営耕地面積	総農家数に占める割合		
		販売農家 1 戸当たり (万円)	耕地 10 a 当たり (万円)	(ha)	自給的農家 (%)	自給的農家 +100 万円未満の農家 (%)	1000 万円以上の農家 (%)
北海道	平均	1467	9.23	15.90	10.4	23.6	34.9
	都市的地域	829	10.99	7.54	11.9	35.1	20.8
	平地農業地域	1745	8.99	19.40	6.0	15.0	42.9
	中間農業地域	1534	9.22	16.63	9.0	19.6	38.1
	山間農業地域	1146	9.29	12.34	21.4	40.5	22.8
都府県	平均	251	20.87	1.20	25.4	70.2	3.8
	都市的地域	237	24.35	0.97	33.5	76.5	3.3
	平地農業地域	314	21.02	1.49	15.6	57.1	5.8
	中間農業地域	223	19.76	1.13	25.8	73.5	3.1
	山間農業地域	153	16.68	0.92	34.1	83.4	1.7

注）農産物販売額は，小田切徳美「中山間地帯の地域条件と農業構造の動態」(宇佐美繁編著『日本農業――その構造変動――』，農林統計協会，1998 年)にならい，販売金額の各階層の中位数(1 億円以上は 1 億円)を積み上げて計算した。
出所)『2000 年農業センサス』より作成。

のは草地型の酪農・畜産に限られるといってよい。しかもその多くの部分が公共牧野によって占められている。さらに、かつては傾斜農地であったところに傾斜改良工事が施されるか、さもなければ林地転用や耕作放棄地となっている場合が少なくないことも念頭に置く必要がある。要するに、傾斜農地の少なさは、未改良のままでは傾斜地を利用した農業が成立しないことを反映しているのであり、これも条件不利の表れとみなすことができる。

以上のことから想起される北海道の山間農業地域のイメージは、傾斜地が周囲に存在するものの農地としては利用されず、機械作業に適する平坦な農地だけを利用して平地農業地域と類似した農業が展開しているということになる。だが、M生産条件不利、すなわち地形条件による耕地規模拡大の制約は無視できるであろうか。まず傾斜改良に要する土地改良の費用負担が考えられるが、物理的に生産に関わる条件不利が存在しないか、『二〇〇〇年農業センサス』の結果に基づいて検討してみよう。

北海道内の農業地域間、特に山間農業地域と平地農業地域の違いに注目する。農産物販売額をみると(表6-1)、北海道の農家一戸当たり販売額は、都市的地域の八二九万円、山間農業地域の一一四六万円に対し、中間農業地域一五三四万円、平地農業地域一七四五万円とかなりの開きがある。耕地一〇アール当たり販売額は都市的地域が一一万円と高い。残りの三地域は九万円前後で大きな差はないものの、上から山間、中間、平地の順である。したがって農家一戸当たり販売額の差はもっぱら耕地面積の違いに基づく。山間農業地域の平均経営耕地面積は一二・三ヘクタールであり、中間農業地域の一六・六ヘクタール、平地農業地域の一九・四ヘクタールに比べて小さい。

これをさらに一団地当たりの面積と団地数に分解したいが、残念ながら『二〇〇〇年農業センサス』の調査項目には団地数が含まれていないので『一九九五年農業センサス』の結果を用いる。農家一戸当たりの平均面積はいずれも上から平地、中間、山間の順である。田と畑を区分しても、結果は同じである。団地数については、田よりも畑で多いこと、都市的地域では団地数が少ないことが指摘されるが、残りの三地域の間では田・畑ともに差は小さい。一団地当たりの耕地面積をみると、田については平地二九九アール、中間二四七アール、山間二一五アール、畑については平地五六二アール、中間四五一アール、山間三二五アールと、平地、中間、山間の序列が明瞭に認められる。結局、平均経営耕地面積の地域差は一団地当たりの耕地面積の違いに基づいている。

ここから、傾斜農地ではなくても地形によって耕地規模拡大が制約されている状況がみてとれる。北海道の多くの地域では一戸分五町歩(一〇〇間×一五〇間四方)の殖民区画のうえに農業開発が進められたが、山間農業地域では傾斜や沢によって地形が入り組み、実際に農地を造成し耕作することができる面積は与えられた区画の一部に限られる状況がみられる。また、統計数値による裏づけはできないが、区画の不整形といった問題や沢を挟んだ団地間の移動に支障(距離の長さや道路の未整備)を抱えるケースがあることも指摘しておきたい。

傾斜地農業が成立しないことによって利用可能な農地が限られ、それが規模拡大の制約につながっているのである。兼業アクセスの条件が乏しいことから生源寺論文におけるタイプ三の条件不利地域と相通じる性格をもつが、前述した寒冷地的条件(BC生産条件不利)をあわせて考えるならば、北海道の山間農業地域はタイプ二とタイプ三の中間に位置する条件不利地域とみなすのが適当であろう。

三　地域農業の異質的構成と農用地利用

(1)　分散的な農家階層構成

さて、右で述べたのはあくまで条件不利性をめぐる相対的な位置づけである。これに加えて、北海道の山間農業地域が際だった特徴を示すことを指摘したい。それは、北海道の平地農業地域および都府県の中山間農業地域と比較した場合の特徴である。農業の現状とそれに至る展開が北海道一般(平地農業地域)あるいは中山間地域一般(都府県)とは異なるというのがここでのポイントであり、このことは、北海道の中山間地帯農業に対応した条件不利地域政策の課題が独自性をもつことを含意している。

前出の表6-1によると、北海道の山間農業地域では平地農業地域に比べて自給的農家、少額販売農家の割合が高い。自給的農家の割合が二〇%を上回っていたり、自立下限規模をはるかに下回る農産物販売額一〇〇万円未満の農家の割合が農家数の四〇%に達する。逆に、農産物販売額一千万円以上の農家の割合は約二三%にとどまり、四〇%前後を示す平地農業地域や中間農業地域に比べると開きがある。

農業地域間の序列は都府県においても同様に認められる。しかし、同じ山間農業地域だからといって北海道と都府県を共通項で括り、地域における農業の不振を論じるとすれば、それは早計であろう。北海道山間農業地域の数値は都府県山間農業地域と隔絶した差があり、都府県の平地農業地域に比べても農産物販売金額についての階層分布は高額層の割合が著しく高い。

つまり、少額販売農家と高額販売農家がともに無視できない割合を示すのであり、農産物販売金額に関する農家分布が分散的である点に特徴がある。二〇〇〇年における総経営耕地面積に対する借地面積の割合をみると、北海道山間農業地域は二〇・六％に達し、北海道の平地農業地域（一四・一％）や都府県の各地域（平地一七・三％、山間一七・一％）と比較しても高い。これも分散的な農家構成と関係していると考えられる。

ヘテロジニアスな農家構成は農用地利用についてもしかりである。地域別の地目構成をみると、都府県では耕地全体に占める田の割合が六五・六％（中間）〜七四・六％（平地）の範囲にあり、稲を作った田の割合も七五・二％（中間）〜七六・六％（都市）を示す。また、販売農家総数に占める「田をもつ農家」の割合は八五・三％（都市）〜九二・三％（山間）、「稲を作った田をもつ農家」の割合は八一・五％（都市）〜八八・八％（平地）である。都府県では稲作を基盤とする地域農業という点で各農業地域は共通項をもつのである。(10)

一方、北海道をみると、耕地全体に占める田の割合は都市的地域を除くと二〇％前後であり、高率の減反によって、田面積のうち稲を作った田の割合も六〇％台になる。田をもつ農家の割合は五〇・四％（中間）〜六二・〇％（都市）の範囲、稲を作った田をもつ農家の割合は四〇％前後なので、都府県のように稲作が共通項として存在しているわけではない。ただし各地域の差はさほど大きく現れていない。数値をみる限り、各地域共通して水田稲作・普通畑作・草地酪農が一定のバランスをもって存在しているようにもみえる。しかし北海道の平地農業地域は、周知のように水田型・畑地型・草地型の各地帯が明瞭に立地分化している。表に示された数値はこれらを合算したものにすぎず、必ずしも実際の地域農業の姿を反映していない。項を改め、地理的な範囲を狭めて観察してみよう。

(2)　北海道山間農業地域における農用地利用再編

北海道山間農業地域の農用地利用は、その動態を観察した方が理解しやすい。結論を先取りすると、この地域では比較的零細な農地保有、高率の水田転作、農地賃貸借の多さ、農地開発等の特徴をもつ農地基盤のうえに、稲作、畑作、飼料作、施設型を含む野菜作が混在する農用地利用の形成に向かったケースが多い。上述した農用地利用に関するヘテロジニアスな構成はかかる「農用地利用再編」の結果である。

まず、山間農業地域において農用地利用が大きく変化したという事実を確認したいが、前述のように地理的範囲を狭めて観察する必要がある。そこで、管内に水田が広く分布し地目構成のうえで共通基盤をもつこと、農業地域の種類がばらついていることに着目して、内陸部の上川地域を取り上げる。(11) なお、『一九九五年農業センサス』および『二〇〇〇年農業センサス』で採られた旧市町村単位の農業地域区分にしたがい過去の農業センサスのデータを集計した。

表6-2によって経営耕地面積の推移をみると、二〇〇〇年の総面積は都市的地域で一九七〇年対比七二%まで減少しているが、他の地域の変化は比較的小さい。注目したいのはその内訳である。田の面積はいずれの地域でも減少しており、特に山間農業地域では三六%もの減少を示す。この減少分は農用地以外への転用や耕作放棄によるものも含まれるが、畑への転換が多くを占めるとみられる。山間農業地域では水田転作の割合が高いという事情も加わり、二〇〇〇年の稲作付田は七〇年対比三六%の水準にある。一方、畑面積は都市的地域を除いて増加しており、なかでも山間農業地域の増加率が高い。ただし普通畑(飼料作物を除く)は減少気味で、牧草畑をはじめとする飼料作物が畑面積の増加につながっている。牧草畑+飼料作物の面積は七〇年代に顕著に増加し、特に山間農業地帯では六〇%以上の増加をみた。平地農業地域・中間農業地域が七〇年代前半に増加したのに対し、山間農業地域は七五から八〇年の期間においても引き続き増加している点が注目される。詳細は省くが、同じことは『農業センサス』の収穫面積についても確認できる。水稲の割合低下と飼料作物の上昇は上川地域に共通する動きだが、変化の大きさという点で山間農業地域が顕著である。

こうした農用地利用の変化とともに、山間農業地域では農家の規模階層構成も大きく変化していることに注意しておきたい。七〇年では三ヘクタール未満が三五%を占めており、この割合は都市的地域(五七%)に次いで高

表 6-2　農業地域別にみた経営耕地面積の動向（上川地域）

（単位：ha，%）

		経営耕地総面積		田面積			うち稲作付田		畑面積		うち普通畑（飼料作物除く）		うち牧草畑＋飼料作物	
		実面積	指数	実面積	指数	水田率	実面積	指数	実面積	指数	実面積	指数	実面積	指数
都市的地域	1970 年	16,298	100	12,298	100	75	12,260	100	3,844	100	2,643	100	1,003	100
	1975 年	14,389	88	10,989	89	76	7,489	61	3,283	85	1,887	71	1,278	127
	1980 年	14,346	88	11,152	91	78	8,011	65	3,106	81	1,595	60	1,423	142
	1990 年	13,685	84	10,446	85	76	6,846	56	3,174	83	1,743	66	1,349	134
	2000 年	11,693	72	9,078	74	78	6,140	50	2,556	66	1,285	49	1,156	115
平地農業地域	1970 年	42,246	100	33,372	100	79	33,249	100	8,788	100	7,137	100	1,368	100
	1975 年	40,871	97	32,448	97	79	15,976	48	8,340	95	5,631	79	2,249	164
	1980 年	41,495	98	33,100	99	80	20,646	62	8,382	95	5,885	82	2,117	155
	1990 年	42,210	100	32,836	98	78	18,339	55	9,362	107	7,259	102	1,874	137
	2000 年	40,133	95	30,954	93	77	19,160	58	9,124	104	6,360	89	2,025	148
中間農業地域	1970 年	43,442	100	20,240	100	47	20,171	100	22,899	100	19,224	100	3,182	100
	1975 年	40,931	94	18,857	93	46	7,653	38	21,937	96	16,419	85	4,811	151
	1980 年	41,568	96	19,008	94	46	10,480	52	22,508	98	17,777	92	4,282	135
	1990 年	44,296	102	17,724	88	40	8,916	44	26,530	116	22,057	115	4,301	135
	2000 年	41,588	96	15,608	77	38	8,256	41	25,889	113	19,589	102	4,489	141
山間農業地域	1970 年	19,342	100	7,423	100	38	7,342	100	11,918	100	6,063	100	5,541	100
	1975 年	18,422	95	6,594	89	36	2,781	38	11,828	99	3,221	53	8,177	148
	1980 年	19,054	99	5,866	79	31	3,067	42	13,189	111	3,642	60	9,243	167
	1990 年	19,694	102	5,153	69	26	2,697	37	14,540	122	5,072	84	9,214	166
	2000 年	18,768	97	4,778	64	25	2,632	36	13,988	117	4,506	74	8,983	162

出所）『農業センサス』各年度より作成。

かった。二〇〇〇年でも三ヘクタール未満の割合は二九％を占め、平地農業地域の二八％、中間農業地域の一八％を上回るが、一方で二〇ヘクタール以上の割合が二〇％と高く、やはり他地域(平地六％、中間一五％)を上回る。平均経営耕地面積は平地農業地域の七・六ヘクタール、中間農業地域の一一・一ヘクタールに対し山間農業地域は一二・六ヘクタールで、大規模層の厚みが山間農業地域の平均値を引き上げている。また、山間農業地域では借地面積割合(二二％)および借地農家割合(三二％)が高く、農地貸借を通じて規模の差を広げている点も見逃せない。要するに、零細農地所有というベースは維持されていても、農地(草地)開発や借地によって農地集積を進める農家層が厚く存在しているのである。

さて、農用地利用再編の具体的な様相は地域によって異なるが、あえて共通する特徴を指摘すると、以下の通りである。

第一に、山間農業地域では複数の経営形態が混在するヘテロジニアスな農家構成がみられる。これは、北海道の平地農業地域が水田型地帯、畑地型地帯、草地型地帯の中核地帯をなし、経営形態上、比較的均一な構成を示すのと比較すると大きく異なる。また、都府県の山間農業地域が平地農業地域と同じく稲作農業を基盤にしているのとも異なる。

第二に、経営形態の多様性は専兼別あるいは経営規模別にみた農家構成のばらつきにつながっている。この点、専業的な大規模経営が分厚い層をなして形成されている北海道の平地農業地域とも、またそれがほとんど形成されていない都府県の山間農業地域とも異なっている。

第三に、山間農業地域における農用地利用再編は、高い蓄積力をもつ農家や農協が自力で推進したというよりも、政策との強い関連性が指摘される。山間農業地域の諸条件に適合した土地利用方式が確立したとはいえず、今後も、米生産調整をはじめとする政策の動向によって農用地利用が大きな変動を示す可能性がある。

（1）その理由の一つが「ばらまき行政」との批判を浴びることに対する警戒感にあったことは疑いない。
（2）中山間直接支払制度のスタート時に「北海道で直接支払政策の対象とすべきは中山間地帯よりも平地地帯の農業だ」という声が聞かれたが、違和感の端的な表明であろう。
（3）橋口卓也「水田の傾斜条件と潰廃問題」（『日本の農業』二一八集、農政調査委員会、二〇〇一年）を参照。
（4）生源寺真一「農業の非市場的要素と政策デザイン——条件不利地域と農業環境問題——」（奥野正寛・本間正義編『農業問題の経済分析』日本経済新聞社、一九九八年）。
（5）「草地比率の高い地域の草地」は交付金単価が低いので、交付金額という点での位置づけはかなり低下する。二〇〇四年度において、北海道の交付金額合計に対して五四・四％、全国のそれに対しては七・九％を占めるにとどまる。
（6）モザイク状の土地利用に対応し市町村内を区切って草地比率を判定しているケースとして、紋別市、上川町、東藻琴村等があげられる。ただし根釧・宗谷の草地型地帯では、山間農業地域においても経営形態の多様性はみられない。
（7）例えば、前出表6-1における都府県の一〇アール当たり農産物販売金額をみよ。北海道では都府県のような地域差が現れていないが、これは平地農業地域のなかに一〇アール当たり農産物販売金額が低い酪農地帯が含まれていることによる。観察範囲を狭め、都府県のように土地利用に共通性がある地域同士を比較すると、山間農業地域の一〇アール当たり農産物販売金額は他地域に比べて低く現れる。
（8）奥田晋一「中山間地域等直接支払い制度の概要」（『地域と農業』三九号、北海道地域農業研究所、二〇〇〇年）による。
（9）直接支払制度の対象となる農地は存在するものの協定締結の困難等の理由からその面積が少なくなることも考えられるが、そのような状況ではない。対象面積に対する協定締結面積の比率を二〇〇四年度についてみると、北海道平均は九五・八％（全国平均八四・五％）である。農地の種類別にみると急傾斜農地九七・八％（同七七・六％）、緩傾斜農地九八・七％（同八〇・一％）、草地比率の高い地域の草地九五・一％（北海道のみ）である。直接支払制度は北海道の対象農地のほぼ全体をカバーしているといえる。
（10）これがなければ中山間地域等直接支払制度の基本的な考え方（生産コストの格差の八割をカバー）は成り立たない。
（11）上川地域における農業地域別の旧市町村数は都市的地域六、平地農業地域一〇、中間農業地域一一、山間農業地域九である。

［柳村俊介］

第二節　農用地利用再編とその牽引車

本節では、北海道中山間地帯における農用地利用再編の動きを上川支庁下川町の事例を通じて具体的に分析する。北海道の中山間地帯農業は条件不利を抱えているが、零細・兼業農業を維持することができるような労働市場の展開はみられず、むしろ林業や鉱山などの衰退によって雇用が縮小した地域が多い。条件不利を抱えながらも、否、条件不利を抱えるがゆえに、新たな農用地利用を形成する方向に向かって地域農業が動いていかざるを得ないと考えられるのである。

こうした農用地利用再編は政策の影響を強く受けて進むことが多いが、なかには農家や農協の主体的な取り組みによって高度な農用地利用形態の確立を図る地域も存在する。以下では、その典型事例といえる下川町に焦点を当て、農協等による主体的な農用地利用再編について検討する。

下川町は道北の中核都市名寄市の東隣に位置する農業および林業を基幹とした町であり、『農業センサス』では山間農業地域に区分されている。かつては鉱業(主に銅の採鉱)と林業が基幹産業であったが、七〇年代を境に、鉱山の閉山、国有林野事業の合理化に伴う伐採面積の縮小と営林署の統廃合、さらにはそれらに付随して機能してきたJR名寄本線をはじめとする公共交通機関の廃止に伴い、これまで細々と展開してきた農業が一躍町の基幹産業となった(1)。

その農業であるが、上川地方の中山間地帯、特に下川町を含む上川北部地域では、農用地利用の変動が途切れることなく続いている。日本の稲作北限地帯に位置しており、六〇年代の造田ブームの折には水田が拡張した。『農業センサス』によると下川町の田面積は五〇年六四五ヘクタール(水田率二〇%)、六〇年七一三ヘクタール

(同二四%)、七〇年九八七ヘクタール(四一%)という動きをたどる。しかし、七〇年代に入ると米生産調整のもとで稲作の面積は大幅に減少した。代わって酪農が生産を拡大し、地域農業を支えた。農業粗生産額に占める乳用牛の割合は六〇年代では二〇%未満であったが、八〇年代には六〇%に達し、現在に至る。下川町の農業粗生産額は稲作の後退に伴っていったん落ち込むが、酪農の生産拡大により回復し、漸増する傾向を示している。酪農の進展がなければおそらく地域農業を維持することはできず、八〇年代後半以降の野菜作の動きも現実のものとはならなかったであろう。

次に述べるように、酪農の基盤は国営農地開発事業をはじめとする土地改良によって整備された。米生産調整とあわせて考えると、この時期の農用地利用再編は政策の主導性が強い点に特徴がある。八〇年代後半からは農協等の取り組みによって野菜作の導入をはじめとする農用地利用の再編を図る動きが現れるが、その前段階に政策主導の農用地利用再編の過程が存在したのである。そこで以下では、中山間地帯における酪農の最大のネックであった粗飼料基盤確保の側面から下川町の農用地利用再編を捉え、しかるのちに最近における新たな農用地利用再編の動きについて述べる。

一　酪農の展開と農用地利用再編

(1)　農地開発事業による粗飼料基盤の形成

まず、下川町全体の農用地利用を鳥瞰しながら現在の酪農の位置をみておく。『二〇〇〇年農業センサス』によると下川町の総耕地面積は二八二六ヘクタールであり、田が六一九ヘクタール、畑が二二〇七ヘクタールである。畑のうち一九六八ヘクタールは牧草を中心とする飼料作物によって占められる。また稲を作った田は一一八ヘクタールにとどまり、稲以外の作物を作った田(転作田)にも飼料作物が含まれる。少し年次が古いが、九八年度の転作等実施面積八一四ヘクタールのうち飼料作物が三二二ヘクタール含まれている(役場資料による)。畑と合計すれば飼料作物の面積は約二三〇〇ヘクタールとなり、全体の八割を占めることになる。

『農業センサス』の集計作業において市町村ごとに中間集計表を作成するが、これを利用して酪農単一経営が農用地利用においてどのような位置を占めるのかをみよう。二〇〇〇年の酪農単一経営の戸数は三九戸である。下川町の総農家数の二一%にすぎないが、経営耕地合計の六五%、畑の七八%を占めている。酪農単一経営の農家一戸当たり経営耕地は四七・二ヘクタールである。町の平均は一五・三ヘクタールであるが、酪農単一経営を除くと六・七ヘクタールである。零細経営が多数存在するなかで、少数の酪農経営が農用地の多くを占めるという特徴が鮮明に見出される。

借地についてみる。町全体の借地面積は田畑合計で四七四ヘクタールである。耕地面積全体に占める借地面積の割合は一六・八%であるが、酪農単一経営の借地割合は二一・一%に達する。酪農単一経営が占める借地のシェアは畑で九〇%、田でも五六%を示す。酪農単一経営は「稲以外の作物を作った田」つまり転作田の二四%を利用しているが、その面積一一三ヘクタールの半分以上となる六三ヘクタールは借地である。このように酪農は下川町の農用地の主要部分を利用しており、それには借地によるものや転作田が含まれている。

下川町は盆地地形で、平坦地は水田、傾斜地は草地という耕地の分布を示す。かかる条件のもとで酪農経営は粗飼料基盤の不足に直面したが、自力での草地開発は困難であった。粗飼料基盤の確保には、国営・道営・団体営の土地改良事業による農地開発と草地整備が大きな役割を果たした。なかでも国営農地開発事業は受益面積からみても最も重要な事業であった(2)。

国営農地開発事業によって造成された農地は一八六七ヘクタール、受益者は一〇九戸の農家と町営牧場である。七二年に基本計画が確定、翌年から着工したが、二回の計画変更が行われ「国営総合農地開発事業」に事業名も変更されて、九一年に竣工した。

国営農地開発事業の前後における酪農と農地の変化を統計的に確認しておく。二歳以上乳用牛飼養農家数は七〇年の一二八戸から二〇〇〇年には四一戸に減少したが、飼養頭数は八七七頭から二〇九五頭へと増加した。一戸当たりでは六・九頭から五一・一頭への増加となる。そしてこの基盤的条件となったのが一戸当たり耕地面積の拡充(役場資料によると七〇年一一ヘクタールから九九年五五ヘクタールへ)であり、国営農地開発事業がその中心的役割を担った。

国営農地開発事業による農地開発の影響を確認するために七〇〜九五年の農業動向を『農業センサス』で確認すると、経営耕地面積は約八〇〇ヘクタール増加している(とくに七五〜八〇年の期間には五年間で三一七ヘクタールの増加)。水田は約三四二ヘクタール減少したが、そのうち一四七ヘクタールが転換畑となった。七〇〜九五年の畑の増加は約一一四一ヘクタールなので、農地開発による増加は約一〇〇〇ヘクタールと見込まれる。七〇乳用牛(成牛換算)一頭当たり飼料作物収穫面積の推移をみると、七〇年の五八・六アールから七五年の八二・三アールにまで増加するが、八五年には七五・〇アールまで減少する。飼料作物の面積よりも乳牛飼養頭数の増加テンポの方が速かったのである。九〇年には七八・四アール、九五年には八六・九アールと再び増加し始め、農地造成により飼料作面積の次第に確保されていった様子がうかがえる。

(2)　「上川型」と「根釧型」の中間に位置する下川町酪農

中山間地帯においては低地代を基盤とした粗放的な土地利用型農業が成立する可能性がある。草地型の酪農経営はそうした農業の一つといえるであろう。しかし、中山間地帯の農業が抱える条件不利の構成要素には気候条件や土壌条件のほか、傾斜地や飛び地という作業条件も含まれることから、規模拡大によるスケールメリットが減殺され、土地利用型農業の展開が制約されることがある。したがって、低地代を条件に粗放的土地利用型農業が成立する保証はない。下川町の酪農経営も、土地利用型農業の促進要因と阻害要因の両方に直面しつつ、草地型ならぬ施設型酪農の要素を内包しながら展開している。

下川町における酪農に関わる諸指標を上川地域・釧路地域・根室地域と比較すると、「上川型」と「根釧型」の中間的な数値を示す。ここでいう「上川型」は「乳牛飼養頭数・草地面積・一戸当たり生乳生産量が少ない、乳牛一頭当たり草地面積が少ない」など草地型酪農に不利な条件を抱えるため、酪農家の戸数減少率が高い。ただし、乳牛一頭当たり生乳生産量が多く、高泌乳によって酪農経営の不利をカバーする傾向がみられる。「根釧型」はその逆である。

それでは、個別の酪農経営についてみるとどうか。経産牛頭数と乳飼比によって酪農経営のタイプを分けて観察するが、その際、頭数規模拡大に伴い粗飼料基盤の制約が強まり乳飼比が高まるという「上川型」を想定しつつ、それと異なる類型の存在とその特徴に注目したい。便宜的に経産牛頭数四五頭、乳飼比三〇％を基準とし、Ⅰ～Ⅳの四タイプに分けた。すなわち、「上川型」につながるⅠタイプ(頭数規模大・乳飼比高)一二戸およびⅡタイプ(頭数規模小・乳飼比高)一〇戸、「根釧型」につながるⅢタイプ頭数規模大・乳飼比低)六戸とⅣタイプ(頭数規模小・乳飼比低)一五戸である。

詳細は省くが、農協資料および『酪農全国基本調査』(中央酪農会議、一九九八年)に基づき、農地保有状況、牛群の個体能力、経営収支、今後の意向について分析を行った結果、次のような点が明らかになった。「上川型」につながるⅠタイプは、飼養頭数の拡大に向けて借地や転作地を含めて粗飼料基盤を確保するだけでなく、濃厚飼料多給による高泌乳を追求している。さらにフリーストール・ミルキングパーラーのような固定資本投資にも熱心に取り組み、肉用牛の導入も視野に入れている。さらに後継者も確保している等、全般的に積極的な経営姿勢がみられる。農家数がⅢタイプの倍であることも考慮すると、下川町の酪農を牽引する主流タイプといえよう。それに対し、「根釧型」につながるⅢタイプは、新たな固定資本投資に対して慎重な経営姿勢を示している。Ⅱ

とⅣのタイプは規模拡大や後継者確保についての難点を抱え、経営存続にも不安をもつ農家群である。

ところで、主流をなすⅠタイプの積極的な経営展開は必ずしも収益面での優位性を示していない。むしろⅢタイプの方が高い農業所得階層に分布しており、Ⅰのなかには農業所得が低い階層に属する農家も存在する。また、Ⅱタイプは農業所得が最も低い階層に分布しており、こうした事実からは下川町における「上川型」の経営展開は収益面でのリスクを抱え、必ずしも所得向上に直結しないことが示唆される。各経営タイプの位置関係を敷衍すると、「上川型」の経営展開を軌道に乗せることに成功していないのがⅡタイプであり、さらに「上川型」のもつリスクを回避しようとしているのがⅢやⅣのタイプと位置づけることができる。

(3)　粗飼料基盤整備に関わる新たな課題

下川町では、七〇年代以降、米生産調整によって稲作が後退するなかで酪農の進展によって農用地利用が再編されてきた。最も重要な条件となったのが国営農地開発事業であり、この事業を通じて酪農の粗飼料基盤の整備が図られた。実際には、細切れの農地取得を積み重ねながら、農地開発事業を通じてそれらを整備したり山林原野を草地造成することによって、粗飼料基盤の確保に努めてきたのである。

さて、粗飼料基盤が量的確保という目標が一応達成された現在、粗飼料基盤の質的確保ともいうべき問題が浮上している。具体的には粗飼料基盤の再整備である。「上川型」の酪農経営展開は乳飼比の高さや酪農経営の減少率が高いという特徴を有しているが、高泌乳の追求が粗飼料の品質に対する要求水準を高めるとともに、購入飼料への依存が粗飼料基盤の遊休化につながる危険性をはらんでいる。

注目すべき第一の点は、公共牧場の役割の低下である。国営農地開発事業においては公共牧場の整備があわせて実施された。公共牧場は、乳牛の放牧預託のほか牧草の青田売りおよびサイレージの原料販売によって酪農家の粗飼料不足を補ってきた。牧草面積は五二〇ヘクタールで、放牧担当二人と採草担当四人の体制で運営されている。しかし農地造成により粗飼料基盤が拡充するとともに公共牧場の役割が低下してきている。乳牛の放牧預託は、隣接する名寄市の育成牧場が授精を開始したことにより名寄市からの利用者が減少し、一九九〇年頃をピークに利用戸数が急減、放牧面積も減少している。また、牧場の乾草用機械の更新がなされなかったため、それまでの乾草販売を止め、サイレージ原料牧草の販売に転換した。二〇〇〇年度は一番草で六九ヘクタール分を収穫し、四戸の農家に供給している(サイロ詰め込みまで)。青田売りの牧草については農家が乾草に仕上げているが、二〇〇〇年度の一番草利用者は四戸、七一ヘクタールであった。

公共牧場の草地は、更新の必要にもかかわらず放置された状態にある。二番草は一時利用されていなかったが、翌年の牧草の品質低下を招くため、収穫して乾草に仕上げている。しかしこの牧草の品質が悪いために、二番草の販売先は肉牛牧場と鹿牧場に限定される。以上の結果、毎年一〇〇〇万円を超える赤字決算となっているが、今後も改善は見込めず、牧場の事業は次第に縮小していくとみられる。利用者減→収支悪化→投資抑制→品質の悪化→一層の利用者減という悪循環に陥っているのである。

第二は、新たな国営事業による再整備である。国営農地開発事業は九一年に完了したが、その後、新たに国営農地再編事業がスタートした。九四年に調査が行われ、翌九五〜〇二年の期間に実施された。この事業は国営農地開発事業の直後という事情を考慮して、一〇%の地元負担のうち町が四%を負担するという方針で条例改正を行った。その後、地元負担七%(国七五%、道一八%)の中山間型に該当することになったが、下川町では四%の町費負担をそのままにしたため、農家負担は三%という低率になった。当初計画の対象面積は一一五九ヘクタールである。工事の内容は暗渠一九〇ヘクタール、心土破砕一七八ヘクタール、除レキ二〇ヘクタール、農地造成三八ヘクタール等だが、最大のものは整地工の八〇八ヘクタールであり、このなかには四五ヘクタールの開畑も含まれる。整地工とは別に傾斜改良二五ヘクタールが実施されるが、これは最終的に一一〇ヘクタールまで増加する予定である。

ところで、国営農地再編事業の対象農地の過半は国営農地開発事業で造成された農地であり、これについては二次整備として今回の事業が取り組まれている。つまり、国営農地開発事業で造成された農地は傾斜改良等の工事を追加しなければ利用しづらい農地が多く、酪農家の農地基盤が次第に拡充されるに伴い、造成草地の利用率が低下し、一部の農地は耕作放棄が避けられない状況にある。

第三に、地域的な農地管理強化の必要性が高まっている。中山間地帯において条件不利を抱える未墾地の開発は農家レベルでは困難であり、高率補助事業によらざるを得ない。しかし、農地造成の後も条件不利がすべて解消するわけではなく、粗飼料基盤の不足が緩和されると、造成草地の利用率は低下する。こうした造成草地の利用率低下の問題構図は、公共牧場であるか農家保有農地であるかを問わず、基本的には同じである。ただし、継続的な土地改良の可能性の有無について両者に違いが存在する。農家保有農地は国営農地再編事業による再整備というオプションが与えられている。この場合、三％という低率の受益者負担が重要な意味をもっている。これに関わって次のような問題が指摘される。

まず、土地改良が必要と判断される農地については、ほぼ全面的に事業の実施が予定されている。換言すると、再整備の実施の有無によって、事実上、利用を継続する農地と低利用のまま放置される農地との峻別がなされ、しかもそれは受益農家の個別的判断に委ねられている。次に、利用を継続するか否かの峻別は開発造成地だけに限定されず、水田借地についても同様である。それは従来、事業の対象外とみなされていた借地における土地改良が着手されているからである。すなわち、有益費補償の担保がなくても、三％の受益者負担であれば土地改良を実施した方がメリットがあると判断されている。ウルグアイラウンド対策で登場した高補助率の土地改良事業が借地における土地改良事業の経済的条件となっている(3)。これは当然、地主側の了承を得て行われることから、貸し手、借り手双方の将来的な売買についての意思確認に通じることになる。

継続的な土地改良は農地保全の基礎条件であり、それが借地を含めて取り組まれていることは肯定的に評価すべきである。しかし、こうした土地改良を通じて、中山間地帯＝条件不利地域における農地のゾーニングが個別的に行われている点は問題を含んでいる。個別的ゾーニングが地域全体の効率的な農用地利用につながる保証はないからである。土地改良を通じてどのように地域全体の農地を保全するかは、各農家の判断とは別に公共的な観点からも検討されるべきであり、土地改良事業のベースとなる農地保全に向けたマスタープランが必要であろう。

二　農協主導による農用地利用再編

(1)　新たな農業再編の動き

下川町の農業は、地域経済を支えていた鉱業の衰退等を受けて次第に基幹産業としての位置づけを増したが、農業が抱える不利な地形や気象条件が改善されたわけではなく、決して生産条件に恵まれたものとはいえなかった。この特徴は、本町が稲作北限地帯の一角をなすことから、とりわけ稲作において際だつ。稲の作付の本格化が一九五〇年代後半以降と遅い点、反対にその縮小が減反開始直後と早い点、すでに七〇年代には稲作の主流が耐寒性の強いもち米となっていた点などは、それを端的に示すものといってよいだろう。

それゆえ、本町の農業振興策は、山間地においても競争力を発揮しうる部門、すなわち必然的に酪農と野菜作に関わるものに集中することになる。酪農の動きについては前項で詳しく述べられているが、野菜作に関しても、農協による野菜作振興と土地利用型部門を対象とした農作業受託事業が注目される。一九八〇年代後半以降、下川町ではきぬさやえんどう、ほうれんそう、アスパラガスをはじめとした野菜の作付が増加し、野菜を基幹とする農家数の割合が急増した。『農業センサス』にみる「露地野菜または施設野菜単一経営」（八五年四・八％→二〇〇〇年一六・二%)や「露地野菜または施設野菜主位の準単一経営」(八五年四・五%→〇〇年二二・〇%)のシェアの拡大は、それを裏づけるものといってよい。以下では、これら野菜作振興に関わる農協の取り組みに焦点を当て、その実態を明らかにしていく。

(2)　野菜作の振興とその到達点

下川町における農業経営の支援策は、七〇年から取り組まれている農協の野菜作振興に始まる。これは、そもそも米の生産調整への対応として始まったのであるが、農家の収益性の向上を最大の目的とした点で積極的な意味合いをもつものであった。もっとも当時は農協が再建整備中(六七年指定)であったことから、町内の農家は有力な販路および選果施設をもつことができず、作物の選定と出荷は道北青果連(名寄、智恵文、風連、下川町の四農協が青果物の広域共販を目的に設立した農協連合会)に全面依存せざるを得ない状況に置かれていた。そのため、農家にとって出荷可能な作物は、道北青果連が取り扱うアスパラガス・たまねぎ・かぼちゃ・ゆり根の四品に限られていた。

その後、七六年に農協の再建整備が解かれると、農協職員が独自に作物や出荷ルートを選択するようになる。作物選択に関しては、高齢者による生産が容易で、かつ小面積で高収入が期待できる、露地きぬさやえんどう・小ねぎ・ほうれんそうの三品が導入された。農協が将来直面せざるを得ない高齢化問題への対応が重視されていたのである。八六年にはアスパラガスの苗の供給体制が確立し、三作物にアスパラガスを加えた四作物が野菜生産の主軸となっていく。八〇年代後半には、長ねぎ・スイートコーン・加工用馬鈴しょ・キャベツなどが振興作物に加わり、下川町の野菜生産はいよいよ本格化していった(4)。

野菜の出荷先については、道北青果連による販売から農協職員が独自に開拓した価格形成力のより有利なものへと徐々に変化していった。例えば、ほうれんそうは予約相対で量販店へ、長ねぎは市場を通じて加工会社へ、その他の野菜は関東(東京・埼玉・千葉・神奈川)、中京(岐阜)、関西(大阪・京都・奈良・和歌山)の主要市場へとそれぞれ変更されたのである。現在も道北青果連に出荷している作物は、かぼちゃとゆり根のみである。

さらに、九三年からは施設野菜の振興にも力を入れるようになる。すでに九一年からハウスきぬさやえんどうが導入され、また九二年には野菜用のハウス面積が八三二〇坪に達していた。しかし、ハウスの導入は、あくまでも労働力に恵まれた一部の農家のみで行われていた。そこで農協は、「収益性の高い施設野菜をできるだけ多くの農家に作付させていく」ことを目的とした施設野菜振興計画を策定する。その起爆剤となったのが、九四年に町と協力して確立したハウス建設費補助制度である(5)。これにより、施設野菜の生産基盤が急速に整備され、結果として、ハウスきぬさやえんどう、加工用トマト、小ねぎ、野沢菜などの作付が増加していくのである(6)。

以上みてきたように、下川町農協は、野菜作振興を中心とした農業支援策を展開してきた。その成果については、農協の主要品目別販売高の動向をみれば一目瞭然である。他の品目の販売高が横這いないし縮小傾向にあるなかで、唯一野菜のそれだけが増加している。その実績を跡づけてみると、まず農協がアスパラガスの苗の供給体制を整え、野菜出荷に力を入れるようになった八六年を境に急上昇し、ついで施設野菜振興計画が策定された九三年に五億円を突破する。そして、九七年には五億九三〇〇万円まで増加をみせるのである。

野菜の販売高の伸びは一律ではない。九〇年から九七年にかけて販売高、面積とも伸張しているのは、収益性が高く、しかも高齢者による生産が容易な軽量野菜、なかんずく露地きぬさやえんどう(二八〇〇万円→一億八〇〇万円、二・一ヘクタール→八・〇ヘクタール)とハウスきぬさやえんどう(販売なし→一億三一〇〇万円、作付なし→三・九ヘクタール)に限定される。このことから、下川町の野菜生産は、いわば高齢者対策として当初から作付が奨励されてきた、きぬさやえんどうによって支えられていることが理解できよう(7)。

(3)　農作業受託事業の展開と農地の保全

野菜作の振興は、これまでみてきたように、確かに下川町の農業の発展に寄与してきた。しかし、この取り組みは新たな問題を生み出した。それは土地利用型部門の空洞化である。つまり、野菜という集約作物の生産に専念することで、土地利用型部門の作付が労力的に困難となる農家が増加し、その結果、農地利用の粗放化が進行する事態に直面したのである。そこで農協は、土地利用型部門に関わる作業を全面的に請け負い、「少なくとも条件の良い圃場整備済みの水田(およそ五〇〇ヘクタール)だけでも維持していく」ことを目的とした構想を打ち立てる。そして、この構想は、八八年に始まる農作業受託事業(米を除く土地利用型部門の全作業受託)の実践を通じて実現するのである[8]。この事業の要点について述べておこう。

事業開始当初の作付作物は小麦のみであり、作付体系は小麦単作だった。その理由は、農家が比較的高額の転作奨励金を取得できるうえに、作業する側にとって比較的労力および高度な技術を要さないというメリットが存在したからである。また、小麦のロットを増やすという狙いもあった。

しかし、当然ながら、小麦の単作は連作障害の発生を招くことになる。事実、単収は、八九年の二八二キログラムから九一年の二三八キログラムへと二年間で四〇キログラム以上も減少した。そこで農協は、九三年からそばを導入し二作物による輪作を開始する。これにより小麦の単収は、九三年二九一キログラムから九四年二七四キログラム、九五年三五八キログラムと徐々に回復していく。とはいえ、二作物の輪作では連作障害を克服するまでに至らず、再び九六年二四三キログラム、九七年二三六キログラムと低下している。そのため農協では、小麦・そばの二作物に大豆あるいは牧草を組み入れた輪作体系の確立を構想している。

小麦に関わる機械・施設は、事業が本格化した八九年までに整備されている。具体的には、乾燥調製施設(総建設費一億六二〇〇万円)、コンバイン二台(一六六七万円一台、一六四〇万円一台)、トラクタ一台(一六〇馬力、一一九〇万円）、グレンドリル二機（一〇六万円二台）で、これらはいずれも農業構造改善事業により導入されている。また、九二年には農業生産体制強化総合推進対策事業によりクローラトラクタ一台（一〇三馬力、一三五〇万円）、九六年には水田農業確立対策事業により汎用型コンバイン一台（二〇〇〇万円）を導入し、そばの受託作業のための機械装備が充実した。なお、オペレータは、農協農産係長（五六歳男性）と二名の農協臨時職員（三一歳男性と二五歳男性）で構成されている。

作業料金は、機械・施設の償却費とランニングコストを考慮して算出したものとなっている。具体的には、耕起が一時間当たり五四〇〇円（クローラトラクタ利用の場合六四〇〇円）、播種が一〇アール当たり一五〇〇円、収穫は委託面積によって異なり、一ヘクタール未満の一時間当たり五五〇〇円から五ヘクタール以上の四〇〇〇円まで四段階に分けられている。小麦乾燥調製が一俵当たり一七五〇円、そば乾燥調製が一俵当たり一〇〇〇円である。料金の改定は事業開始以来一度もない。

本事業の受託実績をみると、九七年の面積は総計三一六ヘクタールとなっている。農協はこの事業を通じ、三〇〇ヘクタールに及ぶ遊休化しかねない農地の保全を果たしたのである。この保全面積は、先に示した二〇〇〇年の経営耕地面積二八二六ヘクタールの一一・二％、水田面積六一九ヘクタールの五〇・九％、稲以外の作物を作付した田四七四ヘクタールの六六・五％に相当するものとなっている。

ただし、受託面積は必ずしも順調に増加したわけではない。当初の受託面積をみると、八九年二五〇ヘクタール、九〇年二三二ヘクタール、九一年二三四ヘクタール、九二年二五九ヘクタール、九三年二〇九ヘクタールと、増減を繰り返しながら推移している。しかし、その後は、九四年二三一ヘクタール、九五年二五〇ヘクタール、九六年二九一ヘクタール、九七年三一六ヘクタールと、順調に増加するようになっている。この拡大の要因は、九三年にそばが導入されて小麦の連作障害が緩和され、作業委託の需要が増加したためである。しかし、小麦の単収は再び減少するのであり、連作障害の緩和は一時的なものにすぎなかった。むしろ、農家の労働力不足がひ

表 6-3　下川町農協農作業受託事業における委託農家の実態

形態	農家番号	耕地(作付)面積 合計 (ha)	小麦 (ha)	そば (ha)	施設野菜 (坪)	露地野菜 (ha)	家族構成および年齢(歳) 経営主夫婦	後継者	その他農業従事	農業非従事	農作業受託事業に対する評価(空欄は未回答)
経営主60歳未満または後継者あり	1	21.7	8.2	6.5	1,980	0.2	49 MP，46 F		75 M		
	2	9.9	3.9	4.4	1,840	0.2	54 M，44 F	19 M		83 F，23 F	機械投資不要なので助かる。適期作業を望む。
	3	8.4	4.0	2.0	2,000	0.2	34 M		66 M，60 F		委託で施設野菜専念可能。機械投資も回避。
	4	7.7	3.7		2,460	0.9	37 MP，36 FP		64 M，61 F	88 F，14 M，12 F，10 M	
	5	6.9		1.5	1,650	0.6	57 M，54 F				野菜作可能。個人では機械に金かけられない。
	6	6.4	1.0				54 F	29 MP			労働力不足なので助かる。機械投資も不要になる。
	7	6.0	1.7	0.6		0.9	51 MP，48 F			73 M，73 F，23 F，20 M	野菜に専念できる。料金も満足。
	8	5.9	0.7	2.0		2.1	39 M		67 M，65 F		委託により野菜専念可能。
	9	5.1	2.0		1,400	1.5	47 M，48 F		76 M，75 F		労働力と機械がないので利用。
	10	4.0		1.5	2,082	1.6	32 M		60 M，58 F		
	11	3.9		1.6	1,421	0.3	41 M，43 F		71 M	15 M，13 M	
	12	3.9	1.0	0.8	260	1.7	41 M，41 F		71 M	18 F，12 F，7 M	
	13	3.7	1.9				39 M		67 M，65 F		機械への投資不要なので節約可能。
	14	3.6	1.7		450	1.6	51 MP，52 F			26 F	
	15	3.5	0.9			0.6	71 MP，68 F	43 M			助かる。出稼ぎも可能。
	16	2.6	1.0		200	1.9	55 MP，47 F			74 M	
	17	2.6		0.4		0.8	58 MP，38 FP			15 M	委託不能なら他の作物作付。
経営主60歳以上後継者なし	18	7.6		0.4			66 MP，65 FP				
	19	6.4	2.0	2.0	39	0.5	67 M，65 F				
	20	6.1		5.5		0.1	79 M，73 F				
	21	5.3		1.1			63 MP，60 F			34 F，30 M	
	22	3.8	1.7	1.8			74 M，72 F				高齢農家にはありがたい。
	23	3.5		2.6	200	0.7	69 M，72 F				委託不能の場合は酪農家に土地を貸す。
	24	3.5		1.7		0.3	73 M，73 F				
	25	3.0		2.3		0.6	64 M			91 F	全作業を委託できるのでメリット大きい。
	26	2.3	1.0		30	1.4	63 M，55 F			27 F	年間作業が予定通りこなせるので助かる。
兼業主体	27	4.6	1.5	2.5			55 MP，54 F			77 F	受託事業なければ個人に委託する。
	28	4.2	4.2				53 MP，49 FP			88 M，24 F	委託により農地維持。
	29	3.3	1.3	2.0			42 MP，43 F		70 M，67 F	15 M	
	30	2.6		2.6			53 MP，49 FP			88 M，24 F	委託できなければ農地維持できない。
	31	2.6		2.4			52 MP，49 F	27 M			受託事業なければ耕作放棄地が増える。

注）1．調査対象は，農協の農作業受託事業を利用している上名寄第 2 および第 3 集落に属する全農家である。
2．農家番号は，各形態ごとに，耕地面積の大きい順に示している。
3．「家族構成および年齢」欄の M は男性を，F は女性を，P は兼業従事者をそれぞれ示す。

出所）1998 年 8 月に実施した農家調査結果に基づき作成(データは 1998 年 8 月時点のもの)。

ときわ顕著になった。労働力不足の発生状況は同一ではなく、二つのタイプが存在する。第一は、基幹的農業従事者がいるものの野菜作主体のため土地利用型部門にまで手が回らない農家(例えば3、5、6、7、8番農家が該当)である(表6-3)。この背後には、いうまでもなく九三年以降の施設野菜振興が関与している。第二には、この事業がなければもはや経営の維持が困難な高齢農家(経営主六〇歳以上で後継者がいない18~26番農家が該当)および兼業主体農家(27~31番農家が該当)である。農業後継者の存在する農家(2、6、15、31番農家が該当)がわずかにすぎない現状を踏まえると、(後者のタイプは)より一層増加していく可能性がある。そのため、農協は集約作物主体の農家の土地利用型部門に対する支援機能のみならず、基幹的農業従事者のいない高齢・兼業農家に対する農地保全機能を発揮する必要に迫られている。

本事業の作業別収支(九七年)をみると、収穫作業の収入は一二六五万円、費用が五一二万円、乾燥・調製についいては収入一四六八万円、費用八三二千円であり、その他の耕起、播種作業についてもすべて黒字収支で運営されている。しかしこの費用には正職員一名の人件費(給与手当、福利厚生費、退職給与引当金繰入の合計一一八六万円)、機械および施設の減価償却費(六〇七万円)、正職員一名当たりの事業管理費(一四五万円)が含まれておらず、以上の費用(一九三八万円)を計上すると、四作業の収益(合計一七二二万円)はマイナスとなる。

とはいえ農協は、山間地に位置するというハンディキャップを克服し、そのうえで減反以降の厳しい農業情勢に対応するため、これまでみてきた野菜作振興や農作業受託事業を実施してきた。そして、営農指導部門の充実を通じて、組合員の経営の発展ないし維持、ひいては地域農業の振興に貢献してきた。作業受託事業の負担は、その意味で農協の積極的な姿勢を示しているのである。

(4)　農協主導型地域農業振興の課題

以上みてきたように、下川町農協は、一方で野菜作の振興を通じて組合員の収益の向上に貢献し、他方で農作業受託事業の実践を通じて耕作放棄が懸念される農地の保全を果たしてきた。その意義については、ここで改めて述べるまでもないだろう。しかも農協は、今後も農地利用の粗放化に歯止めがかからなければ、小麦やそばのみならず、稲作、さらには飼料作物に関しても受託部門を拡大する意向を有している。こうした体制が実現すれば、農家＝集約型部門(野菜作)担当、農協＝土地利用型部門担当という分業体制が成立し、下川町農業の振興のためには、農協の存在は不可欠となる。ただし、こうした分業体制の形成には以下の制約条件が存在している。

第一に、農協の経営が近年急速に悪化していることである。ここで取り上げた下川町農協の取り組みをはじめ、北海道における農業支援システム(ここではこの概念を「農業振興に関わる体系的な取り組みまたは組織」と定義づけておく)は、農協の主導によって成立したものが大半を占めている。[9]つまり、農協は北海道の農業支援システムの主体であるといえるが、周知のように、その経営状況は概して芳しくない。そのうえ、二〇〇〇年一〇月の全国農協大会では、これまでに例をみない経営の強化(自己資本比率八％の達成)が義務づけられた。そうした環境のなかで、農協が採算性を伴わない農業支援システムの主体として機能することは、その必要性にもかかわらず容易ではないのである。

第二に、依然として農協の広域合併が推進されていることである。[10]地域農業振興に携わる農業支援システムは、その多くが中山間地域に代表される条件不利地域に設置されている。そして、こうした地域に位置する農協は、大半が近隣のより優等地に位置する農協にいわば吸収合併される可能性が大きい。[11]このような状況のなかで、最も懸念されるのは、合併前の農協エリア内において行われていた農業支援システムが後退させられ、農業支援システムにより保全されてきた農地が一挙に耕作放棄される可能性である。

以上から、地域農業の支援、なかでもより条件の厳しい中山間地域農業の支援は、農協のような経済組織が単独で行うよりも、自治体などの公共部門との協力体制のもとで行うことが適切であると考えることができる。すなわち、今後の地域農業支援は、農協や自治体などの関係機関が連携して実行する必要が増しているのである。

それは北海道の中山間地域においても決して例外ではない。

三　野菜作の導入による農用地利用の再編

下川町では農協主導で野菜作の導入を図り、さらに土地利用型農業部門の支援、具体的には小麦・そばの播種・収穫・乾燥調製作業の受託事業を開始した。土地利用型農業の展開を農協が主に担う一方、農家は労働集約的農業へ特化するという、町レベルでの農用地利用再編が意図されているのである。

ここでは、次の二つの点について検討したい。第一に、野菜作の普及に伴い個別経営の農用地利用がいかに変化したかを、作付面積の変動や輪作体系のあり方から検討する。第二に、野菜作と土地利用型農業を両立させる可能性を吟味するとともに、野菜作付農家が農地を放出する可能性についても検討する。

なお、以下の分析は一九九八年に実施した野菜作導入の中心をなす上名寄地区の集落悉皆調査(二集落四六戸)によっている。

(1)　野菜作に対する農家の諸対応

まず、九八年時点の作付状況によって調査農家を表6-4のように分類した。Ⅰグループは大規模施設野菜作農家群、Ⅱグループは露地野菜中心の農家群、Ⅲグループは露地きぬさやえんどうを作付せず主にアスパラガスだけを栽培する農家群、Ⅳグループは野菜作の導入が進んでいない農家群である。ⅢないしⅣグループでアスパラガスを導入していない農家は、安定兼業農家ないし高齢農家である。

露地きぬさやえんどうの販売が好調であることから、九一年にハウスでのきぬさやえんどう作付が開始された。これは作型の長期化を図る対策の一環として計画され、九三年からは町からハウス建設に対する補助金の給付が

表6-4　作付状況と家族労働力構成(1戸当たり)　(単位：戸，ha，人，歳)

農家分類	調査農家戸数	作付面積						家族労働力			
		施設野菜(坪数：延べ面積)	露地野菜	きぬさやえんどう	アスパラガス	畑作物	水稲	農作業従事人数	基幹的農業従事者	平均年齢	
											経営主夫婦
Ⅰ	10	1964	0.8	0.2	0.4	5.9	0.6	2.9	2.3	53	45
Ⅱ	7	163	1.4	0.2	1.0	3.4	0.0	2.1	1.9	61	58
Ⅲ	15	19	0.7	0.0	0.6	2.4	0.6	1.9	1.1	62	61
Ⅳ	14	32	0.0	0.0	0.0	2.2	1.6	1.5	0.5	55	54

注）Ⅰは大規模施設野菜作農家群，Ⅱは露地野菜中心農家群，Ⅲはアスパラガス主体農家群，Ⅳは野菜作導入が進まない農家群。
出所）農家聞き取り調査より作成。

表6-5　ハウス棟数の内訳　(単位：戸，棟)

農家分類	回答農家	現在の棟数	建設棟数(補助事業導入以後)	
			補助あり	補助なし
Ⅰ	9	113	68	9
Ⅱ	6	15	6	4
Ⅲ	3	8	2	2
Ⅳ	1	1	0	1

注）農家分類は表6-4に同じ。
出所）農家聞き取り調査より作成。

開始されている。そこで、ハウス導入の実態を示したのが表6-5である。これによると、野菜作に取り組む農家の間で、ハウス建設の対応が二分され、ハウス建設に積極的なⅠの農家群と消極的なⅡ・Ⅲ・Ⅳの農家群が存在することである。

この相違は農家の作付構成と関係している。前出表6-3で確認すると、ハウス建設を行ったのは、露地きぬさやえんどうを作付しているⅠとⅡグループの農家にほぼ限定されている。また、ハウス建設棟数にⅠ・Ⅱグループ間で大きな差が生じているが、これは家族労働力の差によるものと考えられる。すなわち、Ⅰグループでは経営主夫婦の年齢が四〇歳代前後であり、両親も農作業に参加しているのに対し、Ⅱグループでは主に六〇歳代の夫婦が中心となっている。また、きぬさやえんどうを作付しないⅢグループは、Ⅱグループの年齢を上回り、農作業従事人数は下回り、さらに基幹的農業従事者がいないという特徴をもつ。野菜作の導入は家族労働力の構成に大きく左右されており、それは量的な問題だけでなく、年齢や兼業従事という質的な問題とも関係していることが分かる。

これに関連して注目すべきは、農協と町が野菜作振興を開始して以降、相当数の兼業従事者が農業従事に転換した事実である。なかには大規模施設野菜に取り組み始めた青年層もおり、農業生産条件の整備が担い手確保につながることを示している。

(2)　輪作体系の現段階と土壌対策

次に、野菜作の導入が、転作田利用にどのような影響を与えたかをみてみよう。

減反政策が開始されて以降、輪作体系を無視した転作補助金の獲得を目的とした転作が行われ、連作障害が発生してから作物を変更するという後手後手の対応が続いていた。作付内容に関しては、小豆・てん菜・馬鈴しょがメインとなっていたが、野菜作の導入が本格化した八〇年代後半から小麦・そばの作付が拡大し、転作田の大部分を占めるようになっている。その背景には農協の作業受託事業があり、小麦・そばのほぼ全作付面積を農協の事業がカバーしている。

農協は連作障害の回避のために、小麦に引き続いてそばの受託事業を開始したが、農家実態調査によると、依然として小麦の連作が継続する状況となっている。そばを導入しない農家の理由は、そばの収益性の低さにある。そばは強風により落実するなど、気候条件によって収量変動が大きいことに加え、農協所有機械の作業能力の制約により収穫期間が長期化し、収量低下を招いているからである。「収益が多少でも確保できれば、小麦の連作で地力が低下してもやむを得ない」という回答や、「現状では小麦の連作障害が発生しておらず、問題化してから対応する」という回答が多数を占めた。

一方、そばの連作を行う農家は、野菜作の導入や兼業等の労働力問題を理由としている。小麦はそばと比べるとある程度の管理作業が要求されるため、多忙な農家ほど小麦の作付を回避する傾向にある。また、小麦の連作障害が発生したため、そばへと転換した農家も存在している。野菜作の動向とあわせて捉えると、野菜作に本格的に取り組んでいる農家ではそばを、野菜作を導入していない農家では小麦を、それぞれ連作する傾向が認められる。

野菜作についても連作障害の問題を無視できない。露地きぬさやえんどうに関しては、作付面積が二〇～三〇アールにとどまるため、毎年作付圃場を移す農家がほとんどである。多年生のアスパラガスについては導入当初、長期連作が可能であるとされていたが、実際には収量・規格に影響することが判明してきた。そのため収穫開始後五～七年で圃場を変える農家が現れ、その他の農家でも検討することが課題になっている。

ハウス内における野菜の作付をみると、作付面積が少ない農家はトマトとの交互作を行っている。一方、作付面積の多い農家は品目が多様化しているが、これはきぬさやえんどうを基幹として輪作を組まなければならないことや、農協から派遣されるパート労働力の雇用日数確保という事情も影響している[12]。きぬさやえんどうの輪作については、八年の作付間隔が必要であるといわれるが、作付間隔は十分に確保できず、短い間隔での輪作や二年連作してから数年間あけるような対応がなされている。

このような状況が土壌に悪影響を及ぼしていることは農家も自覚しており、さまざまな地力対策を行っているが、その内容は農家によってまちまちである。まず、薬剤の利用ではクロロピクリンによる土壌薫蒸を実施している農家が多い。しかし、消毒後は土壌をビニールで被覆し温度を一定に保つ等、厳密な施用が求められる。他方で、クロロピクリンの使用は雑菌と同時に、「生育を助ける菌まで殺してしまう」という農家の声も存在する。施設関係では、冬期にビニールを外して雪を圃場に入れるという対応がみられる。これは塩基障害を防ぐのに有効とみられる方法である。また、ハウスを建てる位置を年々移動する農家も存在するが、これらの対応はハウスの数が少ない農家に限られる。また、劣化した土壌の利用を避ける意味で、ハウス内の土を入れ替える、ポットを利用する、畝の位置をずらす等の対応もとられている。土壌の地力向上はすべての農家で行われているが、その内容についても多様である。他町村から搬入される堆肥や、町内の養鶏場から供給される鶏糞が主に取り扱われている。その他、きぬさやえんどうを四年連作した農家では石灰窒素を利用していた。これら連作対応に関する情報の大半は農協や普及センターから得たものであり、農家間での情報交流はあまり行われていない。

このように忌地現象を直接解消する技術が確立していないため、継続的な生産を考えた場合、きぬさやえんどうの作付間隔を適正に保つ必要性は高い。それには輪作品目の生産体制を整える必要があるが、きぬさやえんどう以外の品目に取り組む農家はIグループのような大規模農家に限られる。そのため個々の農家による取り組みが中心となり技術的な統一が図られず、安定した品質や収量を確保しづらい状況にある。その結果、多少収量が低下しているにもかかわらず、きぬさやえんどうの作付間隔を短期化する傾向が強まっていると考えられる。労働力の問題とあわせ、高齢農家対策としてきぬさやえんどうを導入したことの問題点が表れている。

(3) 土地利用型農業の展開過程と成立条件

下川町では農協の作業受託事業が土地利用型農業の展開を担っていることについてはすでに述べた。その背景の一つとして農家の高齢化を指摘することができるが、同時に野菜作へ特化した農家群は若手の担い手を確保している。ここでは、そうした担い手が農地の集積を行い土地利用型農業を展開する可能性について、次の二点から検討したい。第一は、野菜作と土地利用型農業をともに拡大してきた事例を取り上げ、その展開過程から成立条件を明らかにする。第二には、野菜作農家における土地利用型農業の位置づけを農家の意向調査結果から明らかにする。

第一については、1番農家を取り上げる。この農家は、経営主四九歳、妻四六歳、父七五歳の三名が農作業に従事している。経営耕地面積は二一・七ヘクタールであり、そのうち六・六ヘクタールは借地である。田が一六・八ヘクタールで、残りは畑である。現在も水稲を五・九ヘクタール作付しているほか、施設野菜を延べ一九八〇坪、露地野菜を二〇アール作付している。大規模な野菜作農家でありながら、経営耕地面積も酪農家を除けば集落最大である。

この農家は、減反政策開始とともに上名寄三区で設立された上名寄東営農組合に所属している。この組合は六戸で設立され、上名寄三区の水稲生産を一手に引き受けていたが、加入農家が高齢化や兼業化を理由に離脱したため、八五年からは組合の有する機械を1番農家のみで使用するようになった。これを契機に土地利用型農業を志向し、九六年一・三ヘクタール、八七年三・六ヘクタール、九〇年〇・六ヘクタール、九四年二・七ヘクタール、九七年二・一ヘクタール、九九年一・八ヘクタールの農地を順次購入してきた。自宅から二キロメートル以内ならばどのような農地でも引き受ける方針で、土壌条件等に関しても特に条件を設けていない。これは、土壌条件の改善は可能という考えによるものであり、実際、年間一〇〇〇トンの堆肥を施用している。農地売買は基本的に相手農家から話をもちかけられており、離農跡地や借地返還された後に高齢農家が扱いに苦慮していた農地である。野菜作が契機となって放出された農地の売買は、九七年に一件あるのみである。1番農家にとって野菜作と土地利用型農業の同時展開は、労力的に大変ではあるものの維持可能であり、なお拡大余力を残しているとのことであった。こうした展開を可能にした要因として、機械の保有をあげていた。

次に第二の問題、すなわち野菜作農家における土地利用型農業の位置づけを農家調査をもとにまとめると、次の三点に要約される。①農協の受託事業がある限り、通常の管理作業さえ行えば農地を賃貸する必要がない、②農協の受託事業なしでも、転作補助金さえ確保できれば可能な範囲のものを作付する、③露地野菜の輪作予定地を確保する必要がある、という回答であった。

このように、野菜作と土地利用型農業を同時に展開することは不可能ではないが、充実した機械装備が不可欠の条件となっている。しかし、1番農家が現有の機械を装備するに至った経緯を考慮すれば、同様の経営行動をとる農家が出現する可能性は小さいといわなければならない。他方、野菜作への労力集中を契機とした、野菜作農家からの農地供給の可能性も大きくない。これは、転作補助金が転作物の作付に経済的動機を与えるとともに、農協の受託事業が機械作業と機械投資の負担を軽減しているからである。逆にいえば、これらの条件が失われると農地流動化が進む可能性が高まる。

以上のことから、現段階における地域農業の諸条件を前提とすると、個別農家レベルでの土地利用型農業の展開は資本装備、農地供給の制約により困難であると考えられる。

(4)　中山間地帯における野菜作振興の課題と対応

下川町の水田地帯では、土地利用型農業の展開が困難な状況にあるなか、農協や町による地域的な支援のもとで野菜作導入を軸とした農業展開が図られ、現在では若い世代を含む担い手農家群が形成されるに至っている。しかし、高齢農家対策も兼ねたきぬさやえんどうの栽培は、技術的に容易である反面、作付間隔が短期化する問題点を有しており、輪作体系に課題を残している。

忌地現象の有力な回避策としては、ハウスの建て替えが考えられる。下川町のハウス建設事業は、ハウスが冬場の降雪にも耐えられるよう、土台や骨組みが堅固なタイプの導入を推進した。しかし現実には、地力対策のため冬期間はビニールが外されている。府県と比較した場合、北海道では中山間地帯であってもハウス建設可能な平坦な農地が自宅周辺に広く確保されていることから、むしろハウスの建て替えは、北海道中山間地帯における施設野菜生産の一つの方向性を示すと考えられる(13)。また、輪作品目確立のため、きぬさやえんどう以外の品目についても農家同士の情報交換を積極的に推進し、栽培技術の確立を図っていく必要がある。さらに、現在は農家によりまちまちになっている連作障害回避技術についても、試験研究機関等と連携して確立する必要があると考えられる。

（1）林業に関しては、町による森林組合の育成、森林組合を核とした地域システムの構築、それに伴う地域林業および木材加工業の振興など、注目すべき動きがみられる。詳しくは、神沼公三郎ほか「北海道下川町における地域林業活性化の現状とその課題――自治体・木材加工業・森林組合に注目して――」（『北海道大学農学部演習林研究報告』五三巻二号、一九九六年）、一五六―二〇四頁を参照。

（2）国営農地開発事業以外の主な土地改良事業をあげると、次の通りである。第一次農業構造改善事業（六四～六六年）、道営圃場整備事業（七二～八三年）、団体営圃場整備事業（七七～八一年）、国営草地開発事業（七七～八八年）、団体営草地開発事業（七八～八八年）、山村振興農林漁業対策事業（八四～九一年）、団体営草地畜産基盤総合整備事業（九五～九八年）、道営草地整備改良事業（九五～九九年）、国営農地再編事業（七五～〇二年）。

（3）代表的な事業として、北海道が実施した二一世紀高生産基盤整備促進特別対策事業（二一世紀パワーアップ事業）があげられる。

（4）こうした野菜作振興と並行して、高齢化した農業者の労働力を補完する取り組みも行われている。それはパートタイマーの農家への派遣である。その実人数は年間八〇名程度で、うち三分の二が隣接する名寄市に居住する主婦、三分の一が町内市街地に居住する主婦で構成されている。なお、農協はパートタイマーに野菜の選果にも従事させ、賃金支払い日数を六ヶ月以上にすることで、雇用保険が受給できるようにしている。この実態については、坂下明彦「農協による土地利用型農業の支援システムと高齢者を含む野菜振興」（『北海道農業の中山間問題2』北海道地域農業研究所、一九九七年）、一七頁を参照。

（5）この制度は、道費補助と町単独補助（計七三〇〇万円）を活用し、九四年から四年間かけて、耐雪ハウスまたは強化ハウスの設置を希望する農家に補助金を付与するものである。これにより、農家の負担分は、前者が三一・四％（道補助五〇％、町補助一七・六％）、後者が三分の一（町補助三分の二）ときわめて低いものとなった。ちなみに、この制度の活用により設置されたハウスの総面積は七二〇〇坪に及んでいる。なお、道費補助の対象とならなかった場合にも支援策が用意されている。それは、農協が購入（資金は町が支出）した一〇〇坪の二重パイプハウスを七年リースで貸付するというものである。その際、農家は総費用一二〇万円のうちの三分の一を負担しなければならないが、二年間無料、その後五年間、一年当たり五万円のリース料で利用可能とされた。

（6）これら施設野菜のうち、加工用トマトについては、町の特産品であるトマトジュースの原料として、全量が下川町農産加工研究所に仕向けられ、農協には出荷されていない。

（7）なお、こうした特定の作物への生産の集中は、連作障害の多発という新たな問題を引き起こした。そこで、町と農協は、土づくり事業を推進し、緑肥作物の導入や堆肥の投入などを行っている。同時に町は、堆肥盤の設置に対する補助（一平方メートル当たり一〇〇〇円以内）も独自に行っている。

（８）土地利用型部門の全面的な作業受託は、労働力不足に伴う農地利用の粗放化の防止のみならず、農家の機械投資に係る負担の軽減にも役立つことになった。この点は、表6-3に記した2、3、6、9、13番農家の意見からも裏づけることができる。

（９）この実態については、長尾正克「農業技術体系の発展段階における農作業受委託の意義」（黒河功編著『地域農業再編下における支援システムのあり方――新しい共同の姿を求めて――』農林統計協会、一九九七年）、三七―四一頁、および井上誠司「北海道における地域農業振興システムの設置状況とその特徴」（『地域農業振興システムの先進事例の現状と今後の推進方策に係る調査』北海道農業協同組合中央会、二〇〇二年）、二―一一頁を参照。なお、後者では北海道内にある六九の農業支援システムの概要を一覧表にして示しているが、全体の三三・三％（二三組織）が農協直営、同五〇・七％（三五組織）が農協出資である。

（10）北海道内の農業支援システム（六九組織）の設置状況をみると、四三・五％（三〇組織）が農林統計区分による中山間地域に、三六・二％（二五組織）が特定農山村に、五〇・七％（三五組織）が振興山村に、五五・一％（三八組織）が農林漁業金融公庫法に基づく中山間地域にそれぞれ位置していることが分かる。これらの状況から判断すると、北海道内の農業支援システムは、その多くが中山間地域に代表される条件不利地域に設置されている。

（11）二〇〇三年五月に、下川町農協は、近隣に位置する美深町農協および中川町農協と広域合併を行い、北はるか農協が設立されている。新農協の本所機能は旧美深町農協に集中しており、北はるか農協下川支所の位置づけは今や単なる支所にすぎなくなっている。従来の農作業受託事業は、当面、下川支所エリア内の組合員を対象に運営されるが、今後の運営体制は決定されていない。少なくとも、合併農協全域をカバーする事業に発展する可能性はない。いずれにせよ、農協合併は、旧下川町農協の組合員に少なからず影響を与えていることは間違いない。また、第二一回北海道農協大会（九四年）で決議された『新・JA合併構想（三七JA）』によると、「宗谷線北部」エリア全域（北はるか、名寄、智恵文、風連の四農協が属する）を対象としたさらなる広域合併が計画されている。

（12）農協はパート労働者の待遇を改善して雇用確保につとめている。雇用期間の長期化もその一環である。具体的には野菜を多品目化することで、収穫期間を延長している。そのため、農協にパート派遣を依頼する農家は共選品目を三種類以上作付しなければならないことになっている。調査事例ではスイトコーンを作付したくないが、この条件のために導入している農家も存在した。ただし、農協派遣のパートのみでは労力不足を解消できない農家が存在するのも現実である。

（13）下川町における二〇〇〇年以後のハウス建設事業は、建て替えを推奨する意味も含め、土台を固めない簡易ハウスを対象としている。

〔一-柳村俊介・岡崎泰裕、二-井上誠司、三-岡崎泰裕〕

第三節　北海道における中山間地帯農業の課題

農産物価格の低迷とそれを一因とする農業者の減少・高齢化によって、北海道の中山間地帯農業の一部は地域農業の存亡の危機に瀕している。これに対応するには、直接支払制度等による農業保護政策とともに、新たな政策・経済環境に適合するように地域農業の再構築を図る必要がある。その中心的な課題となるのはやはり農用地利用再編であろう。一九七〇年代以降、米生産調整等の政策のもとでいわば他律的な農用地利用再編が進んだが、その過程で生じた諸々の問題を解決しながら高度な農用地利用方式を確立し、同時に地域農業の担い手確保につなげていくという対応が必要である。新たな農用地利用再編には農家や農協等の地域の主体性が強く求められるであろう。

北海道の中山間地帯において、すでにこうした主体的な農用地利用再編を開始しているケースがいくつか現れている。その一例として下川町の事例を示した。七〇年代前半まで下川町農協は再建整備団体であり、農協による本格的な地域農業振興策は八〇年代後半まで待たなければならなかった。その間、かつて九〇〇ヘクタール余り存在した稲作面積は約一〇〇ヘクタールまで減少し、畑と合わせて耕地の多くの部分を牧草が占めるに至った。稲作限界地における転作をベースとした酪農展開という、山間農業地域における農業展開の典型的パターンである。

八〇年代後半から町と農協は、高齢農家対策を意識して軽量野菜の振興を図った。具体的にはきぬさやえんどうを中心に振興作物を定め、集出荷体制の整備を図るとともに、野菜ハウスや堆肥盤の導入への助成金支給、パート労働力の派遣等の農家支援を開始した。さらに牧草と野菜の中間的な位置づけをもつ作物としてそばと小麦を位置づけ、農協が両作物の全面的な作業受託を開始した。将来的には、飼料作物の収穫調製および稲作についても作業受託を行う考え方があり、農家労働力は畜舎およびハウスという施設内の作業を担い、土地利用型部門の作業は農協が担うという分業体制が敷かれる可能性がある。

こうした農用地利用再編に伴って新たに生起している問題も指摘される。その一つは施設型野菜における輪作の問題である。きぬさやえんどうは軽量かつ比較的栽培が簡単で高収益を実現できるというのが導入の理由であったが、連作がきかず五～七年の間隔をおかなければ栽培できないという問題がある。そのためトマト、きゅうり、ピーマン等を採り入れて多品目栽培による施設野菜の輪作を確立する必要があるが、それにはこうした作物についての栽培技術習得、ハウス増棟、労働力対応などの課題を解決しなければならない。これらについて積極的な対応を示す農家が存在する一方、多品目栽培に至らず、忌地現象を回避できない場合もみられる。役場・農協が助成措置を講じた結果、堆肥盤の設置と堆肥投入は野菜作農家に定着したが、施設野菜の輪作体系については依然問題を抱えている。

もう一つは畑輪作の問題である。農協の受託事業に依存して小麦・そばの作付割合が高いが、それだけに小麦・そばは連作するのが一般的であり、すでに連作障害も現れ始めている。畑輪作を確立するには少なくとも豆類の導入が必要であり、農協は大豆の作業受託を検討している。だが、農協の受託事業によって問題のすべてが解決するわけでなく、本格的な畑輪作を確立するには畑作圃場の団地的集積に向けた対応が不可欠となろう。

このような問題の所在を考えると、下川町においても地域農業が安定的な構造を確立したとみることはできない。農用地利用再編の過程は現在も進行中であると認識すべきである。

さて、二〇〇〇年度から開始された直接支払制度は、平地農業との生産コスト格差の八割を補填することによって条件不利性を緩和するという考え方に立っている。ここで念頭に置かれているのは、稲作農業という点で平地と共通基盤をもつ都府県の中山間地帯である。だが北海道の中山間地帯では、農用地利用再編を経過することによって平地との農用地利用の共通性が希薄化している。この地帯では、条件不利性に対応した独自の農用地利用のあり方が模索されているのである。農用地利用の共通性・固着性を前提として生産コスト格差を補塡するという政策は、限られた範囲でしか有効性をもたないのではないか。

今日の北海道山間農業地帯はさらなる農用地利用再編を迫られている。米生産調整等の政策主導の再編を経過したが、今後の再編においては農家や農協等の地域の主体性・内発性が強く求められる。その具体例として下川町における農協主導の農用地利用再編を紹介したが、農用地利用再編の内容や地域主体のあり様は多くのバリエーションをもつであろう。

先に、北海道の山間農業地帯が生源寺論文でいうタイプ二とタイプ三の中間的位置にあることを述べた。そのような位置にあることは政策の谷間に置かれる可能性につながるので、条件不利性の指標を充実させて政策対象からこぼれ落ちることを防ぐ必要がある。それと同時に、地域の主体的な農用地利用再編を支援するような政策の枠組みが求められる。既定の直接支払制度の目標は「耕作放棄の防止」に置かれているが、より積極的な目標を設定し、それに向けた取り組みを促進する政策手法が必要である。

〔柳村俊介〕

終　章　北海道農業の構造的特質と課題

第一節　北海道農業の構造

一　都府県農業との異質性

北海道農業は自然・気候的条件、歴史的条件、政策的・政治的条件において都府県農業とは異質な展開を遂げてきた

まず、自然・気候的条件である。

都府県はアジア・モンスーン型農業地帯に属するが、北海道はアジア・モンスーン型農業地帯と欧米乾燥型農業地帯との中間的位置を占める。都府県は一部亜熱帯を含む温帯に属するが、北海道は亜寒帯に属する。五～一〇月の積算温度は東京四一五〇度、鹿児島四九五〇度に対して、札幌三〇六〇度、網走二六四〇度である。また、

年間降水量は東京一四五〇ミリメートル、鹿児島は二二三七ミリメートルに対して、札幌一一三〇ミリメートル、網走八一五ミリメートルである。

アジア・モンスーン型農業地帯の基幹作物は稲作であり、欧米乾燥型農業地帯の基幹作物は畑作・畜産である。稲作はもともと熱帯・亜熱帯を原産とする作物であり、品種や技術改良を重ねることで日本のなかでも北進を続けた。北海道・道南地方では江戸中期から作付けられていたものの、本格的に移植を果たしたのは二〇世紀初頭になってからである。これに対して、てん菜、馬鈴しょ、酪農はもともと寒冷地作物である。野菜は熱帯、温帯、亜寒帯それぞれ原産の作物がある。そういう意味で北海道は、亜熱帯、温帯、亜寒帯の作物の組み合わせにより、歴史的に北海道独自の作物の生産と農法を編成してきたのである。

北海道の農地の約三分の二は特殊土壌(火山灰土壌三七%、重粘土壌二一%、泥炭土壌八%)である。火山灰土壌は、道東、道南地方などに広く分布し、地力に乏しい。重粘土壌は、上川、空知、網走などに多く分布し、粘性で緊密なため停滞水を生じやすい。また、泥炭土壌は石狩川、空知川など水田型地帯に分布し、過湿で通気性が不良である。

積算温度と年間降水量や土壌条件の違いは、北海道と都府県との栽培作物の適性や技術に決定的な違いをもたらすだけでなく、北海道内部の農業地帯、地域においても栽培作物、品種、農法の違いを決定づける。例えば、十勝型チューネン圏の中心に位置する旧開地域の中央部が積算温度二四四〇度以上、新開地域の周辺部が二三七〇～二四四〇度、酪農地域である山麓・沿海地域は二三七〇度未満である。また、網走地域では特殊土壌が多く分布し(火山灰土壌二五%、重粘土壌三三%、泥炭土壌五%)、地域内での作物構成や野菜作付条件を規定している。さらに、北海道の農業開発・入植は当然ながら農業条件(土壌・形状・気候、水利、市場)の良い地域から序列性をもって行われたが(「開発序列」)、その際土壌条件は決定的に意味をもった。例えば、南幌町では戦前開拓は沖積土壌地域のみであり、排水不良に悩まされていた高位泥炭土壌が存在する地域の開発は戦後であり、戦後開拓地域は今日も米の収量・品質評価は低く、そのため転作率は高く、転作条件は不利であり、負債問題が深刻な地域である。

次に、歴史的条件である。

北海道は道南、沿岸地帯の一部を除き、「和人」が開拓・移民したのは明治期になってからである。北海道開拓を行った明治政府は、当初、都府県とは異質の農業形態を移植すべく、北海道と気候の似たアメリカ東北部の有畜畑作農業を、そして大規模農場を創出しようとした。そのため、ホーレス・ケプロン、ウィリアム・クラーク、エドウィン・ダンなど多くのアメリカ人技師を招いた。また、有畜畑作農業創設のため明治初期〜中期には稲作生産を禁止した(明治末期に許可。その後はむしろ稲作の北進・拡大)。しかし、歴史の過程で北海道に定着したものは、水田を中心とした「小作農場制」であり、「畜耕手刈り」という独自の農法であった。さらに、一九二〇年代の宮尾農政は、デンマーク、ドイツに範を仰ぎ、畑作・畜産の混同経営の創出を目指した。デンマーク・ドイツからモデル農家が招聘され、彼らの母国で行われていた畑作、畜産、農産加工を組み合わせた実験が行われたが、当時の北海道ではヨーロッパ中農による自給度の高い農法は根づかなかった。混同経営の確立には失敗したものの、この政策転換を起点として今日の北海道畑作や酪農の基礎が形成されたのである。

このようにみると、戦前の為政者の農業構想とは異なる展開を示してきたとはいえ、北海道は歴史の過程で、独自の農業地帯を作り出してきた。ことに北海道畑作は、今日では寒冷地作目を取り入れた畑作四品(十勝地域―てん菜、馬鈴しょ、小麦、豆類)、畑作三品(網走地域―てん菜、馬鈴しょ、麦類)という輪作体系をもつ土地利用型畑作地帯として、日本の都府県とも欧米とも異なる独自の畑作農業(農法)を作り上げてきたのである。

北海道の牧野は都府県の入会地的牧野とは異なる。北海道酪農は、大規模な草地開発の結果、まさに牧草専用地に拡がる農業形態として独自の展開を遂げてきた。歴史的にも、本格的な酪農生産が始まったのは戦後の酪農振興政策の結果であり、都府県酪農とは異なる系譜をもつ。

これに対し、北海道稲作の技術体系は、機械・施設が大型化しているとはいえ、都府県の中型技術体系の延長線上にある。都府県稲作は、適期作業期間が長く、苗も稚苗や中苗もしくは直播でも対応できるのに対し、北海道は作業期間が短いだけ相対的に重装備であり、中苗、成苗でしか対応できない。この北海道稲作の技術体系が隘路ともなって、米政策の転換が北海道稲作に苦境をもたらしてきたのである。

最後に政策的・政治的条件である。

北海道は新開地として、明治期から日本資本主義における内国植民地(食糧・原料、市場、人口などの略奪的利用)として位置づけられてきた。北海道農業も、国家主導の農地開発や価格支持に支えられ展開してきた。さらに北海道農業は、時々の農業課題の実験台、農政モデルの対象でもあった。戦前は北アメリカ・北ヨーロッパ農業のモデル、戦後は、政府の開拓・開発政策や大型機械農業のモデル、あるいは構造政策のモデルとして位置づけられてきた。多額の農業投資は、そのための政策費用として使われた。今日も続く「官依存体質農業」、「政策にふりまわされる農業」という北海道農業のマイナス面は、こうした政策依存の産物でもある。さらに北海道の開拓・開発は中央政府の直接支配のもとで、戦前は内務省の直轄地として、戦後は北海道開発庁・開発局の下で進められた。戦後は開発が国(北海道開発庁・開発局)と地方自治体(北海道)によるいわゆる「二元的開発行政」として展開してきたところにさまざまな軋轢や矛盾をもたらすことになる。ともあれ、このような中央政府直轄の根拠の一つは、開拓・開発という国家事業の重要さだけではなく、北海道の置かれた地理的・軍事的要因も大きかった。戦前の北海道は対ロシア、対ソ連戦略の前線基地としての役割、戦後は冷戦構造の前線基地としての役割を担ったのである。冷戦構造の崩壊は、北海道のこのような役割を後退させるとともに農業の役割も後退させられた。

二　北海道農業の基本的性格

明治時代から今日までを貫く北海道農業の基本的性格は次の四点にまとめられる。第一は、辺境的・限界地的性格、第二は、開拓当初よりの商業的農業、土地利用型農業の性格、第三は、積雪寒冷地農業の性格、第四に、地域分化の激しい性格である。これら四つの性格は相互に関連しあっているし、その具体的展開はこれまで各章各節で分析してきたのではあるが、それぞれについて簡単にまとめておこう。

第一は辺境的(内国植民地的)・限界地的性格[1]についてである。

北海道農業は、開拓当初より国家主導の農地開発、大規模施設をはじめインフラ整備に支えられ展開してきた。インフラ整備は農業生産や生活に不可欠な水、電気、道路、港湾などに及び、これらは中央政府の財政投資や自治体行政によって成し遂げられた。とりわけ国家主導による投資の規模や性格が生産・生活の質を決定的に左右したのである。そしてそのことが、画一的・官僚的農政(国家による支配)や「ゼネコン支配」を招き、北海道農業の官依存体質の根強さという弱点をもつことにもなった。

さて、序章でみたように「辺境性」を単にフロンティア(開拓可能地)の存在の有無としてではなく、耕境変動や地目の変更、農地移動の激しさ、農家・集落の流動性の激しさとして捉えるならば、今日においても北海道は依然として辺境である。その辺境的性格により「経営形態の転換も二〇世紀を通じて繰り返されてきた」し、「一時期の安定も、経済環境の変化で霧散してしまう」(第一章第一節)のである。そして、今日の農業グローバリズムは、激しい構造変動の時代＝辺境性の拡大の時代、と規定してよさそうである。

北海道における今日まで続く辺境的性格は、産業構造・労働市場にも現れている。北海道の農業構造を分析する場合、農家の兼業・就業構造を規定するものとして、また、北海道における土地所有の性格を規定するものとしての産業構造をみておく必要がある。北海道水田型地帯の兼業構造については第三章第五節で触れ、北海道における土地所有の性格については終章第三節でまとめる。産業構造・労働市場については、本格的な分析が必要であるが、ここでは素描を描くに留めておく(2)。

北海道の産業構造は、今もって「内国植民地」のまま「高度化」されず、労働市場は狭く浅い。このような産業構造・労働市場が、重装備を必要とする農業構造と相まって北海道の兼業化を限られたものにしてきた。北海道の産業・就業構造は、都府県に比べ、第一次、第三次産業の比率が高い。また第二次産業は比率が極端に低いうえ、建設業の方が製造業よりも高いという特異な構成をもつ。このような構成は戦前以来のものであるが、戦後高度成長期以降さらに顕著になった。製造業も素材生産と食品加工・生活関連産業が中心であり、機械など加工組み立て型産業の歴史的蓄積を欠いていることが、産業連関の分断的状況を招き、それが就業構造にも反映している。さらに、公共事業を中心とした建設・土木労働者と公務労働者の比率の高さは、北海道経済の国家依存・公共依存体質を示す。以上のことと、第二次・第三次産業における自営業や中小地場産業の層の薄さ、農家兼業の層の薄さとは裏腹の関係にある。また、労働市場における不安定就業者の膨大な存在と、臨時・季節労働者の比率の圧倒的高さ、さらに失業・半失業人口、潜在的・停滞的過剰人口を多く抱えていることも北海道の大きな特徴である。以上のことは、産業構造・労働市場構造の未熟さと表現されるし、辺境性を如実に示す構造といえる。

第二は、開拓当初よりの商業的農業、土地利用型農業についてである。

都府県農業は、歴史的には雑穀・稲作・野菜等を中心とした自給的農業として出発した。これに対し、北海道は開拓作物(そば、粟、稗など)の作付の後は、内地向け、あるいは輸出向けの加工・原料農産物が作付けられた。北海道で早くから栽培された馬鈴しょ、亜麻、除虫菊、ハッカ、てん菜などは、いずれも原料農産物としての生産であり、加工工場からの半ば強制による生産が行われた(第一章)。生産される農畜産物が加工・原料農産物であることにより、北海道農業は絶えず世界市場との関わりをもつ。第一次世界大戦当時の十勝の豆類、網走のハッカ輸出はその典型例である(第一、二章)。一九八〇年代以降注目されてきた北海道野菜も、施設野菜は比較的少なく、土地利用型の根菜類、重量野菜の比重が大きい。このことは、第一の性格としての市場からの遠隔地性、第三の性格としての積雪寒冷地であることとも関連する。

北海道はしばしば「日本の中の食糧基地」と呼ばれる。食糧基地とはいえ、多くは原料農産物の都府県移出基地としてである。今日、北海道で生産される主要農産物のうち馬鈴しょ、てん菜、小麦、豆類、生乳の多くは加工原料として利用され、そして米も今日では多くは業務用・加工用として利用されている。

土地利用型の大規模農業地帯であるがゆえに、北海道は、都府県とは異なる独自の農業関連産業を築いてきた。機械・施設産業、肥料・農薬・種苗、集荷・加工施設、流通・運搬、コントラ等支援システム等々の規模は都府県のそれに比べ格段に大きい。農業関連産業との関わりが強いことは、農業の経済波及効果の広がりを意味する。さらに、都府県と比べ農協・農業団体の位置づけの大きさ、性格の違いも北海道農業の特徴の一つである。

第三は、積雪寒冷地農業の性格についてである。

北海道は、日照時間、積算温度、積雪、海霧、湿地、凍土そして三大特殊土壌などの自然・気象条件により地域的に生産される作目は限られている。また、都府県で生産される作目であっても気候条件により作業適期は制約を受ける。北海道は寒冷地として、三〜四年に一回の冷害に見舞われ、冷害の試練を乗り越え、また、特殊土壌と対峙しつつ農法転換を図り、適地適作を探り地域分化を図ってきたのである。戦前も、一九三一年からの連続冷害(三三年を除く四年間)の発生によって稲作適地への模索が図られてきたし、戦後も「二九・三一年冷害」(一九五四・五六年)、「三九・四一年冷害」(一九六四・六六年)を契機に、酪農地帯と畑作地帯の各生産地帯への分化、冷害に弱い豆類の適地確定、根菜類の導入がされた。

第四は地域分化の激しさである。

日本のなかで、北海道ほど水田型地帯、畑地型地帯、草地型酪農地帯など截然と区別されている地域はほかにはない。このことは、これまでみたような北海道農業の自然・気候的条件、歴史的条件、政策的・政治的条件において都府県農業とは異質な展開を遂げてきたからである。さらに農政の転換、世界市場との関わりは北海道農業の地域分化の激しい変化をもたらしてきた。

地域分化の歴史的形成過程については序章第二節、第一部第一章、第二章各節に詳しい。そして本書は、北海道の主要農業地帯を土地利用方式である水田型地帯、畑地型地帯、草地型地帯、中山間地帯として捉え、しかも歴史的に形成された旧開・新開地域、先進・後発地域の内部編成とそれら相互の関連を分析してきたのである。

〔岩崎　徹〕

（1）七戸長生は、限界地の性格を自然的・技術的限界地、経営的・経済的限界地、政治的・政策的限界地、社会的・生活環境的限界地の四つに分け分析している。「いわゆる限界地農業地帯としての北海道」（七戸長生・大沼盛男・吉田英雄『日本のフロンティアのゆくえ』日本経済評論社、一九八五年）を参照。

（2）北海道の労働市場とりわけ農村労働市場については、岩崎徹編著『農業雇用と地域労働市場——北海道農業の雇用問題——』（北海道大学図書刊行会、一九九七年）を参照。

第二節　北海道農業の到達点と課題

一　農業地帯構成と経営形態

第三章から第六章においては、一九九〇年以降の各農業地帯における構造変動の実相を明らかにしてきた。水田型地帯に関しては流域論的視点から石狩川流域を、畑地型地帯に関しては立地地代論的視点から十勝平野を、草地型地帯に関しては政策投資の視点から根釧台地を取り上げてきた。こうした分析視角は、農業政策論に傾斜した経営形態別分析の単線論的方法論の問題点を克服し、地帯内部の開発序列的視点を導入することで、各地帯に共通する旧開地域、新開地域の特性を浮き彫りにするという成果を得た。これは、以下のように整理することができる。

(1)　旧開地域の特徴は、農業展開においては経営形態によって異なるとはいえ、戦前期の開発をベースとしており、地価下落が始まる八〇年代中頃までは農家の経営規模も等質的であり、いわゆる中規模地域をなしていた。地域的には、水田型地帯では石狩川中流域(北空知)を、畑地型地帯では十勝平野の中心部(小豆適地地帯)、網走では常呂川流域(北見)を代表とすることができる。

ここでの農地移動の特徴は、個々の農家の蓄積力が高く、離農が相対的に少なく、したがって農地市場は競争的であり、その結果、集落による移動調整が強く働いたことである。したがって、集落代表の農業委員を直接担当者として農業委員会の農地移動適正対策による農地移動斡旋事業が最も機能的に働いた。また、営農集団の展開や数戸による機械の共同所有・利用などもみられ、そうした農家の結束力をベースとしたハイレベルな農協の運営体制の確立もこの地域の大きな特徴をなしていたといえる。

しかしながら、一九八〇年代後半以降、特に九〇年代に入ると様相は一変してきた。第一に、比較的等質であった農家の階層構成が後継者無し層から崩れ始め、その放出農地が主に賃貸借の形態で規模拡大農家に集積されるようになった点である。この地域の農家負債の水準は低く、しかも出し手農家は後継者がおらず投資を抑制していたため、離農の際の農協への負債整理のための農地処分を必要とせず、年金取得を契機に賃貸借による第三者委譲の道を選択したのである。また、この地域はもともと高地価であり、九〇年代になっても他の地域と比較すると相対的高地価状況は緩和されておらず、受け手にとっても借地による拡大が当面の規模拡大には都合が良かったといえる。この結果、所有権移転を含め一定のまとまった農家群が水田型地帯では七〇年代の五ヘクタール規模が一〇〜一五ヘクタールにまで、畑地型地帯では一〇ヘクタール規模から一五〜二五ヘクタールにまで急速な規模拡大をみせており、しかもその多くが自小作形態を採っている。ただし、この間進行した野菜・花きなどの集約部門を有する複合経営農家も存在しており、農家の経営展開は複線的な構造を有していることも一つの特徴となっている。

第二に、もともと中規模地帯の農地移動は高地価と競争の激しさから分散的であったが、下層農家の底上げ化(規模の平準化)と隣接地優先(団地化)が「原理」として働いていたため極端な飛び地の発生は抑制されていた。しかしながら、農地移動が賃貸借を主流としたものになると、売買における調整機能は働かず個別相対的な移動がむしろ一般的となり、農地分散がかなり目につくようになってくる。

そうしたなかで、担い手育成対策が重要となっている。農家構成は、従来の等質的農家群から、自小作型展開による専作型の経営群と中規模を維持した野菜・花き複合型の経営群とに分化してきた。まさに、構造調整が進行しているのである。しかし、前者の上層農家は経営的には安定性を有しておらず、個別展開の方向には限界を有している。他方、後者からは一部集約部門の専門化を目指す動きもあるが、複合経営は依然として一つの路線をなしている。こうした二つの動きを統一的に組織化する方法は協業型の組織化、すなわち内発的・集団的対応による相互支援体制であると考えられる。したがって、支援方式も内部討論を保証した自主性を引き出すものが求められるであろう。

(2)　新開地域の特徴は、戦後開拓を多く含み、その分高度経済成長期の開発投資が集中的に行われた地域である。土地改良投資をベースとしながら、その基盤のうえに大型機械化・大型施設化が進展し、北海道内においても屈指の「構造政策の優等生」を生み出している大規模地域である。ただし、原生的生産力において旧開地域に劣り、急速な規模拡大に関わる投資回収問題を常に引きずってきた地域でもある。また、外周部に中山間地帯と共通する条件不利地区を多く抱える。地域的には、水田型地帯では石狩川下流域、十勝周辺部畑地型地帯、網走の斜網地区、根釧・天北の草地型酪農地帯が代表と目される。

農地市場の特徴は、耕地の外延的拡大(開田、湿地改良、層厚調整、草地造成)を伴いつつ、なおかつ大量の離農を析出しながら売買による規模拡大が図られてきたことである。戦後開拓地域に典型的にみられた農地移動イコール負債移動という極端な形態も存在し、弱者を残さない厳しさを経験している。専作型の規模拡大が支配的であり、機械導入期に政策的に追求された共同利用組織も残らず、個別完結型の機械化・施設化がほぼ完成している(畑作地帯の小麦の農協インテグレーションを除く)。ただし、酪農を除きその機械化体系は中規模農家のそれと連続的である。

一九八〇年代前半には高地価のもとで中規模層において生き残りをかけた規模拡大が進行するが、八〇年代中期から始まる政策支持価格の低下と生産調整、さらには同時に進行する農協の債権回収と「貸し渋り」によって倒産型の離農が一気に噴出した。しかし、地価は農協による「負債見合い価格」の強制によって下落率が緩和される。この時期における農地取得の一つの特徴は、中規模層が外周部の離農多発地帯へ遠距離通い作のかたちで農地取得を行った点である。これによって、すでに始まっていた周辺部での土地余り現象は調整されたが、土地利用という面では農地の新たな分散問題が発生したのである。

その後、農地移動は停滞局面に陥るが、一九九〇年代に入ると上層農家によるさらなる規模拡大が始まる。一部には借地的展開もみられるが、基本は売買であり、有力農家の場合には買い叩きの実態もみられるが、負債処分による移動の際には農協による負債移転型の売買ケースも多くみられる。また、オーバーローンの激しい場合には農協の一部債権放棄を伴わざるを得ない場合もあり、売買が凍結されるケースも見受けられる。

こうしたなかで、買い手農家の取得農地に対する評価と選別が厳しくなり、特に条件の悪い農地では売れ残り現象が現れている。現状においては、耕作放棄地の発生には至っていないものの、将来的な懸念は大きい。

ここでもまた、担い手育成問題は重要である。この地域の農家の志向は歴史的にみて個別完結型であるので、組織化の方向は外部からの支援システム化(農協インテグレーション、コントラクタ、派遣組織)をとると思われる。ただし、最も経営条件の厳しい水田作地帯でぎりぎりの生産協同組合化(複数戸法人化)が進展している点は見逃せない。この点は、経営形態ごとの経営環境の相違を反映しているものと考えられる。

(3) 本書における農業地帯構成の分析は、経営形態による区分ではなく、水田型、畑地型、草地型という土地利用による地目区分とすることで、開発序列という動態的分析が可能となった。しかし、分析上の難易度の問題もあり、その対象は平場である水田型＝空知、畑地型＝十勝、草地型＝根室にほぼ限定されてしまった。水田型でいえば上川農業が、畑地型でいえば網走農業が、草地型でいえば天北農業の本格的分析は課題として残されている。そこで、以下では中山間地帯との関連を含め、仮説的にこれら三つの農業地帯の特徴を展望しておく。

三つの農業地帯が主たる土地利用の形態として、上川農業が水田型、網走農業が畑地型、天北農業が草地型であることは統計的にも問題はない。しかし、上川農業は石狩川上流の上川盆地、支流の空知川が形成する富良野「盆地」、天塩川水系の名寄盆地という三つの盆地列からなっている。そのため、盆地の中央部が水田であり、次第に田畑作、畑作に移行するという垂直型の土地利用構造を有しており、戦前期には丘陵部は特用作物である除虫菊、亜麻などが栽培されていた。現在では、野菜作に転換して産地形成を図っている事例が多くみられる。また、分散的ではあるが酪農経営も存立し、多様な経営形態を抱えている。さらに、周辺部には中山間地帯が存在している。網走農業についても、地帯内部の地形やそれに規定された開発過程の特徴から経営形態を異にするブロック(北見、斜網、東紋、西紋)に区分されるとともに、町村内部においても同様な地域性と多様性を有しているということができる(MTS構造)。ここでも、農地の開発序列の差が地目の差となって現れている。同様に、天北農業に関しても、内陸部は「旧澱原馬鈴薯地帯」をなす畑地型を原型としており、戦後開拓により大規模開発が行われた沿岸部とはやや性格を異にしている。

このように、十勝の沿海・山麓部を除き、空知、十勝、根室の各農業地帯がほぼ単一的土地利用地帯であるのに対し、上川、網走、天北の各農業地帯は、開発序列に対応する土地利用が混在し、複合的土地利用地帯となっている。一九八〇年代には、こうした地域においては個別経営による複合化路線が注目されたが、九〇年代以降この路線は労働力問題を中心に顕在化している。この点は、第四章においても、近年の網走に対する十勝の優位性として検証されている。この結果、複合的土地利用地帯においても、単一的土地利用地帯を後追いする動きが大きくなっている。しかし、複合的土地利用は歴史的に地域の土地条件に対応して形成されたものであるから、平場地域の単一的土地利用に対し競争力を有するとはいえない。したがって、これら地帯では複合的土地利用を前提としたうえで、農協を軸とした地域農業支援システムの形成により、個別経営の限界を補完する体制を早急に確立する必要がある。これは、単一的土地利用地帯における旧開地域での対応と同様の課題であるといえる。

(4)　中山間地帯については、本書で不完全とはいえ北海道的な中山間地帯の特徴を整理することができた。これらは、すでに述べた上川、網走、天北農業の一部に存在するとともに、北海道南部を中心とした海岸部に広く存在している。「地帯」という表記とは裏腹に、個別分散的であり、一九七〇年代以降の地域産業の後退に直面して北海道農業が進めてきた農業近代化路線を後追いした地域であり、土地利用はさまざまである。個別経営の経済力は限られているため、地域政策的な処置が必要であり、下川町の事例でみたように農家以外の事業体の設立が不可欠となっている。

以上のように、北海道農業の構造変動はきわめて複雑であるが、それは単に多様であるというだけではなく、一九七〇年代に形成された地帯構成の再編成過程として存在している。本来は、農業地帯別の課題を詳細に述べる必要があるが、以下ではそれを念頭に置きながら、各地帯の特徴を主要な経営形態に即して整理することにする。

二　水田経営

北海道米の代表であるきらら三九七の、二〇〇四年産入札価格は一万二八八八円であり、ピークであった一九九三年産一万九五〇一円の三分の二に落ち込んだ。北海道米は全国市場における最低ランクと烙印され続けている。一九九七年産以降の大幅な米価下落によって、粗収益は生産費を下回るようになった。転作の強化は北海道に過酷に作用し、〇三年には転作率は五三％にまで拡大した。さらに転作助成金は大幅に減額され、〇四年産地づくり交付金総額は〇三年助成金総額の六二％の水準となっている。これを反映して農地価格は下落を続けているが、単に農業経営に影響をもたらしただけではなく、農協運営にも直接の影響を及ぼしている。そして、北海道のなかでも、条件不利地域である新開地域ほど生産・生活条件は厳しい。この様相を地域に即して整理してみよう。米の収量は旧開地域で高く、新開地域で低い。北海道においては市町村ごとにきららのランク(特A、A、B、C)が設定されているが、旧開地域は多くが特A、Aランクなのに対し、新開地域のほとんどはBランクである。市場戦略については、各地域とも産米の品質・食味に応じた販売対応を行っている。石狩川下流の新開地域では業務用米の販売に力を入れ、中流域の北空知地域においては「広域産地形成」を進め、上流域では大型のカントリーエレベータを活用した集荷・販売を行う、という特徴がみられる。

転作率は、旧開地域で相対的に低く、新開地域で高い。転作対応は、石狩川下流域では集団的対応による高い転作収益の確保を目指しているが、上流域では捨て作り的な対応となっている。転作における野菜導入は、減反緩和、再強化という激変があったにもかかわらず、上流域では野菜が定着し、中流域では稲作に復帰後再び野菜づくりの対応が行われ、下流域では九〇年代になってから野菜作が導入され拡大傾向を示している。転作野菜については、中国野菜が農薬残留問題で一時期減少をみせたが、輸入は構造的となっており、その影響は継続している。

北海道の水田型地帯においても兼業農家は三分の二を占める。長引く「平成不況」と公共事業の削減は、もともと不安定・季節的労働市場に投げ込まれていた兼業労働の就労条件の悪化をもたらした。農業収益の悪化により農家にとって兼業収入が家計費補填としての必要を強めている状況にありながら減収の状況が続いている。

以上のように、水田型地帯では農業収入、転作助成金の減額は農地価格を下落させ、小作料を減少させる。農地価格の下落は農協の信用事業および収益を縮小させ、地域全体の縮小均衡を招いている。一部の農家は、営農の継続をかけてさらなる規模拡大を目指しているが、売買による農地移動の余力は失われている。

次に、稲作技術の変化を整理しておこう。府県において八〇年代に確立した中型技術体系は、二〇馬力四輪駆動トラクター四畦田植機―三～四条自脱コンバインで一五～二〇ヘクタールの水稲作付が可能である。しかし、北海道の場合は適期移植期間と適期刈取期間が短いので、同じ水稲面積を処理しようとするならば、四〇～六〇馬力のトラクター六～八畦の田植機―六条ないし汎用コンバイン(小麦・大豆の収穫と兼用)という体系になる。北海道の方が適期作業期間が短いだけ、相対的に重装備になっているのである。したがって、一五ヘクタール以上の米生産費は、府県の方が低コストである。

また、北海道における六畦田植機は、ミノルのポット式田植機を意味しており、ポット自体が大きく土も多いことから、成苗としては最も安定している。この技術体系は旧開地域の石狩川上流域や中流域の一部で主に採用されている。八畦高速田植機は他のメーカーの製品であり、作業速度は速いが、ポット自体は小さいので、成苗ではあるがやや安定性に欠ける。しかし、作業能率は高い。この田植機は、規模の大きい石狩川中流域と石狩川下流域の新開地域で主に採用されている。なお、この地域では、面積が大きいだけ田植えと代かきが集中・競合するので、能率が高く、踏圧によってグライ(不透水)層を形成しにくいゴムクローラの一〇〇馬力級トラクタが普及の兆しをみせている。ただし、その一方では、稲作が旧開地域よりもヤマセなどで不安定であること、農家のなかには特に泥炭などの土壌条件に規定され、蓄積条件に乏しいことから、未だに相対的に不安定な中苗から成苗に移行するための投資ができない農家も残存している。

稲作部門の上限規模は、圃場一筆の区画を〇・五ヘクタールと仮定すれば、田植え時期の組作業人員を確保できれば一日の作付面積は一・五ヘクタールとなり、適期稼働期間の一〇日間で一五ヘクタールとなる。同様に、圃場区画が一ヘクタールであれば二五ヘクタールが上限規模になる。生産力的にみると、今日では土地基盤整備による圃場区画整理、客土、用排水の改良によって、土地生産力も労働生産力も飛躍的に向上した。しかし、それでも寒地稲作のリスク回避のためには、府県農業の延長線上にある移植機械体系に制約され、トラクタ＋移植機＋コンバインの一セット体系の稼働規模はすでに指摘したように二五ヘクタール程度にとどまる。新開地域、旧開地域とも同様の問題を抱えているが、新開地域における稲作農法は、泥炭地を抱えているだけ問題が深刻である。

以上の稲作技術を背景とした担い手層の動向を次にみてみよう。水田経営の担い手層、あるいは中核層を水田経営面積で捉えることは適格ではないが、ここでは便宜的に統計上のモード層を中核層としてみる。石狩川流域全体では、一九七〇年までのモード層は三〜五ヘクタールであった。その後各地域のモード層はセリ上がり、例えば北空知では、七〇〜七五年には三〜五ヘクタール、八〇〜九五年には五〜七・五ヘクタール、二〇〇〇年には一〇〜一五ヘクタールと年を追うごとにワンランク上昇するようになった。そして今日では各地域とも一〇〜一五ヘクタール層がモード層になってきたのである。経営拡大のための農地獲得手段は流域差があり、石狩川下流域は賃貸借が増加してきたとはいえ、依然として売買による拡大、中流域は売買と賃貸借が並進状態、上流域はほとんど賃貸借による拡大である。

規模拡大競争は、大規模農家はもとより地域農業全体に影響を与える。今日の大規模農家の経営内容は、米価水準と生産費を重ね合わせると、安定した経営にはほど遠い。生産費調査でも、二〇〇二年の一万三〇〇〇円の米価では全階層とも生産費を割り込んでいるが、経営規模別では一五ヘクタール以上層が一番高くなっている。一五ヘクタール以上層の米生産費は、府県の方が低コストになっていることは前述した。単年度の黒字確保が難しいうえに、売買により規模拡大した農家はさらに多額の償還が待ち構えている。

ここで注目すべきは、モード層である一〇〜一五ヘクタール、さらには今では石狩川流域では当たり前になってきている一五ヘクタール以上層(九〇年一・七%、二〇〇〇年七・五%)は、農政が描く「稲作の担い手像」に該当することである。「米政策改革大綱」の担い手経営安定対策では、担い手要件が北海道では水田面積一〇ヘクタール以上の認定農業者、「集落営農」では二〇ヘクタール以上である。今後は、担い手対策も経営安定対策もこれら規模層に特定し、施策・財政を集中させることになっている。規模要件を満たさない経営層はそれをクリアするための規模拡大をいっそう刺激されることになろう。

とはいえ、受け手不在の地域も多く、集落を超えた農地取得調整をせざるを得なくなるであろう。集落を超えた取得は作業効率を悪化させ圃場分散問題を深刻化させる。こうして自立限界規模は徐々に高まり、激しい分解がさらに進む。一方では後継者を確保できずに高齢化する農家層は零細規模のまま規模拡大競争に加わることなく平均規模を下回りつつ、経営縮小・貸付、廃止へと向かわざるを得ないことになる。

北海道の水田作経営は、気象条件から適期作業は制約されていたが、大面積も機械体系によってカバーし、相対的な低コスト稲作を実践してきた。しかし、減反緩和と一転した五〇％を超える転作の実施は水田経営の展望を攪乱させたし、実力以下に評価される「食味」重視の低米価は水田作経営を瀕死の状況に追い込んでいる。新たな品種の登場もあって、北海道米の評価が正当に行われることが期待される。また、「捨て作り」といわれた転作も、水田作経営の悪化によって本作化せざるを得なくなり、麦・大豆の肥培管理の改善も進んでいる。苦境にある水田作経営であるからこそ、効率的な取り組みがみられるし、旧来みられなかった集団的取り組みや法人化の動きもみられている。今、必要なのは、こうした取り組みを定着化させる「安定化」のための条件なのである。

三 畑作経営

畑作物価格は一九八五年以降四年間で約三割の引き下げが行われた。八〇年代後半の経済構造調整政策は輸入制限を緩和させ、さらに八五年以降の円高の進展は輸入農産物を増大させることになった。輸入原料の価格は大幅に低下し、馬鈴しょや枝豆、スイートコーンなどの原料輸入が増加した。また、原料輸入に加えて、冷凍、非冷凍の調理食品の輸入も大幅に増加した。このような輸入原材料価格の低下と輸入量増加は、国産原料農産物価格の引き下げ要請とともに、国内加工メーカーによる品質向上という要求をもたらすようになった。

八五年以降の原料農産物価格の算定には品質基準が導入・強化された。てん菜の糖分取引への移行、澱原用馬鈴しょの取引基準であるライマン価の引き上げ、小麦の産地銘柄格差の導入などである。加えて、小麦は民間流通制度への移行もあり、品質強化を要請する取引基準の強化に加えて市場原理の導入も本格化してきた。

こうした条件のなかでも、二〇〇〇年度の十勝、網走の農業粗生産額は豊作を主要因としながらも史上最高を記録した。十勝、網走は北海道を代表する畑作地域である。両地域は同時に北海道有数の酪農地域でもあるが、ここでは畑作の問題に絞り、さらに十勝地域の動向を中心に整理を行っていく。

十勝畑作は農産物価格の低迷、輸入農産物の急増、農産物品質規格の強化などが進行するなかで、引き続く離農を背景に規模拡大を推し進めながら、品質強化を要請する取引基準の強化に対応し、原料農産物のみの作付から生食・加工用途の馬鈴しょ生産、野菜作の導入などの集約的取り組みを進めた。この澱原用馬鈴しょからの用途転換は農協・食品産業と一体となった早くからの取り組みが効を奏したものである。

十勝農業は帯広市を中心に中央部、周辺部、山麓・沿海部という十勝チューネン圏と称される農業地帯をなし、中央部は集約的な畑作、周辺部は大規模な畑作、山麓・沿海部は酪農が立地している。開発序列や土地生産性、さらには一九七〇年代後半から八〇年にかけての離農率の相違が、こうした地域区分の背景となっている。このうち旧開地域の中央部、新開地域の周辺部の畑作はそれぞれ特徴をもった対応をしてきた。『二〇〇〇年農業センサス』によると、一戸当たり経営耕地の十勝平均は二八ヘクタールであるが、中央部は二四ヘクタール、周辺部は二九ヘクタールである。中央部においても規模拡大は進展しているが、周辺部におけるその勢いはさらに急速であった。そして、周辺部では二〇〇〇年に市町村平均の一戸当たり経営耕地面積が四〇ヘクタールを超える市町村さえ出現している。

このような拡大条件の相違は中央部と周辺部の農家経済の逆転をもたらした。土地生産性の高い中央部は、相対的に小面積でも周辺部よりも高い農業所得を挙げていた。しかし、一九七〇年代に入ると、周辺部は規模の優位性を発揮し、農家一戸当たりの生産農業所得を逆転させたのである。周辺部は中央部よりも単収が低く変動も大きく離農も激しかったが、それが規模拡大を可能にし、排水改良を中心とした土地改良事業が単収の安定をもたらし、機械化の進展が大面積の作付を可能にしたからである。

現在の土地利用を概観し、その技術構造を整理しよう。周辺部は積算温度が低いため、単位当たりの収量水準も低いが、作付作物は畑作四品で中央部とそれほど変わらず、より面積支配型の経営規模になっている。概して中央部よりも適期作業期間が短いため、収穫作業が効率的である澱原用馬鈴しょのウエイトが大きいことと、馬鈴しょを多く播種するため春期農繁期労働を緩和するため一部直播てん菜が導入されている。小麦の前作となる馬鈴しょの適期収穫作業期間も限定されているので、小麦の前作として豆類のウエイトが依然として高くなっている。経営の上限規模は、粗放的な根菜類の選択の分だけ一〇ヘクタールほど中央部よりも大きく、中心規模は四〇〜五〇ヘクタールになっている。一日当たりの作業能率について、澱原用馬鈴しょと食用馬鈴しょを比較すると、澱原用馬鈴しょを多く作付しているからである。周辺部が中央部よりも作付上限規模が大きいのは、澱原用の収穫機は一〜二ヘクタールであり、食用馬鈴しょ収穫機の処理面積は〇・四〜〇・五ヘクタールであるが、食用の約四倍もの能率が上がる。しかも澱原用収穫機は傷、打撲、緑化などへの対応を必要としないので、食用馬鈴しょ収穫機よりも三分の一程度の価格である。このため、周辺部の農家のなかには、規模が大きい分だけ、中央部の畑作農家よりも所得面で優位性を発揮する事例もみられる。最近では、六〇ヘクタール規模で休閑緑肥を導入したバランスのとれた作付体系を採用している畑作農家も出現している。

中央部における作付作物は、てん菜、馬鈴しょ、小麦、豆類の畑作四品が基本型となる。中央部は周辺部と比較して経営耕地面積は小規模で、しかも拡大が制約されていたため労働集約的でしかも単位面積当たり販売金額の大きな食用馬鈴しょや野菜作の導入が先行した。この畑作＋野菜作経営のなかには野菜を基幹作目として作付体系に組み込んだモデル的な中規模経営が現れてきている。しかし、野菜作を基幹作目として導入した経営展開は、良好な土地条件を有している農家に限定されている。畑作経営に副次的に導入された野菜類の多くは、輸入野菜の増加による野菜価格低迷によって、縮小を余儀なくされている。多くの畑作農家にとって野菜作の導入は過小な部門であり、土地利用に組み込まれず、価格条件によって変動するものにとどまっている。

中規模モデルの二五ヘクタール未満層では、ながいもなど高収益野菜を基幹とした集約的な経営組織に再編されている。その場合は、ながいもと収穫時期が競合するてん菜が縮小、あるいは排除される。さらに経営耕地面積が大きくなると、スイートコーンのような野菜が地力維持を兼ねて入ってくるが、他の野菜は労働競合のため入りにくい。ただし、馬鈴しょはすでに述べたように澱原用が縮小し、集約的な生食用や加工用のウエイトが高くなる。

中央部における畑作の経営規模は、てん菜の移植機とポテトプランタに技術革新があり、春期農繁期の根菜作付面積が従来までの一五ヘクタールから二〇ヘクタールまで拡大可能となり、畑作トータルとしての適正規模は、ほぼ三〇ヘクタールから四〇ヘクタールにまで拡大できた。作付体系をみると、豆類の作付が低く輪作年限が短期化する実態もみられ、小麦の一部連作を許容した土地利用も広範にみられる。後継者不在農家を中心に堆厩肥投入が少なく、地力問題を指摘する農家もみられた。中央部においても高齢化を背景に離農率が高まっており、なかには周辺部同様に、手間がかかるうえに価格リスクが大きな野菜作を排除し畑作四品に特化する事例もみられ、畑作＋野菜作経営が広範に成立するとみることはできない実態にある。

このような両地帯の作付や規模を規定しているのは、次にみる機械化の進展である。機械化の進展は、当初中央部が先行したが、今日ではその到達段階に周辺部との差は認められない。機械化による省力化は、トラクタの高馬力化と高性能自走式専用機の開発、センサーや油圧モーター等の技術進歩による作業機の開発などにより著しく進展した。それらの技術を点検すると、耕起においては多連のリバーシブルプラウ(上下二段プラウ)、荒整地と精密整地とを組み合わせたコンビネーション・ハロー、株間除草もできる精密カルチベータ、精密な成畦培土機、作業幅の広い防除機、高性能収穫機(食用ポテトハーベスタ、食用ポテト二畦ディガー・ピックアップハーベスタ、汎用コンバイン、豆用コンバイン、自走式ビートハーベスタ)などのほか、特に注目されるのはてん菜の全自動移植機と馬鈴しょの全自動ポテトプランタである。これによって組作業人員の節約と作業能率の向上によって、適期作業面積を拡大できる余地が生じた。ただし、名称は全自動ではあるが、作業機にはモニターとして一名張りつく必要があるほかに、種いも切りや種いもの運搬・補給、あるいは移植てん菜のポット育苗や苗運搬の省力化が進んでいないので、現状では組作業の人員確保ができない農家が多く、四畦タイプよりも二畦タイプの方が普及している。四畦タイプは大規模農家が互いに共同利用体制を構築できたところで利用されている。

この技術革新によって、機械化作業体系の限界規模は、畑作四品を前提にすると、規模を規定する四月下旬から五月上旬の適期根菜作付が一五ヘクタールから二〇ヘクタールまで拡大することで上昇している。そのときの作業機は二畦全自動移植機と二畦全自動ポテトプランタである。てん菜の移植機は四畦の移植機もあるが、苗の補給に多くの組作業人員が必要になるため、結果としてあまり省力的にならない。四畦のポテトプランタも種子の供給体制、すなわち小粒の全粒種子と中・大粒のカット用種子との識別供給体制確立が前提になる。このほか根菜作付面積を拡大するため、てん菜の直播の技術開発が進められている。しかしながら、直播てん菜は風害に弱く、その対策はまだ開発されていない。したがって、当面はリスク回避のため移植てん菜作付がそのまま主流になる。ただし、風害が起きにくい沖積土地域の一部では、現状維持程度の直播体系は持続されるであろう。

畑作地帯全体としてみると、土地生産力は堆肥、緑肥および輪作励行によって増進傾向にある。堆肥源は近隣に立地している企業的肉牛経営からの供給が多く、麦稈との交換で酪農家から入手するケースもある。休閑緑肥も多くなったが、その直接の要因は耕地規模が大きくなったことと、小麦の適期播種の前作として利用できること、小麦作の経済性が向上したこと、にある。労働生産力は、高馬力トラクタや自走専用機(コンバイン、スイートコーン・ハーベスタ)の導入により、著しく向上した。しかし、基幹作物であるてん菜と馬鈴しょの機械化が十分でないため、すでに述べたように畑作中央地帯における家族経営の適正規模は三〇〜四〇ヘクタールにとどまるのである。労働生産力を規定するトラクタの編成は、耕起・整地などの重作業には高馬力トラクタ一台、根菜収穫用・防除用の中・高馬力トラクタが二台、管理作業用の中・小馬力トラクタは二〜三台が必要になるので、合計五～六台のトラクタを必要としている。トラクタ台数が多くなったのは、加工用馬鈴しょの大口取引先である㈱カルビーが、加工用馬鈴しょの歩留まりを向上させるため、ホクレンとタイアップして七・五運動を展開したのが契機である。その運動の最大の狙いは馬鈴しょの畦幅を馬鈴しょの生理に適した畜力時代の七五センチメートルに戻すことにあった。そうすると、てん菜と豆類もそれまでの一律六六センチメートルの畦幅から各々の作物生理に適した六〇センチメートルにすべきであるという運動であった。しかし、実際にはトラクタのトレッド調整がうまくいかなかったことと、作業機の付け外しや、作業機自体の畦幅調整が困難であったことから、てん菜と豆類は六六センチメートル、馬鈴しょは七五センチメートルとなっているところが多い。その分だけ管理用のトラクタが多くなるので、中古のトラクタを専用機として使うケースが多くなるとともに、実質的に耐用年数も延ばしているので、必ずしも過剰投資とはいえない。

このようにみてくると、十勝畑作は農産物価格の低迷、輸入農産物の急増、農産物品質規格の強化などが進行するなかで、中央部、周辺部とも試行錯誤のなかで土地条件・気候条件に合った土地利用・輪作体系、機械化体系をつくり上げ、現行の国境措置という前提ではあるが、全国有数の農業地域をつくり上げてきたのである。こうした畑作農家の行動を農協は諸施設の投資を行うことで下支えしてきた。

とはいえ、さまざまな課題を抱えていることも事実である。生食用や加工用馬鈴しょへの変更や野菜作の導入が進展したとはいえ、加工原料用途の農産物生産が中心であることには変わりはなく、これらは輸入原材料や製品と直接に競合するものであり、国境措置如何、つまりWTOの合意如何に大きく左右されるのである。拡大条件が存在したことによって経営耕地の拡大が進み、原料農産物生産を拡大している畑地型地帯の農家経済の構造は先行き不透明といわざるを得ない。自給率の向上を謳いながらも、「食料・農業・農村基本計画」の見直しは、小麦、馬鈴しょ、てん菜、大豆のいずれの作付面積も減少する生産努力目標が示されたが、現行の価格補償のための財政負担等が輸入品と国産の価格差を財源としていることなどがその背景にある。すでに豊作を記録したてん菜では価格補償財源が減少し実質的な生産調整が行われている。また、WTOでの関税率の合意如何は財源そのものにも影響を与えるのである。また、鳴りもの入りで導入されることになった品目横断政策であるが、これも期待はずれのものであった。第四章七節でも強調したところではあるが、畑作土地利用は輪作が不可欠であり、その意味では一見品目横断的対策は輪作の円滑化に効果をもつことが期待されるが、土地利用視点の欠如した需要重視の品目横断対策では土地利用の混乱をもたらす以外にないからである。

このように幾多の不安要因を抱えてはいるが、畑地型地帯ではこれまでも農家、農協が一体となってその困難性を突破してきたのであり、今後ともそのたくましい行動力に期待したい。

四 酪農経営

一九九〇年代に入り全国の酪農経営を取り巻く経営環境は、牛肉自由化、雪印の食中毒事件、不足払い制度の改正(補給金単価交付方式への移行)、BSEの発生により暗雲のかげりをみせた。全国の生乳消費量は九〇年代後半には低下し、補給金や交付金の対象となる受託販売生乳数量は九六年をピークに減少した。乳量一キログラム当たりの保証価格は八五年のピーク九〇・〇七円より二〇〇〇年の七二・一三円へと一七・九四円も低下し、副産物となる乳子牛の価格もピークである九〇年の四分の一程度に低下した。

しかし、これらのことは北海道にとって必ずしも悪条件にはならなかった。九〇年代に都府県での酪農家数は半減し、生乳生産量も一〇％の減産となった。この分が北海道に回り、とりわけ価格条件の良い飲料乳仕向けが北海道で増加し、市乳化率は九〇年の二一％から〇三年には二七％となった。また、九九年からは経産牛当たり経営耕地面積の大きな経営に対して土地利用型酪農推進事業交付金が支払われた。

さらに、生産者・関係者の努力により乳質は大幅に改善された。乳脂肪分は〇二年に平均四％を超え、無脂固形分も上昇した。生菌数も九〇年代にペナルティ(一ミリリットル当たり二一万)を課す対策を行った結果ではあるが、基本的に克服した。

これらの結果、総合乳価(農水省『農業物価統計』による)は二〇〇〇年の七三・三円をボトムに、〇三年の七四・四円に上昇した。各種助成金を含めてホクレンが農家に支払うプール乳価は九六年の七七・六六円から〇一年の七八・八七円へと上昇した。

今日、北海道酪農は府県酪農の減産という条件に助けられ、生産調整による乳量制限がなく、国境措置が現状のままという前提ならば、生産量を増加することがストレートに経済的プラスとなる環境が整ってきたのである。九〇年代以降の北海道酪農は、このような背景に支えられて成長した。この過程を経済的側面からみると、個別経営の貯金と負債の関係はかなり改善された。したがって、今日では負債を理由にその返済のために多頭化するという悪循環は一般的にはない。この点は八〇年代までとは明確に変わったといってよい。戦前入植地域では、相対的に安定した蓄積と高い集約度による酪農経営を持続し、こうした地域を中心に自己資金の蓄積に基づく施設化と多頭化が進んだ。草地造成を中心とする開発事業はすでに一段落した。こうして八〇年代後半に一戸当たり頭数や一頭当たり搾乳量で世界のトップクラスに達し、この位置を維持しつつ、さらに多頭化と高産乳化を進めているのである。

次に一九九〇年代以降の酪農生産力や技術の変化について整理しておこう。酪農生産力や技術とは、第一に飼料生産技術、第二に飼養管理技術、第三はふん尿処理についてである。

第一の飼料生産の機械体系についてみると、七〇年代はコンパクトベーラによる乾草と牽引式フォーレージハーベスタ(またはロードワゴン)によるサイレージであったが、現段階ではロールベーラによるロールパック(またはラップ)サイレージ+自走式フォーレージハーベスタによるバンカー貯蔵サイレージに移行している。新酪地域では、スチールタワーサイロを導入した後、バンカーサイロに移行するという迂回路をたどった。

本来、飼料生産と乳牛飼養頭数とのバランスは絶対必要である。しかし、経営によっては多頭化のみが先行し、経営規模が追いつけないほどのスピードで頭数拡大が図られてきた。さらに、圃場区画の大型化のためや飛び地による増反型規模拡大への対処としての交換分合を実現できずにいる農家も存在する。課題は、零細分散する草地を大型圃場形成のために団地化し作業効率を高めることであり、大規模経営になればなるほどその実現が重要となっている。また、そのことは家畜ふん尿処理・圃場還元・環境保全にも大きく貢献する。

飼料生産で注目すべきは、酪農経営の多頭化に伴い一部作業、とりわけ牧草収穫作業をコントラクタや民間企業など外部組織へ委託する農作業の外部化が進行しつつあることである。飼料作の作業委託は機械更新費を不要とする。このシステムを安定化させるためには、コントラクタ事業が収益を償い持続可能であることと、作業委託が酪農家にとって経済効果をもつことが必要であるが、現実にはこれらの条件は整っていない。

第二に、飼養管理技術に関わる変化として、フリーストール牛舎とミルキング・パーラーの普及をあげることができる。一九七〇年代はスタンチョンストール＋パイプライン、新酪地域では、それに若干のフリーストールが普及していた。戦前入植地域においては現段階では過半数には満たないとはいえ、フリーストール＋ミルキング・パーラーのウエイトが次第に高まっている。新酪地域では、現段階でも頭数規模は拡大しているにもかかわらず七〇年代と比較してもフリーストール農家はそれほど増加していない。新酪牛舎の手直しや経営者能力、および資金の蓄積が時間的に不十分だったためである。

第三にふん尿処理についてである。多くの経営は、堆肥盤から堆肥盤＋ラグーンに移行しており、最近では屋根付き堆肥盤も整備されてきた、しかし、ふん尿をすべて熟成させた後に草地に還元できるかどうかは、技術的にも経済的にも依然として問題が残されている。新酪地域では、堆肥盤からスラリーストアに移行しているが、最近では多頭化によりスラリーストアからスラリーがあふれ出ている事例もみられる。そこで、ふん尿対策の一環として、バイオガス・プラントや放牧が注目されているが、バイオガス・プラントはふん尿の輸送と維持管理コストに難点がある。

酪農は近代的な機械化・施設化、あるいはインフラ整備によって初めて、その生産力展開が可能になる。しかしながらインフラが整備され、機械化・施設化を推し進め、ひたすら多頭化を推進したとしても家族経営を前提にすれば技術的規模には限界がある

技術的限界規模とは、家族労働二人を前提とした家族経営の労働制約による限界規模にほかならない。しかも、端的に頭数規模を規定している作業は、搾乳作業である。搾乳に要する時間は、あまりにきつい労働であるため、人間としての生理限界がある。通常では、一回一・五時間程度が限界であり、無理をしても二時間が限度である。そうなると、乳牛の管理様式のタイプごとに限界規模が出てくる。スタンチョンストールでは、経産牛三〇～四〇頭規模であり、ミルキング・パーラーでは経産牛八〇～一〇〇頭規模である。この場合、前提となる家族労働力は二人を想定しているが、後継者に加え研修生や常雇いが確保できれば、労働力の熟練度にもよるが労働力の増加に応じて頭数規模を拡大することは可能である。しかし、経営者能力としては、草地管理、労働管理、乳牛管理、会計・財務管理をトータルに管理する能力を必要としている。規模拡大して多頭化すると、それらの機能は必然的に分業化するため、経営のトータル・バランスを崩し、現局面からいえばそのしわ寄せは加工型畜産化あるいはふん尿処理問題として顕在化している。

このように、家族経営は経営者能力を含む経営資源の賦存量に偏りがあるため、やみくもに頭数規模を拡大しても、効率が高まらないばかりか、むしろ効率を著しく低下させるケースも出現している。酪農経営は、中間生産物の利用など、複雑な迂回生産が多いので、規模拡大をすると生産要素の結合比率に微妙な影響を与え、経営トータルとしてのバランスを崩しがちになる。それを地域として支えるシステムが構築されていれば、効率の低下はある程度回避される。

また、粗飼料の調製にも限度がある。粗飼料の適期収穫・調製面積は、草地型地帯で放牧を前提にしてもせい

ぜい四〇ヘクタールが限界である。したがって、少なくともフリーストールに移行する農家は、飼料収穫・調製作業を共同化するか、あるいはコントラクタに委託しなければ、一定品質の必要粗飼料を確保できないのである。

現実の問題として、フリーストールに移行した大規模経営の多くは、粗飼料の調達形態や敷料の利用が制限されていることと、周年舎飼のもとで高泌乳を追求するため濃厚飼料多給によって、乳牛の疾病や家畜ふん尿処理に苦慮している。

最近では、多頭化経営を目指し、メガファームやギガファームにチャレンジする農家が多くなっているが、労働力の調達と管理、あるいはふん尿処理に問題が生じている。多頭化は、フリーストール化して、ミルキングパーラーの搾乳セット台数を増加させれば技術的には可能であり、究極的にはロータリーパーラーを導入すれば、経産牛で四〇〇頭搾乳することも可能である。しかし、この形態ではもはや家族労働力の枠内では収まらず、恒常的な雇用労働を必要とする。その労務管理や家畜管理はもはや家族経営の経営管理能力を超えている。そのギャップが大規模経営のリスクを増大させている。また、ふん尿処理においても、環境に負荷をかけないで経営内での循環を可能とする技術は現在確立されていない。地域支援システムの補完である程度カバーされてはいるが、本質的な解決に至っていない。飼養頭数に即した土地利用がなされなければ、ふん尿による地下水や河川の汚染は耐え難いほど環境に負荷を与えるであろう。

以上みてきたように、今日の北海道酪農の多頭化は以下のような問題を深めつつ進んだ。

第一は、輸入穀物への依存を深めたことである。北海道における乳牛への給与飼料のＴＤＮ自給率は農水省の生産費調査から計算すると、一九七〇年代には七〇％を超えていたが、九〇年には六〇％を割り、二〇〇〇年代に入ると五〇％を割っている。農水省も、北海道酪農のＴＤＮベースの飼料自給率は二〇〇二年で五四％と発表している。高い生産性は、外国の農産物に依存して高められたのである。

第二は、規模拡大が八〇年代までと同様に消極的な理由で進展したことである。たしかに、かつてのように借入金の返済に追われ「悪循環」の拡大を進める状況は一般的とはいえない。しかし、牛舎・サイロなどの施設、収穫機械などが最適の作業性能体系としてセットで導入されずに、一部分がまず利用され、その後「連鎖的」に拡大が進むという状況は同じである。また、ふん尿処理施設の施設整備が法的に推進された結果、飼料の生産方法を変更するために飼料収穫の機械を整えるという本末転倒の機械導入も行われている。

第三に、このような部分技術の装備の経済的評価が依然として不明確なまま経営が行われていることである。多くの農家は正確に費用を把握しておらず、まして、飼料生産の費用など生産過程の一部分の費用、例えば自給飼料、購入飼料生産のコストと比重、作業委託の導入効果などを経済的に判断してはいない。この結果、経営管理の水準により、個々の農家間には大きな収益性の格差が生じ、例えば同じ五〇頭層の農業所得でも三〜四倍もの格差が存在する。同じ施設装備で、同じ頭数で入植した農家に大きな差違が生じたことはすでに示してきた。正確な費用計算とまでいかずとも、簡易な収益の水準すら知らずに著しい多頭化と産乳量の増大を進めてきた。収益性が低いまま、逆に低いからこそ、さらに多頭化を進めるという「多頭化志向」は今日も続いている。

したがって、今後の酪農経営の課題は以下のように整理できる。

第一に、経済的な経営評価が的確にできる条件をつくることにある。周囲の農業者との経営収支を比較しながら経営改善を進め得ることは、マイペース酪農交流会の事例、農協によるクミカンデータを活用した農家への分析シートの配付による経営分析の事例をみても明らかである。こうした取り組みを広く進め、農家が自らの経営の位置を明確にすることが求められている。

第二に、技術的に草地型地帯に適応する経営のスタイルを明確にすることにある。搾乳部門については雇用労働力を確保して、機械装備をすることによりいっそうの多頭化が可能なことは、府県でしばしばみられる「メガファーム」によって説明ができる。ただし、著しい多頭化が草地型地帯に適しているか否かは説明が難しい。農薬にさらされることが少なく、面積の広さに恵まれ、圃場の団地化が進んでいるこの地帯に最も適合的な酪農経営のスタイルが追求され、試行され、普及される必要がある。飼料給与については乾草主体から出発したが、現在では一部に乾草利用はあるが、大部分は完全にサイレージに転換し、そのうちフリーストール体系に移行した農家は、ほぼＴＭＲを採用している。しかし、このＴＭＲの行き着く先には、高泌乳・多頭化・薬漬けの「加工型畜産」の姿もちらほらみえてくる。「土―草―牛―人間」の循環を考慮した家族経営の適正規模による北海道型酪農のあり方が求められている。

第三に、農村としての文化の確立が求められる。加工原料生産を主体とした北海道農業のなかで、草地型地帯は最も商業生産的であり、単作的になっている。多様性に乏しく、農家間の差違は規模や乳量で比較されやすく、かつては生産量で番付表がつくられた経過もある。自給農産物を加工・保存し、さまざまな場面で生活に利用される経験が最も乏しい地域となっている。半面で女性農業者の加工活動は決して他の地域に引けを取らない。酪農家のチーズ販売はこの地域でもわずかではあるが行われるようになった。多くの農業者は景観を整え、ふん尿流出の影響を緩和し、自然環境を再生するために植林を考えるようになっている。

畜産基地と自称することもある草地型地帯で、あたかも本国に食料を届けるための「植民地」ではなく、この地域に住み生活する者としてのライフスタイルをいかに確立するかが、ここ新開地域においても重要な課題となり始めたのである。

五　農協の支援体制

農協の地域営農支援の体制は、かつての個別経営の「指導」の時代から大きく変化している。多少の規模格差を有するとはいえ、戦後自作農体制を担う農家の性格は均質的であり、農協と農家との関係はフラットなものであった。しかし、現在に至っては組合員の性格は多様化しており、農協は性格の異なる農家をそれぞれ位置づけながら地域トータルとしての農業システムづくりを迫られている。

農協の生産部門に関する独自性は産地形成のもとで、「流通過程に延長された生産過程」、すなわち集出荷施設や乾燥調製施設、さらには加工施設へと展開し、固定資産額をみてもかなり膨大なものになっている。しかし、現段階においてはさらに生産過程そのものへの農協の介在が必然化している。これは、組合員の多様化に対応するものであり、規模拡大が個別経営の特定部門のアウトソーシングを要請する段階に至ったこと、高齢化の進行が委託作業を要請しているなど、従来の集荷過程に限定されない労働力問題を契機とした農協の補完機能が必要とされているからである。

また、戦後体制の見直しのなかで、現在においても重要な農業団体を構成している農業改良普及センターや農業委員会の組織・予算面での後退が予想されており、こうした必要不可欠な団体の機能を農協が継承せざるを得ない局面に置かれている。このことから、農協は地域営農支援システムの中核的存在として、さらなる企画能力と実行体制の確立を求められているのである。

しかしながら、地域農業支援システムの内容は、経営形態によって内容を異にせざるを得ない。そこで、以下では、水田型、畑地型、草地型酪農について、考えられる地域農業支援システムのモデルを提示してみたい。

（i）　水田型地帯――農地問題に対応した地域営農支援システム

現在、最も経済環境で厳しい条件に置かれているのが水田型地帯である。一九九〇年代後半においては規模拡大が進展をみせたが、時を同じくして米価の下落と転作条件の悪化が進み、農家経済の状況は困難を極めている。

販売体制に関しては、ホクレンを中心に業態別・用途別販売に対応した施設投資が進められ、個別完結型の稲作経営からの転換がみられる。こうした物流からのインパクトは、十勝でみられたような農協インテグレーションの方向への誘導となる可能性がある。ただし、現在のところ収穫過程までの農協の介在はみられない。「転作の本作化」の過程で、小麦収量の高位安定化、大豆作の導入が行われ、これまで組織化が弱かった石狩川下流域(南空知)において転作に関わる集団化の動きが進展をみせており(ながぬま農協、いわみざわ農協北村支所)、また野菜の導入・定着において農協の役割が重要性を増している。他方、農地問題に対応した農地利用調整システムの構築の動きも新たな動向として注目される。この間の規模拡大により、受け手不足は深刻であり、農地保有合理化事業による中間保有の終了と売渡に際し、農業生産法人化により受け皿を確保する方向が模索されている(南幌農協、いわみざわ農協北村支所)。また、高齢化に対応して受託組織化や賃貸借の地域調整のための農地保有合理化法人の設立もみられるようになっている(ながぬま農協、栗山農協)。

このように、水田地帯においてかつては組織化が進んでいなかった大規模・個別展開地域において、担い手育成型の地域農業支援システムの形成が行われており、野菜・花きなどの部会型組織化をあわせ、こうした動きをいかに一般化していくかが大きな課題となっているのである。

(ii) 畑地型地帯——農協施設を核とした地域営農システム

畑地型地帯は、最も早く農協が中核となった地域農業システムを開発した点で勝っている。士幌農協の馬鈴しょコンビナートの形成、中札内農協の地域システムがその例である[1]。畑作はもともと集荷・調製体制を農協が担っており、農家の大規模化、装置化・システム化のなかで、農協の施設投資は拡大をみせてきた。そのなかで、生産流通施設を起点とした地域営農システムが形成されてきたのである。そして、一九七〇年代後半からの小麦作の増大による乾燥調製施設の完備と大型コンバインによる収穫搬入体制の形成によって、更別農協に典型的にみられる「農協インテグレーション」型の組織化が行われ、生産部会型の集荷体系が形成されるのである[2]。また、馬鈴しょの加工原料の調達体制にみられるように加工資本との関係を色濃くもちながら、農家の組織化が進展をみせるのである[3]。

さらに、八〇年代後半からは、野菜の導入が進められ、帯広かわにし農協のながいも生産に典型的にみられるような、種子供給をベースとした販売型の生産部会体制の確立もみられてくる。こうしたなかで、十勝を中心とする畑作地帯の農協においては、バリエーションを異にしながらも、施設投資を一つの核にした農協による農家の組織化が進展をみせており、地域営農システムの北海道における一つの典型をなすに至っているのである。今後は、施設投資と出資、利用の関係においては、アメリカにおける「新世代農協」などの展開が行われる可能性がある。

(iii)　草地型地帯――作業外部化に対応した地域営農支援システム

草地型地帯は、従来は個別完結型の典型であり、公共草地を除けば、組織化は乳検組合などにとどまっていた。しかしながら、一九九〇年代のフリーストール・ミルキングパーラー方式の普及に伴い、急速な規模拡大が進行している。このなかで、一定の進展をみせていたコントラクタ事業(粗飼料調製)のほかに、TMRセンターの設置や育成部門の外部化が行われるようになってきた。また、農場制を維持し、固定資産の価値を保全し、担い手を確保するために、新規参入者研修を行う施設も一部で確保されるようになっている。さらに、中春別農協と浜中農協においては農地保有合理化事業の制度的問題をクリアするために農協による「継承農場」の確保が進められている。また、情報のストックやその提供により、農家の経営コンサルティングを行う体制も徐々に整備されつつある。

このように、酪農地帯の先進農協においては、酪農経営の大型化に伴う作業の外部化要請に対応したシステムづくりと経営管理に対するサポートを地域一体となって行う地域営農支援システムが形成されつつあるといえる。

(1)　立花隆『農協――巨大な挑戦――』(朝日新聞社、一九八〇年)、士幌農協研究会『士幌農協七〇年の検証――農村ユート

ピアを求めて――』(北海道協同組合通信社、二〇〇四年)などを参照。

(2) 牛山敬二・七戸長生編著『経済構造調整下の北海道農業』(北海道大学図書刊行会、一九九〇年)、三・四章を参照。

(3) 坂下明彦・田渕直子『農協生産指導事業の地域的展開――北海道生産連史――』(北海道協同組合通信社、一九九五年)、および小林国之『農協と加工資本――ジャガイモをめぐる攻防――』(日本経済評論社、二〇〇五年)を参照。

[岩崎 徹・長尾正克・坂下明彦]

第三節 北海道における農地所有の性格と農地問題

一 北海道における農地所有の性格

北海道においては一九八〇年代以降、野菜・花きの導入など経営集約化が進み、農地賃貸借関係の進展と土地持ち非農家が増加した。このことをもって「都府県農業への接近」とする論者も現れた。しかしながら、経営集約化も農地賃貸借関係も単なる現象上の類似であり、九〇年代に入ってからむしろ都府県の動きとは乖離し、北海道的性格が色濃く現れるようになった。そこで、北海道の農地問題を総括するにあたり、北海道における農地所有の性格を吟味することから始めよう。

(1) 農地所有の基本的性格

第一に、北海道における農地は、まずもって生産手段であり、その所有は資産・家産としての所有ではなく、農業経営のための所有である。もちろん、北海道の農地も農家の資産として位置づけられ、農地を担保にした農業経営、農協経営が営まれてきたが、それとても生産手段としての農地を「担保」するための措置であり、第一義的には利用優先の所有である。

歴史的には北海道の農地開発は国有未開地処分による小作農場制を代表とする大土地所有により進められたが、所有権優位の払い下げは一部で民有未墾地問題を引き起こし、また小作制農場も経営悪化のなかで転売を繰り返し、やがて政策も自作農化政策に転換していくことになる。入植した小作農も流動性が激しく、その定着が「先着順序列」となって現れるのは昭和恐慌期以降である。このように、初期の大土地所有も、その後をついだ自作農的土地所有もきわめて流動性が激しく、まさに植民地的な商品経済こそが農場経営や家族経営の存続を規定していたのである。したがって、農地はアプリオリに果実を生み出す資産をなさず、少なくとも農家にあっては生産手段としての意識が強かった。これは、比較的生産の安定した水田型地帯より、畑地型地帯で強く現れた。しかも、農地の外延的展開は依然として進展をみせていたのである。農地は稀少財ではなかった。

第二次大戦後は農地改革の実施により自作農体制は確立するが、戦後開拓の実施による新規入植と分家創出により農家数は入超を示す。農家が一方的流出に向かうのは高度経済成長が北海道に波及する一九六〇年代からである。農地開発は近代的農業土木技術を基礎として急速に拡大し、離農跡地処分と開発された農地がファンドとなって規模拡大が進み、売買農地市場は膨らむのである。これは機械化・装置化農業の進展とパラレルであり、家族経営の限界耕地規模の拡大という技術進歩を前提としていた。したがって、農村社会はきわめて動態的姿を示し、農家蓄積を前提とした農地集積とは異なっていた。規模拡大こそが営農存続の条件であり、まさに農地は生産手段として存在したのである。土地所有への執着もきわめて薄弱であり、少なくとも農地に対する意識は都府県の「家産一代預かり的所有権」(1)とは全く隔絶したものとなっている。

第二は、農地所有における辺境性＝内国植民地的性格である。(2)北海道農業の辺境性＝内国植民地的性格については序章、第一章、終章第一節でも指摘してきた。農畜産物市場の拡大・縮小に翻弄されつつ、農地開発は進展するが、日露戦後、第一次大戦後、太平洋戦争から戦後にかけて、激しい耕境後退が発生した。列島改造ブーム期にも一時期耕境後退はみられたが、世紀を跨ぐ現段階の耕境後退はまさに農業環境の激変のなかで現れているのである。こうした変動の激しさ自体が、いまだ限界地であり辺境的性格を有していることを物語るものである。

一九七〇年から二〇〇〇年の三〇年間に限ってみても、耕地面積は九八・七万ヘクタールから一一八・五万ヘクタールにまで拡大した（ピークは一九九〇年の一二〇・九万ヘクタール）。しかし、同時にこの期間の潰廃面積は一六・九万ヘクタールであり、農地開発面積は三六・七万ヘクタールにも及ぶ。逆にいえば、農地の潰廃が開発と同時に存在することもまた北海道的特徴である。

北海道の統計上の耕作放棄地はきわめて少ない。『二〇〇〇年農業センサス』によれば、北海道のそれは〇・九％であり、都府県の六・五％を大きく下回る。しかし、耕作放棄地がないのではなく耕作放棄が「潰廃」として処理され、耕境後退として発現しているのである。先に指摘したように、この三〇年間の潰廃面積は一六・九万ヘクタールであり、事由別では、耕作放棄地等五四・二％、宅地等一七・二％、植林等一一・八％などである。七〇年代には、田では宅地や工場用地などに転用され、並行して耕作放棄等などによる潰廃が進んだ。畑では、耕作放棄等が過半を占めている。九〇年代には、田では宅地・道路等による潰廃が進み、畑では耕作放棄等が一貫して多く、六六・八％にまで達している。未利用地を耕地化したとしても市場変動によって再び耕境外に押し出されることも頻繁にみられた。戦後緊急開拓地の大半が今では元の原野に戻ってしまっている。一貫して開発により耕境を拡大してきた北海道は、国際的な輸入自由化・農産物過剰に伴う市場価格低迷のなかで耕境後退が起こっているのである。

(2)　農地担保金融の限界

北海道における担い手層の資産負債比率は都府県に比べてはるかに高い。その多くは「農地取得」によるものである。北海道は、まずもって所有権移転のウエイトが圧倒的に高いという点で都府県と決定的に異なる。固定資本投資効率も劣悪なうえに蓄積条件の乏しいなかで、継起的に発生する離農と跡地取得が繰り返されてきた。連続して拡大投資(土地購入および機械施設等)のために巨額の負債を背負いつつ、土地を担保とした借入金依存の経営が展開されてきたのである。

制度金融・農協金融に依存しながら減価しつつ続ける農地をすべて買得していくことの重圧は計り知れない。これまでの制度金融に刺激され、返済能力を大きく上回る農地購入に邁進してきた経営層は負債限度額ぎりぎりまで資金を借り受けてきたし、農協もまた貸付けてきた。農協は、近隣農家同士に連帯保証制度を設け、本人が返済不能となったとき連帯保証人が代位して弁済するかたちをとってきた。公庫による制度資金そのものは焦げつかないが、農協プロパー資金による借り替えによって借入金残高の累積が進むことになる。破綻した場合には保証人への農地帰属が半強制的に行われ、連鎖倒産に近い離農発生も大いに起こり得たのである。農協による資産評価が大きく働き、跡地を引き受ける担い手農家が負債を継承するかたちとなる。規模拡大農家は、負債償還のための農業経営であり、負債の負担に呻吟している。

土地神話により下がらないものとされていた農地価格も、ついに八〇年代半ばから下落に転じた。農協はそれまでの組合員勘定の放置から一変して、農地価格を含め資産を仔細に評価し始め、貸付限度を厳格にして経営管理を行うようになってきた。限られた担い手を対象として、農地保有合理化事業(以下、合理化事業と略)による中間保有期間を経たとしても、売買型農地市場のままで自作型規模拡大を展開していくことには限界がある。北海道農業開発公社(以下、道公社と略)関与のものは買受面積・売渡面積ともに大口取引の傾向が強く、大規模農家の利用する頻度が高い。また、後継者を確保した農家で意欲的な経営ほど借入金残高は大きい。ではこうした行動は、自らの大規模経営志向からくるものか、行政や農業団体によって仕組まれた政策目標に誘導されたものか、連帯保証などによる取得強要からくるものなのであろうか。

北海道の農地価格は、水田は一九八二年、畑地は八四年をピークとして下落し続ける。八〇年代前半まではきわめて旺盛な土地獲得競争があり、土地不足時代が続き、開発供給が土地拡大需要に対し追いつかなかったのである。それが後半には一転して、「土地余り」に転換していく。

耕境後退のなかで土地利用の再編問題は深刻になっている。地価が下落すればするほど資産価値が低下し、それだけ担保力も下がる。収益が低下し、それに連動して農地価格が大幅に下落したならば過去の負債圧は一気に浮上し、経営の再生産に支障を来たす。経営の信用力を考える根拠となった農地担保金融は、地価が下落を続け、借地面積がとりわけ大規模層を中心に相当の割合を占めるようになるなかでは、その機能に限界が生じつつある。水田価格は現在でも下落し続けている。

北海道農政部編『平成一二年(二〇〇〇年)度農業経営意向調査結果』(三万三五五八戸)では、稲作・畑作・酪農の経営類型ごとに借入金残高・土地改良負担金の状況が示されている。借入金残高に占める「農地取得」のウエイトを経営規模別にみると、酪農経営では五〇～七九頭層が一四・二%、八〇頭以上層が六・二%であり、畑作経営では三〇～四〇ヘクタール層が三五・三%、四〇ヘクタール以上層が三〇・二%である。酪農経営においては「建物・施設」が多くを占め、畑作経営においては「農地取得」が三〇%台である。しかし、稲作経営においては大規模層になるほど借入金残高に占める「農地取得」の割合は高くなる。一五～二〇ヘクタール層では四一・一%、二〇ヘクタール以上層では六〇・四%を示すのである。さらに、「土地基盤・土地改良」もそれぞれ一四・六%、八・五%を占めている。

農地は、所有権取得方式のみで次世代へ継承していけるのであろうか。農地購入に伴う負債圧は大規模層ほど重荷となっている。さらなる規模拡大は農地取得に伴う厳しい償還圧を上乗せさせる。また、農地担保金融は、資産保全に関する圧力が作用し、地価を割高なまま次の継承者に引き継がせることになる。次代を担う経営ほどそうした呪縛から脱却する必要があるものの、同時に担保力低下は貸付限度枠を縮小させ、農協金融を縮小均衡に導くのである。

とりわけ、南空知の水田地帯を典型として、高率の転作率の配分は水田のおよそ半分を「永久畑地」化し、水田価格は半値にまで低落せざるを得ない。オーバーローンに陥らないために資産負債バランスの改善を目指した一層の規模拡大が助長されるならば、自転車操業が誘発され、破綻への途を歩ませることにもなりかねない。農地資産評価をベースにした担保力・信用力と、そのもとでの農地担保金融は明らかに限界にきている。早急に、農地担保金融から脱して農協等による営農指導をいっそう充実させ、対人信用型の融資システムを確立する必要がある。

(3) 北海道農業開発公社と農地保有合理化事業

合理化事業は、農地流動化の手法として中間保有と再配分の機能を中心に公的管理を進めるというものである(3)。都道府県農業公社のなかで所有権に係る事業は、北海道が独占している。都府県農業公社は、もっぱら賃貸借や作業受委託などの事業に終始している。どうして、このような事業が北海道を舞台に進められ続けているのか。合理化事業の存在そのものが北海道の農地問題を考えるうえでの大きな根拠となる。この事業は、経営規模拡大と農地集団化を目指すものであり、買い入れた農地を一定期間、中間保有することで分散圃場をプールして合理的に売渡しを行い、効率的土地利用を実現することを目的としている。当初、買入対象地は未墾地が多かったが、次第に離農跡地買入にシフトしていくことになった。「事業関連タイプ」は事業推進のための先行取得であり、農業団地育成、第二次農業構造改善事業、農用地開発事業、広域農業開発事業(いわゆる新酪農村建設事業)など、国の施策に伴う事業枠の拡大にともなって大いに役割を果たしたが、これら事業は七六年をピークに、八四年以降には農地開発事業の縮小によって激減し、今ではほとんどなくなっている。それ以降はソフト事業を主体に事業展開がなされてきている。

合理化事業の中間保有機能は、とりわけ急速な規模拡大テンポとその償還を緩和する効果を果たしてきている。北海道にあって、府県にみられるような長期安定した貸付農家は存在しておらず、合理化事業がその肩代わりをしている。現在の道公社による合理化事業のみの自作地化対策にも所詮限界がある。今日展開している「自小作前進」たる借地展開もまた、最終的には購入に傾くのが北海道における農地移動の特徴である。今後、いくら合理化事業を展開させても、いずれは事業に乗せた農地購入の呪縛から脱することはできない。

遡れば、一九六五・六六年の二度にわたり国会に提出された農地管理事業団構想も所有権の呪縛から脱することに狙いがあった。すでに、農地市場は購入から借地に少しずつ比重を変えつつあったし、農地価格も土地価格化の様相を呈し始めていたからである。北海道では、最終的には今もって所有権処理とその帰属問題が大きく存在し、農業条件の厳しい地域ほど特にそうである(4)。都府県とは異なり、北海道の農地はまさに生産手段としての所有であるがゆえに問題が顕在化する、わが国唯一のエリアである。

合理化事業へのシフトは、集落単位での農地「斡旋」を原則としてきた状況が変化し、広域的な枠組みでの権利調整をせざるを得なくなってきたことを示すものである。水田型地帯にあっては賃貸借面積が売買面積を上回る年次は八七年であるのに、畑地型地帯では九一年であり、両者の間には四年ほどのズレがある。水田型地帯の方が畑地型地帯より先行して賃貸借が展開したことになる。借り手は、地価が下落し資産デフレが止まらないからこそ農地購入を控え、多少不安定であっても長期借地が行われている。貸し手も、負債整理のための農地処分という必要性がないうえ、現在の超低金利のもとでは小作料収入を得る方が有利であるとの判断が働いている。当然ながら売却すれば譲渡所得税の納税対象にもなる。

二　北海道農業の課題と農地問題

(1)　地帯ごとの農地問題とその対策

離農の多い新開地域では、離農跡地取得機会が頻発することから規模拡大志向が激しくなる。ここでは平等原理(規模の平準化・隣接地優先・通作距離重視)は働かず、むしろ個別展開しながら規模拡大欲が旺盛となり、経営形態も共同利用組織化よりも個別完結型となりやすい。一方、旧開地域ではかなり遅くまで平等原理が働き、集落を中心とした農地斡旋機能が有効に作動してきた。比較的離農が少なかったため、むしろ土地獲得競争が熾烈となり、離農跡地の分割取得も生じている。さらに、大規模を志向する経営層は、集落を超えた出作をしたために農地の分散問題を生じさせた。

しかしながら、平等化原則は、野菜・花き導入により次第に変質していくことになる。また、生産組織や集落機能が弱体化し、農協による集出荷や乾燥調製の施設化、販売体制強化が一元化されていくなかで、経営間の規模格差は拡大していくことになる。

水田型地帯では、新開地域の南空知にみられる組織化・法人化が集落を中心とする個別経営の枠組みを超えた低コスト生産への取り組みとして注目される。この動きは、米価下落や転作助成金削減等、農家経済縮小のなかで所得維持を図るための究極的な大同団結である。南幌町にみる法人化の事例では、法人参加農家が売渡予定者であった農地は、道公社の中間保有が終了した時点で法人が売渡を受けて法人所有とし、借入金を償還していくシステムを採っている。これにより、法人構成員に対し農地取得に係る負債増に歯止めをかけたかたちとなっている(第三章第二節)。

土地購入に向かわない石狩川上流域とは異なり、下流域では農地流動化が激しかった。規模拡大のテンポがあまりにも速すぎ、農地拡大のための経済的余力は残されていない。個別経営としてこれ以上の土地購入はすでに限界に達しているのである。

畑地型地帯では、土づくりと計画的輪作体系の遵守に向けた仕組みをいかにつくっていくかが課題である。また、野菜など集約作物増加と規模拡大を目指す土地獲得とのバランスを地域的にどのように進め調整していくかも課題である。さらに、大型畑作機械化体系に合致した効率的土地利用の実現、輪作年限の短縮や小麦などへの過作・偏作を改善し品質向上を図る必要性、畑作経営と酪農経営との間での土地利用の再編・地目転換などの課題もある。その際、交換耕作、地力低下を克服する副産物圃場還元、地力循環システムなどが地域全体の課題となる。

草地型地帯における農地の根本問題は、多頭化・大規模化のなかでいかに農場制的土地利用・効率的利用を実現していくかにある。そこには、二つの方向性が考えられよう。一つは、土地施設を細分化させず、農場的区画を維持していくこと、定期的に交換分合を実施し、所有よりも利用を優先させ、効率的土地利用を第一義に考えていくことである。二つは、コントラクタなど外部農作業サービス事業体が牧草収穫の効率的体系を確立していくことである。自給粗飼料をベースにしながら、収穫と同時進行で運搬する作業組織化に向け、雇用を確保しヘルパーやコントラクタを利用する動きは多頭化と施設化とをいっそう推し進める契機ともなる。ここでも畑地型地帯と同様に、ふん尿処理を含めた循環型酪農生産システムをいかに構築していくかが問われている。

中山間地帯にあっては、条件不利性に対応した独自の土地利用再編が迫られている。例えば、畜産的土地利用への転換など地域主体の土地利用再編が大きな課題となっている。中山間地域への直接支払制度の狙いは耕作放棄防止に置かれているが、むしろ北海道においては土地利用再編への取り組みを促進させるような直接所得補償の方が有効性は高いと考えられる。

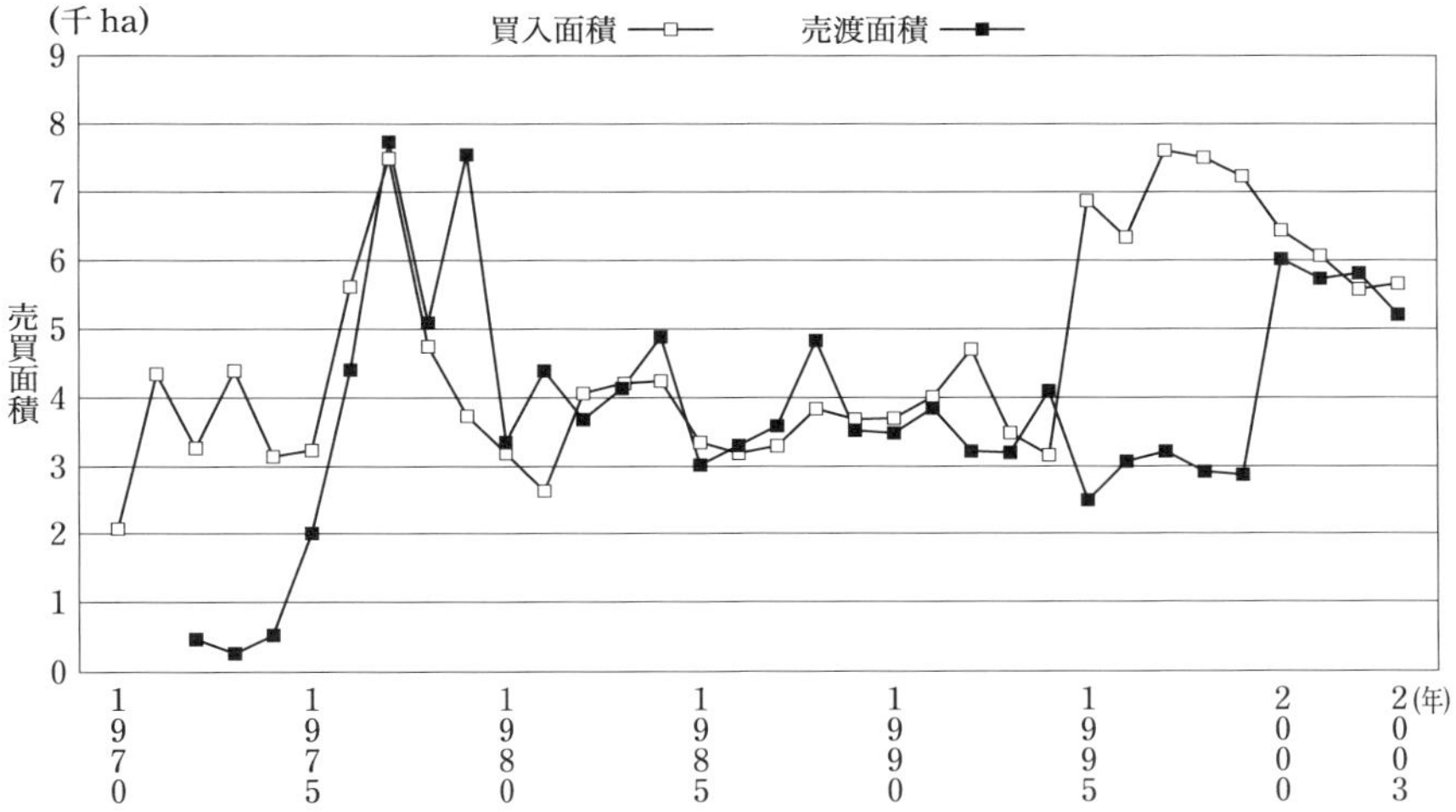

図終-1　北海道における農地保有合理化事業の売買実績の推移

出所）1994 年度までは『北海道農業開発公社 30 年史』(2000 年)，95 年以降は北海道農業開発公社資料より菅原優作成。

(2)　一九九〇年代の農地問題と公社の機能

合理化事業は、農地売買市場のなかで一九七〇年から始まり、徐々に売買市場介入率を高めつつ、八〇年代から一〇%台、九五年にはピークの四〇%台にまでなったが、二〇〇〇年に入ると三〇%台に戻ってきている(図終-1)。この点で、農地政策のモデルとして注目されたフランスのSAFER(土地整備農村建設会社)も、農地下落が続くなかで大量の保有農地を発生させストックが簡単には捌けない事態となり、優良農地を中心に介入せざるを得なくなったのは北海道と酷似しており注目される。[5] 現行合理化事業による五～一〇年保有も地価凍結・支払い猶予などの措置をとり、問題先送りとしての性格がきわめて濃厚である。地価下落のなかでの合理化事業は、受難の時代に突入している。農地再配分機能は後退し、もっぱら中間保有機能のみが先行するかたちでしか機能し得なくなっている。

合理化事業は、現局面では事業自体の限界にぶつかっている。とりわけ、買い手や関係農協等に「念書」を入れて将来の受け皿を確約して初めて合理化事業が作動していること、原価および事業費を上乗せして売り渡すので長期化するほど実勢地価と乖離してしまうこと、事業別の予算枠がありそのなかでの限られた介入であること、異なるタイプの事業は時限的であり継続性がないこと等である。ウルグアイラウンド対策では、一〇％地価下落補塡を謳った「経営転換タイプ」（九六～二〇〇〇年の六年間買入）から、九七年以降には「長期貸付タイプ」（二〇〇五年現在も継続中）へ大きく事業がシフトしている。このような状況のもとで、受け手不在の農地に対し一時的に公的保有し保有期間中に管理保全するという「緊急加速タイプ」（九八～二〇〇〇年の三年間買入）を発動させたが、それも有効打とはなり得なかった。

「長期貸付タイプ」をみても、九七年から二〇〇四年までの八年間に一万二一五八ヘクタール、二八三億円分を中間保有している。一〇年経過のものから順次売渡されていくが、合理化事業期末保有は、過去最高の三万四六六二ヘクタール、六七一億円分に及ぶ膨大な保有農地(買入面積―売渡面積)を抱えている。これは公社取扱額でいえば六年分以上に相当する金額となっており、相当額の売り渡しが近々開始される。

三　新たな農地政策への提言

(1)　農地の公的管理の強化

以上、強調してきたように、水田型地帯を筆頭として、農地の売買移動を継続することは現行制度のもとではかなり限界があることが明らかとなっている。合理化事業は、中間保有期間を中期化することによって、一九九〇年代後半の農地供給を吸収することで、特に水田型地帯における農地価格の急落に歯止めをかける役割を果たしたといえる。しかしながら、それはあくまでモラトリアム政策であり、道公社からの売り渡し後の資金償還は問題化する要素をはらんでいる。売買中心であった石狩川下流域においても借地は増加傾向にあるが、売買移動もそれなりの比重を保たざるを得ないであろう。負債整理型の離農、土地持ち非農家の相続などに際しては売買が必須である。その場合、売買移動の受け手はきわめて限られるため、新たな政策処置が必要となる。その一つとして、合理化事業の枠組みのなかで特例として、道公社の中間保有期間を農家一世代に対応した二五年ないし三〇年に長期化し、事実上の長期借地システムを設定することが考えられる。事業費は利子補給のかたちをとることになる。これにより、農家の資産負債バランスを崩すことなく、規模拡大が可能となる。ただし、こうした新たな農地管理システムを設定する場合には、農家自身の経営管理の強化が必要であり、それと連動した農協の営農指導体制の充実が不可欠である。

他方、増加する借地に関しては、貸し手が土地持ち非農家である割合が高くなっており、貸し手の農地をプールして合理的に貸付を行うシステムの形成が求められている。この一つとして水田型地帯、畑作型地帯にあっては、市町村等の合理化事業が注目される。すでに、二〇〇五年時点では、北海道の市町村農業公社等が一三設立されている。合理化事業主体としては、市町村による農業振興公社等が三(空知一、十勝二)、農協が一〇(石狩一、空知五、日高一、胆振一、十勝二)設立されており、こうした機能を果たしている。この具体例についてはながぬま農協の事例を示した(第三章)。市町村レベルの合理化事業を行う組織は、賃貸借に関わるさまざまな権利調整や経営支援を実施しており、担い手育成・農業技術支援や農地流動化対策など、小回りの効いたきわめて重要な役割を果たしている。

また、各市町村・農協ではさまざまな個別経営への支援策を打ち出している。農地流動化と利用集積に貢献する「利子助成」・「小作料補塡」などの個別支援、規模拡大した経営への地域支援として農作業の外部化を支援する集出荷体制の整備、作業受委託の組織化、コントラクタ展開などの周辺整備も重要である。それらを駆使して農地管理を十全に機能させていく、さらに、農地利用上の管理主体として個別農家や法人による自助努力、集落や農用地利用改善団体による権利調整の強化、市町村段階での耕作放棄地解消策なども並行して進めていくことが重要である。

中山間地帯に関しては、条件不利地域直接支払いを活用しながら、町村レベルでのゾーニングを行い、選択的な農地保全策を検討していくことが重要である。

(2) 担い手の強化

現局面では、酪農地帯が比較的農地市場が円滑に動いているのに対し、水田地帯はきわめて厳しく、劣等地の受け手のない状況が続いている。今後、高齢農家リタイアや後継者不在農家による農地処分が進めば、さらに大量の農地が市場に放出されることは避けられない。北海道においても、多様な担い手の継承と新規参入による担い手補充が必要である。労働力の高齢化、担い手喪失により労働力が減少するテンポは速すぎ、農家子弟の後継補充のみでは将来の担い手確保は困難となってきている。

北海道では、今まで述べてきたように、農地移動イコール負債移動という傾向が強いなかで、農地所有に介在するかたちでしか問題を解決できなかった。所有権を棚上げできず、負債による経営破綻農家の発生や所有権処分に踏み込まなければ問題を解決し得ないケースも多かった。私的所有の限界とその膠着状態(耕作放棄化と耕境後退現象など)に対し、すでに述べた農地の公的管理がとりわけ必要となっている。これに対し、その受け手である担い手育成の強化が並行して実施されなければならない。担い手育成は農業振興政策と一体的であるが、第二節で述べた農協による地域農業支援システムの形成のなかで、多様化する農家へのそれぞれの支援体制を確立し、農協の直営部門を含む農家間の分業体制の形成を図らなければならない。法人を含む受託体制の整備は、高齢農家・兼業農家の経営存続の条件であり、ひいては農地流動化の沈静策としても作用する。また、従来の土地利用方式からの転換も農協による販売戦略の策定があって具体化をみるのである。法人化は、多様性をもつものであり、一戸一法人から集落をベースとする生産協同組合型の法人まで地域農業の構成者として位置づける必要がある。法人の設立は、次に述べる新規参入者を従業員から社員にする道を開くものであり、経営継承問題に対しても一定の機能を果たすといえよう。

新規参入者に対して、「公社営リース農場事業」が農地をリース方式で貸付け、五年後から元利償還に入るという事業がある。すでにかなりの実績を上げているが、参入バリアは高い。この「リース牧場事業」は、離農跡地・畜舎・施設を一括リースしているが、さまざまな条件がある。例えば、この事業の対象者は、「市町村の平均規模以上に拡大するもの」となっており、しかも農地・畜舎・施設は売渡が条件となっている。本来、北海道農業に新規参入する者には障壁の低い方式を用意していくことが求められる。したがって、農地の生涯リースという選択肢を与えられるならば、こうした過重な参入負担と参入リスクを低減し、一生涯にわたって負債償還し続けるリスクから解放することができる。このリース方式は、現在は酪農部門や施設園芸部門に適用されているが、生涯リースならば耕種部門においても可能となろう。そこでは対人信用がベースとなり、利用者は採算に見合う利用料金を支払えばよいのである。当初はリース方式で営農し、「一代限り」のリスクから解放され経営継承者が現れた場合に、所有権取得の経営へ移行することも想定されよう。

また、農業採算から外れた場合であっても景観作物・粗放作物・管理保全空間として公的に認知されたかたちで農村の多面的機能を発揮していくことも可能になる。それとともに、市民農園やホビー農業、農地トラストなども可能となる。農地利用は農業者だけのものとはせず、農業体験や農村交流の空間的「場」としても大きな役割がある。地域住民や都市生活者による新たな農地の利活用法を創出することが将来的にも耕作放棄させず有効に管理・保全される可能性を高めるものとなろう。そのためにも、超長期リース制や生涯リース農場を創設することが求められる。多くの経営体は、すでに自作地所有の限界規模となっており、資産力・担保負担力も限界である。これからの規模拡大は、購入ではなく一部リースによる拡大という方法が考えられてもよい。

離農跡地を個別経営のみにて農地継承していくのはすでに限界があり、地域として農業を継承する方式を考えなければならなくなっている。北海道における総農家数は、二〇〇〇年に六万九八四一戸であったが、〇五年には五万二四五一戸と二四・九％も減少している（『二〇〇五年農業センサス』速報値）。今後、農地を上層農が中心となって規模を底上げしていかざるを得ないが、合理化事業や借地を一時的に挟んだとしても、最終的にはすべて購入により規模拡大し続けていくことは不可能であろう。少なくとも、開発されて今日まで培われた大切な農地を可能な限り次世代へ継承し、同時に農地の劣化（地力低下・団地の細切れ化・通作距離遠隔化・優良農地の耕境外化など）を防止するため地域的に最大限の努力を傾ける必要がある。従来のような、全国一律に農地施策では問題解決の姿はみえてこない。北海道と都府県とは、農地所有・農地利用の性格は異なっているのであり、北海道独自の新たな農地行政の展開が必要になっているのである。

（1）　宇佐美繁『農業生産力展開と地帯構成』（『宇佐美繁著作集』Ⅲ、筑波書房、二〇〇五年）。
（2）　限界地論・辺境論については、斎藤仁『農業問題の論理』（日本経済評論社、一九九九年）、七戸長生・大沼盛男・吉田英雄『日本のフロンティアのゆくえ』（日本経済評論社、一九八五年）、農政史研究会編『戦後北海道農政史』（北海道農業会議、一九七六年）を参照。
（3）　農地保有合理化事業の詳細については、北海道農業開発公社編『北海道農業開発公社三十年史』（二〇〇〇年）、農林水産省構造改善局・全国農地保有合理化協会監修『改定農地保有合理化事業のすべて』（地球社、一九九九年）を参照。
（4）　田畑保は北海道農業研究会の前著に対し「土地所有形態の転換を提起するよりも農地管理のあり方、保有、利用の体制をどう再構築していくかではないかろうか」（七四頁）と指摘しているが、北海道では最終的には所有に介在しなければ問題解決にはならないというのが特性であろう。田畑保「書評・経済構造調整下の北海道農業」（『土地制度史学』一四一号、土地制度史学会、一九九三年）。
（5）　フランスにおけるＳＡＦＥＲの近年動向については、原田純孝「ヨーロッパの農業構造・農村政策といま我が国が求められているもの」（『土地と農業』二六号、全国農地保有合理化協会、一九九六年）、一六頁、およびルナール・コンビ編『フランスの土地政策』(住宅新報社、一九九二年)、九四頁を参照。

〔谷本一志〕

第四節　新たな北海道農業構築のために

本書でわれわれは、二〇世紀末から二一世紀にかけてのグローバリズムの進展やWTO国内体制の影響が、日本最大の農業地帯である北海道にいかなる影響と変化をもたらしたかを水田型地帯、畑地型地帯、草地型地帯、中山間地帯の四つの地帯に分け、しかもそれぞれの地帯の内部編成を旧開・新開地域、先進・後発地域として捉え、それら相互の関連を分析してきた。分析の結果は、本書各章で詳細に描いた通りである。

北海道は、「和人」による本格的開発・入植から一三〇余年、戦後開拓から五〇余年、根室地域の新酪農村建設事業の入植開始からも三〇余年の歳月を歩んだ。第一節では明治時代から今日までを貫く北海道農業の基本的性格を、辺境的・限界地的性格、商業的農業・土地利用型農業の性格、積雪寒冷地農業の性格、地域分化の激しい性格、の四つの性格を挙げた。そして、北海道農業は、四つの性格を貫きつつ、試行錯誤を繰り返しながら、その時代その時代の課題・困難を乗り越え、気候・土壌・市場にあわせた地域農業を、北海道内部の適地適作と農法を創造し、独自の農業体系をつくり上げてきた。

そして今日、グローバリズムや「農政改革」という大きな歴史的転換期を迎えた。たしかに農業グローバリズムは、農業保護政策の後退・撤退、農産物輸入の拡大と価格の下落をもたらし、大規模・専業型の農業地帯である北海道に矛盾やしわ寄せを複合的にもたらしてきたが、同時に、北海道の各地帯・地域の農業と農民はグローバリズムと対峙し、ある意味ではそれを乗り越えるべく努力を重ねてきた。

表終-1　地域別農業粗生産額の推移(統計事務所)　(単位：百万円，％)

	1984年 a	1993年 b	2001年 c	b／a	c／b	c／a
石狩	66,104	49,924	47,630	72.1	95.4	72.1
空知	162,790	122,834	120,010	73.7	97.7	73.7
上川	138,057	132,965	126,790	91.8	95.4	91.8
十勝	201,909	209,706	232,890	115.3	111.1	115.3
網走	157,479	169,136	160,990	102.2	95.2	102.2
根釧	107,679	114,593	123,610	114.8	107.9	114.8
全道	1,079,872	1,035,752	1,045,700	96.8	101.0	96.8

出所)『北海道水田農業が目指す地域営農集団実践マニュアル』(北海道農協中央会，2004年6月)より作成。

実態分析で示したように、グローバリズムの影響は北海道の農業地帯・地域によってかなり異なる。表終-1は北海道における地域別の農業粗生産額の推移である。一九八四年の比較的農業条件の良好な年(激しい「構造変動」が起こる前)を基準にして北海道全体では九三年(冷害年)は辛うじてプラス、二〇〇一年にはマイナスとなるなかで、各地域は異なる動向を示した。すなわち、二〇〇一年の対八四年比で十勝、根釧は大幅にプラスになり、網走は微増、石狩、空知、上川は大幅にマイナスになったのである。いうまでもなく、根釧は草地型地帯、十勝、網走は畑地型地帯、石狩、空知、上川は水田型の農業地帯である。農業粗生産額には転作助成金は入っていないので、転作助成金の減額、さらに兼業収入の減収を加味すると水田型地帯の農家経済の厳しさをうかがい知ることができる。この表に示されるような、今日の北海道における地域ごとの農家経済を農業関係者は空模様になぞらえて「水田地帯は雨、畑作地帯は曇、酪農地帯は晴」といっている。多分に感覚的な表現ではあるが、いいえて妙である。

水田型地帯――雨。

水田型地帯はグローバリズムの影響を最も激しく受け、激変ともいうべき局面を迎えている。米・転作物収入、転作交付金、小作料収入、兼業収入といった農家経済を構成するすべての収入の減額を強いられ、地域全体の縮小均衡を招いている。数値の示す通り、同じ水田地帯でも上川（石狩川上流域—旧開地域）より空知（石狩川中流域—旧開地域、下流域—新開地域）、石狩（石狩川下流域）の方が減少率が激しい。われわれは北海道水田型農業のゆくえ、とりわけ新開地域の農業形態・農家経済については残念ながら確たる展望を描けるわけではない。

これに対して畑作型地帯、草地型地帯では、今日では日本有数の独自の農業地帯を作り上げ、所得一〇〇〇万円を優に超える農家群を形成してきた。

畑地型地帯——曇。

畑地型地帯は、農産物価格の下落を受けながらも、量から質への価格体系の変化に向けての高品質な生産体制をつくり上げ、豊作に恵まれたという自然条件も加わり好条件が続く。ただし、今後の畑作物輸入の状況、関税率、価格条件によっては地域全体が冷え込む危険性を否定できない。さらに、この間の好天気・好況によって地力問題、価格低迷問題は隠蔽されているし、後継者問題、加工資本との連携等に課題を抱える。

酪農地帯——晴。(1)

酪農地帯は、一九九〇年代までの激しい離農と負債農家の淘汰のなかで、大規模施設を駆使しさらなる多頭化を推進し、乳価低迷、生産調整、牛肉自由化、BSE問題を乗り越えて農家経済を好転させた。しかし、ここでも牛乳・乳製品の輸入、関税率、国内価格の形成如何によっては不透明な先行もある。さらに、規模拡大によるふん尿処理・環境問題、生産者の労働過重・健康問題、酪農経営者の経営計画・能力の開発問題、地域の主体形成等に問題を抱えている。

農業グローバリズムとの関係では、水田型地帯は国内保護体系から急激な自由化・市場体系に変わったことの影響が、畑作地帯は国内保護を基礎としながらも徐々に自由化・市場体系に変わったことが、酪農地帯は九〇年代までに自由化・市場体系化かなり進んだことが、これら天気表現に関わっているように思われる。

第一節で、北海道農業が自然・気候的条件、歴史的条件、政策的・政治的条件において都府県農業とは異質な展開を遂げてきたことをみた。そして、今日では専業層・中核層の存立基盤の危機をはらみながらも、中核層の経営主体は維持され新たな担い手を迎え、生産手段としての農地を維持し、府県農業とは異なる機械化段階での農法・経営システムを確立してきた。さらに、都府県とは異なる集団化・法人化の新たな動きがあり、亜寒帯冷涼気候の特徴を生かし、北海道型クリーン農業を実践してきた。さらには、全国市場・道内市場・地場市場向けの市場開拓を模索し、「北海道型地産地消」ともいうべき地域文化の胎動がある。これらは、今後の「新たな北海道農業の構築」のための大きな財産である。

北海道農業再生のためには、国内農業・国内生産を基礎とした政策体系と農業保護が課題となるのはいうまでもない。今まで培われてきた北海道農業・農法体系を維持・発展させるためには、国境措置は絶対必要である。そのためには、WTO農業体制が各国農業の健全な発展を保証・尊重するような根本的改革が望まれる。その改革とは、先進国・途上国、輸出国・輸入国との間の公平・公正なフェアートレードが目標となる。序章でみたように今日進行しているグローバリズムは、「世界史の必然」でも「人類の進歩」でもないからである。しかし、同時に、今日の日本はグローバリズム・WTO体制によって世界一の外貨保有国になり、「貿易立国」の恩恵を受けている。さらに、「自由化」によって「豊か」になった日本人の食生活という現実がある。したがって、WTO体制の根本的改革とは、今日の日本経済・貿易・政治・社会構造の根本的転換、あるいは日本人の価値観の転換という途方もなく大きい課題とぶつかる。とはいえ、われわれは少なくとも矛盾の根源を見据えるべきである。日本農業・北海道農業発展のための方策、そして農業発展の困難を取り除くべき方策を探り当て、そのうえで長期的、中期的、短期的な戦略と政策を打ちたてるべき、と考える。われわれは、本書でさまざまな北海道独自の政策も提言した。

今日の北海道における農産物の自給率は一九〇%である(二〇〇二年)。地域自給率という概念や計算方法が妥当であるか否かについてはここでは問わない。この数値はブロック別に食料自給率を計算したものであるが、一〇〇%を超えるのは北海道以外では東北の一〇三%があるだけで、他のブロックは大幅に一〇〇%を割っている(関東一八%、中部二五%、北陸六三%、近畿一三%、中国三七%、四国四二%、九州四九%、沖縄三一%)。まさに、北海道は「日本の食糧基地」なのであり、低い日本の自給率のなかで都府県へ大量の農産物を供給している唯一のブロックなのである(「平成一四年の食料自給率」農水省をもとに国土計画局作成資料)。

このことは、逆に、北海道の範囲だけで自給(地産地消)を考えるのであれば、北海道農業は縮小を余儀なくさせられることになる。都府県の食料供給機能が低下している今日こそ、都府県への新鮮な農畜産物の供給とともに加工原料供給基地としての北海道の大きな役割がある。そのためには(地場)加工資本との提携を図りながら、単位農協、系統農協の役割を遺憾なく発揮し、発揮できる環境を整えることが必要である。

北海道は「日本の食糧基地」である。しかし同時に、例えば米は都府県に六四%移出しているのに、道民の米消費の四一%は府県米を食している(二〇〇一年)というように北海道民はかなりの農産物を府県に依存しており、北海道産の農畜産物を十分には消費していないまま、府県産の食料を消費するという「すれ違い食生活」をしている。今日のように多様な食生活・食文化が存在し、流通・冷凍・保存システムが発達しているなかで、狭い意味での「地産地消」を提起することは現実的・発展的ではないが、北海道農産物の素材を生かした食生活・食文化の発展、北海道独自の「地産地消」は必要不可欠である。

また、北海道として市場からの収奪(売り惜しみ・買い叩き)を避けるうえで、独自の「自給市場圏」をつくることは、北海道民の生活環境を健全に維持するうえで必要なことである。大消費地である札幌を控えているし、旭川、函館、帯広、釧路などの地方都市においても有効であろう。同時に、北海道の農家自体の生活をヨーロッパのように農村自給経済で充実することができるならば、北海道の農村の魅力はいっそう確かなものになるであろう。自分で生産したものを、まずは自分が消費することから、本来的な意味での「地産地消」あるいは「身土不二」は実現される。今日、道内各地域で行われている「愛育」「食育」運動、直売所やフリーマーケット等をはじめとする女性起業、酪農地帯で沸き起こっているチーズやクッキー作り等々の農村文化創造の動きは貴重である。消費者団体等との提携、有機栽培、低・無農薬栽培をベースにおいた都市との交流、グリーン・ツーリズム、スローフード運動等の農村文化を発展させることが、取りも直さず北海道農畜産物市場の拡大に大きな力を発揮することになる。北海道の食料自給率一九〇％は、こうした「北海道型地産地消」ともいうべき地域文化・農村文化の支えを基礎に、地場市場・道内市場・全国市場さらには輸出による「全方位型市場」対応によって確実なものになっていく。そのことが取りも直さず、新たな北海道農業構築のための基礎でもある。

北海道農業の歴史は一三〇余年である。そして、この間、北海道農業は、試行錯誤を繰り返しながら、困難を乗り越え今日の独自の農業体系をつくり上げてきた。今日の農業グローバリズムを乗り越え、一段と逞しい北海道農業の再生があるものと期待される。

（1）ここでは二〇〇二年までの状況をもとに「晴」と表現した。しかし、その後生乳価格の低下、資材価格の上昇、さらに生産調整の実施により、酪農経営の農業所得は減少している。好調とみられた酪農の雲行きもあやしくなってきている。

［長尾正克・岩崎　徹］

あとがき

一九八〇年代半ばは、北海道農業にとって大きな転換点であった。一九八五年のプラザ合意と経済構造調整の始動、農産物支持価格の一律引き下げ、そして農地価格の下落の開始である。北海道農業研究会(以下、北農研と略)は、この大転換に直面して現場での共同調査から北海道農業の変動を捉える作業を開始した。その際、農家負債問題とそれを要因とする離農が多発し、問題が噴出している大規模地域に焦点を当てることとした。一九八六年の稲作―南幌町、八七年の畑作―更別村、八八年の酪農―別海町という連続調査がそれである。特に、南幌町調査では、負債問題の激しさに調査員一同息を呑んだ記憶がある。その成果は、一九九一年に牛山敬二・七戸長生編著『経済構造調整下の北海道農業』(北海道大学図書刊行会)として刊行された。

これは、「農業構造政策の優等生」といわれた北海道大規模農業の切断面を示したものである。農業近代化のための急速で膨大な投資のツケ＝負債問題のメカニズムの解明とその解消のための方策＝限界的農地公有化論を提起したことで一定の評価を得たように思う。何よりも、三三名の執筆陣による四四節という分厚い本の完成は、共同調査による現場認識の共有と議論という研究会の路線を決定づけた。会員活動が活発になるにしたがって、専門性を高め、議論を深めるために部会組織を設けることとなり、水田・畑作・酪農・農村労働市場の各部会が、さらに国際部会、日本部会が加わり、最後に中山間部会が設置された。

前著の作成過程で、大規模・限界地に限定しない新北海道農業論の枠組みについても議論が進められ、一九九〇年の総会では「北海道農業の地帯構成」をテーマとするシンポジウムが開催されている。従来の北海道農業論は一九六〇年代の農業近代化容認論であれ、七〇年代後半からの農業近代化批判論であれ、ともに「構造政策の優等生」、大規模地域のみを議論の対象とし、北海道農業全体を対象としていないという反省である。そのためには、大規模地域を相対化する視点、地帯構成論の視点が必要であり、大規模地域に中規模地域を対置し、両者を包括する新たな北海道農業論を構築する必要があるという結論に達した。旧開、新開地域の議論である。その際、机上の議論ではなく現場主義に基づいて共同調査を実施し、特に中規模地域の性格把握を行うことが確認された。一九九一年からは、中規模畑地型地帯である網走の端野町調査が着手され、その成果は機関誌である『北海道農業』に「集約畑作地帯の農業構造」として特集されている(一七号、一九九四年)。この成果をバネに、畑作部会は一九九四年に十勝チューネン圏の内部構造を把握するために、旧開地域―芽室町から新開地域―清水町にまたがる数集落の悉皆調査を行っている。

一九九三年のガット・ウルグアイラウンド合意、九五年のWTOの発足、新農政の推進により農業の「国際化」は加速され、北海道農業にはさらに新たな試練が待ち受けていた。そこで、北農研は前著で対象とした更別村について一九九六年に追跡調査を行った(「十勝大規模経営の到達点と課題」『地域農業研究叢書』三〇号、北海道地域農業研究所、一九九七年)。耕地規模拡大と野菜作導入という際だった変化が現れる畑地型地帯の研究が先行したのである。

水田部会が後に続いた。衝撃的であった南幌町の追跡調査が行われ、臼井晋編著『大規模稲作地帯の農業再編――展開課程とその帰結――』(北海道大学図書刊行会、一九九四年)により、地域農業の経営転換が提起された。石狩川の流域構造(下流域・中流域・上流域)の比較研究も開始され、一九九三年には減反緩和期を対象に深川市(中流域)と岩見沢市(下流域)の調査が行われた(「石狩川中流域における水田農業の現局面」『北海道農業』二〇号、一九九六年)。次いで一九九六年には、当麻町(上流域)と秩父別町(中流域)の比較研究が行われている。上中流域にみられる自小作前進をどう理解し、評価するかが議論された。

酪農部会はやや出遅れた。一九九五年に畑地型酪農地帯である八雲町の調査を行ったが(『北海道における中小規模集約酪農の進路』『地域農業研究叢書』二九号、北海道地域農業研究所、九七年)、本格的な調査は一九九七年と九九年の草地型地帯―別海町での大規模な追跡調査として実現した(『根室地域における酪農経営の展開と農業者意識』『北海道農業』二七号、二〇〇一年)。ここでは政策投資の地域性が議論の中心となった。

中山間部会の活動開始は最も遅く、一九九六年に下川町の動きを「発見」し(『北海道農業の中山間問題2』北海道地域農業研究所、九七年)、九八年から本格的調査を実施した。手探り状態であったが、この調査から北海道独自の中山間地帯の特質把握が始まった。

このように前著の出版に刺激されて、一九九〇年代前半の北農研は活況を呈した。一九九〇年に北海道の農協・自治体を中心に設立された北海道地域農業研究所との調査連携も有効に機能した。農村労働市場部会は岩崎徹編著『農業雇用と地域労働市場』(北海道大学図書刊行会、一九九七年)を独自に刊行し、国際部会も九四年から「日韓シンポジウム」を開始し現在に至っている。

北農研総会シンポジウムの流れをみると、一九九一年は「地帯構成論と北海道農業」、九二年は「網走農業の動向と調査課題」、九三年は「北海道農業研究会の課題」、九四年は「新しい北海道農業論のために」、九五年は「一九九〇年以降の北海道農業の変貌と戦略」と続き、九六年からは章別編成の議論となり、先に述べたように遅れていた酪農地域の調査が九七年に、中山間地帯の調査も九八年に実施をみている。

しかし、北海道の農業構造変動をリアルに描きつつ、地帯構成論に基づき水田型、畑地型、草地型、中山間の各地帯に共通する問題点を析出し、相互の関連を分析しながら今後の政策提言を行おうという意欲的な試みは、政策や農業環境の激変のなかで行き詰まりをみせた。北海道農業の現実は、次から次へとめまぐるしく変化する。特に、水田型地帯は数度の補足調査を繰り返しても、現実の変化に追いつくのがやっとという状況であった。執筆の「責務」が重くのしかかる数年が経過した。編著者の牛山先生は古稀を迎え、岩崎さんも還暦を超えてしまった。この間の執筆メンバーの北海道外への流出も痛手であった。そして世紀も改まった。本を出版する計画から一〇年以上経ってしまった。

二〇〇四年六月に岩崎さんから檄が飛んだ。「政策の方向性もほぼ明らかになったし、個々の現場の動きは捉えているのだから何がなんでも出版を敢行する」。この檄に応えて編集委員も心を新たにした。それまでは一月に一度のペースで行っていた編集委員会は、月二回のペースになった。当時事務局長だった小山良太氏の記録によると二〇〇一年七月から〇四年六月までに行っていた編集委員会は計三四回であったが、〇四年七月から一二月までの編集委員会は一一回を数える。ちなみに、出版に至るまでの編集委員会は、記録にない二〇〇一年七月以前、〇五年になってからの編集委員会を含めると六〇回は優に超えるとみられる。各部会の研究会・会合を加えるとさらに膨大な数の会合が開かれたことになる。

さて、調査は、畑地型、水田型、草地型、中山間の各地帯の順で進んでおり、先駆者利得ならぬ「後続者利得」も発生してしまった。ぎりぎりまで補足調査が続けられたが、その条件をもたない執筆者にはお詫びしなければならない。その面で、本書はつぎはぎだらけの面をもつことは否めない。しかし、競争という強制により共同研究が廃れつつあるなか、これだけの執筆陣が現場認識をほぼ共有しつつ一冊の本を取りまとめたことの意義は大きいであろう。「はじめに」であえて「北海道農業研究の集大成である」と宣言したのもこうした意味合いからである。

今、校正完了を前に、十数年来の構想を実現した思いに感無量である。完成に至るまでにはさまざまなドラマがあった。この間、編集委員会メンバーも職場の移・異動、道外への転出等による変更もあり、事務局長も泉谷眞美(現弘前大学)、小池晴伴(現酪農学園大学)、小山良太(現福島大学)、吉仲怜(北海道大学大学院生)の各氏と四代も替わった。「北農研の灯をともしていく」というと恰好いいが、むしろ「北農研を潰さない」というのが転倒しているとはいえ、われわれ編集委員の偽らざる心境であった。こうした本書の内容に関する責任は主に編集委員にあるが、数々あるであろう欠陥の穴埋めは次世代の北農研会員が引き継いでくれることと確信している。

最後に、本書作成にあたりさまざまなご協力をいただいた農家の皆さん、農協、自治体、関係機関の皆さんに心より感謝を申し上げます。また、本書の刊行にあたっては、新生の北海道大学出版会、特に前田次郎さんに格別のお世話になりました。末尾ながらお礼を申し上げます。

二〇〇五年一二月

編集委員会を代表して

坂下明彦

[付記]　本書は独立行政法人日本学術振興会平成一七年度科学研究費補助金(研究成果公開促進費)の交付を受けて刊行されるものである。

執筆者一覧

執筆順，＊は編集委員

＊岩崎　徹　札幌大学経済学部
＊牛山敬二　北海道大学名誉教授
＊坂下明彦　北海道大学大学院農学研究科
＊志賀永一　北海道大学大学院農学研究科
＊鵜川洋樹　農業・生物系特定産業技術研究機構　北海道農業研究センター
＊吉野宣彦　酪農学園大学酪農学部
＊柳村俊介　宮城大学食産業学部
＊寺本千名夫　専修大学北海道短期大学
西村直樹　北海道立十勝農業試験場
吉川好文　農業・生物系特定産業技術研究機構　北海道農業研究センター
細山隆夫　農業・生物系特定産業技術研究機構　北海道農業研究センター
芦田敏文　農業工学研究所
菅原　優　北海道大学大学院農学研究科　博士後期課程
＊小池晴伴　酪農学園大学酪農学部
矢崎俊治　拓殖大学北海道短期大学
小山良太　福島大学経済経営学類
小林国之　日本学術振興会特別研究員
松村一善　鳥取大学農学部
徳田博美　三重大学生物資源学部
森江昌史　農業・生物系特定産業技術研究機構　中央農業総合研究センター
平石　学　北海道立中央農業試験場
浦谷孝義　北海道立十勝農業試験場
泉谷眞実　弘前大学農学生命科学部
板橋　衛　広島大学大学院生物圏科学研究科
松本浩一　農業・生物系特定産業技術研究機構　中央農業総合研究センター
佐々木悟　旭川大学経済学部
金子　剛　北海道立中央農業試験場
菅沼弘生　北海道農業協同組合中央会
岡崎泰裕　農業・生物系特定産業技術研究機構　中央農業総合研究センター
井上誠司　北海道地域農業研究所
＊長尾正克　札幌大学経済学部
＊谷本一志　北海道東海大学国際文化学部

〈編著者紹介〉

岩 崎　　徹（いわさき とおる）

1943年生まれ
札幌大学経済学部教授
主　著
『農業雇用と地域労働市場――北海道農業の雇用問題――』〈編著〉（北海道大学図書刊行会，1997年）
『農業問題　学び教えられ』（北海道協同組合通信社，2003年）
『馬産地80話――日高から見た日本競馬――』（北海道大学出版会，2005年）

牛 山 敬 二（うしやま けいじ）

1933年生まれ
北海道大学名誉教授，元つくば国際大学教授
主　著
『農民層分解の構造――戦前期――』（御茶の水書房，1975年）
『経済構造調整下の北海道農業』〈編著〉（北海道大学図書刊行会，1991年）
「戦後改革期の農村社会」〈戦後日本の食料・農業・農村，第11巻『農村社会史』 I 所収〉（農林統計協会，2005年）

北海道農業の地帯構成と構造変動

2006年2月25日　第1刷発行

編著者　岩 崎　　徹
　　　　牛 山 敬 二

発行者　佐 伯　　浩

発行所　北海道大学出版会
札幌市北区北9条西8丁目 北海道大学構内（〒060-0809）
Tel. 011(747)2308・Fax. 011(736)8605・http://www.hup.gr.jp

アイワード／石田製本

ISBN4-8329-6571-9